Bewerbungshandbuch für Studenten für Dummies

Bewerbungshandbuch für Studenten

Schummelseite

SCHON WÄHREND DES STUDIUMS – DIE OPTIMALE VORBEREITUNG AUF DEN BERUFSEINSTIEG

- ✔ Absolvieren Sie mehrere Praktika und wählen Sie nach Möglichkeit Nebenjobs, bei denen Sie etwas für Ihr späteres Berufsleben lernen.
- ✔ Sammeln Sie internationale Erfahrung, zum Beispiel im Rahmen eines Auslandssemesters.
- ✔ Machen Sie sich schon zu Beginn Ihres Studiums Gedanken darüber, welche Tätigkeitsfelder Sie interessieren. Wählen Sie dazu passende Wahlfächer beziehungsweise Studienschwerpunkte sowie Themen bei Hausarbeiten oder Referaten.
- ✔ Besuchen Sie die Bewerbermesse Ihrer Hochschule und gehen Sie zu Vorträgen oder Recruiting-Veranstaltungen von Arbeitgebern. Hier kommen Sie mit Personalentscheidern ins Gespräch und können berufliche Kontakte knüpfen.
- ✔ Stellen Sie sicher, dass Sie am Ende Ihrer Studienzeit fließend Englisch sprechen.
- ✔ Üben Sie ein Ehrenamt aus, um Ihre sozialen Kompetenzen zu schulen und einen gesellschaftlichen Beitrag zu leisten.
- ✔ Versuchen Sie, eine praktische Abschlussarbeit in Zusammenarbeit mit einer Firma oder einer Institution zu schreiben.

KLASSISCHE BESTANDTEILE EINER BEWERBUNG

- ✔ Im Anschreiben legen Sie auf einer Seite Ihre Motivation für Ihre Bewerbung dar. Außerdem sollten Sie kurz und prägnant zusammenfassen, welche Ihrer Kenntnisse und Fähigkeiten für die Stelle relevant sind.
- ✔ Im Lebenslauf stellen Sie Ihren Werdegang übersichtlich dar. Vergessen Sie Ihre Kontaktdaten nicht.
- ✔ Zu einer vollständigen Bewerbung gehören Ihre aktuelle Notenübersicht beziehungsweise Ihr Abschlusszeugnis von der Hochschule und der Schule.
- ✔ Wichtig sind auch die Arbeitszeugnisse Ihrer Praktika und relevanter Nebenjobs.
- ✔ Wenn Sie Weiterbildungen, Auslandsaufenthalte oder Ehrenämter vorweisen können, sollten Sie entsprechende Zertifikate beilegen.

Bewerbungshandbuch für Studenten

Schummelseite

DIE ÜBLICHSTEN BEWERBUNGSARTEN

- ✔ E-Mail-Bewerbung: Wenn Sie aufgefordert werden, Ihre Bewerbung an eine E-Mail-Adresse zu senden, sollten Sie darauf achten, dass Sie Ihre Bewerbungsunterlagen in *ein* Dokument packen. Die Datei – idealerweise als PDF – sollte auch nicht zu groß sein, um das Postfach des Empfängers nicht zu sprengen. Sie sollten 5 MB nicht überschreiten.
- ✔ Online-Bewerbung: Über die Stellenanzeige gelangen Sie auf das Online-Bewerbungsformular. Je nach System können Sie Ihre Unterlagen als eine Datei hochladen oder die Uploads sind thematisch getrennt, in der Regel nach Anschreiben, Lebenslauf und Zeugnissen.
- ✔ Papierbewerbung: Bis vor einigen Jahren waren Bewerbungen in Papierform die gebräuchliste Art sich zu bewerben. Mittlerweile sind Papierbewerbungen kaum noch gefragt. Wenn doch, achten Sie auf eine gute Qualität des Papiers und darauf, dass Ihre Unterlagen frei von Knicken und Flecken sind.
- ✔ Mobile Bewerbung: Die Bewerbung über mobile Endgeräte wird an Bedeutung gewinnen. Da es bei der mobilen Bewerbung auch darum geht, den Bewerbungsprozess schneller und einfacher zu machen, reicht im ersten Schritt oft der Lebenslauf aus.

DIE AM HÄUFIGSTEN GENUTZTEN INSTRUMENTE IN DER PERSONALAUSWAHL

- ✔ Telefoninterview: Oft der erste Schritt im Bewerbungsverfahren, der von Mitarbeitern der Personalabteilung durchgeführt wird. Das Interview dauert zwischen 30 und 60 Minuten.
- ✔ Videointerview: Eher selten genutzt als Ersatz für ein persönliches Interview. Vielmehr ein weiterer Schritt in der Vorauswahl oder anstatt eines Telefoninterviews.
- ✔ Persönliches Vorstellungsgespräch: Auf dieses Gespräch sollten Sie sich gut vorbereiten. Denn im Vorstellungsgespräch sitzen Sie den Entscheidern aus dem Fachbereich gegenüber. Jetzt können Sie mit Ihrer Persönlichkeit punkten.
- ✔ Testverfahren, zum Beispiel Persönlichkeits- und Intelligenztests: Sie werden teilweise im Rahmen der Vorauswahl oder eines Assessment Centers eingesetzt.
- ✔ Einzel-Assessment: Zum Beispiel bestehend aus einem klassischen Vorstellungsgespräch, einer Präsentation zu einem vorgegebenen Thema und einem MS-Office-Test.
- ✔ Assessment Center: Mit beispielsweise den Bestandteilen Selbstpräsentation, Rollenspiel und Gruppendiskussion.

Christine Schultz und Anne Janner

Bewerbungshandbuch für Studenten

für dummies®

WILEY

WILEY-VCH Verlag GmbH & Co. KGaA

Bewerbungshandbuch für Studenten für Dummies

Bibliografische Information der Deutschen Nationalbibliothek

Die Deutsche Nationalbibliothek verzeichnet diese Publikation in der Deutschen Nationalbibliografie; detaillierte bibliografische Daten sind im Internet über http://dnb.d-nb.de abrufbar.

1. Auflage 2018

Printed in Germany
Gedruckt auf säurefreiem Papier

FSC www.fsc.org MIX Papier aus verantwortungsvollen Quellen FSC® C083411

Coverfoto: © Dan Race –Fotolia.com
Korrektur: Katharina Weis, Mannheim
Satz: Reemers Publishing Services GmbH, Krefeld
Druck und Bindung: CPI books GmbH, Leck

Print ISBN: 978-3-527-71345-5
ePub ISBN: 978-3-527-81696-5
mobi ISBN: 978-3-527-81695-8

10 9 8 7 6 5 4 3 2 1

Über die Autorinnen

Christine Schultz ist Dipl. Sprecherzieherin (Kommunikationspädagogik), Dipl. Betriebswirtin (FH), Rechtsökonomin (VWA) sowie Business Coach (IHK). **Anne Janner** hat einen Magister Regionalwissenschaften Nordamerika mit den Schwerpunkten Politikwissenschaften und öffentliches Recht. Als Mitarbeiterinnen in den Personalabteilungen verschiedener Unternehmen mit Verantwortung von der Stellenausschreibung über die Vorauswahl der Bewerbungen bis zur Durchführung der Auswahlverfahren haben die Autorinnen die Rekrutierungspraxis sowohl in Großkonzernen als auch im Mittelstand kennengelernt. Ihre Branchenerfahrungen umfassen die Bereiche Finanzdienstleistungen, Handel, Wirtschaftsprüfung/Consulting, IT-Dienstleistung, Immobilien sowie den Öffentlichen Dienst. Die Autorinnen geben ihr Wissen regelmäßig in Bewerbungstrainings weiter.

Danksagung

Bei der Manuskripterstellung hatten wir viele Helfer, denen wir danken möchten. Unser besonderer Dank gilt

- ✔ Simone Vobis für die Texte »Spotlight Unternehmensberatung«
- ✔ Adrián Roca Pritchard für die Bewerbungsfotos
- ✔ Rebeca Roca Pritchard für die Konzeption und Gestaltung der Bewerbungsvorlagen

Außerdem danken wir allen Interviewpartnern für die spannenden Einblicke in ihre Tätigkeiten und die wertvollen Bewerbungstipps.

Auf einen Blick

Inhaltsverzeichnis

Kapitel 11
Das Vertragsangebot ... 263

Kapitel 12
Erfolgreich durch die Probezeit ... 287

Einführung

Mit *Bewerbungshandbuch für Studenten für Dummies* wollen wir Ihnen ein Übungsbuch an die Hand geben, das Sie nicht nur in der Bewerbungsphase, sondern bereits während Ihres Studiums und in der Orientierungsphase für den Berufseinstieg unterstützt. Die Erfahrung zeigt, dasss man sich auf viele Tätigkeitsfelder schon im Studium vorbereiten muss. Es reicht häufig nicht mehr, ausschließlich gute Noten zu bekommen. Studierende müssen auch Zeit und Kraft darauf verwenden, Praxiserfahrungen zu sammeln und sich mit den möglichen späteren Tätigkeitsbereichen detailliert auseinandersetzen.

Über dieses Buch

Bewerbungshandbuch für Studenten für Dummies möchte Ihnen bei Bewerbungen während des Studiums und nach dem Studium ein wertvoller Begleiter sein und Sie unterstützen. Daher geben wir Ihnen nicht nur Tipps für das Bewerbungsverfahren, sondern helfen auch bei den Überlegungen, die viel früher stattfinden sollten. Der Fokus soll daher zunächst auf Ihrer Person liegen: Wer sind Sie? Was macht Sie aus? Was wollen Sie? Dafür haben wir Übungen für Sie vorbereitet, deren Ergebnisse eine wichtige Grundlage für die Stellensuche und die Auswahlverfahren sein können.

Die Ausgestaltung der Bewerbungsverfahren ist vielfältig und wird durch die jeweils handelnden Personen geprägt. Sie werden aber immer die klassischen Elemente der Personalauswahl erkennen. Die Erklärung dieser Elemente bildet den Kern von *Bewerbungshandbuch für Studenten für Dummies*. Auch auf die Fallstricke bei der Bewerbung gehen wir ein. Schließlich gibt es ein paar Dinge, die Sie auf gar keinen Fall bei der Erstellung der Unterlagen oder im Rahmen eines Auswahlverfahrens tun sollten.

Wir wollen mit Ihnen unsere Erfahrungen aus der Praxis teilen, die wir in der Durchführung zahlreicher Auswahlverfahren in unterschiedlichen Branchen gesammelt haben. Das Wichtigste aber schon mal vorab: Es gibt keinen Königsweg. Im Laufe Ihrer Bewerbungsaktivitäten werden Sie auf unterschiedliche Charaktere treffen, sei es in der Personalabteilung, in der Fachabteilung oder bei kleineren Arbeitgebern in der Geschäftsleitung. Gerade bei Ihren Antworten in Vorstellungsgesprächen sollten Sie sich bewusst machen, dass Sie selbst entscheiden, wie Sie sich präsentieren. Es ist nicht so, dass man automatisch eine Zusage erhält und nichts mehr schief gehen kann, wenn man alle Ratschläge und Dos & Don'ts von Bewerbungsratgebern befolgt. Schließlich können Sie nur überzeugen, wenn Sie als Bewerber authentisch bleiben. Um Ihnen dabei zu helfen, haben wir an vielen Stellen Arbeitsblätter eingebaut, damit Sie für sich individuelle Antworten auf mögliche Fragestellungen in den Auswahlverfahren erarbeiten können.

Machen Sie sich bewusst, dass nicht jeder Bewerber zu jedem Arbeitgeber passt. Daher kann es sein, dass Sie in einem Interview überzeugen und kurz danach ins Zweitgespräch eingeladen werden, aber in einem anderen Auswahlverfahren durchfallen, weil die Chemie mit den Interviewpartnern nicht stimmt. Sie werden mal den Kopf schütteln und mal positiv überrascht sein, wenn Sie die Personaler und die Entscheider aus den Fachabteilungen beziehungsweise der Geschäftsführung kennenlernen. Wichtig ist, dass Sie sich durch Misserfolge und kuriose Erlebnisse nicht entmutigen lassen, sondern an sich selbst glauben und zielstrebig auf die nächste Einladung hinarbeiten, um am Ende den Vertrag für Ihre Wunschtätigkeit in den Händen zu halten.

Konventionen in diesem Buch

Die *... für Dummies*-Bücher sind modular aufgebaut. Das bedeutet, dass jedes Kapitel in sich abgeschlossen ist und alle zu dem jeweiligen Thema des Kapitels relevanten Informationen liefert. Sie müssen also *Bewerbungshandbuch für Studenten für Dummies* nicht komplett von vorne bis hinten durchlesen, um das letzte Kapitel inhaltlich zu verstehen. Natürlich ist die Reihenfolge der Kapitel trotzdem chronologisch aufgebaut und orientiert sich an den typischen Schritten in einem Bewerbungsverfahren. Das ist gerade für Leser sinnvoll, die noch am Anfang ihres Studiums stehen. Falls Sie also in den unteren Semestern sind und Hilfestellung bei der beruflichen Orientierung und den ersten Schritten beim Thema Bewerben suchen, beginnen Sie am besten mit Kapitel 1 des Buches. Wenn Sie dagegen schon am Ende des Studiums stehen und beispielsweise gerade zu einem Assessment Center eingeladen wurden und sofort mit der Vorbereitung auf dieses Gruppenauswahlverfahren starten möchten, dann blättern Sie einfach direkt zu Kapitel 9. Dank des modularen Aufbaus findet jeder Leser schnell die passenden Inhalte.

Internetseiten und E-Mail-Adressen werden in Nichtproportionalschrift angegeben. So heben sie sich vom Rest des Textes ab.

Typische Bestandteile der *... für Dummies*-Bücher sind neben den Symbolen auch die Listen und Textkästen. Mithilfe der Listen mit Gliederungspunkten sowie den nummerierten Listen werden Inhalte übersichtlich dargestellt. Die Kästchen bieten Hintergrundinformationen zu einem Spezialthema. Zur besseren Lesbarkeit verwenden wir die männliche Form. Selbstverständlich sind immer auch die weiblichen Leser eingeschlossen.

Was Sie nicht lesen müssen

Textkästen enthalten ergänzende Informationen. Für das Verständnis des Inhalts sind diese Texte nicht notwendig und Sie müssen sie daher nicht lesen, wenn Sie es eilig haben.

Törichte Annahmen über den Leser

Unser Ziel ist, dass *Bewerbungshandbuch für Studenten für Dummies* ein Begleiter für alle Fragen rund um die Bewerbung während des Studiums und für den Berufseinstieg ist. Daher richten wir uns an Studierende der unteren Semester genauso wie an höhere Semester sowie an Absolventen. Egal, ob Sie sich schon mit dem Bewerben beschäftigt haben oder das Ganze noch ein Buch mit sieben Siegeln ist – unser Ratgeber bietet sowohl Lesern mit als auch ohne Vorkenntnisse wertvolle Hinweise und Informationen. Wir glauben, dass unsere Tipps zum Thema Bewerbung für Studierende und Absolventen sämtlicher Fachbereiche relevant sind und auch in Bewerbungsverfahren bei unterschiedlichen Arbeitgebern – vom Wirtschaftsunternehmen über Behörden bis zu Kultureinrichtungen oder Vereinen – helfen können. Um einen genaueren Blick auf die Bewerbungspraxis unterschiedlicher Studienrichtungen zu werfen, haben wir mit 30 Berufserfahrenen Interviews geführt. Diese Interviews enthalten studiengangsspezifische Insiderinformationen.

Wie dieses Buch aufgebaut ist

Das Buch ist in fünf Teile gegliedert und beschreibt von der Orientierung auf dem Arbeitsmarkt über die Erläuterung des Bewerbungsprozesses bis zum Vertragsangebot und den ersten Monaten im Job alle Schritte des Bewerbungs- und Einstellungsprozesses.

Teil I: Orientierung auf dem Arbeitsmarkt

Im ersten Teil erhalten Sie einen Überblick über den Bewerbungsprozess und die Dinge, die »drumherum« beachtet werden müssen. So geben wir Antworten auf die Fragen, welche Kleidung Sie wählen sollten, was Sie gegen Nervosität tun können und wie Sie ein absolviertes Bewerbungsverfahren am besten für sich auswerten. Sie finden dann heraus, welche Tätigkeitsfelder für Sie interessant sein könnten und welche beruflichen Ziele Sie haben. Diese Erkenntnisse bilden eine wichtige Grundlage für die spätere Stellensuche sowie den Bewerbungsprozess.

Sie erfahren auch, wie Sie sich während des Studiums optimal auf den Berufseinstieg vorbereiten können. Von der Suche nach Praktika über die Möglichkeit eines Auslandsaufenthalts bis zum Besuch von Hochschulmessen thematisieren wir die zielführenden Vorgehensweisen. Auch Studierende, die kurz vor ihrem Abschluss stehen, finden wichtige Tipps, wie es nach dem Abschluss weiter gehen kann. Neben dem Direkteinstieg und dem Beginn eines Traineeprogramms kann ein weiterführendes Studium für Bachelorabsolventen sinnvoll sein. Ein Auslandsaufenthalt, etwa in Form eines Freiwilligenaufenthalts, ist ebenfalls möglich.

Wir geben Ihnen außerdem Hilfestellung für die Suche nach passenden Stellen. Von Stellenbörsen im Internet über Personalvermittler bis hin zum Initiativanruf lernen Sie die vielfältigen Möglichkeiten kennen, nach Stellen zu suchen.

Teil II: Die Bewerbung vorbereiten

Im zweiten Teil von *Bewerbungshandbuch für Studenten für Dummies* geht es um die Vorbereitung der Bewerbung. Zunächst erfahren Sie, wie man Bewerbungsunterlagen zusammenstellt. Wir gehen insbesondere auf den Lebenslauf, das Anschreiben, das Deckblatt, das Bewerbungsfoto und die üblichen Anlagen einer Bewerbung ein. Darüber hinaus lernen Sie die in Deutschland übliche Zeugnissprache kennen. Außerdem erhalten Sie einen Überblick darüber, wie man sich im englisch- und spanischsprachigen Ausland bewirbt. Der korrekte Versand der Bewerbung ist wichtig. Wir gehen ausführlich auf E-Mail- und Online-Bewerbungen ein. Auch die Papierbewerbung und die mobile Bewerbung werden besprochen. Sie lernen außerdem, wie die Personalentscheider eine Vorauswahl der Bewerbungen treffen, wie Sie sich als Kandidat verhalten sollten, wenn der Arbeitgeber sich bei Ihnen meldet, und wann es sinnvoll ist, dass Sie die Personalentscheider vor beziehungsweise nach dem Versand der Bewerbung anrufen.

Teil III: Das Bewerbungsverfahren

Der dritte Teil von *Bewerbungshandbuch für Studenten für Dummies* stellt die Varianten des Bewerbungsverfahrens vor und gibt Tipps zur Vor- und Nachbereitung sowie der eigentlichen Durchführung. Wir beschreiben das persönliche Vorstellungsgespräch, das entweder der erste Schritt im Auswahlverfahren oder der zweite nach einer Vorauswahl durch Telefoninterview oder Online-Tests ist. Sie lernen, wie Sie sich hierauf vorbereiten, wie ein Interview typischerweise abläuft und mit welchen Fragen man als Kandidat rechnen muss. Auf die Sonderformen des Telefon- und Videointerviews gehen wir ebenfalls ein. Auch das Vorstellungsgespräch für Positionen im Ausland wird thematisiert. Neben Tipps zur Vorbereitung von Assessment-Center-Verfahren, die oft für die Auswahl von Traineeprogrammen genutzt werden, erhalten Sie Hinweise, wie Sie eine Selbstpräsentation, ein Rollenspiel, die Gruppendiskussion, Kurzvorträge und Postkorbübungen meistern. Auf Leistungs- und Persönlichkeitstests gehen wir ebenfalls ein.

Und dann geht es um die Gehaltsverhandlung. Zum einen lernen Sie, gezielt Informationen zu sammeln und Ihr persönliches Profil zu analysieren, um Ihre Gehaltsvorstellung bestimmen zu können. Zum anderen geben wir Ihnen Tipps, wie Sie den Personalverantwortlichen Ihre Gehaltsvorstellung professionell kommunizieren.

Teil IV: Nach dem erfolgreichen Bewerbungsverfahren

Der vierte Teil von *Bewerbungshandbuch für Studenten für Dummies* beschäftigt sich mit all dem, was nach dem positiven Verlauf eines Bewerbungsverfahrens wichtig ist. Zunächst geht es um das Vertragsangebot. Wir geben Ihnen Tipps, worauf Sie bei der Frage, ob Sie ein Arbeitsvertragsangebot annehmen oder nicht, achten sollten. Außerdem stellen wir Ihnen die typischen Elemente eines Arbeitsvertrags vor und gehen auf Tarifverträge und Betriebsvereinbarungen beziehungsweise beim Arbeitgeber geltende Richtlinien ein. Abgerundet wird das Kapitel mit Tipps für die Zeit zwischen Vertragsunterschrift und dem ersten Arbeitstag.

Wir geben Ihnen außerdem Hilfestellung für das erfolgreiche Bestehen der Probezeit. Von der gelungenen Einarbeitung und erfolgreichen Integration in das Team über Empfehlungen zum korrekten Verhalten im beruflichen Umfeld bis hin zum geeigneten Zeitmanagement und dem Umgang mit Stress werden alle für Jobneulinge wichtigen Themen besprochen.

Teil V: Der Top-Ten-Teil

Wie Sie es auch von anderen *... für Dummies*-Büchern kennen, finden Sie im Top-Ten-Teil Listen mit zehn relevanten Punkten. Von der Suche nach passenden Stellen, der Erstellung der Bewerbungsunterlagen, der Vorbereitung und Durchführung von Vorstellungsgesprächen und Assessment Centern über die Gehaltsverhandlung bis zum Vertragsangebot erhalten Sie wertvolle Tipps und lernen die größten Fehler kennen. Wir geben Ihnen auch Hinweise, wie Sie einen Bewerbungsmarathon am besten überstehen. Schließlich lernen Sie noch »No-Gos« während der Probezeit kennen.

Anhang und Download-Bereich

Im Anhang finden Sie Beispiellebensläufe sowie beispielhafte Referenzen auf Deutsch, Englisch und Spanisch. Darüber hinaus können Sie sich von Beispielanschreiben auf Deutsch, Englisch und Spanisch inspirieren lassen. Ein besonderes Highlight sind die Vorlagen, die wir für Sie unter `www.fuer-dummies.de` und dem Stichwort »Zusatzmaterial« zum Download bereitstellen. Sie können aus den verschiedenen Word-Vorlagen in jeweils drei verschiedenen Farben wählen. Ebenfalls unter `www.fuer-dummies.de` und dem Stichwort »Zusatzmaterial« finden Sie Arbeitsblätter, die Sie bei der Bestimmung Ihrer Stärken, Wertvorstellungen und persönlichen Ziele, der Analyse von Stellenanzeigen, der Formulierung eines individuellen Anschreibens oder der Ausarbeitung Ihrer Selbstpräsentation unterstützen. Und dann haben wir 30 Berufserfahrene unterschiedlicher Fachrichtungen zu Worte kommen lassen. Unsere Interviewpartner geben Ihnen Tipps und Insiderinfos zur Vorbereitung auf den Berufseinstieg, zu den möglichen Tätigkeitsfeldern für ihren jeweiligen Studiengang und verraten, was für eine erfolgreiche Bewerbung wichtig ist.

Symbole, die in diesem Buch verwendet werden

Im Text finden Sie unterschiedliche Symbole, mit denen wir verschiedene Informationen für Sie hervorgehoben haben

Bei diesem Symbol finden Sie praktische Tipps und Ideen rund um das Thema Bewerbung, die Sie beachten sollten.

Mit diesem Symbol weisen wir Sie auf mögliche Stolperfallen und Fehlerquellen hin, die sich vor, während oder nach dem Bewerbungsprozess ergeben können.

Unter diesem Symbol finden Sie wichtige Informationen oder Gedanken, die Sie im Kopf behalten sollten.

An dieser Stelle finden Sie rechtliche Hinweise. Das Arbeitsrecht in Deutschland ist sehr vielschichtig und spielt von der Stellenausschreibung bis zum Vertragsschluss eine wichtige Rolle.

Bei diesem Symbol schauen Sie hinter die Kulisse der Personalarbeit und bekommen von uns wertvolle Einblicke in die Denkweise der Personaler.

Wie es weitergeht

Aber nun genug der Vorrede. Tauchen Sie ein in die Welt der Bewerbungen. Wir wünschen Ihnen viel Spaß beim Lesen und viel Erfolg bei Ihren Bewerbungen.

Teil I
Orientierung auf dem Arbeitsmarkt

IN DIESEM TEIL ...

... geben wir Ihnen nicht nur einen Überblick über den gesamten Bewerbungsprozess. Wir fangen noch ein wenig früher an, indem wir Ihnen helfen, sich über Ihre beruflichen und privaten Ziele Gedanken zu machen und Ihre eigenen Werte zu ermitteln, damit Sie sich so passgenau wie möglich auf eine Stelle bewerben können.

IN DIESEM KAPITEL

Der optimale Beginn des Bewerbungsprozesses

Tipps für die Vorbereitung der Unterlagen

Hilfe gegen das Aufschieben

Übungen gegen Nervosität

Kapitel 1
Überblick über den Bewerbungsprozess

Mit dem *Bewerbungshandbuch für Studenten für Dummies* wollen wir Sie bei der Vorbereitung auf Ihre Bewerbungen und den Auswahlprozess unterstützen. Egal, ob Sie noch kurzfristig ein Praktikum suchen oder sich so langsam auf Ihren Studienabschluss in einem halben Jahr vorbereiten wollen, dieses Buch soll Ihnen ein hilfreicher Begleiter sein. In diesem Kapitel geben wir Ihnen Empfehlungen, wann Sie mit den Vorbereitungen für die Bewerbungen für den ersten Job nach dem Studium anfangen sollten. Beim Bewerbungsprozess werden Ihnen unsere Tipps gegen Aufschieberitis und die Übungen gegen Nervosität und Stress helfen. Zum Schluss gehen wir auch auf den Dresscode im Bewerbungsprozess ein.

Los geht's mit der Bewerbung

Wenn Sie dieses Buch in den Händen halten, möchten Sie sich mit dem Thema Bewerbungen beschäftigen. Das kann eine Bewerbung für ein Praktikum sein oder für den Berufseinstieg. Wie früh Sie sich mit dem Bewerben beschäftigen, ist oftmals eine Typfrage. Es stellt sich auch die Frage, ob es einen richtigen Zeitpunkt für das Versenden einer Bewerbung gibt. Darauf können wir zunächst nur die wenig hilfreiche Antwort »Es kommt darauf an.« geben.

Eine Typfrage

Es gibt Menschen, die erledigen immer alles in letzter Minute und bekommen es doch noch hin, ihre Hausarbeit in der Nacht vor dem Abgabetermin fertigzustellen. Diese Menschen gehen wahrscheinlich auch das Thema Bewerbung locker an. Statt sich monatelang vorzubereiten, werden sie kurz vor dem Praxissemester die ersten Bewerbungen losschicken. Wenn Sie zu denen gehören, die nichts dem Zufall überlassen und direkt nach Wahl des Themas für die Hausarbeit mit der Recherche anfangen, werden Sie sicher auch bei der Bewerbung für den Praktikumsplatz nichts dem Zufall überlassen.

Wenn Sie der »in letzter Minute«-Typ sind, werden Sie wahrscheinlich zu den Kapiteln blättern, die beschreiben, was Sie kurz vor der Bewerbung vorbereiten müssen. Wir möchten Ihnen jedoch auch das zweite Kapitel ans Herz legen, mit dem Sie Ihre Motivationslage hinterfragen und herausfinden können, welche beruflichen Ziele Ihnen wichtig sind. Als planvoller Vorbereiter werden Sie das Buch sicher von vorne nach hinten durcharbeiten. Wenn dann aber doch ganz kurzfristig eine Einladung zum Vorstellungsgespräch kommt, können Sie sich auch unmittelbar vor dem großen Tag in dem entsprechenden Kapitel schlau machen.

Das *Bewerbungshandbuch für Studenten für Dummies* soll eine umfassende Vorbereitung auf Bewerbungen und den Auswahlprozess sicherstellen. Auch wenn Sie kurzfristig noch eine Bewerbung losschicken wollen oder überraschend zu einem Vorstellungsgespräch eingeladen werden, können wir Ihnen weiterhelfen. Blättern Sie einfach zu dem passenden Kapitel.

Die äußeren Umstände

Ihre Vorbereitungszeit ist nicht die einzige ausschlaggebende Komponente im Bewerbungsprozess. Entscheidend ist vor allem, was auf der Seite des Unternehmens passiert. Die Personalabteilungen in den Unternehmen kennen in der Regel die vorlesungsfreien Zeiten an den Hochschulen und die Zeiträume, in denen Studierende ihren Abschluss machen. Dennoch geht man in den Unternehmen beim Einsatz von Praktikanten und dem Einstieg von Absolventen ganz unterschiedlich vor. Manche Unternehmen haben feste Zyklen, in denen sie Praktikanten suchen oder auch einen festen Starttermin für Traineeprogramme. Andere Unternehmen suchen Praktikanten erst, wenn ein Fachbereich einen konkreten Bedarf meldet und auch die Starttermine ihrer Traineeprogramme sind flexibel.

Je klarer Ihre Vorstellung von Ihrem beruflichen Einstieg ist, desto früher sollten Sie mit dem Bewerbungsprozess anfangen. Nur so können Sie sicherstellen, dass Sie nicht eine wichtige Bewerbungsfrist verpassen.

Es kann auch passieren, dass ein Unternehmen einen Praktikumsplatz vermeintlich seit Monaten besetzt hat und der Praktikant jedoch kurz vor Beginn einen Rückzieher macht und absagt. Dann muss das Unternehmen schnell reagieren und einen neuen Auswahlprozess starten – und Personaler freuen sich über Bewerber, die ebenso kurzfristig auf der Suche nach einer Stelle sind.

Einen Fahrplan machen

Auch mit einer Bewerbung in letzter Minute kann man erfolgreich sein, insbesondere, wenn man inhaltlich und örtlich flexibel ist. Aber lassen Sie nicht zu viel Zeit verstreichen, bevor Sie anfangen, sich zu bewerben. Je früher Sie sich umschauen, desto größer ist die Chance, die für Sie optimale Stelle zu finden. Als Orientierung haben wir einen Fahrplan zusammengestellt, der die wichtigsten Punkte beim Countdown zum Studienende enthält.

Sechs Monate vor dem Abschluss

Je nachdem, was Sie nach Abschluss Ihres Studiums planen, kann es sein, dass Sie Bewerbungsfristen berücksichtigen müssen. Das wird insbesondere bei Traineeprogrammen oder Masterstudiengängen der Fall sein. Informieren Sie sich frühzeitig, welche Bewerbungsfristen Sie beachten müssen. Auch wenn Sie nach dem Studienabschluss einen längeren Auslandsaufenthalt planen, sollten Sie früh mit der Planung beginnen. Wenn Sie ein Visum beantragen müssen, kann das einige Zeit in Anspruch nehmen.

Vier Monate vor dem Abschluss

Fangen Sie nun an, Ihre Bewerbungsunterlagen zusammenzustellen. Kontrollieren Sie, ob alle wichtigen Dokumente vorliegen. Vielleicht fehlt ein Praktikumszeugnis, das Sie noch anfordern müssen. Beginnen Sie nun auch schon mit der Recherche. Haben Sie einen Wunscharbeitgeber? Dann schauen Sie ab und zu auf dessen Karriereseite nach, ob eine für Sie passende Stelle ausgeschrieben ist. Sie können sich auch auf Jobportalen für Suchagenten registrieren, die Sie per E-Mail benachrichtigen, wenn eine adäquate Position ausgeschrieben wird.

Drei Monate vor dem Abschluss

Nun ist es an der Zeit, die ersten Bewerbungen zu verschicken. Im Anschreiben nennen Sie am besten schon das voraussichtliche Studienende und den möglichen Eintrittstermin. Wenn Sie nach dem Studium noch einen längeren Urlaub planen, berücksichtigen Sie das beim Starttermin, den Sie angeben.

Wenn Sie aufgrund von sozialversicherungspflichtigen Tätigkeiten vor dem Studium oder während des Studiums einen Anspruch auf Arbeitslosengeld I haben, sollten Sie bedenken, dass die Dreimonatsfrist beginnt. Wer sich nicht rechtzeitig bei der Arbeitsagentur meldet, wird zunächst gesperrt und erhält erst mal kein Geld. Wenn Sie die Voraussetzungen für das Arbeitslosengeld I nicht erfüllen, können Sie prüfen lassen, ob Sie einen Anspruch auf Arbeitslosengeld II, im Volksmund »Hartz IV« genannt, haben. Somit würden auch Ihre Beiträge zur gesetzlichen Krankenversicherung von der Agentur für Arbeit übernommen werden. Denken Sie jedoch, auch unabhängig von finanziellen Aspekten, darüber nach, sich bei der Arbeitsagentur zu melden, da Sie dann auch die Möglichkeit haben, deren Arbeitsvermittlung in Anspruch zu nehmen.

Ein Monat vor dem Abschluss

Auch einen Monat vor dem Abschluss haben Sie immer noch die Möglichkeit, unmittelbar nach Studienende ins Berufsleben zu starten. Viele Unternehmen wollen, dass neue Mitarbeiter kurzfristig anfangen. Wenn Sie kurzfristig verfügbar sind, kann das durchaus ein Vorteil für Sie sein. Wenn Sie schon viele Bewerbungen geschrieben haben, aber noch nicht zu Gesprächen eingeladen wurden, ist nun ein guter Zeitpunkt, noch einmal Ihre Bewerbungsunterlagen zu prüfen. Es ist immer hilfreich, Anschreiben und Lebenslauf von Dritten anschauen zu lassen. Hinterfragen Sie auch Ihr Vorgehen. Haben Sie die Suche zu stark eingeschränkt, zum Beispiel hinsichtlich der Region?

Wenn die Stellensuche länger dauert als gedacht, können unterschiedliche Gründe ausschlaggebend sein. Manche Faktoren, wie etwa die Lage auf dem Arbeitsmarkt, können Sie nicht beeinflussen. Aber an manchen Stellschrauben, wie etwa Ihren Bewerbungsunterlagen, können Sie drehen. In Kapitel 5 erfahren Sie, was Sie tun können, wenn sich die Stellensuche schwierig gestaltet.

Beim Abschluss

Keine Panik, wenn es noch nicht geklappt hat mit dem Stellenangebot. Aber wenn Ihre Bewerbungsphase schon länger dauert, sollten Sie spätestens nun auch Alternativen für den Berufseinstieg erwägen, wie zum Beispiel die Arbeitnehmerüberlassung.

Aufschieberitis bekämpfen

Wenn Sie eher zu denen gehören, die Dinge gern aufschieben und Vieles auf den letzten Drücker machen, sollten Sie sich mit dem Thema *Aufschieberitis* beschäftigen. Nicht nur im Hinblick auf die Bewerbungsphase kann diese Schwäche zum Problem werden. Der Tag des Studienendes rückt unaufhaltsam näher und trotzdem fallen Ihnen viele Dinge ein, die wichtiger sind, als sich auf die Stellensuche zu machen? Hinterfragen Sie die Gründe, warum Sie sich mit diesem Thema noch nicht auseinandersetzen möchten. Haben Sie möglicherweise Angst vor Absagen, oder wissen Sie gar nicht so recht, welche beruflichen Pläne Sie haben? Sich die Gründe bewusst zu machen, ist ein wichtiger erster Schritt, um dann auch tatsächlich einmal anzufangen mit dem Bewerben.

Wenn Sie noch nicht sicher sind, welchen beruflichen Weg Sie einschlagen möchten, empfehlen wir Ihnen, Kapitel 2 aufzuschlagen. Dort helfen wir Ihnen, sich Ihre Stärken bewusst zu machen und Ihre beruflichen Vorstellungen zu formulieren.

Listen machen

Wenn man ein großes Projekt vor sich hat, kann es sein, dass man vor lauter Aufgaben wie gelähmt ist. Ihnen gehen tausend Gedanken durch den Kopf, was alles zu tun ist, und jedes Mal, wenn Sie mit einer Aufgabe anfangen wollen, fällt Ihnen ein, was Sie eigentlich außerdem noch tun müssten. Dann hilft es, wenn Sie sich eine Liste machen. Schreiben Sie alle Aufgaben auf, die Sie erledigen müssen. Sie können die Aufgaben priorisieren, etwa mit dem Eisenhower-Modell und der ABC-Analyse, die wir in Kapitel 12 vorstellen. Es kann auch schon reichen, alle Aufgaben aufzuschreiben und mit der ersten anzufangen. Sie werden merken, wie motivierend es ist, wenn Sie das erste »Erledigt«-Häkchen setzen können.

Mit kleinen Aufgaben beginnen

Auch wer Listen macht, kann sich ganz schnell verzetteln. Fangen Sie mit kleinen Aufgaben an, bei denen Sie schnell Ergebnisse sehen können. Sie wissen schon bei dem Gedanken an Ihre Bewerbungsunterlagen nicht, wo Ihnen der Kopf steht? Dann fangen Sie mit der Überprüfung der Vollständigkeit an. Haben Sie das Abiturzeugnis, alle Arbeitszeugnisse und Ihren aktuellen Notenspiegel beisammen? Dann können Sie doch bereits einen dicken Haken machen und sich freuen.

Auf eine Aufgabe konzentrieren

Wenn Sie dazu neigen, von einer Aufgabe zur nächsten zu springen, sollten Sie sich bewusst machen, dass Sie damit viel Zeit verlieren. Denn jedes Mal, wenn Sie eine Aufgabe abbrechen, brauchen Sie unverhältnismäßig viel Zeit, um sich später wieder einzufinden. Das nennt sich Sägeblatteffekt. Stellen Sie sich daher den Timer auf Ihrem Handy oder die Eieruhr. Ideal sind 20 bis 30 Minuten. In dieser Zeit widmen Sie sich nur einer einzigen Aufgabe. Sie werden sehen, wie viel effizienter Sie sind.

Struktur schaffen

Noch einmal schnell eine Ladung Wäsche waschen, das Bad putzen – plötzlich sind die unbeliebtesten Aufgaben ganz wichtig und müssen dringend erledigt werden. Machen Sie sich bewusst, dass Sie diese Tätigkeiten nur deshalb erledigen, um etwas anderes nicht tun zu müssen. Es kann helfen, sich ein Zeitlimit zu setzen, bis wann man Hausarbeiten erledigt, bevor man sich an die eigentlich wichtige Aufgabe macht. Auch wenn Sie vielleicht keine Vorlesungen mehr besuchen müssen, sollten Sie versuchen, den Tag so strukturiert wie möglich anzugehen. Stehen Sie möglichst immer zur selben Zeit auf und machen sich klare Vorgaben. Sie könnten sich zum Beispiel vornehmen, spätestens um 9:00 Uhr am Schreibtisch zu sitzen und mit der Arbeit anzufangen.

Ablenkungen vermeiden

Zu Hause locken die meisten Ablenkungen – sei es der Fernseher, der Kühlschrank oder die Mitbewohnerin. Man findet schnell Dinge, um sich abzulenken. Da kann es helfen, einen Ortswechsel vorzunehmen. Fahren Sie zur Unibibliothek, um dort im Internet nach Stellen zu suchen. Überlegen Sie, was Ihnen Freude macht und belohnen Sie sich, wenn Sie eine Aufgabe erledigt haben. Über den Tag verteilt sollten es jedoch nur kleine Belohnungen sein, damit Sie sich nicht zu sehr abzulenken und die Hauptaufgabe, das Bewerben, nicht aus den Augen verlieren. Das könnte zum Beispiel eine heiße Schokolade nach der Formulierung des Anschreibens sein.

Checkliste für die Bewerbung

Sie müssen eigentlich nicht viel tun, um die erste Bewerbung losschicken zu können. Gehen Sie unsere Checkliste durch und prüfen Sie, was Sie schon erledigt haben, und was noch zu tun ist:

- ✔ ein professionelles Bewerbungsfoto machen lassen
- ✔ den Lebenslauf erstellen, zum Beispiel mit unserer Vorlage im Downloadbereich
- ✔ Unterlagen, wie etwa Arbeitszeugnisse, auf Vollständigkeit prüfen
- ✔ eine Formatvorlage für das Anschreiben erstellen – die Inhalte passen Sie dann auf die jeweilige Stellenanzeige an

Unterlagen vorbereiten

Bevor der eigentliche Bewerbungsprozess losgeht, sollten Sie dafür sorgen, dass Sie alle Unterlagen beisammen haben. Aber was gehört zu den relevanten Bewerbungsunterlagen? Stellen Sie Ihre Unterlagen so früh wie möglich zusammen. Wenn Sie ein bewerbungsrelevantes Dokument erhalten, scannen Sie es gleich ein und legen es bei Ihren anderen Bewerbungsdateien ab. So können Sie schnell reagieren, falls Sie sich kurzfristig bewerben möchten, und Sie müssen die Dokumente nicht ein halbes Jahr später noch einmal zusammensuchen.

Zu einer vollständigen Bewerbung als Studierender beziehungsweise Absolvent gehören:

- ✔ Das Anschreiben: Sie sollten kein Standardanschreiben verwenden. Sie können sich die Formulierung und Formatierung eines Anschreibens erleichtern, indem Sie eine Formatvorlage speichern, die Sie zur Erstellung des Anschreibens nutzen. Vorlagen finden Sie im Internet. Achten Sie darauf, dass die Vorlagen der DIN 5008 entsprechen.
- ✔ Der Lebenslauf: Sie können Ihren Lebenslauf gut vorbereiten. In der Regel ändern sich die Inhalte nicht so häufig und es ist selten der Fall, dass Sie den Lebenslauf auf eine bestimmte Bewerbung anpassen müssen. Denken Sie daran, den Lebenslauf zu aktualisieren, wenn Sie zum Beispiel ein weiteres Praktikum absolviert haben.
- ✔ Zeugnis der Hochschulreife: In seltenen Fällen wird darauf geachtet, ob Sie eine beglaubigte Kopie des Zeugnisses vorgelegt haben. Da Sie eine beglaubigte Kopie auch schon zur Immatrikulation an Ihrer Hochschule vorlegen mussten, sollte die Bereitstellung des Dokuments kein Problem sein.

Aktuelle Notenübersicht oder das Abschlusszeugnis: Manche Unternehmen schauen genau auf die Noten, die Sie während des Studiums erzielt haben. Wenn Ihr Abschlusszeugnis bereits vorliegt, sollten Sie darauf achten, dass Sie genau das Dokument Ihrer Bewerbung beilegen, das auch Ihre Abschlussnote enthält. Wenn Sie das Abschlusszeugnis noch nicht haben beziehungsweise Sie sich auf ein Praktikum bewerben, legen Sie stattdessen die aktuelle Notenübersicht bei. Als Praktikant oder Werkstudent müssen Sie auch eine aktuelle Immatrikulationsbescheinigung vorlegen. Sie müssen sie aber nicht schon der Bewerbung beilegen. Ein Unternehmen braucht diesen Nachweis erst für die Gehaltsabrechnung und bei langen Bewerbungsprozessen kann es sein, dass Sie zum Startzeitpunkt bereits im nächsthöheren Semester sind.

- ✔ Arbeitszeugnisse: Stellen Sie sicher, dass Sie zeitnah nach Beendigung einer Tätigkeit ein Arbeitszeugnis erhalten. Arbeitszeugnisse sind wichtige Bestandteile Ihrer Bewerbungsunterlagen.
- ✔ Zertifikate: Wählen Sie aus, welche Zertifikate wichtig für Ihre Bewerbung sind. Da Sprachkenntnisse mittlerweile unerlässlich sind, ist es sinnvoll, sie in den Anhang zu integrieren. Wenn Sie sich für eine Stelle im SAP-Bereich bewerben, kann auch ein Zertifikat zu einem SAP-Modul interessant sein, das Sie an Ihrer Hochschule erworben haben.
- ✔ Weitere Unterlagen: Bescheinigungen für ein Ehrenamt oder auch Referenzschreiben von Tätigkeiten im Ausland könnten wichtig sein. Da in vielen Ländern keine Arbeitszeugnisse erstellt werden, ist ein Referenzschreiben ein adäquater Ersatz.

Bewahren Sie alle für eine Bewerbung wichtigen Papier-Dokumente in einem einzigen Ordner auf. So haben Sie schnell alles zur Hand, wenn Sie einmal die Originaldokumente brauchen.

Für Ihre Bewerbungen brauchen Sie heutzutage eigentlich nur noch digitale Kopien. Doch gehen Sie auch mit den Originaldokumenten sorgsam um. Eventuell werden Sie gebeten, Originale vorzuweisen, oder vielleicht müssen Sie zu einem späteren Zeitpunkt Ihre Bewerbungsunterlagen noch mal neu einscannen.

Eine digitale Kopie erstellen

Erstellen Sie von allen relevanten Dokumenten eine digitale Kopie. Scannen Sie das Dokument ein oder fotografieren Sie es notfalls. Die Qualität der Kopie ist in der Regel besser, wenn Sie das Dokument einscannen.. Farbige Scans wirken hochwertiger, aber schwarz-weiß-Scans reichen vollkommen aus. Die Bewerbungsunterlagen sollten jedoch einheitlich sein. Bleiben Sie also entweder schwarz-weiß oder nutzen Sie durchgängig farbige Kopien. Achten Sie in jedem Fall auf folgende Dinge:

- ✔ Es sollte nicht zu viel Hintergrund sichtbar sein.
- ✔ Die digitale Kopie darf nicht zu dunkel und damit schlecht lesbar sein.
- ✔ Es sollten keine auffälligen Schatten auf dem Dokument zu sehen sein.
- ✔ Das Bild muss ausreichend scharf sein, um es lesen zu können.

Speichern Sie jedes Dokument als separate Datei ab, aber erstellen Sie auch eine Datei, die alle Anlagen Ihrer Bewerbung enthält. In vielen Bewerbungsprozessen werden Sie aufgefordert, die Bewerbung als eine einzige Datei zu schicken. Wenn Sie wissen, dass Ihr Lebenslauf nicht in naher Zukunft angepasst werden muss, können Sie ihn auch schon zu der Datei mit den Anlagen hinzufügen. Somit müssen Sie, wenn Sie mit dem Bewerben anfangen, nur noch das Anschreiben erstellen und hinzufügen.

Dokumente ins PDF-Format verwandeln

Sie haben verschiedene Möglichkeiten, ein Dokument im PDF-Format zu speichern. Wenn Ihr Ausgangsdokument im Word-Format ist und Sie das Office Paket von Microsoft nutzen, geht dies folgendermaßen:

✔ Öffnen Sie das Dokument in Microsoft Word.

✔ Klicken Sie auf »Datei« und wählen Sie »Speichern unter« aus.

✔ Es öffnet sich ein neues Dialogfenster, in dem Sie neben dem Speicherort und dem Dateinamen auch den Dateityp festlegen können.

✔ Wählen Sie unter »Dateityp« das Format »PDF« aus und klicken Sie auf »Speichern«.

✔ Das Dokument wird umgewandelt und am ausgewählten Speicherort abgelegt.

Wenn Sie auf einem Mac arbeiten, können Sie jedes beliebige Dokument im PDF-Format speichern. So gehen Sie vor:

✔ Öffnen Sie das entsprechende Dokument.

✔ Klicken Sie auf »Ablage« und wählen Sie »Drucken« aus.

✔ Es öffnet sich ein neues Dialogfenster, in dem Sie auf den PDF-Befehl klicken.

✔ Wählen Sie »Als PDF sichern« aus.

Sie können auch einen PDF-Konverter nutzen. Es gibt viele kostenfreie Konverter, die Sie entweder auf Ihrem Rechner installieren können oder die online verfügbar sind. Wenn einzelne Dateien bereits im PDF-Format vorliegen, können Sie sie zu einem Gesamtdokument zusammenfügen. Auch dabei sind frei verfügbare PDF-Konverter aus dem Internet eine Hilfe.

Wenn Sie Ihre Zeugnisse und Zertifikate als Bilddatei gespeichert haben, können Sie ein Textverarbeitungsprogramm nutzen, um die Bilder in das Gesamtdokument einzufügen. Achten Sie darauf, dass die Zeugnisse und Zertifikate die ganze Seite einnehmen und lesbar sind. Wandeln Sie Ihre Bewerbungsunterlagen in ein PDF-Dokument um.

Nutzen Sie, wenn möglich, immer das PDF-Format für Ihre Bewerbungsdateien, und fassen Sie die Unterlagen in so wenigen Dateien wie möglich zusammen. Damit erleichtern Sie den Unternehmen die Durchsicht Ihrer Unterlagen. Es wird ungern gesehen, wenn jedes Dokument als einzelne Datei versendet wird. Richtig zeitaufwendig und damit ärgerlich wird es für die Personalentscheider, wenn jede Seite eines mehrseitigen Zeugnisses als eigene Datei abgespeichert ist. Nachdem Sie Ihre Bewerbungsdokumente in das PDF-Format umgewandelt und mithilfe eines Konverters eine Datei erstellt haben, gibt es noch einen wichtigen Punkt zu beachten – die Dateigröße. Viele Unternehmen geben eine maximale Dateigröße für die Bewerbungsunterlagen vor. Oft bewegt sich die Obergrenze zwischen drei bis fünf Megabyte für die gesamten Bewerbungsunterlagen. Wenn Sie diese Grenze wesentlich überschreiten, sollten Sie unbedingt die Größe der Datei verringern. Das können Sie tun, indem Sie die Auflösung der Datei verringern, zum Beispiel über einen PDF-Konverter. Dabei kann aber die Qualität der Datei erheblich leiden. Prüfen Sie also auf jeden Fall das Ergebnis, bevor Sie eine komprimierte Datei verschicken.

Wir raten davon ab, Ihre Bewerbungsunterlagen als ZIP-Datei zu versenden. Das bedeutet unnötige Arbeit für den Empfänger, der wiederum nach dem Auspacken die Datei in der ursprünglichen Größe vorliegen hat. Auf den meisten Bewerbungsportalen werden ZIP-Dateien gar nicht erst akzeptiert.

Speichern der Unterlagen

Wenn Sie von allen wichtigen Dokumenten eine digitale Kopie gemacht haben, stellt sich die Frage, wo Sie die Unterlagen speichern. Dazu gibt es viele Möglichkeiten:

- ✔ **Auf Ihrem Rechner:** Die meisten Bewerbungen werden Sie wahrscheinlich zu Hause von Ihrem Rechner versenden. Daher ist es sinnvoll, die Bewerbungsunterlagen auf Ihrer Festplatte abzuspeichern.
- ✔ **In der Cloud:** Wenn Sie sicherstellen wollen, dass Sie an verschiedenen Orten auf Ihre Bewerbung zugreifen können und nicht nur von Ihrem eigenen Rechner Bewerbungen verschicken möchten, sollten Sie Ihre Unterlagen auch in der Cloud speichern.
- ✔ **Auf dem Smartphone:** Viele Job-Portale und Karriereseiten von Unternehmen sind auch für mobile Endgeräte optimiert. Das heißt, Sie können auch mit Ihrem Smartphone auf die Jobsuche gehen und damit Bewerbungen verschicken. Häufig brauchen Sie dann auch nur Ihren Lebenslauf.
- ✔ **USB-Stick:** Wenn Sie auf Nummer sicher gehen wollen, können Sie eine Kopie auf einem USB-Stick machen. Bei Bewerbungen von Hochschulabsolventen legen die Unternehmen meist mehr Wert auf Vollständigkeit als bei Berufserfahrenen. Bevor Sie sich mobil mit einem Lebenslauf bewerben, sollten Sie sicherstellen, dass Sie damit den Anforderungen genügen.

Nervosität und Anspannung in den Griff bekommen

Sie bekommen schon bei dem Gedanken an ein Vorstellungsgespräch oder ein Assessment Center weiche Knie und nasse Hände? Wir haben Tipps für Sie, wie Sie besser mit Nervosität und Anspannung im Bewerbungsprozess umgehen können:

- ✔ mentale Hilfestellungen beim Umgang mit Versagensängsten
- ✔ den Körper zur Ruhe bringen mit Atemübungen

Die Übungen können Sie zu Hause als Vorbereitung auf ein Vorstellungsgespräch durchführen. Einige Übungen, wie etwa die Lächelübung, eignen sich sogar für die Zeit kurz vor dem Gespräch.

Übungen zur Stressbewältigung

Eine gute Vorbereitung hilft, die Nervosität in wichtigen Situationen wie einem Vorstellungsgespräch in den Griff zu bekommen. Das hört sich banal an, wird aber häufig unterschätzt. Wenn Sie die möglichen Fragestellungen im Vorstellungsgespräch zu Hause durchgegangen sind und sich Ihre Antworten darauf überlegt haben, wird Sie die Frage nach Ihren Stärken und Schwächen dann im Interview nicht aus der Fassung bringen. Eine zu Hause gut vorbereitete Selbstpräsentation wird Ihnen helfen, bei einem Assessment Center diese typische Aufgabenstellung schneller und mit weniger Anspannung zu lösen. Nehmen Sie sich mindestens zwei Tage, idealerweise ein bis zwei Wochen Zeit, um ein Auswahlverfahren vorzubereiten. Hören Sie am Vorabend des Verfahrens jedoch ausreichend früh mit Ihren Vorbereitungsaktivitäten auf, damit Sie genügend Schlaf bekommen vor Ihrem wichtigen Tag.

Selbst die beste Vorbereitung kann manchmal nicht verhindern, dass Sie bei einem wichtigen Termin unglaublich nervös und angespannt sind. Eine gewisse Anspannung ist bei einem Vorstellungsgespräch normal. Wichtig ist, dass Sie auf Ihre Gesprächspartner aufgrund Ihrer Nervosität nicht unsicher wirken, oder es sogar zu einem Blackout bei Ihnen kommt. Mit bestimmten Übungen können Sie Ihre Nervosität und Anspannung in den Griff bekommen. Finden Sie heraus, welche Übung bei Ihnen am effektivsten ist.

Bewusst atmen und die Stimme entspannen

Nicht umsonst heißt es bei Stresssituationen: »Jetzt atmen Sie erstmal tief durch!« Bei Anspannung neigen wir zu Kurzatmigkeit und gleichzeitig rutscht die Stimme im Körper weiter nach oben, sodass wir nicht mehr aus dem »Brustton der Überzeugung«, sondern im Extremfall als piepsiges Mäuschen sprechen. Atmen Sie bewusst und hörbar mehrmals aus. Legen Sie dabei die Hände auf den Bauch. Stellen Sie sich gleichzeitig vor, Sie würden Ihren Atem in den Boden schicken. Diese Vorstellung unterstützt Sie dabei, Ihre Atmung zu vertiefen und somit eine körperliche Entspannung zu bewirken.

Machen Sie nun ein lockeres »Hhmmm« mit der Stimme. Es ist das Geräusch, mit dem man zeigt, dass etwas sehr gut schmeckt. Wenn Sie diese entspannte Sprechstimmlage gefunden haben, summen Sie in eben dieser Tonhöhe locker vor sich hin. Das ist Balsam für Ihre Stimmbänder und trägt zur Lockerung Ihrer Gesichts- und Halsregion bei. Außerdem finden Sie so, wenn Ihre Stimme durch Anspannung in die Höhe gerutscht ist, wieder zu Ihrer entspannten, natürlichen Stimmhöhe zurück. Sie können die Übung im Stehen oder Sitzen machen. Wenn Sie mit öffentlichen Verkehrsmitteln zum Vorstellungsgespräch oder Assessment Center anreisen, können Sie den ersten Teil der Übung in Bahn oder Bus im Sitzen machen. Wenn Sie das Firmengebäude erreichen, können Sie im Freien oder an einem ruhigen Ort im Gebäude den zweiten Teil der Übung im Stehen absolvieren.

Mit Mantren zur Ruhe kommen

Hindus und Buddhisten setzen auf die Kraft von Mantren. Das sind Silben, Worte oder Verse, die meist singend wiederholt werden. So entspannt man seinen Geist. Auch in unserem Kulturkreis schätzen viele die Wirkung der Mantren. Das bekannteste Mantra ist die Silbe

»Om«. Durch das Singen wird der Körper zum Vibrieren gebracht und das Mantra kann so seine beruhigende Wirkung entfalten.

In Bewerbungsphasen klagen viele darüber, dass Sie unruhig sind, von Zukunftsängsten geplant werden und schlecht schlafen können. Wenn es Ihnen auch so geht, sollten Sie, wenn Sie zu Hause ungestört in einer sitzenden oder liegenden Position sind, in Ruhe atmen und dabei ein Mantra in entspannter Stimmlage singen oder sprechen. Dabei können Sie die Augen schließen. Neben der Silbe »Om« können auch Wörter wie »Ruhe« und »Kraft« als Mantren dienen.

Mentale Stütze durch Affirmationen

Affirmationen sind positiv formulierte prägnante Sätze. Sie werden sprechend oder lautlos formuliert und können die persönliche Denkweise positiv beeinflussen. Affirmationen, die in Anspannungs- und Stresssituationen wie einer Bewerbungsphase hilfreich sein können, sind:

- ✔ »Ich bin ganz ruhig.«
- ✔ »Ich bin stark.«
- ✔ »Ich vertraue auf meine Fähigkeiten.«

Affirmationen lassen sich auf vielfältige Art und Weise in den Alltag einbauen. Hier einige Anregungen:

- ✔ Definieren Sie einen Satz, der auf Ihre aktuelle Lebenssituation passt. Das sollte ein kurzer Satz sein, der positiv formuliert ist und den Sie sich leicht merken können, wie »Ich überzeuge im Vorstellungsgespräch.«
- ✔ Versuchen Sie, sich Ihre persönliche Affirmation mehrmals am Tag ins Bewusstsein zu rufen, indem Sie den Satz laut zu sich selbst sagen oder still für sich formulieren. Das können Sie auch während einer Busfahrt tun.
- ✔ Wenn Sie zu Hause sind, formulieren Sie den Satz mit geschlossenen Augen und atmen Sie bewusst tief ein. Das unterstützt die beruhigende Wirkung der Affirmation.

Worst-Case Szenario ausmalen

Wenn sich schon beim Gedanken an ein bevorstehendes Interview Ihr Magen zusammenzieht, kann es helfen, sich bewusst zu machen, was schlimmstenfalls passieren kann. Haben Sie Angst vor einem Blackout, bei dem Ihnen kein Satz mehr über die Lippen kommt? Es fallen Ihnen sicherlich viele Szenarien ein, die dazu führen könnten, dass Sie Ihre Interviewpartner oder die Beobachter im Assessment Center nicht überzeugen und auch kein Vertragsangebot für die Position erhalten. Machen Sie sich bewusst, dass auch ein Scheitern positive Seiten haben kann:

- ✔ Durch jedes Bewerbungsverfahren trainieren Sie, sich in dieser schwierigen Situation zurecht zu finden. Je mehr Interviews oder auch Assessment Center Sie durchlaufen haben, desto mehr Sicherheit gewinnen Sie, wodurch Sie selbstsicherer werden.
- ✔ Lernen Sie aus Ihren Erfahrungen und überlegen Sie, was Sie beim nächsten Bewerbungsverfahren anders machen können, um dort noch besser zu überzeugen.

Negative Einstellung und Glaubenssätze bearbeiten

Wer kennt Sie nicht – die innere Stimme, die einem ständig sagt, dass man nicht gut genug ist, um den gewünschten Job zu bekommen. Natürlich ist es wichtig, sich realistisch einzuschätzen. Wenn Sie Museumspädagogik studiert haben, werden Sie wohl keine Chance haben, einen Job als Maschinenbauingenieur zu bekommen. Manchmal schätzen wir uns allerdings ohne Grund schlechter ein, als wir tatsächlich sind. Wir machen uns negative Gedanken und trauen uns wenig zu, obwohl uns unser Umfeld gut zuredet und an unsere Fähigkeiten glaubt. Dann können sogenannte negative Glaubenssätze eine Rolle spielen und uns blockieren. Mit einer negativen Einstellung können Sie sich und Ihren Erfolg in einem Bewerbungsverfahren sabotieren. Sie müssen von sich überzeugt sein, um Kompetenz auszustrahlen. Geübte Gesprächspartner bemerken tiefsitzende Unsicherheiten schnell.

Im Folgenden zeigen wir Ihnen, wie Sie mit negativen Glaubenssätzen umgehen können:

- ✔ Finden Sie heraus, ob Sie von negativen Gedanken geplagt werden. Typisch sind Einstellungen wie »Das schaffe ich sowieso nicht!« oder »Ich bin nicht gut genug«.
- ✔ Setzen Sie sich intensiv mit den Glaubenssätzen auseinander. Gehen Sie den Ursachen auf den Grund. Haben Sie schlechte Erinnerungen an die Schulzeit? Oder glauben Ihre Eltern nicht an Ihren beruflichen Erfolg? Die Gründe können vielfältig sein und es lohnt sich eine Auseinandersetzung mit sich selbst.
- ✔ Bewerten Sie die Glaubenssätze, indem Sie prüfen, wie realistisch sie sind. Wie haben Sie sich in Ihrem bisherigen Leben in schwierigen Situationen geschlagen? Vielleicht hatten Sie zwar Bedenken, haben aber trotzdem gute Erfolge erzielt, etwa beim Schulabschluss, in Prüfungen oder bei der Suche nach einem Praktikum? Wenn dem so ist, sammeln Sie Beispiele für Ihre Lebenserfahrungen, in denen Sie gute Ergebnisse verzeichnen konnten, und schreiben Sie sie auf.
- ✔ Formulieren Sie Ihre negativen Glaubenssätze in positive Aussagen um. »Das schaffe ich sowieso nicht.« kann zu einem »Ich habe schon einige schwierige Situationen in meinem Leben gemeistert und kann auch zukünftige Herausforderungen bestehen.« werden. Wenn Sie Ihren neuen Glaubenssatz notiert haben, sprechen Sie ihn immer wieder zu sich selbst, damit sich diese neue mentale Einstellung in Ihrem Gehirn verankert. So entsteht ein neues Bewusstsein, das Ihnen bei der Bewältigung neuer Situationen helfen wird.

Hier können Sie sich Notizen machen:

Sich lächelnd in eine positive Stimmung versetzen

Die Lächelübung hilft gegen Lampenfieber und mentalen Stress. Bewegen Sie 30 bis 60 Sekunden Ihre Lippen so, als würden Sie breit lächeln. Das wird Sie in eine positive Stimmung versetzen und damit auch Ihre Aufregung und Anspannung lindern. Das Gehirn unterscheidet nicht zwischen echtem und unechtem Lächeln, sondern schüttet in jedem Fall Glückshormone aus, die sich positiv auf Ihre Stimmung auswirken.

Gesamtkörperspannung abbauen

Häufig merkt man bei Stress und psychischer Anspannung, dass sich das auch physisch auswirkt. Der Körper verkrampft sich und es entsteht ein rundum ungutes Gefühl. In derartigen Situationen wie sie in einem Assessment Center vorkommen können, gibt es einen Trick: Drücken Sie Daumen und Zeigefinger einer Hand oder beider Hände fest aufeinander. So lenken Sie die Gesamtkörperanspannung in die Finger und konzentrieren das Gefühl der Spannung bewusst auf diesen Körperbereich. Welche Übungen haben Ihnen besonders geholfen? Hier ist Platz für Ihre Notizen:

Kleider machen Leute

Zum ersten Eindruck, den andere von ihrem Gegenüber haben, gehört auch die Kleidung. Die Auswahl der angemessenen Kleidung für ein Bewerbungsgespräch kann eine echte Herausforderung sein. Unternehmen machen in der Regel keine Vorgaben zum Dresscode beim Vorstellungsgespräch. Doch die Kleidung des Bewerbers kann durchaus auch in die Gesamtbewertung einfließen. Kommen Sie in Jeans und Turnschuhen zum Gespräch in ein Versicherungsunternehmen, kann das von Ihrem Gesprächspartner als mangelndes Interesse gewertet werden.

Von Business bis Smart Casual

Der Business Dresscode ist einfach erklärt. Sie können Ihren Anzug aus dem Schrank holen beziehungsweise sich den ersten Anzug anschaffen. Bei Frauen sind neben Hosenanzug auch Kostüm oder Blazer mit Bluse und Rock möglich. Männer sollten eine Krawatte tragen. Als Mann sollten Sie zum einfarbigen Langarmhemd greifen.

Bei dem Business Casual Dresscode geht es etwas lockerer zu, aber immer noch förmlich. Bei Männern kann die Krawatte weggelassen werden und eine Stoffhose wird zum Beispiel mit Hemd und Pullover kombiniert. Frauen haben auch mehr Auswahl. Zu Rock oder Hose kann Bluse, Blazer oder Pullover kombiniert werden. Beim Smart Casual Dresscode dürfen auch Jeans getragen werden. Die Jeans sollte aber in einem dunklen Stoff sein und Sie sollten die Jeans mit Löchern im Schrank lassen. Kombiniert wird mit Bluse oder Hemd und einem Blazer oder Pullover. Sneaker sind – neben einem klassischen Lederschuh – möglich, aber eher in gedeckten Farben.

Tipps für Krawattenträger

Beim Business Dresscode ist eine Krawatte für Männer selbstverständlich. Wenn Sie in einer Branche wie zum Beispiel der Unternehmensberatung oder dem Bankwesen tätig werden möchten, sollten Sie eine Krawatte binden können. Folgendes sollten Sie als Krawattenträger beachten:

- ✔ Wenn Sie in einem traditionellen Arbeitsumfeld tätig sind, sollten Sie eine klassische Krawattenbreite von sechs bis neun Zentimetern wählen.
- ✔ Kaufen Sie Krawatten mit dezenten Farben und Mikromustern, um Ihre Seriosität zu unterstreichen.
- ✔ Binden Sie die Krawatte so, dass sie etwas unterhalb des oberen Rands des Gürtels endet.

Den richtigen Dresscode auswählen

In konservativen Branchen wie etwa Versicherungen und Wirtschaftsprüfern ist der Business Dresscode ein absolutes Muss. In anderen Branchen reicht möglicherweise auch Business Casual aus. So kann es in produzierenden Unternehmen, der Bau- oder der IT-Branche etwas lockerer zugehen. Es kommt auch darauf an, für welche Position Sie sich beworben haben. Im Marketing wird in der Regel auf moderne, stylische Kleidung Wert gelegt, während der Finanzbereich eher konservativ ist.

Hinweise für das richtige Outfit kann Ihnen auch die Unternehmensseite liefern. Viele Unternehmen nutzen Bilder vom Arbeitsplatz oder Arbeitssituationen, um sich zu präsentieren. Nicht immer handelt es sich dabei um eigene Mitarbeiter. Die Bilder können auch mit Models nachgestellt sein. Trotzdem ist interessant, wie sich das Unternehmen präsentiert. Werden die Personen in Casual Outfits präsentiert oder sind Sie in Anzug und Kostüm auf den Fotos zu sehen? Sie bekommen in jedem Fall eine Idee für die passende Bekleidung im Vorstellungsgespräch oder Assessment Center. Auf ihren Webseiten präsentieren sich Unternehmen so, wie sie ihre Firmenkultur wahrnehmen und darstellen möchten. Auch wenn die vermeintlichen Mitarbeiter in Jeans und T-Shirt abgebildet sind – das Bewerbungsgespräch ist eine besondere Situation, in der die Erwartungen an die Kleidung des Bewerbers etwas höher sind als im Berufsalltag.

Seien Sie nicht irritiert, wenn Ihnen Ihre Gesprächspartner in Jeans und Hemd gegenübersitzen, während Sie in Krawatte und Anzug schwitzen. Ist es vielleicht Freitag? Bei vielen Firmen, insbesondere mit amerikanischer Prägung, gibt es den sogenannten Casual Friday, an dem legere Kleidung getragen wird.

Tipps für die richtige Kleiderwahl

Generell gilt – lieber overdressed als underdressed. Allerdings sollten Sie sich auch wohlfühlen. Denn nur dann wirken Sie auch souverän und überzeugend. Probieren Sie daher schon einige Tage vor dem Gespräch verschiedene Outfits und Kombinationen aus. Ihre Persönlichkeit darf ruhig durchscheinen, schließlich wollen Sie auch im Berufsalltag nicht ständig das Gefühl haben, verkleidet zu sein. Aber achten Sie auf das gesunde Maß. Wenn Sie Ihren Hang zu bunten Schuhen auch im Bewerbungsgespräch bei einem eher klassischen Unternehmen präsentieren, kann es sein, dass das nicht bei jedem gut ankommt. Wenn Sie sich jedoch in der Mode- oder Kreativbranche vorstellen, können Sie ohne Bedenken zu Farben greifen. Es sollten allerdings aktuelle Modefarben sein, um zu zeigen, dass Sie sich mit Mode auseinandersetzen und Stil haben. Zu grell sollte es aber nicht sein.

Spotlight Unternehmensberatung: Dresscode für das Interview

Der Dresscode ist in der Beratung, ähnlich wie in der Bank, am äußeren Anschlag in Richtung Seriosität. Sie sind hier im Vertrauens-Business unterwegs – das spiegelt sich auch im Auftreten der Berater wider. Gedeckte Farben, weißes Hemd oder Bluse, blank polierte Lederschuhe in der Farbe des Gürtels und nicht zu viel »Bling« gilt für Frauen und Männer. Auch wenn es später lockerer zugehen sollte, sind Sie so im Bewerbungsprozess auf der sicheren Seite.

Weibliche Bewerber müssen nicht in hochhackigen Schuhen zum Gespräch kommen. Wichtig ist, dass Sie einen sicheren Gang haben und sich gut fühlen. Die Schuhe sollten natürlich geputzt sein und keine abgetretenen Sohlen haben. Das gilt auch für männliche Bewerber. Schauen Sie auf Ihre Hände, bevor Sie sich auf den Weg machen. Die Nägel müssen gepflegt und sauber sein.

Einige Firmen haben festgeschriebene Dresscodes. Je nach Branche können sie unterschiedlich konservativ ausfallen. Manche verbieten das Tragen von Tops mit Spaghettiträgern, zu kurzen Röcken oder kurzen Hosen bei Männern. Diese Kleidungsstücke sollten Sie bei Vorstellungsgesprächen grundsätzlich meiden, egal in welcher Branche Sie sich bewerben.

Seien Sie außerdem zurückhaltend, wenn Sie After Shave oder Parfum nutzen. Ein zu starker Duft kann auf Ihren Gesprächspartner irritierend wirken. Gehen Sie zum Friseur, bevor ein Bewerbungsgespräch ansteht. Färben Sie Ihre Haare und man sieht den Haaransatz? Dann sollten Sie nachfärben, bevor das Gespräch ansteht. Bewerberinnen sollten darauf achten, dass der Ausschnitt nicht zu tief ist. Auch grell lackierte und zu lange künstliche Fingernägel kommen nicht gut an. Sie wollen als männlicher Bewerber Ihrer Persönlichkeit Ausdruck verleihen? Überlegen Sie, ob Sie unbedingt ein Shirt mit Comic-Motiven anziehen sollten. Motive, die andere als anstößig empfinden könnten, sollten ebenso tabu sein. Auch mehr oder weniger sinngebende Sprüche auf der Kleidung sind bei einem Bewerbungsgespräch unpassend.

IN DIESEM KAPITEL

Sich die eigenen Stärken und Wertvorstellungen bewusst machen

Durch Persönlichkeitstests Vorlieben herausfinden

Persönliche Ziele definieren und berufliche Perspektiven entwickeln

Passende Arbeitgeber für sich identifizieren

Kapitel 2
Wer Sie sind und was Sie wollen

In diesem Kapitel begeben Sie sich auf die Suche nach Ihren Stärken. Außerdem erhalten Sie Tipps, wie Sie sich bewusst machen können, welche Werte in Ihrem Leben eine Rolle spielen. Letztlich helfen wir Ihnen herauszufinden, welche beruflichen Ziele Sie sinnvollerweise verfolgen können und wie Sie dabei nicht nur das Naheliegende, sondern auch den berühmten Blick über den Tellerrand wagen können, um berufliche Ideen zu definieren.

Stärken analysieren und passende Einsatzfelder erkennen

Um zu wissen, welche Art von Tätigkeit Sie anstreben sollten, ist es wichtig, dass Sie ergründen, worin Sie gut sind und was Ihnen Spaß macht. Gerade für Sozial- und Geisteswissenschaftler, die auf kein bestimmtes Tätigkeitsfeld hin studieren, ist das sehr wichtig. Denn diese Studierenden müssen sich durch die gezielte Auswahl von Praktika und Jobs selbst ein attraktives Bewerberprofil erarbeiten. Unsere Stärkenanalyse hilft Ihnen, Ihre Stärken zu analysieren.

Die eigenen Stärken erkennen

Die Frage nach den eigenen Stärken lässt viele Bewerber ins Straucheln geraten. Dass es ganz einfach sein kann, sich die eigenen Stärken vor Augen zu führen, zeigen wir Ihnen mit ein paar Übungen.

Übung: Besondere Erfolge analysieren

Auf der Suche nach dem, was Sie gut können, sollten Sie Ihre Erfolge analysieren (siehe Tabelle 2.1). Welche Situationen gab es bisher in Ihrem Leben, zum Beispiel in der Schule, im Studium, in der Freizeit oder in der Familie, in denen Sie etwas besonders gut gemacht haben und besonders stolz auf sich waren? Um Ihre Stärken zu finden, sollten Sie sich fragen, was Sie konkret für diesen Erfolg haben tun müssen. Welche persönlichen, sozialen, methodischen und fachlichen Stärken haben Sie dabei gezeigt?

Vielleicht bestand einer Ihrer Erfolge darin, die Schulabschlussfeier zu organisieren. Sie haben hierzu zunächst ein Helferteam für die Organisation zusammengestellt. Um Ihre Mitschüler für die Aufgabe zu begeistern und zu überzeugen, mussten Sie zum Beispiel Ihre Kommunikationskompetenz einsetzen. Ein wichtiger Aspekt für den Erfolg einer derartigen Veranstaltung ist, eine geeignete Location und einen guten Caterer zu finden. Hierfür muss man recherchieren, analysieren und auch gut verhandeln können, wenn man nicht das erste Preisangebot akzeptieren will.

Erfolg 1: ______	Erfolg 2: ______
Gezeigte Stärken: ______	Gezeigte Stärken: ______
Erfolg 3: ______	Erfolg 4: ______
Gezeigte Stärken: ______	Gezeigte Stärken: ______

Tabelle 2.1: Besondere Erfolge analysieren

Übung: Überlegen, was Spaß macht und die Zeit vergessen lässt

In der Regel sind wir in dem, was uns besondere Freude macht und womit die Zeit schnell verfliegt, auch richtig gut. Überlegen Sie, welche Tätigkeiten und Aufgaben Ihnen viel Spaß machen und berücksichtigen Sie dabei alle Lebensbereiche. Welche Studienfächer haben Ihnen bisher am meisten Spaß gemacht? Welche Art von Aufgaben, etwa die wissenschaftliche Arbeit, Präsentationen halten oder Projektarbeiten durchführen, machen Ihnen im Studium besonders viel Freude?

Warum genau beschäftigen Sie sich mit Ihren Freizeitaktivitäten? Was geben Ihnen Ihre Hobbys?

Was hat Ihnen in Ihren Praktika, Jobs und Ehrenämtern besonders viel Spaß gemacht? Warum haben Sie sich jeweils gerade für diese Art von Tätigkeit entschieden? Was hat Ihnen jeweils an dem Unternehmen beziehungsweise an der Institution gefallen?

Übung: Andere nach Ihren Stärken fragen

Verlassen Sie sich nicht nur auf Ihr Selbstbild. Beziehen Sie Ihr Umfeld in die Suche nach Ihren Stärken ein. Personen aus unterschiedlichen Bereichen können Ihnen gute Hinweise zu Ihren Stärken geben. Fragen Sie Personen aus Ihrem Umfeld, denen Sie vertrauen, um ein Fremdbild einzuholen.

Was sagen folgende Personen über Ihre Stärken?

Familie

Freunde und Partner

Lehrer, Professoren, Trainer, Vorgesetzte

Übung: Das persönliche Stärkenprofil erstellen

Schauen Sie sich nun alle in den vorherigen Übungen notierten Stärken an. Haben Sie einige Stärken mehrmals aufgeschrieben? Gibt es Stärken, die Ihnen besonders am Herzen liegen? Haben Sie Stärken, die aus Ihrer Sicht für Ihren weiteren beruflichen Weg besonders relevant sein könnten? Treffen Sie eine Auswahl der für Sie persönlich relevantesten Stärken und tragen Sie sie in Ihr Stärkenprofil ein. Das hilft Ihnen nicht nur bei der Wahl des passenden Praktikums beziehungsweise Jobs, sondern auch im Vorstellungsgespräch.

Fachliche Stärken (zum Beispiel technisches Verständnis, Englischkenntnisse)	**Methodische Stärken** (zum Beispiel handwerkliches Geschick, Organisationstalent)
Soziale Stärken (zum Beispiel leicht in Kontakt mit fremden Menschen kommen, Teamfähigkeit, kritikfähig sein)	**Persönliche Stärken** (zum Beispiel Herausforderungen als Chance sehen, Disziplin, Hilfsbereitschaft, Kreativität)

Tabelle 2.2: Das persönliche Stärkenprofil erstellen

Die eigenen Werte ermitteln

Ihr Verhalten wird jeden Tag von Ihrem persönlichen Wertesystem bestimmt. Werte sind Einstellungen, die uns dabei helfen zu bestimmen, was richtig, falsch aber auch wichtig und unwichtig für uns ist. Sich diese Antriebe des eigenen Handelns bewusst zu machen, ist auch bei der beruflichen Orientierung sinnvoll. Welche Werte für Sie wichtig sind und was Sie antreibt, können Sie ganz einfach mit den folgenden Übungen herausfinden.

Übung: In Kindheitserinnerungen schwelgen

Denken Sie an Ihre Kindheit. Was wollten Sie damals werden und was genau hat Ihnen an dem Beruf gefallen? Es geht nicht darum, dass Sie nun von Ihrem Studium der Sozialpädagogik auf den Beruf des Polizisten umschwenken. Vielmehr sollten Sie analysieren, was genau Ihnen an der Tätigkeit des Polizisten damals imponiert hat. So kommen Sie auf Motive und Wertvorstellungen und können sich fragen, ob die auch heute noch für Sie wichtig sind.

Um beim Beispiel des Polizisten zu bleiben: Vielleicht stellen Sie fest, dass es Ihnen wichtig ist, mit Ihrer beruflichen Tätigkeit etwas Sinnvolles für die Gemeinschaft zu tun? Oder Ihnen wird bewusst, dass Sie Freude daran haben, täglich neue Menschen mit ganz unterschiedlichem Hintergrund zu treffen? Egal wie Ihre Antworten ausfallen, Sie werden Ihnen auf dem Weg zu einer passenden beruflichen Tätigkeit helfen.

____

____

____

____

____

____

Übung: Überlegen, welche Menschen und welche Art von Lebensstil Ihnen imponieren

Um Ihren Werten auf die Spur zu kommen, können Sie auch darüber nachdenken, welche Persönlichkeiten und welche Art von Lebensstil Sie beeindrucken. Auch hier geht es nicht darum, das dann eins zu eins zu übernehmen. Vielmehr sollten Sie hinterfragen, welche Einstellungen und Lebensumstände Ihnen imponieren.

Finden Sie beispielsweise Madonna toll, könnte das daran liegen, dass Sie reich und weltweit bekannt ist. Vielleicht imponiert Ihnen aber auch eher, dass sie kreativ ist oder dass Sie sich in ihrem Beruf gegen Widerstände hochgearbeitet hat. Wenn Ihnen beispielsweise das Leben eines Hippies reizvoll erscheint, könnte Ihnen das freiheitliche Leben abseits von Konventionen gefallen oder das Gemeinschaftsgefühl dieser Menschen.

Die Schlüsse, die Sie für Ihre berufliche Tätigkeit ziehen, können also unterschiedlich sein: Vielleicht möchten Sie einen gutbezahlten Job haben oder einen, mit dem Sie in der Öffentlichkeit stehen? Vielleicht ist es Ihnen eher wichtig, in einer kreativen Branche zu arbeiten oder einen Job zu finden, der Sie täglich neu herausfordert und große Abwechslung bietet? Eventuell ist Ihnen wichtig, Ihr eigener Herr zu sein, und Sie streben eine selbstständige Tätigkeit an?

Übung: Einfluss anderer Personen auf die persönlichen Einstellungen hinterfragen

Bestimmt gibt es Menschen in Ihrem Umfeld, die Ihr Leben beratend begleiten. Häufig sind das die Eltern, es können aber auch Großeltern, Partner, Freunde, Geschwister oder Lehrer sein, zu denen Sie eine enge Beziehung aufgebaut haben. Auf der Suche nach Ihren persönlichen Werten sollten Sie die Ratschläge und Lebensweisheiten analysieren und hinterfragen, die Ihnen die für Sie wichtigen Personen mit auf den Weg geben. Manchmal gehen wir in eine Richtung, weil wir Meinungen anderer übernommen haben, obwohl sie nicht hundertprozentig unseren eigenen Vorstellungen und Wünschen entsprechen. So kann es sein, dass Eltern ihrem Kind zu einem Job im Öffentlichen Dienst raten, weil der große Sicherheit verspricht, dem Kind jedoch eher Abenteuer und Abwechslung im Beruf wichtig sind. Auch können Väter und Mütter, die selbst Führungspositionen haben, ihr Kind in einer beruflichen Verantwortung sehen wollen, obwohl es eher freizeitorientiert ist und eine optimale Work-Live-Balance im Job anstrebt.

Welche Personen haben in Ihrem Leben bei der Wahl des Studiums eine Rolle gespielt? Mit wem besprechen Sie Ihre berufliche Zukunft? Was raten Ihnen diese Menschen? Entsprechen alle Ratschläge Ihren persönlichen Werten?

Übung: Berufsbezogene Werte für sich definieren

Als letzte Übung bitten wir Sie, die Relevanz der folgenden Werte, die erfahrungsgemäß im beruflichen Zusammenhang eine große Rolle spielen, für sich einzuschätzen.

Wert	Sehr wichtig	Eher wichtig	Eher unwichtig	Ganz unwichtig
Verantwortung				
Entfaltung / persönliches Wachstum				
Unabhängigkeit				
Abenteuer				
Idealismus				
Veränderung / Abwechslung				
Herausforderung				
Begeisterung / Sinnhaftigkeit				
Work-Live-Balance				
Sicherheit / Beständigkeit				
Anerkennung / Erfolg				
Karriere / beruflicher Aufstieg				
Leistungsorientierung				
Status / Macht				
körperlicher Einsatz / Aktivität				
Besitz / Wohlstand				
Bildung / lebenslanges Lernen				
Fortschritt / Erfindergeist				
Eigenverantwortlichkeit				
Teamgeist / gemeinsames Handeln				
Gerechtigkeit				
Soziales Handeln				
Umweltorientiertes Handeln				
Kreativität				

Tabelle 2.3: Berufsbezogene Werte für sich definieren

Übung: Persönliches Ranking von Werten erstellen

Schauen Sie noch einmal Ihre Notizen aus den Übungen zum Thema Werte an. Gab es Antworten, die sich wiederholt haben? Welche Motive sind für Ihren weiteren beruflichen Weg am wichtigsten? Erstellen Sie ein persönliches Werte-Ranking.

Die fünf wichtigsten Werte für Ihren beruflichen Weg:

1. ______________________________

2. ______________________________

3. ______________________________

4. ______________________________

5. ______________________________

Wenn Sie zukünftig berufsbezogene Entscheidungen treffen, sollten Sie sich immer fragen, ob Ihre fünf wichtigsten Werte hierbei berücksichtigt sind. So stellen Sie sicher, Schritte zu gehen, die Ihren persönlichen Einstellungen entsprechen und Ihnen Zufriedenheit und Lebensfreude schenken.

Eine Stelle finden, die der Persönlichkeit entspricht

Unabhängig von Ihrem Studiengang und dem Bereich, in dem Sie später einmal arbeiten möchten, sollten Sie sich mit dem Umfeld auseinandersetzen, in dem Sie einmal arbeiten möchten. Überlegen Sie, was Ihnen wichtig ist und mit welchen Rahmenbedingungen Sie nicht klarkommen würden. Um Sie bei Ihrer Standortbestimmung zu unterstützen, haben wir für Sie kleine Persönlichkeitstests entwickelt. Nehmen Sie die Tests als Anregung und Leitfaden, um zum Beispiel zu hinterfragen, ob Sie wirklich so reisebereit sind, wie Sie denken.

Einzelkämpfer oder Teamplayer

Waren Sie schon im Studium ein Einzelkämpfer oder eher ein Teamplayer? Ihre Vorlieben sollten Sie auch bei der Wahl Ihres Jobs berücksichtigen. Wenn Sie den Austausch mit Kollegen brauchen, um Lösungswege zu besprechen und Alternativen zu durchdenken, werden Sie wahrscheinlich nicht glücklich, wenn Sie das alles plötzlich allein machen sollen. Eigenständigkeit wird zwar immer von Ihnen abverlangt, aber es gibt Stellen, bei denen Kollegen ein ähnliches Aufgabenprofil haben und ein Austausch möglich ist. In der Regel wird das bei größeren Arbeitgebern der Fall sein. Wenn Sie aber eher der Einzelkämpfer sind, gerne eigenverantwortlich arbeiten und nur mit dem Vorgesetzten Rücksprache halten, können Sie auch allein die Lorbeeren einstreichen, wenn es um die Erfolge geht.

Persönlichkeitstest: Sind Sie ein Teamplayer?

Mit dem Test in Tabelle 2.4 finden Sie heraus, ob Sie ein echter Teamplayer sind oder aber eher ein Einzelkämpfer. Machen Sie sich auch bewusst, dass es kaum einen Job gibt, bei dem Sie ganz auf sich allein gestellt sind. Sie werden immer irgendwie in einen Prozess eingebunden und auf die Zusammenarbeit mit anderen angewiesen sein (wie Sie die Hürden in der Zusammenarbeit mit Kollegen meistern, erfahren Sie in Kapitel 12).

Kreuzen Sie an, wie stark folgende Aussagen auf Sie zutreffen	Trifft voll zu 3 Punkte	Trifft teilweise zu 2 Punkte	Trifft nicht zu 1 Punkt
Für Prüfungen im Studium lerne ich grundsätzlich mit anderen statt nur allein.			
Meiner Meinung nach kommt man gemeinsam immer besser zum Ziel als allein.			
Bevor ich wichtige Entscheidungen treffe, frage ich in meinem Umfeld nach Rat und hole unterschiedliche Meinungen ein.			
Erfolge kann ich am besten genießen, wenn ich sie gemeinsam mit anderen erreicht habe.			
Wenn ich einen Tag lang mit niemandem geredet habe, fühle ich mich einsam.			

Tabelle 2.4: Persönlichkeitstest: Einzelkämpfer oder Teamplayer

Auswertung

13 bis 15 Punkte: Sie sind ein absoluter Teamplayer. Um Höchstleistung zu erbringen, brauchen Sie den regelmäßigen Austausch mit anderen. Jobs mit Projektcharakter eignen sich daher besonders für Sie. Worauf Sie achten sollten: Im Team arbeiten heißt nicht, Verantwortung abgeben, sondern gemeinsam auf ein Ziel hin arbeiten. Verlassen Sie sich nicht zu sehr auf andere, aber lassen Sie sich auch nicht zu viel Arbeit aufbürden.

8 bis 12 Punkte: Für Sie zählt das gesunde Mittelmaß. Sie brauchen nicht immer andere um sich herum. Eine Tätigkeit mit einer gesunden Mischung aus selbstständigem Arbeiten und Teamarbeit ist daher ideal für Sie.

5 bis 7 Punkte: Sie fühlen sich am wohlsten, wenn Sie eigenverantwortlich arbeiten können. Vielleicht haben Sie sogar das Gefühl, in der Gruppe ausgebremst zu werden. Sie haben Ihre Arbeitsweise und Arbeitszeit und möchten sich nicht anpassen, weil die anderen eine andere Vorstellung haben. Teamarbeit sollte eher die Ausnahme für Sie im Berufsalltag sein. Jobs mit einem klar abgegrenzten Aufgabengebiet, für das Sie zuständig sind, eignen sich daher besonders für Sie. Worauf Sie achten sollten: Manche Aufgaben lassen sich tatsächlich allein besser lösen, aber seien Sie offen für den Austausch mit anderen. Selbst wenn Sie eine Aufgabe allein lösen müssen, kann es helfen, andere Meinungen einzuholen. Vielleicht stoßen Sie auf einen neuen Aspekt, an den Sie selbst nicht gedacht hätten.

Reisen oder zu Hause bleiben

Wenn Sie eine Tätigkeit im Außendienst oder als Unternehmensberater anstreben, ist Ihnen sicher bewusst, dass Sie viel unterwegs sein werden. Aber es gibt auch Positionen, bei denen Sie zunächst nicht mit einer Reisetätigkeit rechnen. Nicht immer haben Sie einen festen Arbeitsplatz und sind in ein Team eingegliedert. So kann es sein, dass Sie standortübergreifend arbeiten. Nutzen Sie daher die Zeit vor der Vertragsunterschrift, um zu überprüfen, in welchem Umfang Sie reisen können und wollen. Grundsätzlich ist es natürlich gut, wenn Sie sich als Berufseinsteiger flexibel zeigen. Aber wenn Sie einen Job schon nach wenigen Monaten abbrechen, weil Ihnen das Reisen zu stressig ist, nutzt das auch keinem. Daher ist es wichtig, die Rahmenbedingungen vorab zu klären und sich damit persönlich auseinanderzusetzen.

Persönlichkeitstest: Reisebereitschaft

Finden Sie heraus, ob Sie bereit sind für eine hohe Reisetätigkeit. Das bedeutet, dass Sie mindestens alle zwei Wochen einige Tage an einen anderen Ort reisen müssen.

Kreuzen Sie an, wie stark folgende Aussagen auf Sie zutreffen	Trifft voll zu 3 Punkte	Trifft teilweise zu 2 Punkte	Trifft nicht zu 1 Punkt
Private Termine wegen meiner Hobbys oder eines Ehrenamts kann ich problemlos aufs Wochenende verlegen.			
Ich schlafe nicht nur in meinem eigenen Bett, sondern überall gut.			
Es macht mir nichts aus, wenn ich Familie und Freunde nur am Wochenende sehen kann.			
Reisen macht mir Spaß – egal, ob mit dem Flugzeug, der Bahn oder dem Auto.			
Ein Leben aus dem Koffer ist für mich unproblematisch.			
Ich muss nicht jeden Tag kochen und auf meine Ernährung achten, sondern esse, was auf den Tisch kommt.			

Tabelle 2.5: Persönlichkeitstest Reisebereitschaft

Auswertung

16 bis 18 Punkte: Eine hohe Reisetätigkeit ist für Sie kein Problem. Das Thema ist für Sie kein bestimmender Faktor bei der Jobsuche. Vielleicht macht es Ihnen Spaß, viel herumzukommen. Sie sind dafür geeignet, ein Leben aus dem Koffer zu führen. Worauf Sie achten sollten: Reisen bereichert und eröffnet neue Perspektiven. Es kann aber auch recht anstrengend sein. Stellen Sie sicher, dass Sie einen Ausgleich zu den langen Zeiten in Auto, Zug oder Flugzeug finden.

9 bis 15 Punkte: Eine Reisetätigkeit im Job würde Sie zwar nicht übermäßig belasten, aber auf die Dauer wohl stören. Entscheiden Sie sich daher nur für einen Job mit Reisetätigkeit, wenn sie moderat ist und der Job an sich sowie die sonstigen Rahmenbedingungen Sie überzeugen.

6 bis 8 Punkte: Reisen zu müssen, ist nicht Ihr Ding, da es Ihre Lebensqualität zu sehr einschränken würde. Suchen Sie sich lieber eine Arbeit, bei der Sie immer Ihren normalen Feierabend in gewohnter Umgebung haben. Worauf Sie achten sollten: Es gibt für Sie gute Gründe, warum Sie nicht reisen möchten oder können. Aber verschließen Sie sich nicht komplett. Nutzen Sie die Gelegenheit, wenn Sie doch einmal auf Geschäftsreise gehen und so beispielsweise Kollegen persönlich kennenlernen, mit denen Sie bisher nur am Telefon zusammengearbeitet haben.

Großverdiener oder Überzeugungstäter

Es gibt bestimmte Jobs, etwa im Kulturbereich oder in den Medien, die vergleichsweise schlecht bezahlt werden. Hinzu kommen häufig ein starker Konkurrenzdruck bei der Bewerbung und auch ein überdurchschnittlicher Einsatz für den Job. Umso wichtiger ist es, dass Sie voll und ganz in Ihrem Beruf aufgehen, damit die Freude am Job die widrigen Rahmenbedingungen aufwiegt.

Persönlichkeitstest: Wie wichtig ist das Gehalt?

Hinterfragen Sie ehrlich, wie wichtig Ihnen mittel- bis langfristig Geld im Leben ist. Mit unserem Persönlichkeitstest können Sie herausfinden, welche Bedeutung das Gehalt für Sie hat.

Kreuzen Sie an, wie stark folgende Aussagen auf Sie zutreffen	Trifft voll zu 3 Punkte	Trifft teilweise zu 2 Punkte	Trifft nicht zu 1 Punkt
Es macht mich glücklich und stolz, wenn ich die coolsten Klamotten und die neuesten technischen Geräte mein Eigen nennen kann.			
Wenn ich für etwas Einsatz zeige, will ich im Gegenzug auch etwas dafür zurückbekommen.			
Ich weiß, was ich wert bin, und dafür soll mein späterer Arbeitgeber auch angemessen bezahlen.			
Beruflicher Erfolg ist für mich gleichbedeutend mit gutem Verdienst.			
Ein hohes Gehalt wäre für mich im Berufsleben eine Motivation, Überdurchschnittliches zu leisten.			

Tabelle 2.6: Persönlichkeitstest Bedeutung des Gehalts

Auswertung

13 bis 15 Punkte: Das Gehalt muss stimmen, damit der Job zum Traumjob für Sie wird. Sie werden es später in vollen Zügen genießen, Ihr Gehalt in eine schicke Wohnung, exotische Urlaube und ein schnelles Auto zu investieren. Bei der Wahl Ihres beruflichen Weges sollten Sie sich in finanziell attraktiven Nischen bewegen und Branchen wählen, in denen überdurchschnittlich bezahlt wird. Worauf Sie achten sollten: Geld ist sicherlich wichtig, um sich Wünsche zu erfüllen. Halten Sie Ihre Gehaltserwartungen jedoch in einem realistischen Rahmen und informieren Sie sich im Vorfeld, beispielsweise über Gehaltsstudien, mit welchem Einstiegsgehalt Sie rechnen können.

8 bis 12 Punkte: In Sachen Finanzen zählt für Sie das gesunde Mittelmaß. Sie möchten nicht jeden Euro umdrehen, müssen aber auch nicht unbedingt in Saus und Braus leben. Für den richtigen Job würden Sie auch Einschränkungen beim Gehalt hinnehmen.

5 bis 7 Punkte: Geld spielt in Ihrem Leben eine untergeordnete Rolle und ist daher kein Kriterium für die Wahl Ihres beruflichen Weges. Am wichtigsten ist Ihnen, dass Sie sich mit Ihrem späteren Job identifizieren können und er Ihnen dauerhaft Spaß macht. Genau nach diesen Kriterien sollten Sie auch bei der Jobwahl vorgehen. Worauf Sie achten sollten: Bei allem Idealismus – für Ihre Tätigkeit sollten Sie auch angemessen bezahlt werden. Gehen Sie also mit angemessenen Gehaltsvorstellungen ins Vorstellungsgespräch.

Job ist nicht gleich Job. Oft kommt es auch darauf an, wo Sie arbeiten. Die durchschnittlichen Gehälter sind in Süddeutschland am höchsten. Menschen in Ostdeutschland verdienen im Schnitt am wenigsten.

Wenn Sie ein Studienfach gewählt haben, mit dem Sie branchenübergreifend arbeiten können, ist es interessant, sich die Verdienstchancen in den unterschiedlichen Branchen bewusst zu machen. Als BWLer können Sie je nach Schwerpunkt und Praktika in einen Bereich einsteigen, den Sie bei Arbeitgebern jeder Branche finden. Marketing, Vertrieb, Controlling – in diesen Bereichen steht Ihnen erst einmal der Einstieg in jede Branche offen. Doch die Durchschnittsgehälter können stark variieren. So werden laut dem StepStone Gehaltsreport 2017 für Marketingjobs in einer attraktiven Branche wie dem Maschinenbau durchschnittlich 57.000 Euro gezahlt und in der Pharma-Industrie sogar im Schnitt 72.000 Euro. Steigen Sie jedoch im Marketingbereich eines Hotels oder einer Kultureinrichtung ein, werden Sie, auch nachdem Sie umfassende Berufserfahrung gesammelt haben, wohl nur einen Bruchteil dessen verdienen.

Wo was verdient wird

Die Durchschnittgehälter sind in folgenden Branchen in der Regel hoch:

- ✔ Pharma und Chemie
- ✔ Banken und Versicherungen
- ✔ Industrieunternehmen, insbesondere Automobilhersteller und Zulieferer

In folgenden Branchen verdienen Sie im Durchschnitt eher wenig:

- ✔ Medienunternehmen, insbesondere Agenturen
- ✔ Kultureinrichtungen
- ✔ Einzelhandel
- ✔ Bildungseinrichtungen und -träger
- ✔ Hotellerie und Gastronomie

Ein Studium, verschiedene Einsatzmöglichkeiten

Jedes Studium bietet zahlreiche Einsatzmöglichkeiten. Über diese unterschiedlichen Optionen nach dem Studium sollten Sie sich frühzeitig Gedanken machen. Nur so können Sie sich bereits während des Studiums ein Profil aufbauen, um erfolgreich in Ihrem Wunscheinsatzbereich zu arbeiten.

Um später einmal in Ihrem Wunschbereich erfolgreich zu sein, müssen Sie schon während des Studiums Ihr Profil schärfen, indem Sie wichtige praktische Erfahrungen sammeln, Zusatzqualifikationen erwerben und passende Vertiefungsfächer wählen.

Die Möglichkeiten nach dem Studium sind nicht nur im Hinblick auf die eigentliche Tätigkeit vielfältig, sondern auch in Bezug auf Größe und Organisationsform des Arbeitgebers. Ein gutes Beispiel dafür sind Juristen. Sie arbeiten nicht nur angestellt in Kanzleien oder als selbstständige Anwälte, sondern auch in den Einkaufs-, Compliance- und Personalabteilungen von Unternehmen. Unter Kanzleien findet man hochspezialisierte kleine Partnerschaften und breit aufgestellte Großkanzleien.

Spotlight Unternehmensberatung: Einstieg mit hoher Lernkurve

Es werden Beratungsleistungen zu unterschiedlichen Themen angeboten – von technisch bis strategisch. Daher findet sich auch für jeden Studiengang die passende Unternehmensberatung. Gemeinsam haben alle Beratungen, dass Kunden eine Dienstleistung für eine für sie wichtige Aufgabenstellung teuer einkaufen und dem Beraterteam sehr viel Vertrauen schenken. Daher erwarten sie schnell gute Ergebnisse und eine hohe Leistungsbereitschaft. Weiter entfernt vom gemütlichen Sachbearbeiter-Job kann man nicht arbeiten. Es geht um Prioritäten und kreative Problemlösungen. Als Einsteiger in die Beratung hat man eine steile Lernkurve:

- ✔ wechselnde Kunden, Einblick in verschiedene Unternehmen
- ✔ komplexe Fragestellungen, eine hohe Verantwortungsübernahme vom ersten Tag an
- ✔ intensive inhaltliche Diskussionen über alle Hierarchiestufen hinweg
- ✔ maßgeschneidertes Coaching und Training
- ✔ viel Verantwortung ab dem ersten Tag und damit verbunden eine hohe Erwartung an jedes einzelne Teammitglied

Zusammen mit guter Bezahlung und einem wirksamen Sprungbrett in die Karriere danach, klingt das nach einem guten Paket. Allerdings sollten Sie sich klarmachen, dass eine hohe Stressbelastung, lange Arbeitszeiten (die Extrameile als Normalanforderung) und viele Nächte im Hotelbett dazugehören.

Aber es ist nicht nur so, dass ein Studium viele Möglichkeiten für den Berufseinstieg bietet. Es geht auch andersherum. Eine bestimmte Tätigkeit kann unterschiedliche fachliche Voraussetzungen erfordern. So ist es zum Beispiel im Vertrieb. Da Studierende aus unterschiedlichen Fachrichtungen im Vertrieb tätig werden können, möchten wir Ihnen diesen Bereich etwas näher vorstellen.

Vertrieb – verkaufen will gelernt sein

Viele Stellenangebote für Absolventen aus unterschiedlichen Bereichen gibt es im Vertrieb, vor allem im Außendienst. Während man im Vertriebsinnendienst Aufträge und eingehende Anrufe abwickelt, ist ein klassischer Außendienstler damit beschäftigt, neue Auftraggeber zu akquirieren sowie bestehende zufrieden zu halten und auch bei ihnen zusätzliche Geschäfte anzubahnen. Neben »Außendienstmitarbeiter« sind »Key Account Manager« und »Sales Consultant« typische Bezeichnungen für diese Positionen. Es werden immer gute Verkäufer gesucht, weil die Anforderungen an die beruflichen und sozialen Kompetenzen hoch sind und nur wenige Menschen mit dem Erfolgsdruck, der typisch für diese Stellen ist, umgehen können. Ein Vorteil ist allerdings, dass Sie in jeder Branche und in fast jedem Unternehmen Vertriebspositionen finden. Ob Weiterbildungsanbieter, Medizintechnikfirma oder Industrieunternehmen – überall wollen Dienstleistungen und Produkte an den Kunden gebracht werden. Positiv ist, dass im Vertrieb gute Gehälter gezahlt werden. In der Regel hat man neben einem Fixgehalt einen variablen Gehaltsbestandteil, der an den persönlichen Erfolg geknüpft ist.

Mit folgenden Eigenschaften und Vorlieben starten Sie im Außendienst durch:

- ✔ Sie können andere gut von den Vorteilen einer Sache überzeugen.
- ✔ Es macht Ihnen Spaß, Präsentationen zu halten und vor vielen Menschen zu sprechen.
- ✔ Ihr Umfeld schätzt Sie als selbstbewusste, gewinnende Persönlichkeit ein.
- ✔ Sie können mit hohem Leistungsdruck gut umgehen.
- ✔ Sie können sich gegen Widerstände durchsetzen und sind ausgesprochen ausdauernd.

Persönlichkeitstest: Einsatz im Vertrieb

Ob Sie die im vertrieblichen Außendienst notwendigen Soft-Skills mitbringen, erfahren Sie, wenn Sie folgenden Test machen.

Kreuzen Sie an, wie stark folgende Aussagen auf Sie zutreffen	Trifft voll zu 3 Punkte	Trifft teilweise zu 2 Punkte	Trifft nicht zu 1 Punkt
Familie und Freunde schätzen mich als kommunikationsstark ein.			
Mir macht es Spaß, andere Menschen von etwas zu überzeugen und sie zu begeistern.			
Ich habe Freude daran, Präsentationen zu halten und vor vielen Menschen zu sprechen.			
Auch bei langwierigen, schwierigen Aufgaben habe ich Ausdauer und beiße mich durch.			
Wenn ich mit etwas Erfolg habe, gebe ich mich damit nicht zufrieden, sondern strebe stetig nach Höherem.			
Wenn ich ein neues Produkt kennenlerne, finde ich mich schnell in die Funktionsweise ein und kann es anderen verständlich erklären.			
Geld motiviert mich, mehr Leistung zu bringen.			

Tabelle 2.7: Persönlichkeitstest Vertrieb

Auswertung

19 bis 21 Punkte: Herzlichen Glückwunsch, Sie haben das Zeug zum Vollblutvertriebler. Worauf Sie achten sollten: Der Vertrieb ist ein großartiger Berufseinstieg, bei dem Sie eine steile Lernkurve haben können. Es ist ein gutes Fundament, um später auch in einen anderen Unternehmensbereich einzusteigen. Ihre Verkaufsqualitäten werden Ihnen auch in anderen Bereichen zugutekommen. Machen Sie sich aber immer wieder bewusst, dass gute Verkäufer auch eines sehr gut können – zuhören. Bei aller Kommunikationsstärke und Verkaufstalent sollten Sie nie an den Bedürfnissen der – potenziellen – Kunden vorbei agieren.

10 bis 18 Punkte: Sie erfüllen die wesentlichen Kriterien, um einen guten Job im Außendienst zu machen. Ob es zu Ihrer Leidenschaft werden kann, müssen Sie noch herausfinden. Beschäftigen Sie sich daher ausführlich mit diesem Tätigkeitsfeld, bevor Sie eine Vertriebskarriere im Außendienst einschlagen. Eine gute Alternative könnte der Innendienst sein.

7 bis 9 Punkte: Ihre Stärken liegen offensichtlich in anderen Tätigkeitsbereichen. Worauf Sie achten sollten: Auch wenn der Vertrieb für Sie nicht die passende Tätigkeit ist – das eine oder andere können Sie sich dort schon abschauen. Beobachten Sie Kollegen aus dem Vertrieb und tauschen sich mit Ihnen aus. Denn jeder muss einmal in der einen oder anderen Form etwas verkaufen und wenn es die eigenen Leistungen für die nächste Gehaltsverhandlung sind.

Den passenden Arbeitsplatz finden

Auch wenn sich die meisten Bewerber heutzutage nicht mehr einen Arbeitgeber für das ganze Berufsleben suchen, sondern häufiger wechseln, sollten Sie sich ein paar grundlegende Gedanken zu Ihren zukünftigen Tätigkeiten, aber auch Ihrem Arbeitgeber machen. Was ist Ihnen wichtig, wenn Sie an Ihre berufliche Entwicklung denken? Möchten Sie Spezialist in einem Gebiet werden oder wollen Sie sich lieber breit aufstellen? Können Sie sich vorstellen, ein Team zu führen? Wie wichtig sind Ihnen Rahmenbedingungen wie die Arbeitszeiten?

Führungskraft, Experte oder Projektleiter

Es gibt viele berufliche Entwicklungsmöglichkeiten und deshalb ist es ratsam, sich zu überlegen, was für Sie in Frage kommt. Die klassische Variante ist die Führungskarriere, bei der Sie Personalverantwortung für Mitarbeiter übernehmen.

Persönlichkeitstest: Eignen Sie sich zur Führungskraft?

Finden Sie mit unserem Test heraus, ob perspektivisch eine Rolle als Führungskraft das Richtige für Sie ist.

Kreuzen Sie an, wie stark folgende Aussagen auf Sie zutreffen	Trifft voll zu 3 Punkte	Trifft teilweise zu 2 Punkte	Trifft nicht zu 1 Punkt
In der Schule und im Studium habe ich Verantwortung übernommen, etwa als Klassensprecher oder in einer Initiative.			
In Gruppenarbeiten kristallisiere ich mich in der Regel schnell als führender Kopf heraus, der die Gruppe organisiert und die Themen vorantreibt.			
Wenn ich von etwas überzeugt bin, vertrete ich meine Meinung auch gegen Widerstände.			
Für das Berufsleben wünsche ich mir, etwas gestalten können, statt nur etwas auszuführen.			
Familie und Freunde beschreiben mich als entscheidungsfreudig.			
Mir wird immer wieder gesagt, dass ich andere motivieren und begeistern kann.			
Ich stelle es mir spannend vor, andere Menschen anzuleiten und sie in ihrer beruflichen Entwicklung zu begleiten.			

Tabelle 2.8: Persönlichkeitstest Eignung zur Führungskraft

Auswertung

19 bis 21 Punkte: Andere zu führen und anzuleiten liegt Ihnen im Blut. Gestalten, entscheiden und Menschen fördern ist genau Ihr Ding. Worauf Sie achten sollten: Sie haben das Talent zur Führungskraft, aber machen Sie sich bewusst, dass Sie als Berufsanfänger nicht innerhalb von ein bis zwei Jahren zur Führungskraft befördert werden. Neben Führungskompetenzen müssen Sie sich auch erst einmal fachlich beweisen und Erfahrung sammeln. Nutzen Sie Gelegenheiten, auch schon im Kleinen Ihre Führungsqualitäten unter Beweis zu stellen, zum Beispiel indem Sie Werkstudenten anleiten.

10 bis 18 Punkte: Sie erfüllen die Kriterien, um als Führungskraft im Berufsalltag bestehen zu können. Ob Sie längerfristig erfolgreich sein können, müssen Sie noch herausfinden. Sie sollten sich daher ausführlich mit dem Thema Führung beschäftigen und Assessment Center für Traineeprogramme absolvieren, die Nachwuchsführungskräfte ausbilden. Dort erhalten Sie von den jeweiligen Beobachtern in der Regel ein ausführliches Feedback hinsichtlich Ihrer Eignung.

7 bis 9 Punkte: Von einem Job als Führungskraft sollten Sie im Berufsleben Abstand nehmen. Diese Art der Verantwortung liegt Ihnen nicht. Daher sollten Sie später einen anderen beruflichen Weg einschlagen. Worauf Sie achten sollten: Konzentrieren Sie sich darauf, fachliches Know-how anzueignen und zu einem Experten zu werden. Aber auch als Experte kann es sein, dass Sie irgendwann ein kleines Team leiten müssen, zum Beispiel im Rahmen eines Projekts. Daher sollten Sie sich frühzeitig auch Führungskompetenzen aneignen.

Vielleicht sind Sie auch jemand, der gern Themen in der Tiefe durchdringt und Freude daran hat, ein Experte in einem bestimmten Gebiet zu sein. Wenn dem so ist, sollten Sie eine Fachkarriere anstreben. Es gibt häufig spezielle Weiterbildungsprogramme, die Mitarbeiter auf eine Karriere als Experte vorbereiten. Eine solche Rolle erfordert neben dem Fachwissen viele soziale und methodische Kompetenzen. Eine weitere Variante der beruflichen Entwicklungsmöglichkeiten ist die eines Projektmanagers. Immer mehr Arbeitgeber arbeiten projektorientiert. Somit bietet sich die Chance, als Projektmanager in Projekten mit interdisziplinären Teams und unterschiedlichen fachlichen Ausrichtungen mitzuarbeiten. Bei Großprojekten haben Sie durchaus auch wenige Jahre nach dem Berufseinstieg die Möglichkeit, Teilprojekte zu leiten. Wenn Arbeitgeber eine Möglichkeit für eine Laufbahn als Projektmanager anbieten, fördern sie in der Regel auch Zertifikate für Projektmanager.

Als Berufsanfänger werden Sie nicht sofort in eine Führungsposition kommen. Aber wenn das Ihr Karriereziel ist, sollten Sie früh die Weichen stellen. Leiten Sie zum Beispiel einen Auszubildenden bei bestimmten Aufgaben an und zeigen damit Ihr Führungspotenzial.

KMU oder Großkonzern

Überlegen Sie sich, ob für Sie eher ein kleines beziehungsweise mittelständisches Unternehmen passt, oder ob Sie sich in einem Großkonzern wohler fühlen würden.

Persönlichkeitstest: Ein Großkonzern als Arbeitgeber

Welche Firmengröße die richtige für Sie ist, finden Sie am besten im Rahmen von Praktika und Nebenjobs heraus. Machen Sie auch unseren Persönlichkeitstest, um herauszufinden, welche Unternehmensgröße zu Ihnen passt.

Kreuzen Sie an, wie stark folgende Aussagen auf Sie zutreffen	Trifft voll zu 3 Punkte	Trifft teilweise zu 2 Punkte	Trifft nicht zu 1 Punkt
Die Möglichkeit, mich innerhalb einer Firma nach ein paar Jahren weiterbewerben zu können, wäre mir sehr wichtig.			
Ich wünsche mir für mein Berufsleben ein Arbeitsumfeld mit klaren Regeln und Strukturen.			
Wenn ich für eine Firma arbeiten könnte, deren Namen fast jeder kennt, wäre ich stolz.			
Für den Job, den ich mache, möchte ich immer überdurchschnittlich bezahlt werden.			
Internationales Flair beziehungsweise der Austausch mit Kollegen von anderen Standorten wären mir sehr wichtig im späteren Berufsleben.			
Es würde mir nichts ausmachen, wenn ich im Job eine tolle Idee hätte und sie erst einmal umfassend abgestimmt und genehmigt werden müsste, bevor man sie umsetzen kann.			
Ein umfassendes Weiterbildungsangebot und die Möglichkeit an Talentprogrammen teilzunehmen, sind mir wichtig im Berufsleben.			

Tabelle 2.9: Persönlichkeitstest Arbeit in einem Großkonzern

Auswertung

19 bis 21 Punkte: Sie sind in einem Großkonzern genau richtig. Die Chancen, die diese Unternehmen bieten, schätzen Sie so sehr, dass mögliche negative Aspekte Sie kaum tangieren. Worauf Sie achten sollten: Auch einige KMU können mit internationalen Großkonzernen mithalten und bieten möglicherweise sogar mehr Karrierechancen. Konzentrieren Sie sich bei Ihren Bewerbungen daher nicht ausschließlich auf Großkonzerne, sondern prüfen Sie, ob Ihre Erwartungen auch in einem KMU erfüllt werden können. Nutzen Sie dazu beispielsweise die Fragerunde im Bewerbungsgespräch.

10 bis 18 Punkte: Sie würden die Vorteile eines Großkonzerns gern nutzen, sind aber skeptisch wegen der Nachteile. Daher sollten Sie sich in Firmen unterschiedlicher Größe bewerben, um herauszufinden, welches Paket aus Jobinhalten und Rahmenbedingungen Sie am meisten überzeugt.

7 bis 9 Punkte: Großkonzerne sind ein Graus für Sie. So interessant der Job auch klingen mag, die Strukturen der KMU passen besser zu Ihnen als eine riesige Unternehmensgruppe. Worauf Sie achten sollten: In manchen KMU finden Sie Strukturen, die einem Großkonzern ähneln. Informieren Sie sich umfassend und prüfen Sie, ob Sie im Unternehmen ein passendes Arbeitsumfeld vorfinden.

Kleine Unternehmen und überschaubare Mittelständler mit unter 1000 Mitarbeitern haben häufig flache Hierarchien, sodass Entscheidungswege kurz sind und Sie auch als Mitarbeiter häufiger in Kontakt mit der Geschäftsleitung kommen. Wenn Sie eine Führungskarriere anstreben, hat das jedoch den Nachteil, dass es in derartigen Strukturen nur eine überschaubare Anzahl an entsprechenden Positionen gibt und die Chancen auf Ihren Wunschjob somit geringer sind als bei einem Großunternehmen.

Je kleiner das Unternehmen ist, desto breiter wird Ihr Aufgabengebiet sein. Das liegt daran, dass sich kleine Unternehmen nicht eine ganze Abteilung an beispielsweise Marketingspezialisten leisten können, sondern vielleicht sogar nur eine Position in diesem Bereich vorsehen. Es kann attraktiv sein, wenn Sie eher ein abwechslungsreiches Arbeitsfeld bevorzugen und sich als Generalist sehen.

Generalist oder Spezialist? Über die Laufbahn entscheidet meist nicht nur die Einstiegsposition, sondern häufig die Größe des Unternehmens. Verallgemeinernd lässt sich sagen, dass Ihr Aufgabengebiet mit zunehmender Größe des Unternehmens immer kleiner und spezialisierter wird.

Wenn kleinere Unternehmen Auslandsstandorte haben, sind die Chancen auf einen Auslandseinsatz oder Auslandsreisen recht hoch, da durch die überschaubare Größe die Standorte meist gut vernetzt sind und Sie auf informellem Wege Kontakt zu ausländischen Kollegen aufbauen können.

Sonderfall Familienunternehmen

Viele kleinere Unternehmen sind familiengeführt. Das kann den Vorteil haben, dass die Inhaber eng mit dem Unternehmen verbunden sind und ein persönliches Interesse am Erfolg haben, statt nur den Aktionären gerecht zu werden. Im Idealfall führt das auch zu einem familiären Umgang mit den Mitarbeitern. Manchmal haben diese Unternehmen allerdings einen starken Patriarchen, der schlecht Macht abgeben kann und bei allen Entscheidungen einbezogen sein will. Auch kann es Konflikte geben, wenn mehrere Generationen der Familie im Unternehmen tätig sind.

In Großkonzernen und bei Mittelständlern mit über 1000 Mitarbeitern werden Sie in der Regel ein spezialisiertes, abgegrenztes Aufgabengebiet haben. So gibt es etwa im Personalbereich Mitarbeiter, die sich ausschließlich um die Kontakte zu Hochschulen kümmern und auf Karrieremessen gehen, während Kollegen sich vor allem mit der Personalentwicklung beschäftigen. Das Tagesgeschäft ist oft weniger international, als man in internationalen Großkonzernen vermuten würde. Auch ist es nicht immer einfach, in großen Firmen aufzufallen und sich für eine Karriere zu empfehlen, da gerade als normaler Mitarbeiter der Kontakt zu Entscheidungsträgern im Unternehmen begrenzt ist.

Die Gehälter sind in großen Unternehmen meist höher als in kleinen. Auch die Möglichkeiten, sich weiterzubilden sind in Großkonzernen oft sehr gut. Häufig gibt es interne Seminarprogramme, an denen jeder Mitarbeiter teilnehmen kann. Durch die Größe des Unternehmens eröffnen sich viele Karrieremöglichkeiten.

In vielen Konzernen gibt es Programme, mit denen Nachwuchstalente gefördert werden. Das umfasst in der Regel Seminare, vom Unternehmen organisierte Auslandsaufenthalte, die Benennung eines Mentors, die Mitarbeit an wichtigen Projekten und den Kontakt zur Geschäftsleitung, etwa durch sogenannte Kamingespräche. Um in den Genuss dieser Förderung zu kommen, muss man meist standardisierte Development Center erfolgreich durchlaufen. Beim Development Center machen Sie, wie beim Assessment Center, verschiedene Übungen einzeln und in der Gruppe, und eine Jury entscheidet dann, ob Sie Potenzial für eine weitere Karriere haben.

Sozialunternehmen oder Haifischbecken

Würden Sie für einen Waffenhändler arbeiten? Wie gefällt Ihnen ein Modeunternehmen, das seine Kleidung unter erbärmlichen Bedingungen in Asien herstellen lässt, als potenzieller Arbeitgeber? Finden Sie es fair, wenn Finanzunternehmen Ihr Handeln allein an dem Profit Ihrer Aktionäre ausrichten? Die Einschätzung dieser Fragen ist individuell. Umso wichtiger ist es, dass Sie über Ihre Antworten nachdenken. Selbst wenn Sie in einer Querschnittsfunktion wie dem Marketing oder dem Rechnungswesen arbeiten, sollten Sie überlegen, welche Arbeitgeber Ihren Wertvorstellungen entsprechen. Schließlich sollen Sie sich in der Firma wohlfühlen und sich mit Ihrem Arbeitgeber identifizieren.

Vermeiden Sie bei der Wahl des Arbeitgebers eine Entscheidung, die Sie später bereuen. Daher sollten Sie sich unbedingt klarmachen, welche Werte Ihnen wichtig sind. Machen Sie den Abgleich mit Ihren persönlichen Werten, die Sie mithilfe des Arbeitsblatts »Die persönlichen Werte ermitteln« definiert haben.

Hauskatze oder Weltenbummler

Ein Blick in die Stellenanzeigen zeigt, dass viele Firmen ein hohes Maß an Flexibilität von Ihren Mitarbeitern verlangen. In Großkonzernen werden Potenzialträger oft auf einen Auslandseinsatz geschickt oder für den nächsten Karriereschritt an einen anderen Standort versetzt. Wenn Sie ortsflexibel sind, haben Sie nicht nur eine breitere Auswahl an Jobs, für die Sie sich bewerben können, sondern auch eine größere Chance, schnell den passenden Berufseinstieg zu finden.

Der tollste Job bringt aber nichts, wenn Sie abends und am Wochenende totunglücklich zu Hause sitzen, weil Ihnen die Nähe zur Familie und den Freunden von zu Hause fehlt. Daher sollten Sie für sich klären, was sie bereit sind, für einen tollen Job beziehungsweise ein tolles Praktikum aufzugeben.

Persönlichkeitstest: Jederzeit umzugsbereit

Machen Sie den Test, um herauszufinden, ob Sie ein echter Weltenbummler sind.

Kreuzen Sie an, wie stark folgende Aussagen auf Sie zutreffen	Trifft voll zu 3 Punkte	Trifft teilweise zu 2 Punkte	Trifft nicht zu 1 Punkt
Ich bin schon mindestens einmal in meinem Leben umgezogen.			
Ich muss meine Familie und meine Freunde nicht regelmäßig sehen, um Ihnen nahe zu sein. Schließlich kann man auch telefonieren oder texten.			
Wenn ich an den Umzug in eine andere Stadt denke, kommt mir als Erstes in den Sinn, dass ich dann neue Leute und spannende Orte kennenlerne.			
Meiner Meinung nach muss man sich rechtzeitig von zu Hause abnabeln, um eine selbstständige und selbstbestimmte Persönlichkeit zu werden.			
Ich bin jemand, der viele Freunde hat und dem es leichtfällt, auf andere Menschen zuzugehen.			

Tabelle 2.10: Persönlichkeitstest Weltenbummler

Auswertung

13 bis 15 Punkte: Heute in München studieren und morgen in New York ein Praktikum machen? Das ist kein Problem für Sie. Mit dieser Einstellung haben Sie beste Chancen, um ihren beruflichen Weg, in welchem Metier auch immer, zu gehen.

8 bis 12 Punkte: Wenn Sie sich einen Ruck geben und Ausdauer zeigen, können Sie sich in ein neues Umfeld einleben. Der Bezug nach Hause ist Ihnen aber auch wichtig. Sie sollten daher nicht zu weit in die Ferne ziehen und bei Praktikums- und Jobangeboten genau prüfen, ob die Vorteile eines Ortswechsels wirklich überwiegen.

5 bis 7 Punkte: Das gewohnte Umfeld ist Ihnen wichtig und es würde Ihnen schwerfallen, sich in einer anderen Stadt einzuleben und nur ab und zu die Lieben zu Hause zu sehen. Informieren Sie sich daher frühzeitig über die potenziellen Arbeitgeber in Ihrer Heimatregion, damit Sie vor Ort Ihren Berufseinstieg meistern können.

Eule oder Lärche

Wenn Sie es schon im Studium tunlichst vermieden haben, Vorlesungen vor 10:00 Uhr zu besuchen, könnte es eine große Umstellung für Sie sein, um 08:00 Uhr oder noch früher am Arbeitsplatz erscheinen zu müssen. Man nennt Menschen, die morgens langsam in die Gänge kommen, aber abends lange leistungsfähig sind Eulen. Im Gegensatz dazu sind Lärchen schon morgens putzmunter und werden dafür abends früher müde. Wenn Sie das Gefühl haben, einem dieser extremen Schlaf-Wach-Rhythmen anzugehören, dann kann es sinnvoll sein, auch den Arbeitgeber entsprechend auszusuchen. Viele Mitarbeiter im Öffentlichen Dienst fangen schon um 7:00 Uhr mit der Arbeit an. Auch in Industrieunternehmen ist dieser Arbeitsbeginn nicht unüblich. Dagegen sind Start-up-Unternehmen aus der Medienbranche bekannt dafür, dass ihre Mitarbeiter erst am späten Vormittag beginnen.

Nine-to-five-Mitarbeiter oder Workaholic

Grundsätzlich öffnen sich beruflich mehr Türen, wenn Sie zeitlich flexibel und bereit sind, einen überdurchschnittlichen Einsatz zu erbringen. Wenn Sie auch während der Woche gerne Sport treiben oder anderen Hobbys nachgehen, legen Sie aber wohl Wert darauf, rechtzeitig Feierabend machen zu können. Je nachdem wie wichtig Ihnen eine gute Work-Life-Balance ist und wie viel Sie bereit sind, für den beruflichen Erfolg zu tun, kann die Arbeitsbelastung für Sie ein wichtiges Thema bei der Wahl des Arbeitgebers sein.

Persönlichkeitstest: Wie wichtig sind Ihnen geregelte Arbeitszeiten?

Sie wissen nicht genau, ob Sie ein Nine-to-Five Mitarbeiter sind? Dann machen Sie unseren Test und finden es heraus.

Kreuzen Sie an, wie stark folgende Aussagen auf Sie zutreffen	Trifft voll zu 3 Punkte	Trifft teilweise zu 2 Punkte	Trifft nicht zu 1 Punkt
Im Studium reichen mir gute Leistungen. Ich will mich nicht total verausgaben, nur um der Beste zu sein.			
Ich möchte später zwar einen interessanten Job haben, aber ich will nicht nur für die Arbeit leben.			
Wenn ich private Termine wie meinen Sportkurs oder die Verabredung mit Freunden wegen des Jobs oft absagen müsste, würde mich das auf Dauer unzufrieden machen.			
Mir wäre es wichtig, am Anfang eines Arbeitstags genau zu wissen, was mich erwartet und wann die Arbeit geschafft ist.			

Kreuzen Sie an, wie stark folgende Aussagen auf Sie zutreffen	Trifft voll zu 3 Punkte	Trifft teilweise zu 2 Punkte	Trifft nicht zu 1 Punkt
Abends und am Wochenende zu arbeiten, kann ich mir keinesfalls vorstellen.			
Wenn ich dafür schuften muss, bis der Arzt kommt, dann mache ich lieber keine Karriere.			

Tabelle 2.11: Persönlichkeitstest geregelte Arbeitszeiten

Auswertung

16 bis 18 Punkte: Ein Job mit geregelten Arbeitszeiten stellt für Sie echte Lebensqualität dar. Lieber überlassen Sie anderen den Traumjob, als dass Sie nicht wissen, wann der verdiente Feierabend kommt. Worauf Sie achten sollten: Unternehmen, in denen eine starke Präsenskultur herrscht, sind eher nichts für Sie. Denn dort gilt – wer als Erstes geht, hat am wenigsten geleistet. Auch in Agenturen werden Sie in der Regel nicht mit einer 40-Stunden-Woche hinkommen. Aber auch an einem Acht-Stunden-Tag kann man einiges leisten. Trotzdem sollten Sie Einsatz und Leistungswillen zeigen. Das kann auch einmal heißen, dass Sie Überstunden machen müssen, um zum Beispiel mit dem Team eine wichtige Deadline zu erreichen.

9 bis 15 Punkte: Eine hohe Arbeitsbelastung im Job würden Sie zwar meistern, aber in absehbarer Zeit doch auf dem Zahnfleisch gehen. Prüfen Sie Ihre Wunscharbeitsbereiche und Wunschbranchen genau. Wenn Sie von der Tätigkeit und den sonstigen Rahmenbedingungen nicht hundertprozentig überzeugt sind, werden Überstunden dauerhaft stark an Ihren Kräften zehren.

6 bis 8 Punkte: 50-Stunden-Woche oder sogar noch mehr? Kein Problem für Sie. Für den richtigen Job sind Sie bereit, fast alles zu geben. Sich beruflich zu verwirklichen, macht Sie glücklich. Die Arbeitszeiten und die Arbeitsbelastung spielen bei der Wahl Ihres beruflichen Weges eigentlich keine Rolle. Worauf Sie achten sollten: Ihrem ersten Arbeitgeber kann man gratulieren. Sie werden vollen Einsatz bringen, selbst wenn das Nachtschichten erfordert. Aber auch für Sie gilt das Arbeitszeitgesetz. Auf Dauer können Überstunden auch die Gesundheit belasten. Eine heiße Phase sollte sich also immer mit einer Phase abwechseln, in der die Arbeitsbelastung nicht so hoch ist. Und wenn regelmäßig alle anderen im Team vor Ihnen gehen, könnte es auch sein, dass die Arbeit ungleich verteilt ist.

Tendenziell wird in kleinen Firmen mehr gearbeitet als in Großunternehmen, da die seltener eine elektronische Arbeitszeiterfassung haben und auch seltener tarifgebunden sind. Allerdings spielt auch die Branche eine wichtige Rolle.

Die wöchentliche Arbeitszeit ist meist im Arbeitsvertrag festgeschrieben. Typisch ist eine 40-Stunden-Woche. In tarifgebundenen Industrieunternehmen gibt es teilweise eine 35-Stunden-Woche. Auch tarifgebundene Banken und Versicherungen bleiben mit 39 beziehungsweise 38 Stunden unter dem sonst üblichen Standard.

Zu den vielen Arbeitszeitsystemen zählt die Gleitzeit, bei der Sie in der Regel etwas mehr Flexibilität haben, was den Beginn und das Ende Ihres Arbeitstags angeht. Bei manchen Positionen kann es aufgrund der Erreichbarkeit wichtig sein, dass Sie zu bestimmten Zeiten an Ihrem Arbeitsplatz sind. Bei einem Job in der Medienbranche muss man oft spätabends oder nachts arbeiten, insbesondere, wenn Deadlines anstehen oder ein wichtiger Kunde kurzfristig etwas anfragt. Beim Radio und Fernsehen ist in der Regel Schichtarbeit angesagt, um das 24-stündige Programm zu ermöglichen. Im Kulturbereich wird ebenfalls häufig mehr als acht Stunden gearbeitet und auch am Wochenende sollte man einsatzbereit sein.

Mit einem Informationsvorsprung zum Erfolg

Das A und O bei der Vorauswahl des passenden Arbeitgebers ist die umfassende Recherche. Je mehr Informationen Sie zu Ihrem Wunscharbeitgeber haben, desto genauer können Sie entscheiden, ob es der richtige ist.

Mit wenigen Mausklicken können Sie viel über Ihre potenziellen Arbeitgeber herausfinden. Aber setzen Sie nicht allein auf die digitale Welt. Nutzen Sie Möglichkeiten, mit Unternehmensvertretern oder ehemaligen Praktikanten zu sprechen, um sich ein Bild von der Firma zu machen.

Spotlight Unternehmensberatung: Die passende Unternehmensberatung finden

Von der weltweit agierenden Strategieberatung bis zum Ein-Mann/Frau-Betrieb mit der Spezialisierung auf eine bestimmte Fragestellung tummeln sich am Markt viele unterschiedliche Unternehmensberatungen. Bevor Sie sich bewerben, sollten Sie sich klar darüber werden, welche Ihnen zusagt.

Welche Arten von Problemstellungen möchten Sie behandeln? Überlegen Sie, ob Sie große und kleine strategische Fragestellungen wie Portfolio-Entscheidungen, Markteintritt, Personalstrategie und Organisationsveränderungen bearbeiten möchten oder eher technologische und pragmatische Themen wie IT-Einführungen, Prozessoptimierung, Outsourcing und Umsetzungsbetreuung.

Wie stark möchten Sie sich spezialisieren und wo möchten Sie agieren? Wenn Sie in einer internationalen Beratungsfirma tätig sind, arbeiten Sie in wechselnden Teams mit wechselnden Arbeitsorten – heute in Oslo, morgen in Shanghai und übermorgen in London. Die Alternative sind kleine Unternehmen, die sich auf den deutschsprachigen Raum konzentrieren. Dort können Sie stärker mitgestalten und eine individuellere Förderung erwarten.

Setzten Sie sich mit den großen und kleinen Beratungsfirmen auseinander und übersehen Sie die häufig hervorragenden »Beratungsboutiquen« nicht, die mit dem Anspruch der großen Strategieberatungen, aber mit dem Charme eines Start-ups und einem persönlicheren Flair arbeiten.

Zur Suche nach Informationen über den potenziellen Arbeitsgeber gehört die Analyse der Homepage, aber auch eine allgemeine Suchmaschinen-Eingabe zur jeweiligen Firma, etwa, um Presseartikel zu finden. Interessant sind auch Bewerberplattformen wie Kununu. Hier äußern sich Bewerber und aktuelle sowie ehemalige Mitarbeiter zu ihren Eindrücken vom jeweiligen Arbeitgeber. Wenn es viele negative Posts gibt, ist das ein Hinweis, dass es eher kein attraktiver Arbeitgeber ist. Aber Achtung bei wenig negativen Einträgen! Sie sollten bedenken, dass die Bereitschaft, sich zu beschweren höher ist als positives Feedback zu geben. So kann es sein, dass einer negativen Meinung in der Realität zahlreiche positive Meinungen entgegenstehen, die zufriedenen Bewerber und Mitarbeiter aber keinen Drang haben, ihre Meinung öffentlich zu äußern.

Viele Firmen werben auf ihrer Homepage mit einer Auszeichnung beziehungsweise einem Siegel als Top-Arbeitgeber. Diese Auszeichnungen werden in der Regel von Beratungsinstituten jährlich neu vergeben und setzen voraus, dass ein Unternehmen sich für die Teilnahme angemeldet hat. Unter allen Teilnehmern findet dann ein *Benchmark* statt. Unternehmen einer ähnlichen Größe oder derselben Branche treten gegeneinander an. Verglichen werden verschiedene Aspekte wie Unternehmenskultur, Gehälter oder auch Mitarbeiterentwicklung. Erreichen die Unternehmen bestimmte Zielwerte, wird ihnen die Auszeichnung verliehen. Die bekanntesten Auszeichnungen sind »Great Place to Work« und »TOP JOB«, von denen die besten Arbeitgeber im deutschen Mittelstand ausgezeichnet werden.

Lassen Sie sich nicht von einer Auszeichnung als »bester Arbeitgeber« in die Irre führen. Unternehmen müssen für Ihre Teilnahme an dem Wettbewerb bezahlen. Da der Anbieter eine zufriedene Kundschaft möchte, ist die Wahrscheinlichkeit sehr hoch, dass die teilnehmenden Firmen auch das Siegel erhalten.

Auch Jobmessen helfen, Informationen zu einer Firma zu erhalten. Meist können Sie dort nicht nur mit Personalverantwortlichen, sondern auch mit Mitarbeitern aus einer Fachabteilung sprechen. Die Unternehmensvertreter versuchen natürlich, ihre Firma im bestmöglichen Licht zu präsentieren. Trotzdem können Sie einen Eindruck vom Unternehmen gewinnen, indem Sie etwa nach Weiterbildungs- und Karrieremöglichkeiten fragen und sich die Unternehmenskultur beschreiben lassen. Auch von Unternehmen organisierte Recruiting-Veranstaltungen bieten die Möglichkeit, Näheres über die Firma zu erfahren. Häufig gibt es eine Firmenpräsentation und in den Pausen oder beim Essen können Sie Unternehmensvertreter direkt ansprechen und zu Ihrem potenziellen Arbeitgeber befragen.

Durchforsten Sie auch Ihr Netzwerk nach Kontakten zu Ihrem Wunscharbeitgeber. Vielleicht hat ein Kommilitone schon mal ein Praktikum dort gemacht? Oder Ihre Eltern kennen einen Mitarbeiter der Firma? Wenn Sie mit diesen Personen sprechen, erhalten Sie authentische Informationen zu dem Arbeitgeber.

Ziele nachhaltig setzen und erreichen

Ob beruflich oder privat – Sie werden bestimmte Vorstellungen und Ziele haben, die Sie verwirklichen möchten. Manchmal ist es schwierig, diese Ziele überhaupt zu formulieren. Bei der Verwirklichung der Ziele können auch berufliche und private Interessen in Konflikt geraten. Daher ist es wichtig, sich frühzeitig Klarheit zu verschaffen, was man erreichen möchte und in welchem Zeitraum.

Die Work-Life-Balance wird oft und gerne heraufbeschworen. Gerade jungen Arbeitnehmern wird nachgesagt, dass sie großen Wert darauf legen. Oft wird unter der Work-Life-Balance verstanden, keine Überstunden zu machen, früh in den Feierabend zu gehen und Zeit für das Privatleben zu haben. Die Grenzen zwischen Arbeit und Privatleben verschwimmen jedoch immer mehr und so kann die Balance auch darin bestehen, flexibler zu arbeiten und nicht mehr an einen Schreibtisch gebunden zu sein. Unter Work-Life-Balance verstehen wir jedoch auch, dass Ihr Beruf und Ihr Privatleben in Einklang sind. Sie sollten sich im Berufsleben nicht verbiegen müssen, sondern Ihre privaten Ziele und Wertvorstellungen verwirklichen können. Mithilfe verschiedener Übungen und Anregungen können Sie Ihre Ziele definieren und berufliche und persönliche Werte in Einklang bringen.

Berufliche und private Ziele in Einklang bringen

Sie haben sich ausführlich mit Ihren Stärken und Wertvorstellungen auseinandergesetzt und mögliche Kriterien für die Stellenwahl und den passenden Arbeitgeber kennengelernt. Überlegen Sie nun, welche Ziele sich daraus für Sie ergeben. Achten Sie darauf, dass die Ziele positiv formuliert sind. Unterscheiden Sie zwischen beruflichen und privaten Zielen. Versuchen Sie, Ihre Ziele den verschiedenen Zeithorizonten zuzuordnen!

Berufliche Ziele (zum Beispiel im Ausland tätig sein, gut verdienen, eine Führungsposition übernehmen)

a) für den Berufseinstieg

____

____

____

____

b) fünf Jahre nach dem Berufseinstieg

____

____

____

____

c) zehn Jahre nach dem Berufseinstieg

____

____

____

____

Private Ziele (zum Beispiel eine Weltreise unternehmen, eine eigene Wohnung haben, eine Familie gründen)

a) bis zum Berufseinstieg

____

____

____

____

b) fünf Jahre nach dem Berufseinstieg

____

____

____

____

c) zehn Jahre nach dem Berufseinstieg

____

____

____

____

Prüfen Sie nun, ob die Zeithorizonte für die definierten Ziele realistisch sind. Hinterfragen Sie auch, ob Ihre beruflichen und persönlichen Ziele miteinander in Einklang gebracht werden können. Wenn Sie Führungsverantwortung übernehmen wollen und berufsbegleitend eine Doktorarbeit verfassen möchten, aber gleichzeitig viele Kinder planen, könnten sich zeitliche Konflikte ergeben.

Notizen

____

____

____

____

____

____

____

Mit Meilensteinen den Überblick behalten

Begrenzen Sie sich nicht in Ihren Zielen. Formulieren Sie Ihre Ziele, auch wenn Sie Ihnen vielleicht zunächst schwer erreichbar erscheinen. Führen Sie sich vor Augen, welche Zwischenziele Sie erreichen müssen. So werden Sie nicht von der vermeintlichen Unerreichbarkeit eines Ziels überwältigt.

Große Ziele werden nie auf einen Schlag erreicht. Setzen Sie sich Meilensteine auf dem Weg zu Ihrem Gesamtziel. Haben Sie einen Traumarbeitgeber, bei dem Sie nach dem Studium arbeiten möchten? Dann finden Sie heraus, was Sie zu einem attraktiven Bewerber für dieses Unternehmen macht. Setzen Sie sich dann für Ihr Studium entsprechende Meilensteine. Zum Beispiel zwei Praktika bei unterschiedlichen Arbeitgebern absolvieren, ein Auslandssemester machen, ehrenamtlich arbeiten und jedes Semester mindestens mit einer Durchschnittsnote von 2.0 absolvieren.

Was ist Ihr Ziel und welche Meilensteine müssen Sie auf dem Weg dahin erreichen? Machen Sie sich dazu Notizen:

____

____

____

____

____

____

____

____

Ziele SMART definieren

Eine gute Hilfe, um Ziele und Meilensteine zu definieren, ist das SMART-Modell:

- ***S* wie *spezifisch*:** Seien Sie konkret. Je genauer Sie Ihr Ziel definieren und alle Teilschritte benennen können, desto leichter werden Sie zum Erfolg gelangen. Wenn Sie ein Praktikum machen möchten, ist es sinnvoll, den Wunschbereich und den Wunscharbeitgeber zu präzisieren.
- ***M* wie *messbar*:** Jedes Ziel und jeder Schritt sollte eine nachvollziehbare quantitative oder qualitative Größe umfassen. Sie sollten sich bewusst machen, wie Sie etwas erreichen möchten. Zum Beispiel könnten Sie bei der Bewerbung um ein Praktikum definieren, dass Sie mindestens zehn Bewerbungen schreiben möchten.
- ***A* wie *anspruchsvoll* und *attraktiv*:** Ihre Ziele sollten eine Herausforderung für Sie sein, die Sie anspornt und Ihnen hilft, an Ihre Grenzen zu gehen. Gleichzeitig sollten die Ziele attraktiv, also positiv belegt sein, damit Sie motiviert sind, den Weg dorthin auch tatsächlich zu gehen. Hinterfragen Sie also, welchen Nutzen das Ziel für Sie hat und inwiefern es Ihr Leben bereichern beziehungsweise positiv verändern kann.
- ***R* wie *realistisch*:** Ihre Ziele müssen erreichbar sein. Wenn Sie sich unrealistische Ziele setzen, demotivieren und überfordern Sie sich.
- ***T* wie *terminiert*:** Sie sollten einen Termin für den ersten Schritt zum Ziel definieren. Auch Deadlines für die Erreichung des Ziels sowie Meilensteine unterstützen Sie bei der Planung. Vielen Menschen hilft es, sich anzuspornen, wenn ein Termin immer näher rückt und sie so einen gewissen Druck verspüren, endlich anzufangen.

Notizen

Eine gute Strategie, sich zu motivieren, ist es, sich selbst zu belohnen. Feiern Sie sich, indem Sie sich bei einem erreichten Meilenstein beziehungsweise Ziel etwas gönnen. Sie können sich vornehmen, einen ganzen Tag zu faulenzen oder sich etwas zu kaufen, was Sie schon länger haben wollten. So haben Sie einen zusätzlichen Anreiz, die geplanten Schritte zu gehen.

Gemeinsam zum Erfolg kommen

Viele Menschen setzen sich zwar konkrete Ziele, haben aber nicht die Kraft, sie allein zu erreichen und schieben das, was Sie sich vornehmen, vor sich her. Wenn es Ihnen auch so geht, holen Sie sich am besten Unterstützung aus Ihrem Umfeld.

Mit den folgenden Strategien können Sie sich Hilfe holen:

Strategie 1: Menschen, die Ihnen nahestehen, in die Zielplanung einbeziehen

- ✔ Überlegen Sie, wem Sie vertrauen und wer Sie motivieren kann und auch mal nachhakt! Das können Partner, Eltern oder Geschwister sein.
- ✔ Erzählen Sie diesen Menschen von Ihren Zielen und den hierfür definierten Meilensteinen beziehungsweise Teilschritten. Bitten Sie sie, Sie zu einem festen Termin an Ihre Aufgaben zu erinnern und den Fortschritt abzufragen. Sie können Ihre Helfer bitten, Sie einmal monatlich anzurufen, um den Fortschritt Ihrer Aktivitäten zu erfragen.
- ✔ Indem Sie Menschen, die Ihnen nahestehen, von Ihren Zielen berichten, lösen Sie bei sich unterschwellig das Bedürfnis aus, sie nicht enttäuschen und sich auch nicht blamieren zu wollen. Somit ist die Chance hoch, dass Sie Ihre Schritte entsprechend der vorab gemachten Planung absolvieren.

Notizen

____

____

____

____

____

____

____

____

____

Strategie 2: Positiven Wettbewerb unter Kommilitonen schaffen

Wenn Sie Mitstudierende haben, die ähnliche Meilensteine oder Ziele bewältigen wollen, können Sie sich mit ihnen in einen Wettbewerb begeben. Vielleicht bewerben sich auch andere gerade für ein Praktikum oder versuchen, ein passendes Thema für eine Abschlussarbeit zu finden?

Sprechen Sie diese Kommilitonen an und tauschen Sie sich über die zu erledigenden Schritte aus. Schlagen Sie vor, in einen Wettbewerb zu treten, um gemeinsam alle Teilschritte und schließlich das Ziel zu erreichen. So könnten Sie ausmachen, dass die Person, die als Erstes den gewünschten Erfolg hat, vom anderen eine Pizza spendiert bekommt. Machen Sie sich bewusst: Es geht nicht darum, verbissen miteinander zu konkurrieren, sondern sich mit kleinen Tricks gegenseitig anzuspornen.

Notizen

IN DIESEM KAPITEL

Die Vielfalt praktischer Tätigkeiten für Studierende kennenlernen

Sich über die Möglichkeiten informieren, soziale und persönliche Kompetenzen zu erweitern

Ideen zur Erweiterung des persönlichen Netzwerks entwickeln

Kapitel 3
Im Studium den Berufseinstieg fest im Blick haben

In diesem Kapitel stellen wir Ihnen zahlreiche Möglichkeiten vor, wie Sie als Student Praxiserfahrung sammeln können. Wir geben Ihnen außerdem Tipps, wie Sie Ihre Soft Skills erweitern und gekonnt netzwerken können. All dies ist wichtig, damit Sie sich schon während des Studiums ein Profil aufbauen und so mit einem überzeugenden Lebenslauf bei der Bewerbung nach dem Studium punkten können. Nicht zuletzt hilft Ihnen die praktische Erfahrung auch herauszufinden, welche Tätigkeit Ihren beruflichen Vorstellungen und Fähigkeiten entspricht.

Mit Praktika, Nebenjobs und Abschlussarbeiten Praxiserfahrung sammeln

Wenn Sie einen Blick in Stellenanzeigen für Hochschulabsolventen werfen, wird Ihnen schnell eines auffallen – die Arbeitgeber verlangen praktische Erfahrung. Es gibt viele Möglichkeiten, wie Sie diese Erfahrung während des Studiums sammeln können. Wir stellen Ihnen Praktikum, Werkstudententätigkeit und praktische Abschlussarbeit vor und erklären Ihnen, worauf Sie bei der Durchführung achten müssen.

Das Praktikum – der Einblick ins Berufsleben

Praktika sind mittlerweile geradezu ein Muss als Voraussetzung für einen Berufseinstieg. Das Praktikum sollte in der Regel mindestens zwei bis drei Monate dauern und sollte während der Studienzeit absolviert worden sein. Fachhochschulen, die in der Lehre einen größeren Praxisbezug haben, bieten häufig ein integriertes Praxissemester an, sodass gewährleistet ist, dass jeder Student Praxisluft schnuppert. Wenn Sie an einer Universität studieren, müssen Sie sich meist selbst Zeit in den Semesterferien freischaufeln oder gar ein Urlaubssemester nehmen, um ein Praktikum zu machen.

Sie sollten versuchten, mehr als das Mindestmaß zu erfüllen. Das lohnt sich in doppelter Weise: Je mehr Praxiserfahrung Sie zu Beginn des Berufseinstiegs vorweisen können, desto attraktiver ist Ihre Bewerbung für potenzielle Arbeitgeber. Aber auch für Sie ist es sinnvoll, sich auf vielfältige Weise auszuprobieren, da Sie so genauer herausfinden können, was Ihnen Spaß macht. Für Geistes- und Sozialwissenschaftler, die einen Studiengang ohne klares Berufsbild gewählt haben, ist es sogar essentiell, sich mithilfe von Praktika ein berufliches Profil zu geben, da ansonsten der Berufseinstieg schwierig wird. Daher sollten Sie sich schon frühzeitig mit der Planung und der Vorauswahl von Praktikumsstellen beschäftigen. Kapitel 2 hilft Ihnen, Ihre Neigungen zu erkennen. In Kapitel 5 erfahren Sie, wo und wie Sie nach passenden Stellenausschreibungen suchen können.

Spotlight Unternehmensberatung: Reinschnuppern erwünscht

Wenn Sie sich für den Berufseinstieg in einer Unternehmensberatung interessieren, sollten Sie ein Praktikum in diesem Bereich absolvieren. Die Beratung ist eine ganz eigene Welt und es lohnt sich, sich ein Bild davon zu machen, bevor man sich für diese Karriere entscheidet. Es ist häufig einfacher, einen Praktikumsplatz in der Beratung zu bekommen, als direkt angestellt zu werden. Wenn Sie sich bewährt haben, wird Ihnen oft eine Festanstellung angeboten, ohne erneut ein aufwendiges Bewerbungsverfahren durchlaufen zu müssen. Viele Beratungen erwarten, dass man Praktika in der Beratung vorweisen kann und Sie müssten sich im Job-Interview gegebenenfalls rechtfertigen, warum Sie das während Ihres Studiums nicht in Angriff genommen haben.

Wenn Sie die Möglichkeit haben, ein komplettes Praxissemester zu absolvieren, haben Sie meist die Qual der Wahl, weil viele Arbeitgeber um Sie buhlen werden, da sich der Einarbeitungsaufwand umso mehr lohnt, je länger Ihr Praktikum ist.

Folgende Tipps helfen Ihnen, erfolgreiche Praktika zu absolvieren:

- ✔ Verschaffen Sie sich schon zu Beginn des Studiums einen Überblick über mögliche Freiräume in Ihrem Studienplan, die Sie für Praktika nutzen können. Wenn dies schwierig ist, sollten Sie ein Urlaubssemester in Erwägung ziehen. Auch ein Studienaufenthalt im Ausland kann Freiräume ermöglichen, da viele Länder ihre Studiengänge in Trimester statt Semester aufteilen und Sie so schon ein paar Wochen vor dem Start ins neue Semester nach Deutschland zurückkehren.

- ✔ Beginnen Sie ungefähr sechs Monate vor dem gewünschten Praktikumsstart mit der Suche nach passenden Stellen. So sind Sie in jedem Fall rechtzeitig dran, um Ihren Wunschpraktikumsplatz zu erhalten.

- ✔ Prüfen Sie durch gezielte Nachfragen im Vorstellungsgespräch den Anspruch der Aufgaben. Geht es nur darum, einfache administrative Aufgaben zu übernehmen, oder will man Sie auch in Projekte einbinden?

- ✔ Fragen Sie im Vorstellungsgespräch nach, inwiefern der Arbeitgeber Ihnen eine Zukunftsperspektive bietet. Ein gutes Zeichen ist es, wenn schon ehemalige Praktikanten eingestellt wurden. Das heißt, dass Praktikanten nicht nur billige Arbeitskräfte sind, sondern als Investition in die Zukunft angesehen werden. Aber auch die Möglichkeit einer sich an das Praktikum anschließenden Werkstudententätigkeit oder einer praktischen Abschlussarbeit kann für Sie interessant sein.

- ✔ Wenn Sie ein zweites oder drittes Praktikum machen, wählen Sie mit Bedacht, um Ihr Bewerbungsprofil interessant zu machen: Wenn Sie sich beispielsweise als BWL-Student für eine Querschnittsfunktion wie Rechnungswesen interessieren, kann es sinnvoll sein, mehre Praktika in eben diesem Bereich zu machen, jedoch unterschiedliche Branchen und Unternehmensgrößen auszuprobieren. So lernen Sie ganz unterschiedliche Arbeitgeber und Arbeitsweisen kennen, können aber gleichzeitig Ihre Kenntnisse in Ihrer fachlichen Wunschspezialisierung vertiefen.

Das Gehalt – über Geld spricht man doch

Die Gehälter für Praktika variieren stark nach Branche und Länge. Für ein Praktikum unter einem Monat wird teilweise nichts gezahlt, da der Aufwand, Sie einzuarbeiten höher als der Nutzen ist, dem Sie dem Arbeitgeber bringen. Auch im Medien- und Kulturbereich kann es vorkommen, dass es keine Bezahlung gibt, da hier die Konkurrenz unter den Bewerbern sehr hoch ist. Mittelständische Unternehmen und Großkonzerne haben in der Regel faire Monatsgehälter im oberen dreistelligen oder unterem vierstelligen Bereich für ihre Praktikanten. Die Vergütung wird normalerweise am Ende eines Vorstellungsgesprächs besprochen und ist in der Regel fix, sodass Sie hier keine Gehaltsvorstellung angeben müssen und natürlich auch keinen Verhandlungsspielraum haben.

Seit 2015 müssen Arbeitgeber den Mindestlohn beachten. Der wirkt sich teilweise auch auf Praktika aus, nämlich dann, wenn es sich nicht um ein sogenanntes von der Hochschule vorgeschriebenes *Pflichtpraktikum* handelt. Bei den sogenannten freiwilligen Praktika während des Studiums darf der Mindestlohn unterschritten werden, sofern das Praktikum nicht länger als drei Monate geht. Machen Sie nach dem Bachelor ein Gap Year mit Praktika, bevor Sie mit einem Masterstudium beginnen, müssen die Arbeitgeber Ihnen Mindestlohn zahlen, da Sie kein Student mehr sind. Aber auch für Sie wirkt sich die Art des Praktikums aus und zwar auf Ihrem Bankkonto. Bei einem Pflichtpraktikum sind Sie von der Zahlung der Sozialversicherungsbeiträge befreit und so bleibt Ihnen mehr von Ihrem Praktikantengehalt.

Werkstudententätigkeit und geringfügige Beschäftigung

Während bei einem fairen Praktikum der Lerneffekt im Vordergrund steht, arbeiten Sie bei einer Werkstudententätigkeit beziehungsweise einer geringfügigen Beschäftigung meist gleichförmige und einfache Aufgaben ab. Für Ihre Tätigkeit werden Sie aber pro Stunde bezahlt und das mindestens mit dem Mindestlohn. Eine Tätigkeit, die Sie vor keine großen Herausforderungen stellt, kann Ihnen zunächst sehr unattraktiv erscheinen. Es kann sich aber doch lohnen. Auch wenn Sie nicht in großem Umfang relevante Praxiserfahrung sammeln können, haben Sie die Chance, Kontakte zu knüpfen und sich für einen späteren Berufseinstieg zu empfehlen. Ideal ist es, wenn Sie in Ihrem Nebenjob auch Praxiserfahrung sammeln können, die für den späteren Berufseinstieg relevant ist.

Der Unterschied zwischen einem Werkstudenten und einem Minijobber besteht im Umfang der Stunden und der Sozialversicherung. Bei einem Minijob liegt die Verdienstgrenze bei derzeit 450 Euro im Monat. Wenn Ihnen ein Arbeitgeber beispielweise einen Stundenlohn von 10 Euro zahlt und Sie als Minijobber angemeldet werden wollen, dürfen Sie maximal 45 Stunden im Monat arbeiten. Bis zur Grenze von 450 Euro Lohn müssen Sie als Minijobber keine Steuern und Sozialabgaben zahlen. Der Arbeitgeber muss jedoch eine Pauschalabgabe leisten. Ein Minijobber muss kein Student sein. Anders verhält es sich, wie der Name schon sagt, bei einem Werkstudenten. Dieser kann 20 Stunden pro Woche während des Semesters und sogar in Vollzeit während der Semesterferien arbeiten. Außerhalb der vorlesungsfreien Zeit kann man maximal 26 Wochen pro Jahr mehr als 20 Stunden arbeiten. Mit Ausnahme der Rentenversicherung ist die Werkstudententätigkeit sowohl für den Arbeitnehmer als auch für den Arbeitgeber abgabenfrei. Beachten Sie die Hinzuverdienstgrenze bei Nebenjobs, wenn Sie Bafög beziehen oder in der Krankenkasse Ihrer Eltern familienversichert sind.

Viele Arbeitgeber suchen Werkstudenten als Aushilfskräfte, da diese günstiger sind als geringfügig Beschäftigte. Dies liegt daran, dass die Abgabe für die Rentenversicherung insgesamt geringer als der Pauschalbetrag für den Minijob ist, den der Arbeitgeber zahlen muss. Bevor Sie jedoch mit einem Arbeitgeber eine Werkstudententätigkeit vereinbaren, sollten Sie prüfen, wie viele Stunden Sie arbeiten können, ohne das Studium zu vernachlässigen. Bitte achten Sie auch darauf, dass Sie nicht über den Steuerfreibetrag in einem Kalenderjahr kommen, damit Sie zusätzliche Abgaben auf Ihren Lohn vermeiden können.

Sozialversicherungsrecht bei gleichzeitig mehreren Beschäftigungen

Aus sozialversicherungsrechtlichen Gründen können sich Konflikte zwischen zwei Beschäftigungen ergeben. Das sollten Sie bedenken, falls Sie einen zweiten Nebenjob annehmen. Wenn Sie als Student eine geringfügige Beschäftigung, den sogenannten Minijob, ausüben und eine weitere Tätigkeit aufnehmen wollen, sollten Sie das mit Ihrem ersten Arbeitgeber besprechen. Sozialversicherungsrechtlich ist es so, dass beide Jobs zusammengezählt werden. Nur wenn Sie in der Addition nicht über die derzeitige Grenze von 450 Euro kommen, gelten beide Tätigkeiten als Minijobs. Überschreiten Sie jedoch mit beiden parallel ausgeführten Jobs diese Grenze, wären beide sozialversicherungspflichtig. Das ist die Theorie. Für die Praxis empfehlen wir, dass Sie sich bei der Überschreitung der Grenzen für einen Job entscheiden, da die Arbeitgeber erfahrungsgemäß ganz bewusst Minijobs vergeben.

Bei zwei Werkstudententätigkeiten müssen Sie in der Summe, also indem Sie beide Jobs zusammenrechnen, die sozialversicherungsrechtlich vorgegebenen Stundengrenzen unbedingt eingehalten. Überschreiten Sie die zeitlichen Grenzen, ändert sich Ihr Sozialversicherungsstatus und Sie sind kein Werkstudent mehr. Einen Werkstudentenjob kann man auch mit einem Minijob kombinieren, wenn die Stundengrenzen eingehalten werden.

Die praktische Abschlussarbeit – der direkte Weg ins Unternehmen

Eine Abschlussarbeit, die in Zusammenarbeit mit einem Unternehmen erstellt wird, bringt Ihnen ebenfalls Pluspunkte für den Berufseinstieg. In der Regel bearbeiten Sie für das Unternehmen in Form eines Projekts eine für die Firma relevante Fragestellung, die Sie methodisch fundiert beleuchten. Bei BWL- und Ingenieurstudiengängen ist es sinnvoll, sich um ein derartiges Praxisprojekt zu bemühen, um wichtige berufsbezogene Erfahrungen während des Studiums zu sammeln.

Besprechen Sie mit Ihrem betreuenden Professor frühzeitig die Möglichkeiten einer praktischen Abschlussarbeit. Im Idealfall kann er Ihnen wertvolle Kontakte zu Unternehmen vermitteln. Im schlimmsten Fall ist er oder sie ein Gegner von solchen Kooperationen. Das kann sich natürlich negativ auf die spätere fachliche Beurteilung auswirken und auch schon während der Erstellung zu erheblichen Konflikten führen.

Nicht zuletzt haben Sie durch eine praktische Arbeit schon einen Fuß für den Berufseinstieg in der Tür. Im Gegensatz zu einem Praktikum liegt Ihr Studienabschluss in greifbarer Nähe. Die meisten Unternehmen werden eher über einen Zeitraum von bis zu einem halben Jahr ihre Personalplanung überblicken. Während der Erstellung der Arbeit können Sie also schon über Einstiegsmöglichkeiten sprechen.

Der Auslandsaufenthalt – ein Blick über den Tellerrand

Wertvolle interkulturelle Kompetenzen sammelt man durch einen Auslandsaufenthalt. Außerdem kann man natürlich eine Sprache lernen beziehungsweise perfektionieren, wenn man eine Zeit lang im jeweiligen Land lebt.

Das Auslandssemester – der klassische Weg

Ein klassischer Weg ist das Auslandssemester oder -trimester. Der einfachste Weg ist, an eine Partneruniversität der eigenen Universität beziehungsweise Hochschule zu gehen, da somit in der Regel keine Studiengebühren anfallen und ausländische Studienleistungen an der Heimathochschule ohne Probleme angerechnet werden können.

Erasmus+ – das Förderprogramm der Europäischen Union

Im Jahre 1987 wurde das Programm »European region action scheme for the mobility of university students«, kurz *Erasmus* genannt, von der Europäischen Union ins Leben gerufen. Der Name *Erasmus* soll an den gleichnamigen Gelehrten erinnern, der Ende des 15. bis Mitte des 16. Jahrhundert gelebt hat. Mittlerweise heißt das Programm »Erasmus+«. Mit seiner Hilfe wird der Auslandsaufenthalt von europäischen Studenten und Hochschulmitarbeitern an Universitäten der teilnehmenden Länder finanziell unterstützt. So soll der interkulturelle Austausch erleichtert werden. Auch will das Programm dazu beitragen, dass die Teilnehmer später auf dem Arbeitsmarkt besonders attraktiv sind. Neben den 28 Mitgliedsstaaten der Europäischen Union nehmen weitere Länder wie zum Beispiel die Schweiz und die Türkei am Programm teil.

Durch das Studium an einer ausländischen Hochschule lernt man ein neues Bildungssystem kennen. Ein Auslandssemester bietet eine tolle Möglichkeit, nicht nur die Studierenden des Ziellands, sondern auch andere Austauschstudenten kennenzulernen.

Informieren Sie sich frühzeitig bei Ihrer Hochschule über die Voraussetzungen eines Auslandssemesters an einer Partnerhochschule. Besonders wichtig können hier ein bestimmter Notendurchschnitt und die Bewerbungsfristen sein.

Das Auslandspraktikum – Einblicke in den Alltag

Häufig versuchen Studierende ein Auslandspraktikum zu machen, um mit einem Schlag sowohl praktische also auch interkulturelle Erfahrungen zu sammeln. Diese Stellen sind rar gesät. Daher ist es ratsam, sich bei Studierenden höherer Semester oder Freunden, die ein Auslandspraktikum absolviert haben, über die Qualität der Praktikumsstelle zu informieren und auch gleich die Kontaktdaten von den Ansprechpartnern im Ausland zu erfragen. Eine weiterempfohlende Praktikumstelle gibt eine gewisse Sicherheit hinsichtlich der Qualität. Denn bei Praktika im Ausland, für die man unter Umständen um die halbe Welt geflogen ist, sollte man sich recht sicher sein, dass Arbeitsumfeld und Inhalte passen.

Eine oft genutzte Möglichkeit, um an ein Auslandspraktikum zu kommen, ist es, ein Praktikum bei einem international vertretenen Arbeitgeber in Deutschland zu absolvieren mit der Zusage, dass man anschließend in eine ausländische Niederlassung vermittelt wird. Ein anderer Weg zum Auslandspraktikum führt über spezielle Vermittlungsagenturen, die gegen Bezahlung einen passenden Platz vermitteln.

Freiwilligenarbeit – Zeit, Gutes zu tun

Eine Alternative zu einer Tätigkeit in einem Wirtschaftsunternehmen ist eine ehrenamtliche Freiwilligenarbeit im Ausland, beispielsweise in einem sozialen Bereich. Auch hier ist es häufig nötig, eine Vermittlungsagentur einzuschalten, um ans Ziel zu kommen.

Wenn Sie eine Vermittlungsagentur beauftragen, sollten Sie folgende Leistungen erwarten:

- ✔ Wenn Sie für Ihre Tätigkeit im Ausland ein Visum benötigen, sollte die Agentur Sie dazu beraten und beim Antrag unterstützen.
- ✔ Die Agentur sollte Sie zu den landesspezifischen Standards im Lebenslauf und Anschreiben informieren können.
- ✔ Zahlen Sie nur bei Erfolg oder auch, wenn die Agentur Ihnen keinen Platz vermitteln kann?
- ✔ Steht die Agentur auch während Ihres Einsatzes bei Fragen zur Verfügung?

Für das Erlernen oder Perfektionieren einer Fremdsprache ist ein Auslandsaufenthalt Gold wert. Weder in der Schule noch an der Hochschule werden Sie eine Fremdsprache so gut lernen wie durch einen längeren Aufenthalt im Ausland. In der Arbeitswelt ist Englisch mittlerweile in fast allen Bereichen zu einem Muss geworden.

Sehr gute Englischkenntnisse sind mittlerweile in vielen Jobs selbstverständlich. Dies sollten Sie bei der Auswahl des Landes beachten, denn schließlich möchten Sie beste Chancen im Berufsleben haben. Wenn Sie eher mäßig Englisch sprechen, ist es ratsam, ein englischsprachiges Land zu wählen. Beherrschen Sie diese Sprache dagegen schon sehr gut, kann es sinnvoll sein, eine zweite Fremdsprache zu verbessern oder eine gänzlich neue zu lernen.

Ehrenämter – mit Herzblut machen oder lassen

Ein Engagement in einer ehrenamtlichen Tätigkeit sollte in erster Linie aus persönlichem Interesse erfolgen. Ganz nebenbei werden Sie sich durch die Tätigkeit aber auch persönlich weiterentwickeln. Denn oft haben Sie die Möglichkeit, Verantwortung zu übernehmen – sei es im Sportverein oder bei einer sozialen Tätigkeit. Das schätzen viele Arbeitgeber und bewerten es daher positiv, wenn Sie sich in Ihrer Freizeit sozial oder ökologisch engagieren. Immer mehr Unternehmen sind auch selbst sozial aktiv, indem sie Spendenaktionen organisieren oder Ihre Mitarbeiter tageweise an sozialen Projekten mitarbeiten lassen. Das allein sollte für Sie aber keine Motivation sein, sich ehrenamtlich zu engagieren. Ein Ehrenamt verlangt Ihnen viel ab und Sie müssen sich für die Aufgabe interessieren und sollten nicht nur die »Verschönerung« Ihres Lebenslaufs im Sinn haben.

Mehr als die reine Lehre

Auch jenseits des akademischen Angebots gibt es viele Möglichkeiten, sich zu engagieren und über den Tellerrand des eigenen Studienfaches zu schauen.

Politisches Engagement im Lebenslauf

Politisches Engagement wird von Unternehmen differenziert bewertet. Wirtschaftsunternehmen möchten in der Außenwirkung parteineutral auftreten. Daher wird großes politisches Engagement nicht unbedingt positiv bewertet. Außerdem kommt es im Bewerbungsverfahren darauf an, welche politische Gesinnung beziehungsweise Sympathien die Entscheider haben. Insofern sollten Sie für sich überlegen, ob Sie diese Aktivitäten in den Lebenslauf aufnehmen oder nicht. Sie können sich auch in der Hochschulpolitik ehrenamtlich engagieren. Informieren Sie sich an Ihrer Hochschule, welche Möglichkeiten es zum Beispiel über den AStA gibt.

Die studentische Unternehmensberatung – Projektmanagement in der Praxis

Immer mehr Universitäten und Hochschulen haben eine studentische Unternehmensberatung, die unterschiedliche Projekte für Unternehmen zu vergleichsweise günstigen Konditionen anbietet. Das ist ein gewinnbringendes Engagement für Sie, da Sie die Möglichkeit haben, Kontakte mit Unternehmen unterschiedlicher Branchen aufzunehmen und die Beratertätigkeit auszuprobieren. Da man in Beratungsprojekten insbesondere das analytische Denken und die Präsentationskompetenz schult, trainieren Sie Kompetenzen, die für Ihr späteres Berufsleben sinnvoll sind.

Wenn Sie in einer studentischen Unternehmensberatung tätig werden möchten, sollten Sie folgende Punkte beachten:

- ✔ Wie viel Zeit haben Sie – neben dem Studium – und welche Anforderungen stellt die Unternehmensberatung an Sie? Wie viel Flexibilität wird zum Beispiel von Ihnen verlangt?
- ✔ Haben die Projekte einen festen Zeitplan, mit dem Sie Kollisionen mit Prüfungszeiträumen vermeiden können?
- ✔ Wie werden die Projektteams zusammengestellt? Wie werden die Aufgaben und Rollen im Projekt verteilt?
- ✔ Informieren Sie sich über abgeschlossene Projekte. In welchem Zeitraum haben Sie stattgefunden und welche Ergebnisse wurden von der Unternehmensberatung geliefert?

Angebote eines Career Centers

Career Center, also Abteilungen, die sich an Hochschulen und Universitäten speziell mit Themen rund um den Berufseinstieg beschäftigen, sind mittlerweile weit verbreitet. Die Hochschulmitarbeiter organisieren beispielsweise Karrieremessen und Vorträge von Personal- oder Fachverantwortlichen, bieten aber auch Seminare an. Verbreitet sind Business Knigge Trainings oder auch Bewerbungsseminare. Nutzen Sie diese Angebote des Career Service, da Sie hier entweder kostenlos oder gegen ein geringes Entgelt wertvolle Veranstaltungen besuchen können, die Sie fit für den Berufsalltag machen.

Fremdsprachenkurse und -zertifikate ablegen

Universitäten und Hochschulen bieten in der Regel kostenlose Fremdsprachenkurse an. Dies ist eine gute Möglichkeit, in der Studienzeit Ihre Sprachkenntnisse zu optimieren und – neben Englisch – eine weitere Fremdsprache zu erlernen. Die Teilnahmebescheinigungen können Sie den Bewerbungsunterlagen beilegen. Auf der Bescheinigung wird mit hoher Wahrscheinlichkeit auch der Gemeinsame Europäische Referenzrahmen (GER) angegeben sein, sodass die Personalentscheider sehen, ob Sie mit dem Niveau A1 den Anfängerkurs besucht haben oder etwa mit dem Niveau C2 wie ein Muttersprachler in der Fremdsprache agieren.

Es kann sich auch durchaus lohnen, eine gebührenpflichtige Prüfung mit Zertifikat zu erwerben, wie den Test of English as a Foreign Language (TOEFL) oder den IELTS für Englisch. Derartige Zertifikate sind für einige Master- und Auslandsstudienstudienplätze sogar notwendig. Für den Berufseinstieg oder die Suche nach Praktika sind diese Nachweise jedoch nicht essentiell, da die Personalverantwortlichen sich in der Regel lieber selbst ein Bild von Ihren Kenntnissen machen, indem Sie die Sprachkenntnisse im Bewerbungsgespräch testen.

Kontaktaufnahme leicht gemacht – Möglichkeiten zum Netzwerken

Es gibt viele Möglichkeiten, schon während des Studiums Kontakte zu Arbeitgebern aufbauen. Nutzen Sie sie! Es kann Ihnen nicht nur den Berufseinstieg erleichtern, wenn Sie bereits Kontakte zu Personalern oder Personen aus dem Fachbereich haben. Nicht zuletzt bekommen Sie auch interessante Einblicke bei Arbeitgebern aus unterschiedlichen Branchen.

Recruitingveranstaltungen von Unternehmen besuchen

Sicher haben Sie auch schon vom »War for Talents« gehört. Insbesondere in den Bereichen IT, Maschinenbau oder der Elektrotechnik herrscht großer Fachkräftemangel und die Unternehmen konkurrieren um den Nachwuchs. Daher müssen die Firmen kreativ werden, wenn Sie den Kampf um die besten Absolventen gewinnen wollen. Wichtig ist, dass die Unternehmen bereits während des Studiums in Kontakt mit den späteren Berufseinsteigern kommen.

Hierfür eignen sich Veranstaltungen, auf denen sich die Unternehmen einerseits in einem positiven Licht als attraktiver Arbeitgeber präsentieren können und andererseits die Möglichkeit haben, den potenziellen Nachwuchs genauer unter die Lupe zu nehmen.

Besonders die sogenannten »Big 4«-Prüfungs- und Beratungsgesellschaften investieren viel Zeit und Geld in Events, um Kontakte mit Studierenden zu knüpfen. Dies liegt vor allem an dem hohen Bedarf an Nachwuchskräften. Der Bedarf liegt einerseits daran, dass die Beratungen hierarchisch als Pyramide aufgebaut sind und dem »Up or Out«-Prinzip unterliegen. Das bedeutet, dass man als Berater circa alle zwei bis drei Jahre den nächsten Karriereschritt auf dem Weg zum *Partner* erklimmen muss, oder aber, wenn man den Anforderungen nicht entspricht, das Unternehmen verlassen sollte. So gibt es auch eine gesunde Fluktuation in Beratungen. Viele Consultants werden von Mandanten abgeworben, da sie die Unternehmen bereits kennen und somit ideale neue Mitarbeiter für diese Firmen sind.

Inhaltlich gibt es bei den Veranstaltungen eine große Bandbreite. Aber eines haben sie gemeinsam. In der Regel gibt es bei allen Veranstaltungen eine ausführliche Unternehmenspräsentation und ein informelles »Get Together« am Schluss oder in den Pausen, damit sich Veranstalter und Teilnehmer austauschen können.

Unterschiedliche Recruitingveranstaltungen

- ✔ **Fachlich orientierte Veranstaltungen**
  Bei diesen Veranstaltungen steht die Vermittlung von Fachkenntnissen im Vordergrund. Es werden daher gezielt Studierende aus bestimmten Studiengebieten angesprochen. Inhaltlich erwartet Sie hier zum Beispiel eine Fallstudie, die Sie in Gruppen bearbeiten oder auch ein Fachvortrag.

- ✔ **Soft Skill Trainings**
  Diese Veranstaltungen sprechen fachübergreifend Studierende an. Inhaltlich werden Ihnen kompakte Kurse etwa zu Rhetorik oder Business Knigge geboten.

- ✔ **Spaß-Veranstaltungen**
  Diese Art von Veranstaltungen hat keinen fachlichen Bezug zum Unternehmen. Es geht allein darum, sich als junges und attraktives Unternehmen darzustellen.

Bei all diesen Angeboten wollen die Unternehmen sich als attraktiver Arbeitgeber darstellen und möchten auf diesem Wege interessante Studierende kennenlernen. Wer positiv auffällt wird durchaus auch zu einem Bewerbungsgespräch für ein Praktikum oder für den Berufseinstieg eingeladen.

Damit Studierende auf die Events der Unternehmen aufmerksam werden, betreiben diese ein recht professionelles Marketing. So werden Plakate an Hochschulen ausgehangen und Flyer verteilt. Auch auf der Karriereseite Ihres Wunscharbeitgebers oder über dessen Social-Media-Präsenz können Sie Informationen zu Veranstaltungen recherchieren. Meist kann sich jeder Student anmelden, teilweise versuchen die Unternehmen aber auch Studierende ganz bestimmter Studienrichtungen anzusprechen.

Um gezielt mit Studierenden ausgewählter Fachrichtungen in Kontakt zu treten, arbeiten Unternehmen mit bestimmten Lehrstühlen beziehungsweise Professoren zusammen, die sie für relevant halten. In diesem Fall werden auch exklusive Veranstaltungen in der Hochschule oder als Exkursion ins betreffende Unternehmen angeboten, bei denen ein kompletter Kurs oder Studiengang eingeladen wird.

Wenn Sie diese Tipps beherzigen, können Recruitingveranstaltungen für Sie erfolgreich werden:

- ✔ Achten Sie auf den Dresscode. Entweder macht das Unternehmen schon Vorgaben oder Sie können aus der Art der Veranstaltung die richtige Kleidung ableiten. Bei einem Fachvortrag eher smart, bei einer Outdoor-Veranstaltung natürlich casual.
- ✔ In der Regel wird nicht erwartet, dass Sie in Anzug und Krawatte erscheinen, es sei denn, Sie treffen auf hochrangige Persönlichkeiten aus dem Unternehmen.
- ✔ Nutzen Sie unsere Tipps zum Verhalten in Assessment Center auch für die Teilnahme an Fallstudien oder Soft-Skill-Kursen (**siehe** Kapitel 9).
- ✔ Suchen Sie das Gespräch mit Unternehmensvertretern. Die Mitarbeiter nehmen aus genau diesem Grund an diesen Veranstaltungen teil. Trauen Sie sich und sprechen Sie sie an. Nur so bleiben Sie den Mitarbeitern in Erinnerung.
- ✔ Nutzen Sie die Gespräche, um mehr über das Unternehmen zu erfahren. Fragen Sie, wie die Mitarbeiter die erste Zeit im Unternehmen erlebt haben, was sie an dem Unternehmen schätzen oder auch, was sie ändern würden.
- ✔ Sie können und sollen natürlich auch kritische Fragen stellen. Seien Sie aber nicht konfrontativ. Da es darum geht, sich als Unternehmen positiv darzustellen, werden die Mitarbeiter gebrieft, wie sie mit kritischen Fragen umgehen sollen. Sie werden im Zweifelsfall also nicht herausfinden, was zum Beispiel hinter einer Kündigungswelle steckt, von der Sie in der Zeitung gelesen haben.

Von Praktikantenbindungsprogrammen profitieren

Um mit den besten Praktikanten auch noch bis zum Studienende in Kontakt zu bleiben, führen einige Unternehmen ein Praktikantenbindungsprogramm ein. So müssen sie sich nicht auf informelles Netzwerken mit den Studierenden verlassen. Daher richten sich diese Programme meistens an ehemalige Praktikanten, die sich während ihres Einsatzes im Unternehmen besonders bewährt haben. Damit diese Potenzialträger nicht in der Zeit zwischen Praktikumsende und Berufseinstieg das Unternehmen aus den Augen verlieren und auch Wertschätzung und Förderung erfahren, organisiert die Firma das Bindungsprogramm. Die Ausgestaltung reicht von der regelmäßigen Zusendung der Mitarbeiterzeitschrift bis hin zu Seminaren und Netzwerktreffen.

Wenn Ihr Praktikumsunternehmen ein Praktikantenbindungsprogramm anbietet, sollten Sie sich auf jeden Fall über die Aufnahmekriterien informieren und eine Aufnahme anstreben. Im besten Fall lernen Sie auf den Veranstaltungen viel dazu und können gleichzeitig einem Einstiegsjob in der Ihnen bereits bekannten Firma ein Stück näher kommen.

Mit XING und LinkedIn schon im Studium erfolgreich netzwerken

XING und LinkedIn sind die zwei großen sozialen Netzwerke, die sich zum Ziel gemacht haben, die Geschäftswelt miteinander zu vernetzen. Aber auch schon während des Studiums ist es sinnvoll, diese Netzwerke zu nutzen. Wenn Sie bei international agierenden Arbeitgebern ein Praktikum oder einen Nebenjob gemacht haben, werden die Kollegen tendenziell bei LinkedIn zu finden sein. XING ist der Marktführer im deutschsprachigen Raum, weshalb auch Mitarbeiter von klein- und mittelständischen Arbeitgebern, die eher regional oder lokal ausgerichtet sind, auf dieser Plattform vertreten sind. Headhunter werden wohl eher nicht nach Studierenden in einem der sozialen Businessnetzwerke suchen. Diese Plattformen eignen sich aber hervorragend, um nach einem Praktikum oder einer Werkstudententätigkeit mit den dortigen Vorgesetzten, Personalern und Kollegen in Kontakt zu bleiben. So können Sie, wenn der Studienabschluss bevor steht, gezielt anfragen, wie es mit Einstiegsmöglichkeiten bei dem Arbeitgeber aussieht. Und wenn Ihre Kontakte den Arbeitgeber wechseln, bekommen Sie das über ein soziales Medium einfach mit. Vielleicht ist ja dieser Arbeitgeber der richtige für Sie und in Zukunft auf der Suche nach Nachwuchskräften. Auch andere Studierende, die Sie beispielsweise bei Praktika kennengelernt haben, können interessante Netzwerkpartner werden. Fügen Sie auch sie zu Ihren Social-Media-Kontakten hinzu.

Wenn Sie folgende Tipps beherzigen, können Sie Business-Plattformen wie XING und LinkedIn erfolgreich nutzen

- ✔ Legen Sie sich schon während des Studiums ein aussagekräftiges Profil zu, in dem Sie zumindest Ihren Studiengang und die Unternehmen beziehungsweise Institutionen eintragen, in denen Sie Praktika oder Studentenjobs gemacht haben.
- ✔ Senden Sie Kontaktanfragen nur an Personen, die Sie persönlich kennen, damit Sie seriös wirken. Schreiben Sie bei jeder Kontaktfrage einen kurzen Satz als Begründung dazu wie:
  Sehr geehrter Herr Fuchs,
  ich habe mich sehr gefreut, Sie auf der Messe der Universität Bremen kennengelernt zu haben. Gerne möchte ich über XING mit Ihnen in Kontakt bleiben.
  Viele Grüße
  Florian Neumann
- ✔ Nutzen Sie Anlässe, um Ihren Kontakten eine Nachricht zu schreiben, mit der Sie sich wieder in Erinnerung bringen. Ein guter Anlass ist der Geburtstag eines Kontakts. Bei dieser Gelegenheit können Sie nicht nur gratulieren, sondern auch gleich berichten, was sich in Ihrem Leben zwischenzeitlich getan hat.

Mit einem Stipendium Kontakte knüpfen und sich weiterbilden

Stipendien helfen nicht nur finanziell Bedürftigen, sondern fördern auch Begabte, wenn etwa Seminare zu verschiedenen Themen angeboten oder bestimmte Forschungsaktivitäten oder Forschungsreisen gefördert werden. Außerdem können die Stipendiaten untereinander wertvolle Netzwerke für die Zukunft bilden. Da häufig auch Unternehmensvertreter Vorträge halten, können die Stipendiaten gute Kontakte zu Firmen knüpfen. Im Gegenzug erwarten die Stipendiengeber, dass Sie als Stipendiat zum Beispiel Berichte zu Ihren Aktivitäten schreiben und die Angebote wie Seminare und Netzwerktreffen nutzen.

Oft werden Stipendien durch Stiftungen vergeben, die religiös, partei- oder wirtschaftsnah sind. Außerdem gibt es die Studienstiftung des deutschen Volkes, die Stiftung der Deutschen Wirtschaft sowie das Deutschlandstipendium vom Bundesministerium für Bildung und Forschung. Hinzu kommen noch regionale und branchen- sowie firmenspezifische Förderungen, weshalb sich eine ausführliche Recherche zum Thema Stipendium lohnt.

In vielen Punkten ähneln sich eine Bewerbung auf eine Stelle und eine Bewerbung auf ein Stipendium. Einige Besonderheiten sollten Sie jedoch beachten.

- ✔ Viele Förderprogramme setzen bei den Bewerbern sehr gute bis überdurchschnittliche Noten voraus. Das ist aber nicht immer der Fall. Manchmal wiegt ehrenamtliches Engagement durchschnittliche Noten auf oder Sie fallen in eine bestimmte Zielgruppe, wie zum Beispiel Menschen mit Behinderung.
- ✔ Wie bei einer Bewerbung auf eine Stellenanzeige sollten Sie bei einer für ein Stipendium die Unterlagen auf die Anforderungen der Stiftung ausrichten. Recherchieren Sie und passen Sie Ihr Anschreiben und die geforderten Unterlagen entsprechend an.
- ✔ Je umfangreicher die Förderung, desto umfangreicher das Auswahlverfahren. Bereiten Sie sich also auch auf Vorstellungsgespräche und Assessment Center vor.
- ✔ Zu guter Letzt: Bewerben Sie sich! Neben den großen Förderprogrammen gibt es auch viele kleine Programme. Lassen Sie sich daher nicht von den vermeintlich schlechten Erfolgschancen von einer Bewerbung abhalten!

Auf Karrieremessen das Gespräch mit Personalern suchen

Karrieremessen sind eine gute Gelegenheit, um in kurzer Zeit mit vielen Personalverantwortlichen ins Gespräch zu kommen. Die meisten Hochschulen haben eine eigene jährliche Messe, sodass Sie sich ohne Probleme vor Ort kostenlos informieren können. Es gibt aber auch große Messen, die manchmal Eintritt verlangen. Hier gibt es beispielsweise branchenübergreifende Absolventenmessen, die für Sie interessant sein können oder auch branchenspezifische Messen, wenn Sie eine Tätigkeit in einem ganz bestimmten Industriezweig anstreben.

Bereits in den unteren Semestern lohnt sich ein Messebesuch, um von den Personalverantwortlichen zu erfahren, welche Anforderungen an den Berufseinstieg gestellt werden. Auch können Sie sich bei den Ausstellern hinsichtlich Praktikumsstellen oder Werkstudentenjobs informieren. Sinnvoll ist auch hier frühzeitig nachzufragen, welche Anforderungen der jeweilige Arbeitgeber an seine Nachwuchskräfte stellt und wie die Bewerbungsfristen sind. Außerdem können Sie mit Ihren Bewerbungsunterlagen an den Stand gehen und sie vom Personaler prüfen und sich Feedback geben lassen zu den Einsatzmöglichkeiten bei dem jeweiligen Arbeitgeber (in Kapitel 5 finden Sie Tipps für einen erfolgreichen Messebesuch).

Arbeitszeugnisse – heute schon an morgen denken

Für Praktika, Werkstudententätigkeiten und praktische Abschlussarbeiten sollten Sie sich ein Zeugnis geben lassen. So sind Sie gut gerüstet für den Berufseinstieg, da Sie Ihren Bewerbungsunterlagen Dokumente beilegen können, die Ihre Tätigkeiten nachweisen und für Sie als Persönlichkeit sowie Ihre Arbeitsweise sprechen. Damit Sie wissen, wie ein gutes beziehungsweise sehr gutes Arbeitszeugnis aussieht, führen wir Sie im Folgenden in diese Materie ein.

Der Anspruch auf ein Arbeitszeugnis ist in § 630 BGB geregelt. Wenn Sie eine Tätigkeit beenden, können Sie entweder ein sogenanntes einfaches Zeugnis oder aber ein qualifiziertes verlangen. Das einfache Zeugnis enthält im Wesentlichen nur eine Auflistung von Tätigkeiten. Das qualifizierte Zeugnis umfasst darüber hinaus auch eine Einschätzung Ihrer Leistung sowie Ihres Sozialverhaltens. Empfehlenswert ist es, sich ein qualifiziertes Zeugnis geben zu lassen, da es aussagekräftiger ist. Der Arbeitgeber ist verpflichtet, Ihnen das Zeugnis als schriftliches Dokument zu geben. Eine Zusendung nur als E-Mail ist nicht ausreichend. Auch sollte das Zeugnis natürlich keine Rechtschreibfehler enthalten.

Geheimsprache der Personaler

Sicherlich haben Sie schon mitbekommen, dass die qualifizierten Arbeitszeugnisse in Deutschland besondere Formulierungen enthalten, die zwar alle auf den ersten Blick positiv zu sein scheinen, es jedoch tatsächlich nicht immer sind. Es hat sich eine besondere Sprache, eine Art Code, herausgebildet.

Das Bundesarbeitsgericht als höchste deutsche Instanz in arbeitsrechtlichen Belangen hat entschieden, dass Zeugnisse nicht nur der Wahrheit entsprechen und vollständig sein müssen, sondern auch wohlwollend. Mit einem wohlwollenden Zeugnis ist gemeint, dass der Arbeitnehmer nicht bei seinem weiteren beruflichen Fortkommen gehindert wird, es sich also nicht nachteilig bei der Verwirklichung seiner beruflichen Ambitionen auswirkt. Genau das ist die Krux bei der Ausstellung von Arbeitszeugnissen. In der Praxis kommen hauptsächlich gute und sehr gute Zeugnisse vor. Jedoch sagt die Rechtsprechung, dass ein befriedigendes Zeugnis auch noch als wohlwollend angesehen werden kann. Fakt ist jedoch, dass ein Zeugnis, das der Schulnote 3 entspricht, in der Praxis bereits als Makel angesehen wird, der Skepsis gegenüber dem Bewerber aufkommen lässt.

Schema F – kein Platz für Kreativität

Große Unternehmen sind in der Ausstellung von Arbeitszeugnissen sehr professionell und händigen automatisch ein Zeugnis aus. Viele haben spezielle Programme, sogenannte Zeugnisgeneratoren, um mit wenigen Klicks ein aussagekräftiges Zeugnis zu erstellen. Insbesondere bei kleinen Arbeitgebern kann es jedoch sein, dass sich niemand mit den Gepflogenheiten auskennt. Eventuell gibt man Ihnen dort sogar die Möglichkeit, selbst einen Entwurf einzureichen. So sieht der klassische Aufbau eines qualifizierten Arbeitszeugnisses aus:

✔ Einleitung
Die Einleitung enthält Fakten – wie persönliche Daten – wie Ihren vollständigen Namen, Ihr Geburtsdatum und den Geburtsort, aber auch den Zeitraum Ihrer Tätigkeit, die Positionsbezeichnung und gegebenenfalls auch die Abteilung und den Bereich, in dem Sie gearbeitet haben.

BEISPIEL: Frau Marta Fleißig, geboren am 02.02.1992 in Düsseldorf, hat vom 01.05.2016 bis 30.06.2016 ein Praktikum im Bereich Internetmarketing unseres Unternehmens absolviert.

✔ Arbeitgeberbeschreibung
Der zweite Absatz wird dazu genutzt, den Arbeitgeber in ungefähr drei bis fünf Sätzen vorzustellen. Erwähnenswert sind die Branche, der Standort, Niederlassungen, Anzahl der Mitarbeiter und vor allen Dingen die Produktpalette oder die angebotenen Dienstleistungen.

BEISPIEL: Die Innovativ GmbH positioniert sich seit 2015 als Internetagentur mit der Spezialisierung Social Media am Markt. Mit unseren zehn Mitarbeitern beraten wir sowohl regionale als auch überregionale Kunden von unserem Firmensitz in Stuttgart.

✔ Auflistung der Tätigkeiten in Stichpunkten
Die Inhalte des Jobs werden in Stichworten aufgelistet. Für ein Zeugnis zu einem Praktikum, einer Werkstudententätigkeit und einem Nebenjob sind drei bis sechs Stichworte angemessen.

BEISPIEL: Das Aufgabengebiet von Frau Fleißig umfasste im Wesentlichen folgende Tätigkeiten:

- ✔ Pflege der unternehmenseigenen Homepage sowie der Social-Media-Präsenz
- ✔ Unterstützung bei der Erstellung eines Social-Media-Konzepts für einen Kunden aus der Automobilindustrie
- ✔ Unterstützung bei der Organisation unseres Sommerfestes

- ✔ Leistungsbeurteilung mit zusammenfassendem Schlusssatz
  Die Leistungsbeurteilung umfasst Fachkenntnisse, Motivation, Arbeitsqualität und Zielstrebigkeit. Am Ende der Leistungsbeurteilung steht typischerweise ein die Leistung zusammenfassender Satz. Am gebräuchlichsten ist das Gesamturteil »stets zur vollsten Zufriedenheit« für die Schulnote 1 beziehungsweise »stets zur vollen Zufriedenheit« für die Schulnote 2.

BEISPIEL

Hier ein Beispiel für eine sehr gute Beurteilung: Ihre sehr guten wirtschaftswissenschaftlichen Kenntnisse setzte Frau Fleißig immer hervorragend in die Praxis um. Sie zeigte jederzeit ein äußerst hohes Maß an Initiative und Einsatzbereitschaft. Dank ihrer sehr guten Auffassungsgabe arbeitete sie sich in kurzer Zeit in ihr Arbeitsgebiet ein. Frau Fleißig war auch stärkstem Arbeitsanfall jederzeit gewachsen. Sie war eine sehr zielstrebige und selbstständige Mitarbeiterin, die Aufgaben immer mit größter Sorgfalt und Genauigkeit anging und somit jederzeit ausgezeichnete Arbeitsergebnisse erreichte. Frau Fleißig erfüllte die an sie gestellten Aufgaben stets zu unserer vollsten Zufriedenheit.

Hier ein Beispiel für eine gute Beurteilung: Ihre im Studium erworbenen Marketingkenntnisse setzte Frau Fleißig immer gut in die Praxis um. Sie zeigte jederzeit Initiative und Einsatzbereitschaft. Dank ihrer guten Auffassungsgabe arbeitete sie sich in kurzer Zeit in ihr Arbeitsgebiet ein. Frau Fleißig war auch starkem Arbeitsanfall jederzeit gewachsen. Sie war eine zielstrebige und selbstständige Praktikantin, die Aufgaben immer mit großer Sorgfalt und Genauigkeit anging und somit jederzeit gute Arbeitsergebnisse erreichte. Frau Fleißig erfüllte die an sie gestellten Aufgaben stets zu unserer vollen Zufriedenheit.

- ✔ Sozialverhalten
  Im dem auf die Leistungsbeurteilung folgenden Absatz wird das Sozialverhalten beschrieben. Hier wird beurteilt, wie Sie sich gegenüber Vorgesetzten, Kollegen und gegebenenfalls auch Externen wie Kunden und Geschäftspartnern verhalten haben und über welche sozialen und persönlichen Kompetenzen Sie verfügen.

In der Beurteilung zum Sozialverhalten kann ein Hinweis versteckt sein, dass Sie sich mit dem Vorgesetzten nicht verstanden haben. In diesem Fall wird die übliche Reihenfolge Vorgesetzter – Kollegen umgedreht, sodass der Kollege vor dem Vorgesetzten genannt wird. Die Kunden stehen entweder am Ende oder ganz am Anfang.

Die typische Zusammenfassung beim Sozialverhalten ist »verhielt sich stets vorbildlich« bei einer Schulnote 1 und »verhielt sich stets einwandfrei« bei einer Schulnote 2.

BEISPIEL

Hier ein Beispiel für eine sehr gute Beurteilung: Frau Fleißig zeichnete sich durch ein außerordentliches Verantwortungsgefühl und eine sehr stark ausgeprägte Dienstleistungsorientierung aus, wodurch sie wesentlich zu einer erfolgreichen Zusammenarbeit im Team beitrug. Ihr Verhalten gegenüber Vorgesetzten, Kollegen sowie Kunden unserer Firma war stets vorbildlich.

Hier ein Beispiel für eine gute Beurteilung: Frau Fleißig integrierte sich in kurzer Zeit in das Team. Ihr Verhalten gegenüber Vorgesetzten, Kollegen sowie Kunden unserer Firma war stets einwandfrei.

✔ Abschlussformel
Im letzten Absatz steht der Grund des Ausscheidens, der Dank für die geleistete Arbeit sowie die Zukunftswünsche. Wenn ein guter beziehungsweise sehr guter Arbeitnehmer von sich aus gekündigt hat, drückt man hierüber auch sein Bedauern aus.

Wenn das Wörtchen »weiterhin« bei den Erfolgswünschen fehlt, kann dies ein Hinweis darauf sein, dass der Arbeitnehmer auf der Stelle tatsächlich nicht erfolgreich war. Fehlen Bestandteile der Abschlussformel komplett, wie etwa der Dank, ist dies möglicherweise ebenfalls ein Code, der darauf hindeutet, dass dieses Arbeitsverhältnis nicht harmonisch verlaufen ist.

Auch in der Abschlussformel können sich noch Hinweise darauf finden, dass der Zeugnisschreiber mit dem Mitarbeiter nicht zufrieden war.

BEISPIEL

Hier ein Beispiel für eine sehr gute Abschlussformel eines Praktikumszeugnisses: Der Praktikumsvertrag endet mit Ablauf der vereinbarten Zeit. Wir danken Frau Fleißig sehr für ihr weit überdurchschnittliches Engagement und wünschen ihr beruflich weiterhin sehr viel Erfolg und persönlich alles Gute.

Hier ein Beispiel für eine gute Abschlussformel eines Praktikumszeugnisses: Der Praktikumsvertrag endet mit Ablauf der vereinbarten Zeit. Wir danken Frau Fleißig für ihr überdurchschnittliches Engagement und wünschen ihr beruflich weiterhin viel Erfolg und persönlich alles Gute.

✔ Datum der Ausstellung, Unterschrift und Titel
Das Ausstellungsdatum sollte mit dem Enddatum der vertraglichen Beziehung übereinstimmen. Ist dies nicht der Fall, kann dies wiederum auf Unstimmigkeiten zwischen dem Arbeitnehmer und dem Arbeitgeber hindeuten.

BEISPIEL

30.06.2016

Bernd Innovativ

Bernd Innovativ
Geschäftsführer

Die Formulierungen weichen natürlich von Arbeitgeber zu Arbeitgeber ab. Manche machen sich auch die Mühe, Arbeitszeugnisse individuell zu formulieren, womit Sie – bei einer guten Bewertung – besonders aus der Masse der Bewerbungen herausragen können.

Bitten Sie Ihren Arbeitgeber, das Zeugnis zu korrigieren, wenn Sie Fehler finden, es unübliche Formulierungen enthält oder einer der wichtigen Bestandteile fehlt. Nachfragen lohnt sich auf jeden Fall, denn gute Arbeitszeugnisse spielen bei Berufseinsteigern eine wichtige Rolle bei der Personalauswahl. Wenn der Arbeitgeber keinen Personalverantwortlichen beschäftigt, kann es auch Unwissenheit sein, wenn ein Arbeitszeugnis nicht im üblichen Zeugniscode geschrieben wird.

Wenn Sie einen Professor haben, der Sie näher kennt oder Sie in einem Ihrer Praktika einen Chef oder Kollegen, der Sie persönlich sehr schätzt, hatten, können Sie diese Personen bitten, sich als Referenzgeber zur Verfügung zu stellen. Üblicherweise geben Sie unter der Überschrift »Referenzen« im Lebenslauf Name, Position, geschäftliche E-Mail und geschäftliche Telefonnummer der Person an.

BEISPIEL

Anna Meier
Head of Human Resources bei der XYZ AG
E-Mail: Anna.Meier@xyz.de
Tel. 0711-100-011

Referenzschreiben sind in deutschen Bewerbungen nur sinnvoll, wenn Sie für die jeweilige Tätigkeit kein klassisches Arbeitszeugnis erhalten können. Engagieren Sie sich etwa in einem Verein als Trainer oder haben einen Professor bei der Organisation einer Exkursion tatkräftig unterstützt, können Sie sich dieses Engagement schriftlich bestätigen lassen. Im Anhang dieses Buches und unter www.fuer-dummies.de sowie dem Stichwort »Zusatzmaterial« finden Sie ein Beispiel für ein Referenzschreiben.

IN DIESEM KAPITEL

Die Möglichkeiten des Berufseinstiegs kennenlernen

Optionen für ein Masterstudium kennenlernen

Alternativen für die Zeit nach dem Abschluss durchdenken

Kapitel 4
Der Abschluss steht bevor

In diesem Kapitel beleuchten wir den Direkteinstieg und das Trainee-Programm näher. So möchten wir Ihnen helfen abzuwägen, welche Möglichkeit zum Berufseinstieg die passende für Sie ist. Auch ein Volontariat als Berufseinstieg im Medien- und Kulturbereich stellen wir Ihnen vor. Außerdem besprechen wir das Für und Wider eines Masterstudiums und die Möglichkeit, nach dem Studium zunächst eine Auszeit zu nehmen.

Direkteinstieg – nach dem Studium gleich auf die Wunschstelle

Der klassische Start ins Berufsleben ist der Direkteinstieg. Das bedeutet, dass Sie sich auf eine Position bewerben, die mit vorab fest definierten Aufgaben betraut ist. Der Arbeitgeber wird von Ihnen erwarten, dass Sie mehrere Jahre auf dieser Stelle arbeiten, bevor Sie sich entweder intern oder extern weiterbewerben.

Für den Lebenslauf ist es ratsam mehrere Jahre beim gleichen Arbeitgeber zu verbringen, damit Sie Durchhaltevermögen und Beständigkeit zeigen. Vor allem brauchen Sie aber auch diese Zeit, um sich nicht nur in die Fachaufgaben einzuarbeiten, sondern diese wirklich zu beherrschen.

Was beim Direkteinstieg beachtet werden sollte

Es will gut überlegt sein, wo und wie Sie Ihre berufliche Karriere beginnen (siehe auch Kapitel 2 mit der Frage »Wer bin ich und was will ich«). Ist Ihnen eine steile Lernkurve wichtig, ein Arbeitgeber, der viele Karrieremöglichkeiten bietet? Wie groß ist Ihre Reisebereitschaft? All diese Fragen haben Sie sicherlich schon beantwortet. Mit einem Direkteinstieg legen Sie sich zwar nicht zwingend für den Rest Ihrer Berufslaufbahn fest, aber Sie stellen wichtige Weichen für Ihre weitere berufliche Entwicklung.

Stellenanzeigen für Berufseinsteiger

Den ersten Hinweis, ob die Stelle für Berufseinsteiger geeignet ist, finden Sie schon im Titel. Solche Stellen sind normalerweise mit dem Zusatz »Junior-« ausgeschrieben. Darüber hinaus erkennen Sie Stellen für Berufseinsteiger daran, dass bei den Anforderungen in der Stellenanzeige keine Berufserfahrung gefordert wird oder diese als »Kann-Anforderung« formuliert ist. Meist werden zum Fachbereich passende praktische Erfahrungen in Form von Praktika erwartet. Leider gibt es vergleichsweise wenige Positionen für Berufseinsteiger, da Absolventen eigentlich immer ein erfahrener Kollege zur Seite gestellt werden muss, der sie anlernt und ihnen Fachwissen vermittelt. Kleine Unternehmen haben aber häufig nur eine Position, etwa im Controlling oder im Marketing zu vergeben. Somit suchen diese Arbeitgeber meist einen Mitarbeiter, der zumindest ein paar Jahre Berufserfahrung mitbringt. Dieser Mitarbeiter kostet zwar mehr als ein Absolvent, er bringt jedoch auch das relevante Fachwissen aus früheren Tätigkeiten mit und kann somit schneller einen Mehrwert für den Arbeitgeber erbringen.

Bewerben, auch wenn nicht alle Anforderungen erfüllt werden

Sie haben die Ausschreibung Ihrer Traumstelle gefunden, aber sind sich nicht sicher, ob Sie sich bewerben sollten, da Sie nicht alle Anforderungen erfüllen. Geben Sie nicht sofort auf, sondern überlegen Sie, ob Sie folgende Punkte erfüllen:

- ✔ Sie können fehlende Kenntnisse in einem Bereich durch Spezialwissen in einem anderen ausgleichen. Das Wissen haben Sie sich idealerweise in einem Praktikum angeeignet.
- ✔ Auch Fachwissen, das Sie sich im Studium angeeignet haben, ist wichtig. Achten Sie darauf, dass aus Ihrem Lebenslauf oder Anschreiben hervorgeht, welches für die Stelle wichtige Wissen Sie sich aneignen konnten.
- ✔ Sie können in Ihrem Anschreiben schlüssig darlegen, wie Sie Ihre vorhandenen Kenntnisse einbringen.
- ✔ Sie mussten sich bereits in der Vergangenheit schnell in neue Themen einarbeiten und können dies auch überzeugend im Anschreiben formulieren.

Drum prüfe, wer sich ewig bindet

Immer mehr Arbeitsverträge sind zunächst befristet. Das hat für die Arbeitgeber einerseits den Vorteil, dass sie ihre Personalplanung nicht allzu langfristig anlegen müssen. Andererseits können die Arbeitgeber ihre Mitarbeiter so über die Probezeit hinweg für einen langen Zeitraum testen. Typisch sind Befristungen über zwei Jahre, da man für diesen Zeitraum arbeitsrechtlich unproblematisch befristen kann. Häufig sind auch befristete Elternzeitvertretungen ausgeschrieben. Hier variiert der Zeitraum, teilweise dauert die Befristung sogar drei Jahre. Wenn Sie merken, dass Sie sich in einem schwierigen beruflichen Umfeld bewerben und es wenige Stellen gibt, kann die Bewerbung auf befristete Stellen eine gute Strategie sein, um den Kreis der Konkurrenten kleiner als bei unbefristeten Stellen zu halten. Denn meist werden sich Personen, die in einem unbefristeten Arbeitsverhältnis stehen, nicht auf eine befristete Stelle bewerben. Somit sind Ihre Hauptkonkurrenten andere Berufseinsteiger.

Die Gehälter für den Direkteinstieg hängen stark vom Fachbereich, von der Branche und in der freien Wirtschaft auch von der Unternehmensgröße ab. Sie werden jedoch immer höher als für ein Volontariat sein und in vielen Fällen auch höher als für ein Trainee-Programm.

Bei einem Direkteinstieg liegt der Fokus oftmals zunächst auf dem Tagesgeschäft. Weiterbildungsmaßnahmen werden, insbesondere in kleinen und mittelständischen Unternehmen, eher anlassbezogen stattfinden und fachlicher Natur sein. Sie erhalten bei einem Direkteinstieg auch nicht unbedingt einen generellen Durchlauf von Ihrem Arbeitgeber, sondern lernen meist nur Ihre Fachabteilung näher kennen. In großen Unternehmen und Institutionen müssen Sie somit mehr Energie verwenden, um sich ein abteilungsübergreifendes Netzwerk aufzubauen.

Das Bewerbungsverfahren für den Direkteinstieg besteht in den meisten Fällen aus ein bis zwei klassischen Vorstellungsgesprächen. Einige Arbeitgeber führen jedoch auch für den direkten Berufseinstieg ein Assessment Center durch oder nutzen zumindest einzelne AC-Übungen, um sich ein noch umfänglicheres Bild von den Bewerbern zu machen. Für einen Direkteinstieg sollten Sie circa drei bis vier Monate vor dem gewünschten Startdatum mit der Jobsuche beginnen. So haben Sie auch bei langwierigen Bewerbungsverfahren die Chance, zum Wunschdatum mit dem Job zu beginnen.

Vorteile eines Direkteinstiegs

Ein Direkteinstieg bringt viele Vorteile mit sich. Wir haben die wichtigsten für Sie aufgelistet.

✔ Schnelle Entwicklung zum Fachexperten

✔ Festes Team und definierter Arbeitsplatz

✔ Im Durchschnitt höheres Einstiegsgehalt als bei anderen Formen des Berufseinstiegs

Mit einem Trainee-Programm durchstarten

Trainee-Programme wenden sich in der Regel an Berufseinsteiger. Es gibt eine große Bandbreite von Trainee-Programmen, wenn man sich die Inhalte und den Ablauf anschaut.

Experte oder Führungsnachwuchs

Was die Zielsetzung eines Trainee-Programms angeht, kann man im Wesentlichen zwei Arten unterscheiden. Zum einen gibt es Trainee-Programme, die den Fokus auf die Ausbildung von Fachexperten legen. Daneben gibt es Programme, die den Nachwuchs an Führungskräften sicherstellen sollen.

Experte oder Führungskraft – mit einem Trainee-Programm können Sie schon früh die beruflichen Weichen stellen. Umso wichtiger ist es, dass Sie sich über Ihre berufliche Wunschlaufbahn im Klaren sind. In Kapitel 2 helfen wir Ihnen herauszufinden, was Ihre Ziele sind und wie Sie sie erreichen können.

Die Ausgestaltung des Trainee-Programms variiert abhängig vom Budget des Arbeitgebers und der Zielsetzung, die mit einem derartigen Angebot verbunden werden. Wenn mit dem Programm Experten ausgebildet werden sollen, definieren Arbeitgeber meist bereits eine Zielstelle oder zumindest eine Zielabteilung. So weiß man bereits mit Beginn des Programms, auf welcher Position beziehungsweise in welchem Bereich man später landen wird. Hier geht es dem Arbeitgeber darum, dass seine Nachwuchskräfte einen Blick über den Tellerrand wagen, bevor sie in den eigentlichen Job starten.

Wenn der Arbeitgeber mit einem Trainee-Programm gezielt Führungsnachwuchskräfte finden und ausbilden möchte, ist das Programm meist umfassend angelegt. Im Rahmen eines solchen Programms durchläuft man mehrere Abteilungen und erst am Ende der Traineezeit wird mit dem Trainee besprochen, in welcher Abteilung eine passende Stelle zu vergeben ist.

Trainee-Programm in großen Unternehmen

Besonders in großen Unternehmen kann der Berufseinstieg über ein Trainee-Programm attraktiv sein, da die Trainees hier meist eine exponierte Stellung unter den Berufseinsteigern genießen und als Potenzialträger angesehen werden, da allein schon das Bestehen des Auswahlverfahrens sehr schwierig ist.

Charakteristisch für die Trainee-Programme in großen Unternehmen ist, dass Sie mehrere Abteilungen durchlaufen, statt sofort auf einem festen Arbeitsplatz eingesetzt zu werden. Somit erhalten sie – im Gegensatz zum Direkteinstieg – einen übergeordneten Blick auf den jeweiligen Arbeitgeber. Auch können sie wertvolle Kontakte in verschiedenen Bereichen knüpfen, was ihnen in großen Unternehmen langfristig hilft, um karriererelevante Netzwerke aufzubauen. Auch die Trainees bleiben häufig nach dem Ende des Trainee-Programms in Kontakt.

Die Qualität des Trainee-Programms prüfen

Wenn Sie sich für ein Trainee-Programm bewerben, sollten Sie darauf achten, was hinter dem Namen steckt. Es gibt auch schwarze Schafe unter den Arbeitgebern. Manchmal verbirgt sich hinter dem Aushängeschild Trainee-Programm nur eine Möglichkeit, für ein kleines Gehalt Berufseinsteiger zu beschäftigen. Sie sollten prüfen, welche Bestandteile und Zielsetzung das Programm hat.

Hier eine Checkliste für den Qualitätscheck:

- ✔ Ist der Bewerbungsprozess professionell organisiert und haben Sie die Möglichkeit, mit einem Ansprechpartner aus dem zukünftigen Einsatzbereich zu sprechen?
- ✔ Sieht das Programm einen Einsatz in mehreren Bereichen vor?
- ✔ Ist Weiterbildung ein fester Bestandteil des Trainee-Programms?
- ✔ Gibt es die Möglichkeit für einen Auslandseinsatz?
- ✔ Haben Sie einen festen Mentor während des Programms?
- ✔ Ist der Arbeitsvertrag unbefristet?
- ✔ Wie gut sind die Übernahmechancen, wenn es sich um einen befristeten Vertrag handelt?
- ✔ Wissen Sie vor dem Start des Programms, wie und von wem Sie während der Traineezeit beurteilt werden?

Inhalte und Rahmenbedingungen eines Trainee-Programms

Ein Auslandseinsatz ist bei hochkarätigen Programmen ein fester Bestandteil. Gleiches gilt für eine umfassende Anzahl an Soft-Skill-Trainings und Projektarbeiten, um Ihre persönlichen, sozialen und methodischen Kompetenzen zu erweitern. Auch ein Mentorensystem ist üblich. Ein Mentor ist eine berufs- und lebenserfahrene Person, die eine Nachwuchskraft auf ihrem beruflichen Weg durch ihren Rat und ein offenes Ohr unterstützt.

Die Dauer der Trainee-Programme variiert. Am gängigsten sind ein bis zwei Jahre. Es kann sein, dass der Arbeitgeber nur schwer langfristig planen kann, ob er nach Abschluss des Trainee-Programms Stellen für alle Trainees hat. Somit entsteht eine Konkurrenzsituation unter den Trainees bezüglich der Übernahme in ein festes Arbeitsverhältnis, was Sie sich bewusst machen sollten. Es kann auch sein, dass man die Trainees nicht nur über die maximal sechs Monate andauernde Probezeit, sondern die gesamte Traineezeit testen will, bevor man sie fest einstellt.

Bei einem befristeten Arbeitsvertrag für ein Trainee-Programm ist es wichtig, frühzeitig mit dem Mentor und der Personalabteilung über die beruflichen Perspektiven zu sprechen. Bedenken Sie, dass Sie gegebenenfalls Zeit brauchen, um sich für eine neue Stelle außerhalb des Unternehmens beziehungsweise intern zu bewerben.

Arbeitgeber mit besonders attraktiven Trainee-Programmen, die vergleichsweise viel Geld kosten und auch einen logistischen Aufwand verursachen, etwa durch die Organisation von Auslandsaufenthalten, stellen ihre Trainees unbefristet ein, da ansonsten das Investment in die Nachwuchskräfte wenig zielführend wäre. Dafür sind die Anforderungen sehr hoch, die die Bewerber erfüllen müssen, um überhaupt am Bewerbungsverfahren teilzunehmen. Denn man möchte sich dann sicher sein, dass man nur die größten Talente einstellt. Gesucht werden Absolventen mit überdurchschnittlichen Noten, anspruchsvollen Praktika, Auslandserfahrung und Fremdsprachenkenntnissen, die sich zudem noch sozial engagiert haben.

Die Gehälter für Trainees variieren abhängig von der Branche, der Unternehmensgröße und dem Anspruch, den die Arbeitgeber an ihre Trainees stellen. Im Durchschnitt ist das Gehalt eines Trainees niedriger als das eines Direkteinsteigers, weil Trainees erstmal mehr kosten. Arbeitgeber aus Branchen mit vergleichsweise hohen Gehältern wie dem Bankwesen, der Pharma-Industrie und dem Bereich Automotive, die auf der Suche nach Überfliegern sind, zahlen ihren Trainees jedoch Gehälter, die zumindest genauso hoch wie die eines Direkteinsteigers sind.

Das klassische Bewerbungsverfahren für eine Trainee-Stelle läuft über ein Assessment Center. Häufig ist das Verfahren mehrstufig. So müssen Sie auf dem Weg zu Ihrer Wunschstelle zunächst einen Online-Test absolvieren, dann zum Auswahltag fahren und schließlich noch ein Vorstellungsgespräch absolvieren.

Beginnen Sie bereits ein Jahr vor Ihrem geplanten Abschluss mit der Recherche nach Trainee-Programmen. Da die Auswahlverfahren oft sehr aufwändig sind, werden viele Stellen schon früh ausgeschrieben.

Häufig reicht es, wenn Sie sich sechs bis neun Monate vor dem gewünschten Starttermin für ein Trainee-Programm bewerben. Da einige Arbeitgeber jedoch mit noch mehr Vorlaufzeit ihre Plätze vergeben und feste Starttermine pro Jahr haben, sollten Sie bereits ein Jahr vor Ihrem Abschluss mit der Recherche beginnen und die Bewerbungsmodalitäten bei Ihren Wunscharbeitgebern in Erfahrung bringen. So können Sie sicher sein, direkt oder zumindest zeitnah nach Ihrem Studienabschluss in Ihre Traineelaufbahn zu starten.

Die Vorteile eines Trainee-Programms auf einen Blick

Ein Trainee-Programm bietet Ihnen viele Vorteile beim Berufseinstieg. Die wichtigsten haben wir für Sie aufgelistet:

- ✔ besseres Verständnis für die Zusammenhänge im Unternehmen beziehungsweise der Institution durch Rotation in verschiedenen Bereichen
- ✔ Fokus auf der Weiterentwicklung persönlicher, sozialer und methodischer Kompetenzen, etwa durch Seminare und anspruchsvolle Projektarbeiten
- ✔ sehr gute Möglichkeit, sich intern zu vernetzen
- ✔ gegebenenfalls vom Arbeitgeber organisierter Auslandsaufenthalt

Mit einem Volontariat in die Traumbranche einsteigen

Ein Volontariat ist eine zeitlich begrenzte Lehrzeit, die typischerweise im Journalismus, aber auch in anderen Medien- und Kulturbereichen ein Eintritt für Absolventen in die jeweilige Berufswelt sein kann. Wenn Sie in diesen Branchen nach dem Studium arbeiten möchten, führt häufig kein Weg an einem Volontariat vorbei. Auch Arbeitgeber anderer Branchen und Institutionen des Öffentlichen Dienstes bieten manchmal in der Internen und Externen Kommunikation Volontariate an.

Das Volontariat ist als eine Zusatzausbildung nach dem Studium zu verstehen. Daher werden hier nicht nur Fachkenntnisse vermittelt. Volontäre nehmen auch an Fortbildungsmaßnahmen teil, um etwa methodische und persönliche Kompetenzen zu erweitern.

Ein Volontariat ist in der Regel befristet und dauert typischerweise zwölf bis zu 24 Monate. Die Übernahmechancen variieren. Meist werden mehr Volontäre eingestellt, als tatsächlich nach dem Ende dieser Art Zusatzausbildung übernommen werden können. Die Bewerbungsfristen und Startzeitpunkte unterscheiden sich von Arbeitgeber zu Arbeitgeber. Daher sollten Sie schon ein Jahr vor Ihrem Abschluss mit der Recherche beginnen und gegebenenfalls telefonisch Kontakt mit den Personalentscheidern aufnehmen.

So prüfen Sie die Qualität eines Volontariats

Bei der Suche nach einem Volontariat werden Ihnen folgende Fragen helfen, um die Qualität des jeweiligen Angebots zu bewerten:

- ✔ Hat der Arbeitgeber bereits mehrmals Volontäre beschäftigt und daher Erfahrung mit Volontariaten?
- ✔ Präsentiert der Arbeitgeber auf der Homepage, jedoch spätestens im persönlichen Vorstellungsgespräch, seine Vorstellung vom Ablauf des Volontariats, der den Einblick in verschiedene Bereiche des Unternehmens und die kostenlose Teilnahme an Weiterbildungen umfasst?
- ✔ Gibt es gute Übernahmechancen nach dem Volontariat?
- ✔ Sind nur ein Volontär beziehungsweise wenige Volontäre bei dem Arbeitgeber beschäftigt, oder werden so viele Volontäre beschäftigt, dass der Verdacht naheliegt, es handle sich nur um billige Arbeitskräfte?

Die Bewerbungsverfahren für Volontariate variieren. Es kann sein, dass Sie lediglich ein klassisches Vorstellungsgespräch durchlaufen müssen. Es gibt auch Firmen, die ein umfassendes Assessment Center durchführen. Das Gehalt eines Volontärs liegt häufig nicht weit über dem Mindestlohn. Das liegt zum einen daran, dass im Medien- und Kulturbereich vergleichsweise geringe Gehälter gezahlt werden. Andererseits ist die Zahl der Bewerber oft so hoch, dass die Bewerber froh sein können, überhaupt einen Platz zu erhalten und somit die Gehaltsfrage zweitrangig ist.

Die Vorteile eines Volontariats auf einen Blick

Trotz oftmals geringer Entlohnung bieten Volontariate auch Vorteile. Einige haben wir hier für Sie aufgelistet:

- ✔ branchenspezifischer Berufseinstieg als Grundlage für die berufliche Laufbahn im Traumbereich
- ✔ Berücksichtigung der persönlichen Weiterentwicklung, etwa durch Teilnahme an Seminaren

Master oder kein Master ist die Frage

In einigen Studiengängen wie Lehramt ist ein Master zwingend notwendig, damit Sie den angestrebten Beruf überhaupt ausüben können. In vielen Bereichen steht es Ihnen aber offen, ob Sie nach dem Bachelor sofort in die Berufswelt einsteigen oder einen Master anschließen. Umso wichtiger ist es, dass Sie sich rechtzeitig Gedanken darüber machen, welcher Weg der passende für Sie ist.

Ob der Bachelor ausreicht, hängt auch von der beruflichen Tätigkeit ab, die Sie ausüben möchten. Aufgrund des Fachkräftemangels wird zum Beispiel bei Informatikern ein Bachelor ausreichen, um eine adäquate Stelle zu finden.

Grundsätzlich gibt es zwei Arten von Master-Abschlüssen. Der konsekutive Master wird in Vollzeit absolviert und kann direkt an einen Bachelor angeschlossen werden. Beim nicht konsekutiven Master handelt es sich um einen Weiterbildungsmaster, für den man Berufserfahrung benötigt und der typischerweise auch berufsbegleitend absolviert wird. Der bekannteste Weiterbildungsmaster ist der Master of Business Administration (MBA), der sich an Fach- und Führungskräfte aus der freien Wirtschaft richtet.

Bewerben für das Masterstudium

Die wichtigste Voraussetzung für ein Master-Studium ist ein abgeschlossenes Bachelor-Studium. Darüber hinaus variieren die Zulassungskriterien je nach Studiengang und Hochschule, denn die Auswahl liegt bei den einzelnen Hochschulen und ist nicht allgemein geregelt.

Folgende Kriterien können für die Auswahl relevant sein:

- ✔ Note des Bachelorabschlusses
- ✔ Ergebnis eines Tests zur Eignungsfeststellung
- ✔ Inhaltliche Qualifizierung, zum Beispiel durch ein Vorpraktikum

Wichtig ist, die Bewerbungsfrist nicht zu verpassen. Wer im Wintersemester mit dem Master starten möchte, muss in der Regel schon einige Wochen vor Ende der Vorlesungszeit seine Bewerbung abschicken. Da Sie Zeugnisse und Zertifikate häufig als beglaubigte Kopie vorlegen müssen, sollten Sie rechtzeitig anfangen, Ihre Unterlagen zusammenzustellen.

Wir empfehlen, dass Sie sich spätestens ein halbes Jahr, idealerweise jedoch schon ein Jahr vor Ihrem Studienabschluss mit dem Thema Master befassen. So stellen Sie sicher, dass Sie die Bewerbungsfristen zum Wunschstarttermin einhalten können und Zeit haben, alle Voraussetzungen zu erfüllen, wie etwa ein Englischzertifikat zu erwerben.

Was zu einer vollständigen Bewerbung gehört, ist je nach Hochschule und Studiengang unterschiedlich. Die folgenden Unterlagen sind jedoch Bestandteil fast jeder Bewerbung für einen Masterstudiengang:

- ✔ Lebenslauf
- ✔ Motivationsschreiben
- ✔ Allgemeine Hochschulreife
- ✔ Bachelorzeugnis (falls schon vorhanden)
- ✔ Leistungsübersicht (ECTS Punkte)

Bei international ausgerichteten Masterstudiengängen müssen Sie meist auch einen Auslandsaufenthalt in Form eines Auslandssemesters oder eines Praktikums nachweisen sowie ein Englischzertifikat beilegen. Darüber hinaus müssen Sie in der Regel noch ein Bewerbungsformular ausfüllen. Das kann recht umfangreich sein. So müssen Sie bei manchen Studiengängen berufspraktische Erfahrung nachweisen und gegebenenfalls näher beschreiben. Auch die detaillierte Beschreibung von bestimmten Lehrveranstaltungen kann gefordert sein. (Orientieren Sie sich zur Erstellung des Motivationsschreibens und des Lebenslaufs an unseren Tipps in Kapitel 6.)

Einige Hochschulen erwarten eine Bewerbungsmappe per Post. Bei anderen Hochschulen können Sie sich digital bewerben. Die Hochschulen erläutern meistens auf ihrer Website sehr genau, wann und in welcher Form die Unterlagen eingereicht werden müssen. Bei den wenigen Hochschulen, bei denen Sie sich per Post bewerben müssen, finden Sie meist den expliziten Hinweis, dass Sie die Unterlagen ohne Ordner oder Mappe einreichen sollen. Informieren Sie sich also im Vorfeld, um sich Zeit und Geld zu ersparen.

Nach dem Bachelor ist vor dem Master

Der konsekutive Master bietet verschiedene Möglichkeiten für die weitere Studienzeit und damit das persönliche Ausbildungsprofil. Man hat einerseits die Möglichkeit, einen Master zu absolvieren, der auf ein Bachelorstudium zum gleichen Schwerpunkt aufbaut. Andererseits kann man sich auch in begrenztem Maße umorientieren oder spezialisieren. Absolvieren Sie zum Beispiel einen Bachelor in Maschinenbau, können Sie sich Richtung BWL ausrichten, indem Sie einen Master in Wirtschaftsingenieurwesen absolvieren. Sie hätten aber auch die Möglichkeit, einen Master in Luft- und Raumfahrttechnik zu machen, wenn Sie den Wunsch nach einer stärkeren Spezialisierung haben. Sie sollten also einerseits ein Resümee zu den Inhalten Ihres Bachelor-Studiums ziehen und andererseits Ihre Ziele hinsichtlich des gewünschten Berufsfelds im Blick haben beziehungsweise gegebenenfalls korrigieren, wenn Sie merken, dass Ihnen eine andere Richtung besser liegt.

Mit dem Master vertiefen Sie Ihre Fachkenntnisse und spezialisieren sich in einem Bereich. Daher sollten Sie sich vor Beginn des Master-Studiums über Ihre beruflichen Ziele im Klaren sein. Wenn dies nicht der Fall ist, sollten Sie überlegen, zunächst Berufserfahrung zu sammeln.

Die Sinnhaftigkeit eines Masters hängt auch vom Tätigkeitsbereich beziehungsweise Studienfach ab. Während im Marketing oder Personalbereich die Praxiserfahrung mehr als die Kenntnis theoretischer Modelle zählt, ist in der Mathematik oder den Ingenieurwissenschaften eine umfassende theoretische Grundausbildung entscheidend für den Erfolg im Berufsleben.

Auch Ihre Studienleistungen im Bachelor und die Freude, die Sie am Studieren haben, sollten Sie berücksichtigen. Wenn Sie schon im Bachelor unterdurchschnittliche Noten haben und jede Klausur oder Hausarbeit eine kaum lösbare Herausforderung für Sie ist, wird es wenig sinnvoll sein, den akademischen Weg fortzuführen. Stattdessen sollten Sie versuchen, sofort den Berufseinstieg zu schaffen. Eine weitere Überlegung hinsichtlich eines Masterstudiums ist, ob Sie sich eine wissenschaftliche Karriere vorstellen können oder nicht. Sofern das für Sie eine Möglichkeit ist, sollten Sie einen Master an den Bachelor anschließen, da dieser Voraussetzung für eine Promotion ist.

Einen Master brauchen Sie in Großkonzernen, wenn Sie eine Laufbahn als Führungskraft anstreben. Ein Master wird auch vorausgesetzt, wenn Sie in der Forschung und Entwicklung tätig werden wollen. Für Geisteswissenschaftler ist ein Master ein Muss, um eine adäquate Stelle zu finden.

Ob ein Master für den Berufseinstieg wichtig ist, wird von Arbeitgeber zu Arbeitgeber unterschiedlich bewertet. In großen Unternehmen gibt es oft eine unternehmensweite Strategie, welcher Studienabschluss für welche Art von Tätigkeit nötig ist. Auch werden Unterschiede in den Einstiegsgehältern von Bachelor- und Masterabsolventen gemacht. In bestimmten Branchen wie dem öffentlichen Dienst wird eine klare Trennung zwischen Abschlussarten gezogen, sodass Sie mit dem Bachelor nur eine begrenzte Art von Positionen ausüben können, was auch Ihre gehaltlichen Entwicklungsmöglichkeiten begrenzt. Somit kann es sinnvoll sein, einen Master zu machen, um sich eine Bandbreite an Einstiegs- und Aufstiegsmöglichkeiten offen zu halten.

In kleineren und mittelständischen Unternehmen kommt es oft auf die Meinung der Personal- und Fachverantwortlichen an, ob ein Master unabdingbar ist oder ein Bachelor ausreicht, um einzusteigen und sich im Unternehmen weiterzuentwickeln. Recruiter und Fachvertreter, die selbst im alten System einen Diplomabschluss erworben haben, tun sich manchmal schwer, den Bachelor als vollwertigen Studienabschluss anzuerkennen. Andere Unternehmensvertreter sind pragmatischer eingestellt und glauben, dass man nur einen Bruchteil der Studieninhalte in der Praxis anwenden kann und daher möglichst direkt nach dem Bachelor in das Berufsleben starten sollte.

Untersuchungen zu Einstiegsgehältern von Bachelor- und Master-Absolventen zeigen, dass Master-Absolventen im Durchschnitt in den ersten drei Jahren nach dem Berufseinstieg wesentlich höhere Gehälter bekommen als Bachelor-Absolventen.

Ein weiterer zu berücksichtigender Aspekt ist, dass man im Rahmen eines Masterstudiums relativ leicht ins Ausland gehen kann. Somit kann man nicht nur seine Theoriekenntnisse erweitern, sondern gleichzeitig in eine andere Kultur eintauchen und in den meisten Fällen auch seine Sprachkenntnisse erweitern. Dass die kulturellen und sprachlichen Hürden bei einem Studium außerhalb des deutschsprachigen Raums den Erwerb des Abschlusses anspruchsvoller machen, wissen auch die meisten Arbeitgeber zu schätzen. Die Entscheidung für beziehungsweise gegen einen Master nach dem Bachelor hängt also von verschiedenen Faktoren ab. Deshalb ist es wichtig, dass Sie eine Standortbestimmung zu Ihrem bisherigen Studienverlauf und Ihren beruflichen Zielen vornehmen.

Master ja oder nein – Eine Standortbestimmung machen

Nehmen Sie eine Standortbestimmung vor, um zu entscheiden, ob ein Master zu Ihren beruflichen Zielen passt. Folgende Fragen helfen Ihnen:

- ✔ Sind Sie zufrieden mit der Wahl Ihres Bachelor-Studienfachs oder möchten Sie sich umorientieren oder weiter spezialisieren?
- ✔ Macht Ihnen das Studieren große Freude oder quälen Sie sich schon im Bachelor von Semester zu Semester?
- ✔ Streben Sie eine wissenschaftliche Karriere an oder sind Sie eher ein Praktiker?

- ✔ Empfehlen Vertreter Ihres Wunscharbeitgebers, mit denen Sie beispielsweise auf Karrieremessen oder sonstigen Veranstaltungen gesprochen haben, einen Master oder eher den direkten Berufseinstieg nach dem Bachelor?
- ✔ Ergeben Recherchen auf den Homepages Ihrer Wunscharbeitgeber, dass ein Master sinnvoll ist?
- ✔ Kann ein Master eine willkommene Gelegenheit für Sie sein, um ins Ausland zu gehen?

Darüber hinaus gibt es im Internet Orientierungshilfen für die Wahl des Master-Studiengangs. Zum Beispiel bietet die Studieninformation Baden-Württemberg unter `www.was-studiere-ich.de` einen Test an, mit dem Sie herausfinden können, welche Studiengänge am ehesten Ihren Neigungen und Fähigkeiten entsprechen.

Wenn Sie direkt mit dem Bachelor in den Berufsalltag starten, müssen Sie das Thema Master nicht begraben. Sie können auch zu einem späteren Zeitpunkt einen Master machen. Der Vorteil ist dann, dass Sie mit Berufserfahrung die Studieninhalte noch besser verstehen. Ein Nachteil kann sein, dass es Ihnen schwerfällt, sich wieder in das Studentenleben einzufinden, nachdem Sie schon in der Arbeitswelt zu Hause waren.

Vorteile des Vollzeitmasters

Die Vorteile eines Vollzeitmasters haben wir für Sie aufgelistet:

- ✔ Möglichkeit eines Richtungswechsels im Studium oder einer Spezialisierung
- ✔ Vertieftes theoretisches Wissen vor dem Berufseinstieg
- ✔ Möglichkeit einer wissenschaftlichen Karriere
- ✔ Kostengünstige Masterart

Mit Berufserfahrung und dem Weiterbildungs-Master durchstarten

Mit mindestens einem Jahr Berufserfahrung können Sie sich bereits für viele Weiterbildungsmaster bewerben. Der MBA genießt ein hohes Ansehen, da hier die Themen Unternehmens- und Personalführung sowie das Arbeiten in Projekten meist eine wesentliche Rolle spielen. In angelsächsisch geprägten Unternehmen ist dieser Abschluss für Führungskräfte und Mitarbeiter, die eine derartige Verantwortung anstreben, ein Motor, um beruflich voranzukommen. Teilweise ist ein MBA in High-Potential-Programmen von Großkonzernen vorgesehen und wird dementsprechend finanziell sowie mit Freistellungen von der Arbeit unterstützt.

Leider sind Weiterbildungs-Master teuer. Üblicherweise müssen Sie mit einem fünfstelligen Betrag rechnen. Es gibt Arbeitgeber, die einen Teil oder sogar den Gesamtbetrag übernehmen. Voraussetzung ist, dass der Arbeitgeber einen Mehrwert in dem Abschluss sieht. Auch ist es üblich, einen Fortbildungsvertrag mit einer Rückzahlungsklausel mit dem Masteranden abzuschließen, um ihn für eine bestimmte Zeit zu binden, um das durch den Arbeitnehmer erworbene Wissen tatsächlich auch für den Arbeitgeber nutzbar machen zu können.

Nicht jede Rückzahlungsklausel ist rechtskräftig. Bevor Sie eine solche Vereinbarung unterschreiben, sollten Sie sich informieren, ob der Zeitraum, den man Sie an den Arbeitgeber binden will, zu der Höhe der Förderung passt.

Auch losgelöst von Führungspositionen kann ein fachspezifischer, berufsbegleitender Master Ihrer Karriere zusätzlichen Schwung verleihen. Sie erhalten nicht nur fachliche Impulse, sondern lernen auch Kollegen aus Ihrem Fachgebiet kennen, mit denen Sie sich austauschen und in Kontakt bleiben können. Wichtig ist, dass Sie den zeitlichen Aufwand, den ein berufsbegleitendes Studium mit sich bringt, nicht unterschätzen. Sie müssen schließlich nicht nur zu den Vorlesungen präsent sein, sondern auch noch für Klausuren lernen und Hausarbeiten schreiben. So manchen Urlaubstag und auch viele Wochenenden werden Sie hierauf verwenden müssen. Daher sollten Sie Ihr Vorhaben unbedingt mit Ihrem Arbeitgeber besprechen und auch dessen moralische Unterstützung haben. Nur so werden Ihre Vorgesetzten Verständnis haben, wenn Sie beispielsweise vor Klausuren keine Überstunden machen können und Ihre Blockveranstaltungen des Masterstudiums bei der Urlaubsplanung im Team zwingend berücksichtigt werden müssen. Einige Programme verlangen eine solche Unterstützungs- beziehungsweise Einverständniserklärung des Arbeitgebers sogar schriftlich.

Vorteile eines Weiterbildungsmasters

Die Vorteile eines Weiterbildungsmasters haben wir für Sie aufgelistet:

- ✔ direkte Übertragbarkeit des im Master Erlernten in die Praxis
- ✔ Möglichkeit, das berufliche Netzwerk durch den Kontakt zu den berufserfahrenen Mitstudenten auszubauen
- ✔ erventuell finanzielle Unterstützungsmöglichkeit durch den Arbeitgeber

Ob Vollzeit oder berufsbegleitend – das Studium ist zeit- und oftmals auch kostenintensiv. Daher sollten Sie sorgfältig recherchieren, bevor Sie sich entscheiden. Dabei sollten Sie sich nicht nur Gedanken über das Studienfach, sondern auch über die Hochschule machen, an der Sie ihr Studium absolvieren möchten.

Den passenden Master auswählen

Es ist wichtig, dass Sie aus der Vielfalt der Angebote das passende Studienprogramm und die passende Hochschule auswählen.

Folgende Fragen helfen Ihnen bei der Wahl des Weiterbildungsmasters:

- ✔ Passt das Programm inhaltlich zu Ihren beruflichen Vorstellungen und Zielen?
- ✔ Gehören neben Vorlesungen auch Projekte und Fallstudien zum Lehrplan?
- ✔ Ist die zeitliche Ausgestaltung des Programms mit Ihrem Job vereinbar?
- ✔ Ist das Programm von einer anerkannten Stelle akkreditiert?
- ✔ Wie wird die Hochschule in Rankings bewertet?
- ✔ Haben Ihre Recherchen zu den Dozenten ergeben, dass sie renommierte Experten ihres Fachs sind?
- ✔ Wie groß sind die Klassen und wird beim Teilnehmerkreis auf Internationalität geachtet?

Eine Auszeit nach dem Studium nehmen

Wenn die Studienzeit eine große Strapaze für Sie war oder Sie einfach mal auf andere Gedanken kommen wollen und neue Erfahrungen machen möchten, kann eine Auszeit nach dem Studium für Sie sinnvoll sein. Sofern Sie sie im Ausland verbringen, ist das auch für Ihren späteren Arbeitgeber interessant und Sie machen wichtige interkulturelle Erfahrungen, die Sie persönlich weiterbringen.

Mit Work and Travel durch die Lande ziehen

Eine Möglichkeit, ins Ausland zu gehen und gleichzeitig etwas Geld zu verdienen, ist Work and Travel. In vielen Ländern wie Australien und Neuseeland können Sie ein spezielles Visum für bis zu zwölf Monate erhalten, um zeitlich begrenzt im jeweiligen Land zu jobben und zu reisen. Somit können Sie sich den Lebensunterhalt vor Ort verdienen. In Australien ist diese Art von Gelegenheitsjobs verbreitet und es gibt insbesondere für die Ernte viele Jobangebote. Bei Farmarbeiten wird meist auch eine Unterkunft gestellt oder sogar die Mahlzeiten. Somit ist der Aufenthalt erschwinglich und die Ausgaben begrenzen sich auf die Reise- und Vergnügungskosten sowie die Kosten für das Visum.

Es ist eine Herausforderung, einen Work and Travel-Aufenthalt allein zu organisieren. Bezahlte Hilfestellung bieten zahlreiche Agenturen an, die bei der Visa- und Reiseorganisation aber auch der Jobsuche unterstützen.

Wägen Sie genau ab, ob Sie sich zutrauen einen Work-and-Travel-Aufenthalt von A bis Z selbst zu organisieren oder es sich lohnt, eine Agentur zu beauftragen.

Als Au-Pair ein neues Land kennenlernen

Wenn Sie Erfahrung in der Beaufsichtigung von Kindern haben und Ihnen Babysitten Spaß macht, ist ein Au-Pair-Aufenthalt das Richtige für Sie. Hier leben Sie mit der Familie unter einem Dach, deren Kinder Sie beaufsichtigen. Neben Kost und Logis erhalten Sie auch eine kleine Vergütung. Auch leichte Hausarbeiten werden erwartet. Üblicherweise verpflichtet man sich ein Jahr als Au-Pair, aber auch kürzere Aufenthalte, wie etwa drei Monate, sind möglich. Meist ist eine Au-Pair Tätigkeit bis zum 30. Lebensjahr möglich. Für die meisten Länder besteht Visumspflicht.

Wir raten davon ab, sich eine Au-Pair-Stelle, etwa durch eine Internetanzeige, selbst zu suchen. Lassen Sie sich immer von einer vertrauenswürdigen Agentur vermitteln. Nur so können Sie sichergehen, dass die Familie überprüft wird und Sie einen Ansprechpartner für den Fall haben, dass Probleme mit der Familie auftreten. Achten Sie bei der Wahl der Agentur auf Bewertungsplattformen im Internet und Gütesiegel.

Dank Freiwilligenarbeit etwas Sinnvolles tun

Eine weitere Möglichkeit, eine sinnvolle Auszeit nach dem Studium zu nehmen, ist die Freiwilligenarbeit. Üblicherweise unterstützen Sie mit Ihrer Arbeit Sozial-, Bildungs- oder Umweltprojekte. Wenn Sie nicht gerade persönliche Kontakte ins Ausland haben oder jemanden kennen, der Sie zu einem speziellen Projekt vermitteln kann, führt meist kein Weg an einer professionellen Vermittlungsagentur vorbei, die eine Gebühr für Ihre Dienste verlangt. Häufig bieten die Agenturen kombinierte Programme aus Sprachkurs und Freiwilligenarbeit an und unterstützen auch bei der Visabeschaffung. Einige Freiwilligenprogramme kann man schon mit einer Dauer von vier Wochen belegen, üblich sind jedoch mehrere Monate. Die Voraussetzungen für einen solchen Freiwilligendienst sind individuell, meist reichen Grundkenntnisse in der Landessprache. Idealerweise hat Ihr Studium einen Bezug zu dem Freiwilligenprojekt. Beispielsweise können Sie bei einem Schulprojekt besonders gut helfen, wenn Sie Erziehungswissenschaften oder auf Lehramt studiert haben.

Auch das sogenannte Freiwillige Soziale Jahr (FSJ) kann man im Ausland absolvieren. Die Plätze sind allerdings rar und beliebt. Die Auswahl der Personen erfolgt über FSJ-Träger in Deutschland wie kirchliche Organisationen. Des Weiteren bietet das Bundesministerium für wirtschaftliche Zusammenarbeit und Entwicklung mit dem Programm »weltwärts« eine Möglichkeit, Entwicklungsarbeit im Ausland zu leisten.

Mit einer Checkliste die Auszeit im Ausland planen

Wenn Sie einen längeren Auslandsaufenthalt planen, gibt es Vieles vorzubereiten. Die wichtigsten Punkte haben wir als Checkliste zusammengestellt:

- ✔ Gehen Sie die Planung mindestens ein halbes Jahr vor dem gewünschten Flugdatum an, damit genug Zeit für die Organisation und insbesondere die Visabeschaffung bleibt.
- ✔ Achten Sie auf Ihren Versicherungsschutz. Eine Auslandskrankenversicherung ist ein Muss, auch eine Haftpflicht- und eine Unfallversicherung sind empfehlenswert.
- ✔ Achten Sie darauf, genug Start- und auch Reservegeld ins Zielland mitzunehmen. Sie sollten einkalkulieren, dass Sie etwas erleben wollen und Touristenattraktionen besuchen möchten. Bei Work and Travel kann es sein, dass Sie nicht immer gleich einen Anschlussjob finden und zunächst ein Hostel zahlen müssen.
- ✔ Überlegen Sie sich, wie Sie im Zielland zahlen werden. Wenn Sie einen Lohn erhalten, ist ein lokales Bankkonto, auf das er überwiesen wird, wichtig. Außerdem ist eine Kreditkarte sinnvoll. Vergleichen Sie hierzu frühzeitig vor dem Abflug Konditionen und beantragen Sie die Karte mit ausreichender Vorlaufzeit.

Auch die Rückkehr will geplant sein

Bei der Abwägung, ob Sie sich nach dem Studienabschluss noch eine Auszeit gönnen sollen, werden Sie sich bestimmt auch fragen, welchen Einfluss das auf Ihre berufliche Perspektive haben wird. Die Verwirklichung Ihres Traumes von einer längeren Auszeit im Ausland muss Ihrem Berufseinstieg später nicht im Wege stehen. Im Gegenteil! Sie können diese Erfahrung dazu nutzen, sich von anderen Bewerbern positiv abzuheben.

Es kann etwas beängstigend sein, eine Auszeit zu planen, ohne einen Vertrag für einen Job im Anschluss in der Tasche zu haben. Aber ist es sinnvoll, sich schon vor Beginn Ihrer Auszeit zu bewerben? Wenn Sie einen Aufenthalt von mehr als drei Monaten planen, ist es unwahrscheinlich, dass ein Arbeitgeber Ihnen vorab ein Angebot für einen Direkteinstieg macht und bis zu Ihrer Rückkehr auf Sie wartet. Die meisten Arbeitgeber möchten, dass Ihre Stellen zeitnah besetzt werden. Planen Sie also entweder nach Ihrer Rückkehr mehrere Monate für die Jobsuche ein oder beginnen Sie bereits am Ende Ihrer Auszeit mit der Stellensuche, denn schließlich dauern in großen Unternehmen die Bewerbungsverfahren mehrere Wochen. Auch kann es sein, dass sich die Jobsuche hinzieht und Sie erstmal einige Absagen bekommen, bevor ein Arbeitsvertrag ins Haus wedelt. Anders sieht es bei Trainee-Programmen aus, da diese häufig feste Starttermine im Jahr haben und die Plätze mehrere Monate vor dem Start vergeben werden. Somit haben Sie die Chance, mit einem Arbeitsvertrag in der Tasche Ihre Auszeit zu genießen.

Mit diesen Tipps wird die Auszeit zum Erfolg

Hier erfahren Sie, wie Sie die Zeit nach der Auszeit im Blick behalten können und was Sie unbedingt frühzeitig planen sollten:

✔ Überlegen Sie, welche Erfahrungen Sie während Ihrer Auszeit machen werden, und wie Sie diese später beruflich einsetzen können. In der Regel werden diese Erfahrungen im Bereich der Soft-Skills liegen.

✔ Bringt die Freiwilligenarbeit Sie Ihrem Traumjob ein Stück näher? Wenn Sie einen Berufseinstieg in einer Nichtregierungsorganisation (NGO) planen, können diese Erfahrungen und Kontakte für den Berufseinstieg wichtig werden.

✔ Denken Sie rechtzeitig daran, die Zeit nach der Auszeit zu planen. Achten Sie auf Bewerbungsfristen für Master-Studienplätze.

✔ Wenn Sie sich bereits aus dem Ausland auf Stellenangebote bewerben, sollten Sie unbedingt angeben, wann Sie wieder nach Deutschland zurückkehren.

✔ Passen Sie Ihren Lebenslauf an und stellen Sie Ihre Auszeit attraktiv dar.

✔ Falls doch ungewollt eine Lücke in Ihrem Lebenslauf entsteht, gehen Sie offen und ehrlich damit um und versuchen Sie nicht, diesen Zeitraum zu vertuschen.

IN DIESEM KAPITEL

Stellensuche im Internet und in sozialen Medien

Stellensuche über das Telefon und persönliche Kontakte

Arbeitnehmerüberlassung als Alternative zum Direkteinstieg

Kapitel 5
Die Stellensuche

Dieses Kapitel widmen wir der Stellensuche, damit Sie auch wirklich alle für Sie relevanten Angebote ausfindig machen können, wenn Sie ein Praktikum, einen Job oder einen Arbeitgeber suchen, bei dem Sie Ihre Abschlussarbeit schreiben können. Besonders ausführlich gehen wir auf die Möglichkeiten ein, die das Internet und die Sozialen Medien bieten. Auch die Suche über das Telefon und die Nutzung persönlicher Kontakte wird thematisiert. Und wir stellen Ihnen die Personaldienstleistungsbranche vor und geben Ihnen Tipps für den Kontakt mit Vermittlern und Zeitarbeitsfirmen.

Online-Stellenbörsen durchforsten

Der erste Weg bei der Stellensuche wird Sie sicherlich an den Rechner führen. Es gibt unzählige Online-Stellenbörsen, sodass Sie schnell den Überblick verlieren können. Daher haben wir die Auswahl für Sie thematisch gebündelt.

Die passende Stellenbörse finden

Neben den Platzhirschen Stepstone und Monster gibt es weitere interessante Seiten, deren Nutzerzahl etwas kleiner ist. Auf diesen allgemein ausgerichteten Portalen finden Sie Stellen für Studenten, für Berufseinsteiger bis hin zu Führungskräften in allen Branchen und Unternehmen jeglicher Größe.

Klassische Stellenbörsen

Hier eine kleine Auswahl klassischer Stellenbörsen. Sie umfassen neben Stellenanzeigen für Berufserfahrene auch Ausschreibungen für Praktika, Werkstudententätigkeiten, Abschlussarbeiten und den Berufseinstieg:

`www.careerbuilder.de`

`www.jobware.de`

`www.monster.de`

`www.stellenanzeigen.de`

`www.stepstone.de`

Besonders interessant sind Stellenbörsen, die sich auf Studenten und Absolventen als Zielgruppe spezialisiert haben. Neben Stellenanzeigen finden Sie hier auch interessante Artikel zum Thema Berufseinstieg. Zum Beispiel stellen sich Arbeitgeber vor und lassen junge Mitarbeiter von ihren Erfahrungen als Berufseinsteiger erzählen. Es wird auch auf die Inhalte und Rahmenbedingungen von Trainee-Programmen eingegangen. Außerdem werden Veranstaltungen für Studenten sowie Jobmessen beworben. Eine weitere gute Quelle für Jobinserate sind die Stellenbörsen, die meist auf der Seite des Career Centers von Hochschulen oder im Intranet zu finden sind. Hier werden vor allem Stellen von Arbeitgebern in Ihrer Region hinterlegt.

Stellenbörsen für Absolventen

Hier ein paar Stellenbörsen, die ausschließlich Stellenanzeigen für Studenten und Absolventen anbieten. Darüber hinaus gibt es interessante Artikel und Tipps:

`www.absolventa.de`

`www.staufenbiel.de/jobs.html`

`www.karriere.unicum.de`

Es gibt Stellenbörsen, die sich auf eine bestimmte Branche, Zielgruppe oder eine bestimmte Unternehmensgröße spezialisiert haben. Diese Stellenbörsen sind für Sie interessant, wenn Sie gezielt nach einer Stelle in einem mittelständischen Unternehmen suchen oder etwa als Jurist sich einen Überblick über die offenen Stellen für diesen Berufszweig verschaffen möchten.

Spezialisierte Stellenbörsen

Auf folgenden Stellenbörsen sind Sie richtig, wenn Sie nach bestimmten Kriterien suchen möchten. Für viele Tätigkeitsbereiche gibt es eigene Stellenbörsen:

`www.beck-stellenmarkt.de` **für Juristen**

`www.ingenieurkarriere.de` **für Ingenieure**

`www.it-arbeitsmarkt.de` **für IT-Stellen**

`www.stackoverflow.com/jobs` **für Programmierer**

`www.t3n.de/jobs` **für Jobs im Digitalbereich**

Wenn Sie Stellen in einer bestimmten Branche oder einem bestimmten Umfeld suchen, gibt es diese spezialisierten Seiten:

`www.jobverde.de/gruene-jobs` **für grüne und nachhaltige Jobs**

`www.yourfirm.de` **für Stellen in mittelständischen Unternehmen**

Gezielt nach Stellen suchen

Die Handhabung der Stellenbörsen ist einfach und bei fast allen Börsen identisch. Sie können die Schlüsselwörter, die Ihren Wunschjob am besten beschreiben, in die Suchmaske eingeben und auch nach Ihrem Wunscharbeitsort beziehungsweise der Wunschregion filtern. Auch die Art der Tätigkeit, also Festanstellung, Trainee, Praktikum oder Werkstudententätigkeit, können Sie in der Regel eingeben.

Mittlerweile ist das mobile Recruiting etabliert. Das heißt, Stellenanzeigen sind meist über Smartphones und Tablets gut auffindbar und auch gut dargestellt. Bei einigen Stellenbörsen können Sie über Ihr Smartphone eine Bewerbung losschicken.

Die Herausforderung bei der Suche in Stellenbörsen besteht darin, alle relevanten Schlüsselwörter definiert zu haben, die in Ihrem bevorzugten Tätigkeitsfeld vorkommen. Wenn Sie eine Anstellung im Personalbereich suchen, sollten Sie nach dem deutschen Wort »Personal« aber auch nach dem englischen Begriff »HR« beziehungsweise »Human Resources« suchen. Und Sie sollten die verschiedenen Jobbezeichnungen wie »Personalreferent« und »HR Business Partner« eingeben. Es lohnt sich auch, nach den Spezialisierungen innerhalb des Fachbereichs wie Personalmarketing, Personalbetreuung, Recruiting, Personalentwicklung und Personalcontrolling zu filtern. Das ist wichtig, wenn Sie sich bei Großkonzernen bewerben, da sie eine starke Spezialisierung bei ihren Positionen haben. Es lohnt sich, sich vorab genau über Ihren Zielarbeitsbereich zu informieren, damit Sie keine Stellen bei Ihrer Suche übersehen, die eigentlich Ihrem Tätigkeitswunsch entsprechen.

Die meisten Stellenbörsen bieten die Möglichkeit, sich für Job-Newsletter zu registrieren. Sie erhalten dann regelmäßige Benachrichtigungen über neue Jobs, die die von Ihnen definierten Suchkriterien enthalten. Stellen Sie sicher, dass Sie alle infrage kommenden Stichworte auch wirklich bei Ihrem Suchauftrag hinterlegt haben. Es wäre schade, wenn Ihnen ein interessantes Stellenangebot durch die Lappen geht, weil Sie den Suchagenten nicht mit den passenden Schlüsselwörtern gefüttert haben.

Lebenslaufdatenbanken – hier kommt der Arbeitgeber zum Bewerber

Viele Jobbörsen haben eigene Lebenslaufdatenbanken. Jobsuchende können hier Ihren Lebenslauf hochladen, um so von Recruitern gefunden zu werden. Als Absolvent sollten Sie die Erfolgsquote dieser passiven Suche nicht überschätzen. In der Regel werden sich Personalentscheider und Mitarbeiter von Personalvermittlungsagenturen nur bei der Suche nach Spezialisten mit umfassender Berufserfahrung die Mühe machen, in diesen Datenbanken zeitaufwendig zu suchen. Neben Ihrer aktiven Jobsuche ist die Nutzung von Lebenslaufdatenbanken jedoch eine Strategie bei der Jobsuche.

Meta-Suchmaschinen einsetzen

Neben den Online-Stellenbörsen sollten Sie Meta-Suchmaschinen nutzen. Das sind Seiten, die viele Jobbörsen, aber auch Homepages nach Ihren Suchbegriffen durchforsten und Ihnen die gefundenen Jobs so übersichtlich wie auf einer Stellenbörse anzeigen. Somit können Sie Ihren Suchradius erweitern, indem Sie nicht nur mehrere Stellenbörsen auf einmal durchsuchen lassen, sondern auch die Karriereseiten der Unternehmen in die Suche einbeziehen.

Hilfreiche Meta-Suchmaschinen

Hier eine kleine Auswahl von Meta-Suchmaschinen. Einige Portale bieten eine Kombination aus eigener Stellenbörse und Suchmaschine:

`www.indeed.de`

`www.jobrobot.de`

`www.jobworld.de`

`www.kimeta.de`

Printanzeigen – Totgesagte leben länger

In den meisten Branchen sind Inserate im Internet gang und gäbe und der beste Weg für die Suche nach passenden Stellenanzeigen. Die gedruckte Stellenanzeige ist aber noch lange nicht überholt. Stellen im öffentlichen Dienst, und hier speziell an Universitäten, bei Kommunen und Institutionen von Bund und Ländern, werden immer noch über Printanzeigen beworben. Wenn Sie in diesem Bereich eine Stelle suchen, ist der Blick in den Print-Stellenmarkt von Zeitungen und Fachzeitschriften sinnvoll. Auch kleine Unternehmen suchen oftmals über den Stellenmarkt der lokalen Tageszeitungen nach neuen Mitarbeitern.

Printanzeigen lokal und überregional

Stellenanzeigen finden Sie in der Regel in den Wochenendausgaben der Zeitungen. Neben der Lokalzeitung in Ihrem Wunschort haben auch überregionale Zeitungen einen großen Print-Stellenmarkt. Das sind zum Bespiel:

- ✔ Die Frankfurter Allgemeine Zeitung
- ✔ Die Süddeutsche Zeitung
- ✔ Die ZEIT

Die großen überregionalen Tageszeitungen, aber auch große Lokalzeitungen haben außerdem eine Online-Stellenbörse:

`www.stellenmarkt.faz.net` von der Frankfurter Allgemeinen Zeitung

`www.jobs.sz.de` von der Süddeutschen Zeitung

`www.jobs.zeit.de` von der ZEIT

Auch für bestimmte Tätigkeitsbereiche wird immer noch verstärkt über Printanzeigen gesucht, die in den jeweiligen Fachzeitschriften geschaltet werden.

Stellenanzeigen in Fachzeitschriften

In diesen Fachzeitschriften werden viele Stellenanzeigen geschaltet:

- ✔ Deutsches Ärzteblatt für medizinische Berufe
- ✔ NJW (Neue Juristische Wochenschrift) für Juristen
- ✔ VDI Nachrichten für Ingenieure
- ✔ Computerwoche für den Bereich IT

Personalberater, Personalvermittler und Zeitarbeitsfirmen verstehen

Auf dem Markt tummeln sich viele Firmen, die Bewerber und Arbeitsgeber zusammenbringen. Die Personaldienstleistungsbranche ist vielfältig und nicht jeder Anbieter ist für Hochschulabsolventen geeignet. Daher stellen wir Ihnen zunächst vor, welche Arten von Dienstleistern es gibt und wie diese Firmen arbeiten.

Personalberater – Kopfgeldjäger im Auftrag einer Firma

Personalberater, auch Headhunter genannt, erhalten von einem Unternehmen den Auftrag, eine bestimmte Position zu besetzen. Der Headhunter erhält hierfür ein Honorar in Höhe eines bestimmten Prozentsatzes des Bruttojahresgehalts des neuen Stelleninhabers. Häufig wird schon mit der persönlichen Vorstellung von Bewerbern ein Teil des Honorars fällig. So stellt der Headhunter sicher, dass er nicht umsonst arbeitet, falls das Unternehmen sich für keinen der gefundenen Kandidaten entscheidet. Das ist wichtig, da der Headhunter viel Vorarbeit leistet, bis er die Bewerber ausfindig gemacht hat. Neben bestehenden Kontakten und der Ansprache über soziale Netzwerke telefoniert sich der Headhunter von der Firmenzentrale bis zum Arbeitsplatz passender Bewerber durch. Diese sogenannte Direct Search ist zeitaufwendig, hat aber den Vorteil, dass so Arbeitnehmer, die nicht aktiv suchen, aber einem bestimmten Bewerberprofil entsprechen, zielgerichtet kontaktiert werden können. Aufgrund der relativ hohen Kosten von meist 30 Prozent des Bruttojahresgehalts nutzen Unternehmen diesen Weg in der Regel nur, wenn Sie Führungskräfte und sehr gesuchte Experten finden möchten.

Ein klassischer Headhunter spricht eine bestimmte Klientel unter den Bewerbern an. Von besonders umworbenen hochspezialisierten Arbeitnehmern werden Anrufe von Headhuntern als lästig empfunden, insbesondere, wenn sie mehrmals wöchentlich solche Anrufe erhalten. Für Absolventen wird nur in Ausnahmefällen ein Headhunter der richtige Ansprechpartner sein, um Ihnen zu einem Job zu verhelfen.

Personalvermittler – jonglieren zwischen Unternehmen und Bewerber

Personalvermittler gehen die Sache, im Unterschied zu Personalberatern, von zwei Seiten an: Einerseits bauen Sie sich eine Lebenslaufdatenbank auf, indem Sie zum Beispiel Stellenangebote mit einem bestimmten Profil schalten. Andererseits nehmen die Personalvermittler Kontakt mit Unternehmen auf, die offene Stellen haben oder möglicherweise zukünftig suchen werden, um ihre Vermittlerleistung anzubieten.

Unternehmen, die stark wachsen, haben häufig keine ausreichenden Ressourcen in der Personalabteilung, sodass der Service eines Personalvermittlers willkommen ist. Es gibt auch ganze Branchen, wie die IT, in denen sich der Arbeitsmarkt zu einem Arbeitnehmermarkt entwickelt hat. Das heißt, potenzielle berufserfahrene Kandidaten bewerben sich vergleichsweise selten auf Stellenanzeigen, da sie in der Regel von Personalvermittlern kontaktiert werden und so immer seltener den aufwendigen Weg einer direkten Bewerbung gehen. Somit gewinnen Personalvermittler in diesem Umfeld immer mehr an Bedeutung.

Für eine erfolgreiche Vermittlung kassiert der Personalvermittler eine Provision, die sich aus dem Jahresgehalt des vermittelten Kandidaten berechnet. Nur im Fall einer erfolgreichen Vermittlung erhält der Personalvermittler vom Unternehmen, in dem der Bewerber zu arbeiten anfängt, die Vermittlungsgebühr. Wenn Sie von einem Personaldienstleister angesprochen werden wollen, sollte Ihr Profil bei XING oder LinkedIn aussagekräftig und aktuell sein. Denn hier recherchieren insbesondere die Personalberater und Personalvermittler. Tipps zum Auftritt in den Sozialen Medien finden Sie in diesem Kapitel.

Im Unterschied zu Headhuntern suchen Personalvermittler die vielfältigsten Bewerberprofile hinsichtlich Tätigkeitsfeld und Erfahrungslevel. Der Fokus liegt zwar auf Berufserfahrenen, aber auch Berufseinsteiger haben die Chance, erfolgreich vermittelt zu werden.

Eine kleine Auswahl an Personalvermittlern

Es tummeln sich viele Personalvermittler auf dem Markt. Kein Wunder, da sich der Arbeitsmarkt stark gewandelt hat und somit Headhuntern ein großes Betätigungsfeld bietet. Viele der großen Personalvermittler sind auch in der Arbeitnehmerüberlassung tätig.

- ✔ `www.michaelpage.de`
- ✔ `www.hays.de`
- ✔ `www.roberthalf.de`

Neben den großen Personalvermittlern gibt es auch kleine Firmen, die sich auf bestimmte Branchen oder Tätigkeitsbereiche spezialisiert haben und über ein interessantes Unternehmensnetzwerk verfügen. Eine Internetrecherche hilft Ihnen, die für Sie passenden Firmen zu finden.

Arbeitnehmerüberlassung – auf Umwegen in die Festanstellung

Zeitarbeit verbindet man oft mit gewerblichen Berufen oder mit kurzen Einsätzen als Urlaubs- oder Krankheitsvertretung. Daher erscheint Zeitarbeit vielleicht nicht auf den ersten Blick als attraktiver Einstieg ins Berufsleben. Doch Zeitarbeit – korrekt Arbeitnehmerüberlassung genannt – kann auch für Absolventen ein Einstieg ins Berufsleben sein. Denn große Konzerne nutzen oftmals Zeitarbeitskräfte, die sie in Einzelfällen auch in die Festanstellung übernehmen. Sie haben so die Möglichkeit, Netzwerke in interessanten Unternehmen aufzubauen. Und selbst wenn es mit einer Übernahme nicht klappt, sind Sie um eine – hoffentlich interessante – Berufserfahrung reicher.

Unternehmen behelfen sich mit Zeitarbeit, wenn sie eine Stelle nicht unmittelbar fest besetzen können oder wollen. So kann es sich um eine Elternzeitvertretung handeln, die nur wenige Monate umfasst, oder das Budget für eine Stellenbesetzung wurde von der Geschäftsleitung nicht freigegeben. Man behilft sich in diesen Fällen häufig mit der Arbeitnehmerüberlassung.

Zeitarbeit ist vorteilhaft für Unternehmen, da sie so relativ flexibel den Einsatz des Zeitarbeitnehmers wieder beenden können. Da der Zeitarbeitnehmer einen Vertrag mit der Zeitarbeitsfirma hat, muss das Unternehmen, in dem er arbeitet, weder Krankheitstage noch Urlaubstage bezahlen. Für diese Flexibilität und Risikoeinschränkung nimmt der Unternehmer den verhältnismäßig hohen Stundensatz, den er für den Leiharbeiter an die Zeitarbeitsfirma zahlen muss in Kauf.

Wenn Sie sich als Zeitarbeitskraft bewähren und Ihnen das Unternehmen einen Anstellungsvertrag anbieten möchte, muss Ihr neuer Arbeitgeber in der Regel eine Ablösesumme für Sie an die Zeitarbeitsfirma zahlen.

In Großkonzernen, in denen eine Abteilung oft mühsam um eine neue Stelle kämpfen muss, ist bei der Entscheidung für Zeitarbeit wichtig, dass diese Kosten unter die Sach- und nicht die Personalkosten fallen. Somit kann man zwar faktisch eine zusätzliche Arbeitskraft beschäftigen, hat aber offiziell die Zahl des Personals nicht erhöht.

Die Vermittlung über Zeitarbeitsfirmen

Zeitarbeitsfirmen müssen in der Regel schnell reagieren können, wenn Sie eine Anfrage von Unternehmen erhalten, weil Arbeitnehmerüberlassung häufig dann zum Einsatz kommt, wenn kurzfristig Arbeitskräfte gesucht werden. Daher schalten diese Firmen häufig Stellenanzeigen, hinter denen keine konkreten Jobangebote stehen, um so ihre Datenbanken füllen zu können.

Seien Sie nicht zu erwartungsvoll, wenn eine Zeitarbeitsfirma Ihren Wunschjob in einer Stellenbörse ausschreibt. Häufig verbirgt sich dahinter noch keine konkrete offene Position. Vielmehr möchte die Zeitarbeitsfirma erst einmal mit Bewerbern in Kontakt kommen, deren Lebensläufe sie bei Unternehmen, die möglicherweise Bedarf haben, anbieten kann.

Sie müssen nicht warten, bis Sie eine passende Stellenanzeige einer Zeitarbeitsfirma sehen. Sie können sich auch direkt mit Ihren Bewerbungsunterlagen an die Zeitarbeitsfirma wenden. Zunächst reicht es häufig aus, wenn Sie Ihren Lebenslauf schicken. In einem persönlichen Gespräch werden Sie dann im Detail über Ihre Verfügbarkeit, Mobilität und natürlich Ihre Fähigkeiten und Kenntnisse sprechen.

Das Arbeitnehmerüberlassungsgesetz regelt, wie und in welchem Umfang Arbeitnehmerüberlassung abzulaufen hat. Zeitarbeitsfirmen brauchen für die Arbeitnehmerüberlassung eine Erlaubnis, die von der Bundesagentur für Arbeit vergeben wird. Es gilt der Equal-Pay-Grundsatz, das heißt, Zeitarbeitnehmer sollten immer das Gleiche verdienen wie jemand, der die gleiche Arbeit verrichtet und direkt bei der entleihenden Firma angestellt ist. Von diesem Grundsatz kann jedoch in den ersten neun Monaten abgewichen werden, wenn die Zeitarbeitsfirma einem Tarifvertrag unterliegt. Die Folge ist, dass viele Zeitarbeitnehmer nach Tarifverträgen wie dem des Interessensverbands Deutscher Zeitarbeitnehmer (iGZ) bezahlt werden, deren Tarifgehälter im Vergleich zu anderen Branchentarifverträgen viel niedriger sind. Sie sollten sich daher bewusst machen, dass Sie in der Regel durch eine Direkteinstellung ein höheres Gehalt als über Zeitarbeit erzielen können. Obwohl Sie einen Arbeitsvertrag mit der Zeitarbeitsfirma haben, ist das Unternehmen, in dem Sie tätig sind, weisungsbefugt. Das heißt, es kann Ihnen vorgeben, wann Sie mit der Arbeit beginnen müssen, ob Sie Urlaub nehmen dürfen und welche Tätigkeit Sie genau ausüben.

Das Vertragliche

Wenn Sie über eine Zeitarbeitsfirma bei einem Unternehmen im Einsatz sind, haben Sie einen Arbeitsvertrag mit der Zeitarbeitsfirma abgeschlossen. Die Firma »leiht« Sie dann an das Unternehmen aus. Die Zeitarbeitsfirma hat auch einen Vertrag mit dem Unternehmen, in dem Sie tätig sind. In diesem Vertrag zwischen Verleiher und Entleiher ist zum Beispiel geregelt, was passiert, wenn das Unternehmen Sie in eine Festanstellung übernehmen will. Einen Arbeitsvertrag mit dem Entleiher, also der Firma, für die Sie die Arbeit verrichten, würden Sie erst bekommen, wenn dieses Unternehmen Sie in ein direktes Arbeitsverhältnis übernehmen möchte.

Tipps für einen Vertrag bei einer Zeitarbeitsfirma

Sie sollten den Arbeitsvertrag mit einer Zeitarbeitsfirma gut prüfen. Auf folgende Punkte sollten Sie achten:

- ✔ Bei einem Zeitarbeitsunternehmen können Sie das Gehalt und Nebenleistungen ohne Umschweife ansprechen. Fragen Sie, ob ein Tarifvertrag gilt und in welche Tarifgruppe Sie eingestuft werden würden. Auch können Sie erfragen, wie die Übernahme der Kosten für die Anreise zu Ihrem Arbeitsplatz geregelt ist. Es gibt Zeitarbeitsfirmen, die Fahrgeld erstatten beziehungsweise einen Zuschuss gewähren.
- ✔ Sie erhalten ein festes monatliches Gehalt, das Ihnen die Zeitarbeitsfirma zahlt. Es ist unabhängig von dem Stundensatz, den das Unternehmen für Ihre Arbeitsleistung an die Zeitarbeitsfirma zahlt, denn schließlich möchte das Zeitarbeitsunternehmen auch an seiner Dienstleistung verdienen.
- ✔ Wenn die Zeitarbeitsfirma mit Ihnen einen unbefristeten Arbeitsvertrag abgeschlossen hat, kann sie Ihnen nicht kündigen, nur weil ihr aktueller Arbeitseinsatz geendet hat. Erst wenn alle Möglichkeiten, Sie bei einem anderen Entleiher unterzubringen, ausgeschöpft sind, kann man Ihnen betriebsbedingt kündigen.
- ✔ Bei Beendigung des Arbeitsverhältnisses wird Ihnen von der Zeitarbeitsfirma ein Arbeitszeugnis ausgestellt. Manchmal sind Unternehmen, in denen Sie tätig waren, bereit, Ihnen ein Referenzschreiben auszustellen. Hier sollten Sie aktiv nachfragen, insbesondere, wenn das Sie entleihende Unternehmen ein bekanntes war.

Wägen Sie ab, ob Zeitarbeit für Sie eine Option nach Ende des Studiums ist. Es können sich interessante berufliche Perspektiven ergeben. Andererseits können Sie nicht so flexibel reagieren, wenn Sie ein interessantes Angebot für eine Festanstellung erhalten.

Eine kleine Auswahl von Zeitarbeitsfirmen

Es gibt Zeitarbeitsfirmen, die einen hohen Anteil Ihres Geschäfts mit der Überlassung von kaufmännischen Fachkräften bestreiten. Diese Firmen sind auch für viele Akademiker die passende Anlaufstelle:

- ✔ `www.adecco.de`
- ✔ `www.amadeus-fire.de`
- ✔ `www.manpower.de`
- ✔ `www.randstad.de`
- ✔ `www.persona.de`

Einige Firmen spezialisieren sich auf Ingenieure. Automobilhersteller und große Zulieferer besetzen immer mehr Jobs über Arbeitnehmerüberlassung statt durch Direkteinstellung. Junge Ingenieure finden daher immer häufiger über Ingenieurdienstleister, wie Ferchau oder Brunel, ihren Berufseinstieg.

Personaldienstleister richtig einschätzen

Wenn Sie im Rahmen Ihrer Stellensuche mit Dienstleistern zusammenarbeiten möchten, sollten Sie einige Dinge beachten, denn es gibt einige schwarze Schafe auf dem Markt. Daher sollten Sie einige Punkte abfragen, wenn Sie von einem Personaldienstleister angesprochen werden beziehungsweise einen kontaktieren:

- ✔ Notieren Sie sich als Erstes die Kontaktdaten des Ansprechpartners vom Personaldienstleister.
- ✔ Fragen Sie, ob eine konkrete Stelle hinter dem für Sie interessanten Inserat der Vermittlungsfirma steht.
- ✔ Lassen Sie alle relevanten Eckpunkte der Stelle vom Dienstleister ausführen. Dazu gehören auch die finanziellen Rahmendaten.
- ✔ Ein Personaldienstleister, der von einem Unternehmen beauftragt wurde, kennt auch das Umfeld, in dem die Stelle besetzt werden soll. Er kann Ihnen sagen, wie groß das Team ist oder welche Altersstruktur im Team herrscht. Nutzen Sie diesen Informationsvorsprung. Der Dienstleister kann Ihnen wertvolle Informationen zu der Position und dem Arbeitsumfeld geben, die Sie über eine Stellenanzeige nicht erfahren würden.

- ✔ Es kann sein, dass der Vermittler zwar nicht sofort einen passenden Job für Sie hat, Ihr Profil jedoch verschiedenen Unternehmen anbieten möchte. Das ist legitim, sollte aber offen dargelegt werden. Fragen Sie nach, ob und wenn ja, an welche Firmen Ihr Lebenslauf weitergegeben werden soll. So behalten Sie die Kontrolle über Ihre personenbezogenen Daten.

Zusammenarbeit mit Personaldienstleistern

Wenn Sie Kontakt zu einem seriösen Personaldienstleister hergestellt haben und Ihre Unterlagen überzeugen, wird er Sie persönlich kennenlernen wollen. Das persönliche Kennenlernen wird meist wie ein normales Vorstellungsgespräch ablaufen. Wenn der Dienstleister einen Auftrag für eine passende Stelle hat, wird er zunächst nur Ihren Lebenslauf an das Unternehmen weiterleiten. Kommt es zu einem persönlichen Gespräch mit dem Unternehmen, werden Ihre kompletten Bewerbungsunterlagen nachgereicht. In der Vorbereitung auf ein Gespräch wird der Personalvermittler Ihnen einige Tipps geben. In manchen Fällen wird er am Gespräch teilnehmen. Auch im weiteren Prozess der Vermittlung ist der Dienstleister mit Ihrem potenziellen Arbeitgeber fortlaufend im Gespräch über Sie als Kandidaten und bespricht im Erfolgsfall auch wichtige Daten wie etwa das Jahresgehalt.

Tipps und Tricks für Gespräche mit Personaldienstleistern

Hier einige Tipps, wie Sie souverän ein Gespräch mit einem Personaldienstleister absolvieren:

- ✔ Seien Sie höflich und denken Sie vorausschauend. Auch wenn der Personaldienstleister aktuell keine passende Stelle für Sie hat, kann er Ihnen vielleicht zu einem späteren Zeitpunkt weiterhelfen.
- ✔ Verstellen Sie sich nicht und tragen Sie nicht zu dick auf. Machen Sie den Personaldienstleister stattdessen zum Partner bei der Suche nach dem passenden Berufseinstieg.
- ✔ Seien Sie offen im Hinblick auf Ihre Wünsche und Vorstellungen. Wenn Sie weder umzugs- noch reisebereit sind, sollten Sie das auch so kommunizieren.
- ✔ Wenn es um eine konkrete Stelle geht, stellen Sie detaillierte Fragen zur Position, um sicherzugehen, dass Sie die Aufgaben richtig verstanden haben. So haben Sie eine gute Vorstellung von der Arbeitstätigkeit und können sich später noch überzeugender vor dem Kundenunternehmen präsentieren.

Andere Wege für die Stellensuche

Wenn Sie an die Stellensuche denken, fällt Ihnen wahrscheinlich als Erstes die Suche nach konkreten Stellenangeboten auf Job-Portalen ein. Es gibt aber durchaus noch andere Wege, um sowohl online als auch offline eine passende Stelle zu finden. Einige Möglichkeiten stellen wir Ihnen vor. Im Vordergrund stehen meist nicht ein konkretes Stellenangebot, sondern die Anbahnung von Kontakten und der Aufbau von Netzwerken. Laut einer Studie des Instituts für Arbeitsmarkt- und Berufsforschung aus dem Jahr 2016 wird fast jede dritte Stelle über persönliche Kontakte besetzt. Es kann sich also lohnen, Zeit in den Aufbau von Netzwerken zu investieren.

Soziale Medien gekonnt einsetzen

XING und LinkedIn haben sich unter den beruflichen Netzwerken zu den Marktführern entwickelt. Sie können bereits als Student ein Profil anlegen und so interessante Netzwerke aufbauen. Was Sie dabei beachten sollten, erklären wir Ihnen in Kapitel 3. Ein gut gepflegtes Profil kann Ihnen bei der Stellensuche helfen. Zum einen sind Sie so für Recruiter und Headhunter besser auffindbar. Aber auch, wenn Sie einen Unternehmensvertreter über eines dieser Portale anschreiben, kann er sich schnell ein gutes Bild von Ihnen machen.

Bei einigen Arbeitgebern können Sie sich mit Ihrem XING- oder LinkedIn-Profil bewerben. In diesen Fällen ersetzt Ihr Profil quasi Ihren Lebenslauf. Daher sollten Sie auf Vollständigkeit des Profils achten.

Diese Informationen gehören in Ihr Profil:

- ✔ Ein aktuelles Porträtfoto. Am besten nehmen Sie ein Foto, das Sie auch für Bewerbungsschreiben verwenden würden. Von Freizeitfotos raten wir ab, wenn Sie Ihr Profil aktiv für die Jobsuche verwenden wollen.
- ✔ Die Stationen Ihres Lebenslaufs, also alle Praktika, Nebenjobs und gegebenenfalls eine abgeschlossene Berufsausbildung. Achten Sie bei den Angaben auf die korrekte Darstellung des Zeitraums. Denn wenn der Lebenslauf, den Sie Ihren Bewerbungsunterlagen beifügen, nicht dem Profil entspricht und der Personalentscheider sich beides anschaut, wird es peinlich.
- ✔ Eine kurze Tätigkeitsbeschreibung zu jeder Station. Eine prägnante Ausführung zu den Aufgaben ist hilfreich, um ein besseres Bild zu vermitteln, was Sie beispielsweise in Ihrem Praktikum gemacht haben. Sie können hierfür die Stichpunkte verwenden, die Sie in Ihrem Lebenslauf bei den Bewerbungsunterlagen aufgeführt haben.
- ✔ Ihre Kompetenzen im Bereich »Fähigkeiten« beziehungsweise »Skills« aufführen und neben der Aufgabenbeschreibung auch den Tätigkeitsbereich angeben. Je mehr Angaben Sie zu Ihrer Ausbildung und Ihren Tätigkeiten machen, desto eher werden Sie von einem Recruiter gefunden. Daher sollten Sie als Jobsuchender alle Möglichkeiten nutzen, die Ihnen das Profil bei XING beziehungsweise LinkedIn bietet.

Wählen Sie ganz bewusst Ihre bevorzugte Einstellung in der Rubrik Privatsphäre. Die Voreinstellung ist, dass man Ihr Profil sogar über Suchmaschinen im Netz finden kann. Wägen Sie daher ab, wie wichtig es für Sie ist, in den sozialen Medien gefunden zu werden beziehungsweise welche Informationen Sie für wen sichtbar machen möchten. Sinnvoll ist, dass Ihr Profil zumindest für alle angemeldeten Nutzer des Netzwerks sichtbar ist und Sie von allen Nutzern über die Nachrichtenfunktion angeschrieben werden dürfen.

Die Stellensuche mithilfe Sozialer Netzwerke sollten Sie nicht überbewerten. Positionen für Berufseinsteiger werden selten über Headhunter besetzt und auch interne Recruiter aus der Personalabteilung sind eher auf der Suche nach Spezialisten, wenn sie auf XING oder LinkedIn Profile anschauen.

Sie können auch Personalverantwortliche oder Leiter von Fachabteilungen anschreiben, wenn Sie großes Interesse an einem Arbeitgeber haben. Außerdem können Sie bestehende Kontakte, zum Beispiel Ihren Vorgesetzten aus einem Praktikum, anschreiben, wenn Sie auf der Suche nach einer Tätigkeit während des Studiums oder für den Berufseinstieg sind. In jedem Fall ist es hilfreich, wenn Sie ein aussagekräftiges Profil haben. So können ehemalige Kollegen und Vorgesetzte sehen, welche weiteren beruflichen Stationen Sie seither durchlaufen haben und was Sie als Bewerber attraktiver für potenzielle Arbeitgeber macht.

Auf Karrieremessen Kontakte zu Arbeitgebern aufbauen

Wo, wenn nicht auf einer Messe, können Sie Kontakte zu unterschiedlichen Arbeitgebern in kürzester Zeit aufbauen? Schließlich sind die Unternehmen aus genau einem Grund dort – sie wollen auf sich als Arbeitgeber aufmerksam machen. Ob aktuell Stellen für Berufseinsteiger oder Praktikanten offen sind, lässt sich im Gespräch schnell herausfinden.

Es gibt unterschiedliche Karrieremessen, die Sie zur Kontaktaufnahme mit potenziellen Arbeitgebern nutzen können:

- ✔ Die Karrieremesse Ihrer eigenen Hochschule beziehungsweise Universität: Der Vorteil solch einer Messe liegt darin, dass die sich präsentierenden Arbeitgeber wahrscheinlich bereits gute Erfahrungen mit Kommilitonen von Ihnen gemacht haben und auch mit den Studienrichtungen vertraut sind. Außerdem ist der Besuch für Sie in der Regel kostenlos.
- ✔ Die von einem professionellen Anbieter organisierte allgemeine Karrieremesse: In jeder größeren Stadt gibt es regelmäßig branchen- und fachbereichsübergreifende Karrieremessen. Hier treffen Sie insbesondere Großkonzerne, die über eine Bandbreite an Einstiegsmöglichkeiten informieren.
- ✔ Die in eine Fachmesse eingebundene Karrieremesse: Häufig ist bei Fachmessen das Thema Karriere ein Bestandteil. Entweder findet man einen abgegrenzten Bereich, in dem man Personalverantwortliche treffen kann oder ein bestimmter Tag der Messe beschäftigt sich schwerpunktmäßig mit dem Themenfeld Karriere. Nachteilig ist, dass der Eintritt zu diesen Messen in der Regel verhältnismäßig teuer ist.

So wird der Messebesuch zum Erfolg

Vorbereitung ist auch hier wichtig. Daher sollten Sie vor Ihrem nächsten Messebesuch etwas Zeit investieren. Priorisieren Sie für sich, welche Stände Sie auf der Messe auf jeden Fall besuchen möchten. Ganz oben auf der Liste sollten die Arbeitgeber stehen, die eine passende Position ausgeschrieben haben.

Hier haben wir einige Tipps, die Ihnen bei der Vorbereitung helfen:

- ✔ Informieren Sie sich rechtzeitig vor dem Messetag im Internet über die teilnehmenden Arbeitgeber. Welche sind interessant für Sie? Könnten Sie mit Ihrem Profil in das Unternehmen passen?
- ✔ Überlegen Sie sich, welche Art von Arbeitgeber – also Branche, Organisationsform und Größe – besonders interessant für Sie sind.
- ✔ Informieren Sie sich schon im Vorfeld, ob die für Sie interessanten Arbeitgeber Stellen ausgeschrieben haben, die zu Ihrem fachlichen Hintergrund passen.
- ✔ Wollen Sie an Ihrem Studienort bleiben oder sind Sie umzugsbereit? Dann lohnt es sich auch zu schauen, an welchen Standorten die Unternehmen Niederlassungen haben.
- ✔ Drucken Sie Ihren Lebenslauf ein paar Mal aus und nehmen ihn auf die Messe mit. Wenn die Ansprechpartner an den Karriereständen einen positiven Eindruck von Ihnen haben, wird man wahrscheinlich nach Ihren Kontaktdaten fragen. Viele haben dafür ein Formular, das sie gemeinsam ausfüllen werden. Wenn Sie den an Ihrer Person interessierten Standbetreuern zusätzlich Ihren gedruckten Lebenslauf mitgeben können, kann der schnell intern weitergeleitet werden.
- ✔ Bereiten Sie einen Elevator Pitch vor, also eine Selbstvorstellung mit der Dauer einer Fahrstuhlfahrt, für den Erstkontakt am Messestand. Sie sollte Ihren Studienhintergrund, Ihre Praxis- und Auslandserfahrungen sowie Ihr gewünschtes berufliches Einsatzfeld enthalten.

Das richtige Outfit für den Messebesuch

Überlegen Sie sich, in welchem Outfit Sie die Messe besuchen möchten. Schließlich zählt auch hier der erste Eindruck. Bei Hochschulmessen gibt es teilweise Vorgaben von den Professoren. Fehlen diese, müssen Sie nicht im Business-Outfit erscheinen. Für eine hochschulinterne Veranstaltung reichen gepflegte Freizeitkleidung oder ein Smart Casual Outfit mit Jeans, Hemd und Blazer oder Jeans und Bluse beziehungsweise Hemd mit Kragen.

Zu den Fachmessen und allgemeinen Bewerbermessen gehen die Jobinteressenten im klassischen Business Outfit oder dem reduzierten Business Casual. Überlegen Sie, für welche Branchen und welche Position Sie sich interessieren und wählen Ihre Kleidung dementsprechend. Der angehende Vertriebler in der Finanzdienstleistungsbranche wird sich Business Formal kleiden, während der zukünftige Marketingverantwortliche im Industrieunternehmen wohl eher Business Casual erscheint.

Das eigene Netzwerk nutzen

Wir können es nicht oft genug betonen: Networking ist das »A und O« bei der Jobsuche. Denn viele Stellen werden über Kontakte besetzt und müssen daher gar nicht erst formal in Stellenbörsen ausgeschrieben werden. Überlegen Sie also, wen Sie ansprechen können:

- ✔ Familie, Freunde und Bekannte
- ✔ Ehemalige Mitstudenten, die bereits im Berufsleben stehen
- ✔ Ehemalige Vorgesetzte und Kollegen, die Sie während Ihrer Praktika und Jobs kennengelernt haben
- ✔ Professoren und Lehrbeauftragte, mit denen Sie näher Kontakt hatten

Die Ansprache sieht je nach Kontakt unterschiedlich aus. Je vertrauter Sie mit der Person sind, desto weniger formell werden Sie sie kontaktieren. Wenn es sich jedoch um ehemalige Kollegen oder Professoren handelt, sollten Sie die Kontaktaufnahme vorbereiten.

Initiativanrufe professionell durchführen

Spätestens wenn Sie merken, dass Sie über die klassische Suche nicht genügend Einladungen zu Vorstellungsgesprächen erhalten, ist das Thema Initiativbewerbung für Sie hilfreich.

Initiativanrufe haben den Vorteil, dass Sie schnell und effektiv viele potenzielle Arbeitgeber kontaktieren können. Außerdem können Sie sich im Erfolgsfall den Namen des Ansprechpartners notieren und in Ihrem persönlichen Bewerbungsanschreiben auf das nette Telefonat verweisen.

Eine Initiativbewerbung führt zum Ziel, wenn

- ✔ der Arbeitgeber in naher Zukunft in Ihrem Wunschbereich Personal aufbauen will, aber aktuell noch keine Stellen ausschreiben kann. Das kann der Fall sein, wenn zum Beispiel das Budget für diese Stellen noch nicht freigegeben wurde.
- ✔ der Arbeitgeber von Ihrer Person und Ihrem Werdegang so angetan ist, dass er eine zusätzliche Stelle schaffen möchte.
- ✔ der Arbeitgeber einen Bewerberpool hat, in den interessante Bewerber aufgenommen werden und dann bevorzugt bei zukünftig zu besetzenden Stellen berücksichtigt werden.

Ihnen ist sicherlich klar, dass diese Voraussetzungen nur schwerlich zu finden sind. Bei Initiativbewerbungen ist daher Fleiß und Durchhaltevermögen gefragt, denn hier zählt die Masse der Kontakte, die Sie initiieren, um die sprichwörtliche Nadel im Heuhaufen zu finden. Daher empfehlen wir Ihnen, zunächst initiativ anzurufen, bevor Sie sich die Mühe machen, ein individuelles Anschreiben zu entwerfen.

Anhaltspunkte für Kontakte zu potenziellen Arbeitgebern bieten Branchenverzeichnisse, Kataloge von Karrieremessen und auch die Gelben Seiten. Sie können auch in den Stellenbörsen und Metasuchmaschinen Firmen beziehungsweise Institutionen recherchieren, die in Ihrem Wunschbereich Berufserfahrene suchen und dort nachfragen, ob auch eine Nachwuchskraft eine Chance hätte.

In größeren Firmen sollten Sie ganz klassisch in der Personalabteilung nachfragen. Bei kleinen Arbeitgebern können Sie über das Sekretariat der Geschäftsleitung versuchen, an Infos zu kommen. Sie sollten auch direkt in der Fachabteilung anrufen und sich zu einer Führungskraft durchfragen, die Personalentscheidungen trifft.

Der Elevator Pitch als strukturierter Initiativanruf

Wenn Sie in einem Unternehmen anrufen, um nach einem Job zu fragen, sollten Sie in nur 30 Sekunden, also ungefähr die Dauer einer Fahrt mit dem Fahrstuhl, Ihr Anliegen vorbringen können. Mit diesem Elevator Pitch stellen Sie sicher, dass Ihr Vortrag prägnant ist und Sie Ihren Gesprächspartner nicht langweilen.

Unser Vorschlag für den Gesprächsablauf

Beginnen Sie das Gespräch mit einer kurzen Vorstellung: »Guten Tag, mein Name ist Mario Müller. Ich hoffe, Sie haben einen kurzen Moment Zeit für mich.« Stellen Sie nun prägnant und doch aussagekräftig Ihre Motivation für den Arbeitgeber sowie Ihr Bewerberprofil dar. Beantworten Sie folgende Fragen als Hilfestellung.

Warum ist der Arbeitgeber für Sie interessant? (zum Beispiel Branchenkenntnisse, Internationalität, mittelständische Strukturen)

____

____

____

Was qualifiziert Sie für Ihren Wunschjob? (zum Beispiel Abschluss mit bestimmten Vertiefungen, Praktika, Auslandserfahrung)

____

____

____

Beenden Sie das Gespräch, indem Sie konkret Ihr Anliegen vorbringen: »Ich suche eine Stelle als Junior Controller. Ist es sinnvoll, mich bei Ihnen initiativ zu bewerben?« Hier gibt es eigentlich nur zwei mögliche Antworten – ja oder nein. Wenn die Antwort positiv war – herzlichen Glückwunsch! Sie haben die Nadel im Heuhaufen gefunden. Im Falle einer Absage können Sie Ihren Gesprächspartner, sofern dieser nicht kurz angebunden ist und einen freundlichen Eindruck macht, fragen, ob er vielleicht andere Firmen kennt. Auf keinen Fall sollten Sie das Gespräch künstlich in die Länge ziehen. Bedanken Sie sich für die Zeit und verabschieden Sie sich freundlich.

Stellensuche im Ausland

Auch wenn Sie nicht in Deutschland auf Stellensuche sind, sondern im Ausland, können Sie viele unserer Tipps nutzen. Wir möchten Ihnen noch weitere Hinweise geben, wie Sie bei einer Stellensuche im Ausland vorgehen können. Es ist nicht einfach, als Berufsanfänger eine

Festanstellung im Ausland zu finden. Einfacher, aber auch nicht völlig unkompliziert, ist die Suche nach einem Praktikumsplatz.

- ✔ Informieren Sie sich über die größten Jobbörsen im Land und nutzen Sie sie zur Jobsuche. In einigen Ländern, wie etwa Irland und Großbritannien, werden viele Absolventenjobs über Personalvermittler vergeben. Nehmen Sie gezielt Kontakt zu möglichst vielen dieser Agenturen auf.

- ✔ Für Praktikantenstellen hat sich in den letzten Jahren ein großer Markt an Vermittlungsagenturen gebildet. Hier zahlen Sie in der Regel für den Service. Die Unterstützung durch eine Agentur ist sinnvoll, wenn Sie ein ganz bestimmtes und eher weit entferntes Zielland wie Australien oder Neuseeland für Ihr Praktikum vor Augen haben.

- ✔ Beachten Sie länderspezifische Besonderheiten bei Stellensuche und Bewerbung. Eine gute Internetrecherche und die Beschaffung von entsprechenden Büchern hilft Ihnen, schnell und professionell an Ihr Ziel zu kommen.

- ✔ Überlegen Sie, bei welchen Arbeitgebern oder in welchen Positionen Ihre deutschen Sprachkenntnisse ein Plus gegenüber anderen, inländischen Bewerbern ist. So wird Ihre Jobsuche schneller von Erfolg gekrönt sein.

- ✔ Wenn Sie in Deutschland in einem internationalen Unternehmen bereits ein Praktikum gemacht haben, sollten Sie Ihre dortigen Kontakte nutzen, um Ansprechpartner im Ausland zu finden. Vielleicht hat Ihr ehemaliger Vorgesetzter ja auch gute Beziehungen zu Kollegen im Ausland und kann Ihren Lebenslauf weiterleiten. Auch die Personalabteilung kann Ihnen bei Ihrem Wunsch, ins Ausland zu gehen, weiterhelfen.

Bei der Stellensuche im Ausland sollten Sie neben der Suche in Stellenbörsen und Suchmaschinen auch weitere mögliche Anlaufstellen nutzen, um Ihrem Ziel näher zu kommen. So können Sie Professoren nach Kontakten fragen oder im Career Center Ihrer Hochschule um Hilfe bei Ihrem Vorhaben bitten. Probieren Sie es auch mal bei den Auslandshandelskammern (AHK). Sie bieten häufig Praktika an und verfügen auch über Kontakte zu lokalen Arbeitgebern. Bitten Sie auch Kommilitonen, die bereits im Ausland waren oder aktuell sind, um Tipps und Kontakte.

Wenn Sie nach einer festen Stelle im Ausland suchen, wird das sehr schwierig bis nahezu unmöglich sein, wenn Sie nicht vor Ort sind. Denn viele Arbeitgeber schrecken vor den Kosten zurück, Bewerber aus dem Ausland einzufliegen, möchten aber auch nicht nur auf Basis eines Videochat-Interviews einen Arbeitsvertrag anbieten. Wenn Sie diesen Schritt wagen, sollten Sie sich über die finanziellen Auswirkungen im Klaren sein und neben einem finanziellen Polster eine gewisse Risikobereitschaft mitbringen. Die finanzielle Belastung wird etwas überschaubarer, wenn Sie vor Ort Bekannte oder Freunde haben, bei denen Sie vorübergehend wohnen können. Vielleicht können die Ihnen auch gute Tipps für die Suche geben oder sogar Kontakte vermitteln.

Was tun, wenn die Stellensuche länger dauert

Am wichtigsten ist es, nicht in Panik zu verfallen. Die Suche kann aus vielerlei Gründen etwas länger dauern. Oft kommt genau dann ein tolles Angebot um die Ecke, wenn man gar nicht mehr damit gerechnet hat. Trotzdem lohnt es sich, noch einmal das eigene Vorgehen bei der Stellensuche zu analysieren.

Das eigene Profil analysieren

Hinterfragen Sie Ihr Profil und Ihre Suchstrategien kritisch. Stellen Sie sich folgende Fragen, um herauszufinden, woran es liegen könnte, dass Sie noch keinen Erfolg hatten:

- ✔ Liegt Ihre Gehaltsvorstellung im marktüblichen Rahmen?
- ✔ Sind Ihre Bewerbungsunterlagen sauber und fehlerfrei gestaltet?
- ✔ Nutzen Sie den Lebenslauf, um sich optimal zu präsentieren, oder haben Sie wichtige Qualifikationen unterschlagen?
- ✔ Haben Sie sich bei Ihrer Suche zu stark eingeschränkt hinsichtlich Ort, Tätigkeit oder Branche?
- ✔ Werden Sie zu Bewerbungsgesprächen eingeladen, aber bekommen danach nur Absagen und müssen daher daran arbeiten, sich zu verkaufen und einen guten Draht zu den Interviewern herzustellen?

Freunde und Familie können oft hilfreichen Input bei der Optimierung der Bewerbungsunterlagen geben. Ziehen Sie auch professionelle Hilfe in Form eines Bewerbungscoachings in Erwägung. Das ist insbesondere für die Vorbereitung auf Vorstellungsgespräche eine große Hilfe. Neben privaten Anbietern und der Arbeitsagentur veranstalten auch viele Hochschulen Seminare hierzu oder bieten eine individuelle Beratung an.

Suchradius erweitern

Wenn Sie bisher nur eingeschränkt auf Stellensuche waren, zum Beispiel in Bezug auf den Ort oder die Branche, sollten Sie den Kreis der potenziellen Arbeitgeber erweitern. Tun Sie das mit folgender Herangehensweise:

- ✔ Für die meisten Berufseinsteiger sind Städte attraktiver als ländliche Regionen. Bewerben Sie sich daher bewusst abseits der Städte, um den Kreis der Konkurrenten zu verkleinern.
- ✔ Wenn Sie eine branchenunabhängige Position etwa im Controlling anstreben, sollten Sie darauf achten, auch weniger attraktive Branchen, die eher niedrige Einstiegsgehälter zahlen, in den Kreis der möglichen Arbeitgeber einzubeziehen. Eher niedrige Durch-

schnittsgehälter werden im Öffentlichen Dienst, in Kultur- und Bildungseinrichtungen, dem Einzelhandel, im Gesundheitswesen, der Hotellerie und Gastronomie sowie in Medienunternehmen gezahlt.

- ✔ Bewerben Sie sich auch auf befristete Stellen. Hier ist die Anzahl der Konkurrenten kleiner als bei unbefristeten Positionen, da sich die meisten Leute aus Sicherheitsaspekten nicht von einem unbefristeten in ein befristetes Arbeitsverhältnis bewerben.

Je weniger Stellen es in einem bestimmten, spezialisierten Bereich gibt, desto größer sind Ihre Chancen, wenn Sie sich durch Praktika und Studienschwerpunkte in diesem Tätigkeitsfeld bereits spezialisieren konnten. Ist dem nicht so, sollten Sie sich örtlich und von den Rahmenbedingungen her flexibel zeigen, um den Berufseinstieg in Ihrem Wunschbereich zu schaffen.

Attraktiv bleiben auf dem Arbeitsmarkt

Eine längere Arbeitslosigkeit wird von potenziellen Arbeitgebern kritisch gesehen. Zum einen ist es wertvolle Zeit, in der Sie keine Praxiserfahrung sammeln konnten. Zum anderen haben viele Personalentscheider Zweifel an Ihrer Belastbarkeit, wenn Sie längere Zeit keinen geregelten Tagesablauf hatten. Natürlich sollten Sie mit Bedacht Ihren Berufseinstieg wählen, aber suchen Sie nicht monatelang nach dem vermeintlichen Traumjob. Nach dem Studium ist es wichtig, zügig Berufserfahrung zu sammeln.

Hier einige Tipps, wie Sie trotz längerer Stellensuche für Arbeitgeber attraktiv bleiben:

- ✔ Engagieren Sie sich ehrenamtlich. Auch wenn Sie in einem Bereich tätig sind, der nichts mit Ihrem Studium zu tun hat, zeigen Sie, dass Sie engagiert sind und die Ihnen zur Verfügung stehende Zeit sinnvoll nutzen. Zudem können Sie wichtige soziale Kompetenzen erlernen.
- ✔ Eigentlich empfehlen wir nicht, nach dem Studium noch ein Praktikum zu machen. Wenn Sie aber schon längere Zeit erfolglos auf der Suche sind, kann das eine Alternative sein. Insbesondere, wenn Ihnen in dem Bereich, in den Sie einsteigen möchten, Praxiserfahrung fehlt.
- ✔ Bilden Sie sich weiter! Es ist wichtig, dass Sie Ihr Wissen aktuell halten. Lesen Sie Fachliteratur, verfolgen Sie aktuelle Entwicklungen und nehmen Sie, wenn möglich, an Seminaren oder Vorträgen teil. Auch im Internet finden sich zahlreiche Webinare und Tutorials, die häufig kostenlos sind.

Auch wenn Sie schon etwas länger auf Jobsuche sind, sollten Sie sich nicht unter Wert verkaufen, sondern mit Ihren Vorstellungen im unteren marktüblichen Rahmen bleiben, wenn Sie die formalen Voraussetzungen für die Stelle mitbringen.

Was zu tun ist, wenn es mal wirklich nicht klappt

Nun sind tatsächlich Ihre schlimmsten Befürchtungen eingetreten. Trotz guter Vorbereitung und eines guten Abschlusses finden Sie keinen Job. Hier ein paar Tipps dazu, was Sie unbedingt tun sollten, wenn Sie tatsächlich nach dem Studium zunächst einmal arbeitslos sind:

- ✔ sich arbeitslos melden: Es ist natürlich keine Pflicht, aber die einzige Möglichkeit, um finanzielle Unterstützung im Rahmen von Hartz IV zu erhalten. Arbeitslosengeld I bekommen Sie nur, wenn Sie bereits eine bestimmte Anzahl von Monaten sozialversicherungspflichtig gearbeitet haben und der letzte Job nicht allzu lange Zeit zurückliegt. Neben dem Lebensunterhalt kann Ihnen die Arbeitsagentur auch weitere Unterstützung anbieten. Wenn potenzielle Arbeitgeber Ihnen keine Reisekosten erstatten möchten, können Sie diese bei der Agentur für Arbeit einreichen. Außerdem können Sie an Bewerbungstrainings teilnehmen und sich von Ihrem persönlichen Arbeitsvermittler hinsichtlich Ihrer Bewerbungssituation und Ihrer Unterlagen beraten lassen.
- ✔ Krankenversicherung abschließen: Mit Ende des Studiums endet auch Ihre studentische Krankenversicherung. Wenn Sie Arbeitslosengeld I oder II erhalten, trägt die Behörde auch die Kosten Ihrer Krankenversicherung. Möchten Sie sich nicht bei der Arbeitsagentur registrieren lassen, denken Sie daran, eine freiwillige gesetzliche Krankenversicherung abzuschließen. Auch wenn Sie als Student privat krankenversichert waren, sollten Sie mit Ihrem Anbieter den Wechsel Ihres Status besprechen.

Teil II
Die Bewerbung vorbereiten

IN DIESEM TEIL …

… geht es ans Eingemachte. Wir erklären Ihnen, wie Sie Ihre Bewerbungsunterlagen zusammenstellen – vom Herzstück der Bewerbung, dem Lebenslauf, über das Deckblatt und das Anschreiben bis zu Abschlusszeugnissen und sonstigen Nachweisen.

IN DIESEM KAPITEL

Elemente einer Bewerbungsmappe

Erfolgversprechende inhaltliche Gestaltung

Richtig bewerben im Ausland

Kapitel 6
Die Unterlagen erstellen

In diesem Kapitel stellen wir Ihnen die Bestandteile einer Bewerbungsmappe vor und gehen auf die jeweilige Funktion der Teile ein. Außerdem erhalten Sie Tipps, wie Sie Ihre Unterlagen individuell gestalten können. Typischerweise besteht eine Bewerbung aus Anschreiben, Lebenslauf sowie Arbeitszeugnissen und Schul- beziehungsweise Hochschulzeugnissen. Sie können die Unterlagen auch mit einem Deckblatt versehen. Sie finden Beispiele für ein Anschreiben, für Lebensläufe auf Deutsch, Englisch und Spanisch sowie für Empfehlungsschreiben im Anhang. Unter `www.fuer-dummies.de` unter dem Stichwort »Zusatzmaterial« haben wir diese Unterlagen für Sie zum Download bereitgestellt – Sie müssen sie dann nur noch mit Ihren persönlichen Daten ergänzen.

Es kann verlockend sein, eine möglichst kleine Schriftgröße zu verwenden, damit etwa das Anschreiben auf eine Seite passt. Allerdings geht das dann auf Kosten der Lesbarkeit. Wir empfehlen Ihnen daher mindestens Schriftgröße 11 zu verwenden.

Der Lebenslauf, das Herzstück der Bewerbung

Der Lebenslauf ist das wichtigste Element Ihrer Unterlagen. Wenn ein Personalverantwortlicher Ihre Bewerbungsunterlagen öffnet, wird er als Erstes in etwa ein bis zwei Minuten über Ihren Lebenslauf schauen, um zu erfassen, ob Ihre bisherigen universitären und praktischen Erfahrungen den Mindestanforderungen der Stelle entsprechen.

Wichtig für die meisten Personalentscheider sind praktische Erfahrungen. Je mehr Sie vorweisen können, desto besser. An der Schwelle zum Berufsleben können Sie auch noch Schulpraktika aufführen.

Tipps für die Erstellung des Lebenslaufs

Beachten Sie folgende Kriterien bei der Erstellung Ihres Lebenslaufs:

- ✔ Übersichtliche Darstellung in tabellarischer Form
- ✔ Stichworte mit den Aufgaben und Inhalten zu jeder Tätigkeit, damit die Informationen schnell erfasst werden können, ohne die Zeugnisse zu sichten
- ✔ Sinnvolle, aussagekräftige Überschriften, die dem Leser die Vielfalt Ihrer Erfahrungen zeigen
- ✔ Anglo-amerikanische Darstellung, das heißt in der Aktualität absteigend, sodass man die aktuellen Erfahrungen als Erstes liest

Für den Umfang des Lebenslaufs gibt es keine feste Regel oder gar Vorgabe. Für Absolventen und Studierende im höheren Semester ist in der Regel ein zweiseitiger Lebenslauf zuzüglich des optionalen Deckblatts angemessen.

Im Anhang finden Sie einen beispielhaften Aufbau eines Lebenslaufs. In der linken Spalte finden Sie jeweils die Zeitangaben mit Monat und Jahr (zum Beispiel 01/2016 für Januar 2016). In der rechten Spalte ist aufgelistet, was Sie im jeweiligen Zeitraum gemacht haben.

Angaben zur Person

Fangen Sie mit den Daten zu Ihrer Person an. Ihren Namen mit Anschrift, Telefonnummer und E-Mail-Adresse können Sie in der Kopfzeile vermerken.

Personenbezogene Daten wie Geburtsdatum, Geburtsort, Familienstand und Staatsangehörigkeit sind seit Einführung des Allgemeinen Gleichbehandlungsgesetzes nicht mehr verpflichtend, jedoch immer noch verbreitet. Entscheiden Sie, inwiefern diese Informationen Sie attraktiver für Ihren Wunscharbeitgeber machen.

Wenn Sie in Süddeutschland wohnen, jedoch in Hamburg geboren wurden und sich dort bewerben, ist die Angabe des Geburtsorts sinnvoll, da der Personalentscheider sehen kann, dass Sie bereits einen Bezug zu Ihrem Wunscharbeitsort haben. In traditionellen Branchen und kleineren Firmen werden häufig lokale Bewerber bevorzugt. Vielleicht wollen die Firmen nicht das Risiko eingehen, dass es Sie nach wenigen Monaten wieder zurück in die Heimat zieht und Sie den Arbeitgeber schnell wieder verlassen.

Bedenken Sie, dass sich der Verzicht auf persönliche Daten im Lebenslauf in Deutschland noch nicht wirklich durchgesetzt hat. Während die Angabe des Familienstands und des Geburtsorts mittlerweile kaum noch erwartet wird, irritiert es doch manche Personalentscheider, wenn Geburtsdatum und Staatsangehörigkeit fehlen. Zudem findet sich zumindest die Angabe des Geburtsdatums sowieso in Ihren Zeugnissen.

Tipps für Ihre persönlichen Daten

Bei der Angabe Ihrer Kontaktdaten sollten Sie ein paar Dinge beachten:

- ✔ Wählen Sie eine seriöse E-Mail-Adresse, die aus Ihrem Vor- und Nachnamen besteht. Fantasie- oder Spitznamen empfinden die meisten Personalentscheider als nicht passend im beruflichen Umfeld.
- ✔ Vermerken Sie Ihre Festnetznummer nur, wenn Sie allein wohnen. Mitbewohner oder Familienmitglieder, die, ohne von Ihrer Bewerbung zu wissen, das Telefon abnehmen, können einen wenig professionellen Eindruck beim Arbeitgeber hinterlassen. Wenn Sie nur Ihre Mobilnummer in der Bewerbung angeben, sind Sie in jedem Fall auf der sicheren Seite.

Ganz wichtig ist es, dass Sie in Ihrer Bewerbung Ihre Kontaktdaten angeben. Schließlich soll der Arbeitgeber Sie erreichen können. Geben Sie außer einer E-Mail-Adresse immer auch eine Telefonnummer an, unter der Sie erreichbar sind.

Zusammenfassung der Ausbildung

Unter der Überschrift »Ausbildung« führen Sie Ihren höchsten Schulabschluss und Ihr Studium auf. Als nähere Informationen geben Sie den Namen der (Hoch-)Schule, den Ort, die genaue Bezeichnung des Abschlusses sowie, sofern schon bekannt, die Abschlussnote an. Somit erhält der Leser alle relevanten Daten auf einen Blick, ohne die Zeugnisse sichten zu müssen.

Beim Studienfach können Sie in Form von Stichworten oder Stichpunkten nähere Angaben zu den Inhalten machen. Das ist besonders wichtig, wenn Sie ein Orchideenfach studieren oder einen neuen Studiengang belegt haben, der noch nicht weit verbreitet ist. Durch eine Erläuterung der Inhalte im Lebenslauf kann der Personalverantwortliche schnell erkennen, dass Sie für die ausgeschriebene Stelle geeignet sind.

Falls Sie vor dem Studium eine Berufsausbildung absolviert haben, vermerken Sie das ebenfalls unter dem Punkt »Ausbildung«. In Stichworten führen Sie als nähere Erläuterung die Abteilungen auf, die Sie durchlaufen haben.

Praktische Erfahrungen

Unter der Rubrik »Praktische Erfahrungen« können Sie alle Praktika während des Studiums und sämtliche Nebenjobs nennen, die Sie bisher gemacht haben. Auch Schülerpraktika können Sie aufführen, wenn Sie sich auf Ihre erste Stelle nach Studienabschluss bewerben. Ebenso können Sie Praxisprojekte in Kooperation mit Firmen, etwa in Form von Hausarbeiten oder der Bachelor- beziehungsweise Masterarbeit hier beschreiben.

Tipps für die Auflistung praktischer Tätigkeiten

Bei der Nennung Ihrer praktischen Tätigkeiten im Lebenslauf sollten Sie ein paar Dinge beachten:

- ✔ Achten Sie darauf, den vollständigen Namen inklusive der Rechtsform (zum Beispiel GmbH bei Unternehmen oder e. V. bei Institutionen) aufzuführen. Das wirkt professionell, insbesondere, wenn Sie einen wirtschaftswissenschaftlichen Studiengang belegt haben.
- ✔ Auch der Ort, an dem der Arbeitgeber ansässig ist, sollte erwähnt werden. Waren Sie beispielsweise bisher örtlich flexibel und bewerben sich erneut bundesweit, wird man Ihnen den Schritt, Ihr persönliches Umfeld zu verlassen, eher zutrauen als wenn Sie bisher ausschließlich im Geburtsort gelebt und gearbeitet haben. Falls Sie sich bei einem lokalen, eher traditionellen Arbeitgeber bewerben, kann es positiv sein, wenn Sie in Ihrem Lebenslauf Verbundenheit mit der Region dokumentieren.
- ✔ Nennen Sie die Branche des Arbeitgebers. In Querschnittfunktionen wie Marketing, IT oder Rechnungswesen werden Bewerber als attraktiver wahrgenommen, wenn Sie bereits in der gleichen oder einer verwandten Branche Erfahrungen gesammelt haben.

Für viele Personalentscheider sind das Ausmaß und die Qualität an Praxiserfahrung am wichtigsten, wenn es darum geht, ob ein Bewerber zum Vorstellungsgespräch eingeladen wird oder nicht. Daher sollten Sie alle praktischen Erfahrungen stichwortartig beschreiben. Wenn Sie über Berufserfahrung verfügen, können Sie die Praktika und Jobs während der Schulzeit aus ihrem Lebenslauf streichen und nur noch besonders interessante Praxiserfahrungen, die sie während des Studiums gesammelt haben, im Lebenslauf beschreiben.

Nennung der Auslandsaufenthalte

In den meisten international ausgerichtete Firmen ist ein Auslandsaufenthalt ein Muss für die Auswahl neuer Mitarbeiter. Interkulturelle Kompetenz, also die Fähigkeit, sich gegenüber Menschen anderer Kulturen so zu verhalten, dass eine konstruktive Zusammenarbeit möglich ist, ist in diesen Unternehmen wichtig.

Neben einem Auslandssemester können Sie Au-Pair-Aufenthalte, Schüleraustausche oder im Ausland durchgeführte Sprachkurse erwähnen, um Ihre interkulturelle Kompetenz im Lebenslauf zu belegen.

Aber auch Personalverantwortliche bei nationalen Arbeitgebern schätzen in der Regel Auslandserfahrungen, da sie einen Blick über den Tellerrand ermöglichen, der wertvolle Kompetenzen wie Eigeninitiative und die Fähigkeit stärkt, sich in einem fremden Umfeld zurecht zu finden.

Ehrenamtliche Tätigkeiten

Insbesondere in Großkonzernen können Sie mit Ehrenämtern punkten. Sich freiwillig zu engagieren zeigt einerseits, dass Sie sich für soziale Belange beziehungsweise die Umwelt interessieren. Andererseits machen Sie deutlich, dass Sie belastbar sind, wenn Sie neben dem Studium Zusatzaufgaben übernehmen. Unter ehrenamtliche Tätigkeiten können Sie auch einen Bundesfreiwilligendienst einordnen. Bei allen Stationen gilt es, die Inhalte aussagekräftig darzustellen, damit sich die Personalentscheider ein genaues Bild von Ihren Aktivitäten machen können.

Kenntnisse und Fähigkeiten

Viele Entscheider erwarten von Studierenden und Absolventen einen sicheren Umgang mit den im jeweiligen Arbeitsfeld beziehungsweise der Branche gängigen Computerprogrammen. Insofern ist es wichtig, dass Sie Ihre EDV-Kenntnisse im Lebenslauf nennen und genau beschreiben, wie gut Sie die jeweiligen Programme beherrschen. Am gebräuchlichsten sind die MS-Office Produkte. Wenn Sie Architektur oder Design studiert haben, nennen Sie die Ihnen vertrauten Grafikprogramme. Auch Ihre Sprachkenntnisse sollten Sie mit dem jeweiligen Kenntnisstand erwähnen.

Es ist wichtig, dass Sie sich realistisch einschätzen, denn oft werden die Personalentscheider Ihre Sprachkenntnisse im Vorstellungsgespräch testen, indem sie Teile des Interviews in der jeweiligen Fremdsprache durchführen.

Um Ihre Kenntnisse im IT-Bereich oder in Fremdsprachen zu beschreiben, können Sie verschiedene Skalen nutzen. Sie sollten nur darauf achten, dass Sie eine verständliche und einheitliche Form wählen. Bei den Sprachkenntnissen ist es üblich, sich am sogenannten europäischen Referenzrahmen zu orientieren. Es kann sinnvoll sein, diese Kategorie mit einer Beschreibung zu ergänzen (vergleiche Tabelle 6.1), da nicht jeder Entscheider mit dem Referenzrahmen vertraut ist.

Grundkenntnisse	A1 - A2
Fließende Sprachkenntnisse	B1 - B2
Verhandlungssichere Sprachkenntnisse	C1 - C2

Tabelle 6.1: Überblick über die Bezeichnung der Sprachkenntnisse

Interessen und Hobbys

Sie können auch Freizeittätigkeiten auflisten. Sportliche Aktivitäten gefallen vielen Entscheidern, da damit Ehrgeiz, Durchhaltevermögen und Zielorientierung verbunden werden. Besonders gut kommen Teamsportarten an, da man davon ausgeht, dass sich der sportliche Teamgeist positiv auf die Teamfähigkeit im Beruf auswirkt.

Auch nicht-sportliche Aktivitäten können helfen, Sympathiepunkte bei Personalentscheidern zu sammeln. Wenn ein Interviewer gleiche Interessen hat oder Ihre Hobbys spannend findet, kann schnell ein Small Talk entstehen. Hierzu gehört natürlich etwas Glück.

Ort, Datum und eingescannte Unterschrift

Sie können auf der letzten Seite Ihres Lebenslaufs Ihren Wohnort vermerken, das Datum nennen, an dem Sie den Lebenslauf verfasst haben, sowie einen Scan Ihrer Originalunterschrift einfügen. Das war früher Standard, heutzutage lassen immer mehr Bewerber diese Bestandteile der traditionellen deutschen Bewerbung weg, da sie in angelsächsischen Lebensläufen nicht zu finden sind.

Anschreiben – die Motivation darlegen

Das Anschreiben ist heutzutage eher ein Motivationsschreiben. Auch hier ist der angelsächsische Einfluss zu spüren: Sie sollten beschreiben, was Sie zu der Bewerbung bewegt hat, statt nur die Angaben aus dem Lebenslauf im Fließtext zu wiederholen. Drei Aspekte sollten Sie in Ihrem Anschreiben berücksichtigen:

- ✔ Beschreibung der Motivation für die ausgeschriebene Stelle
- ✔ Erläuterung, warum Sie gern bei dem Arbeitgeber arbeiten möchten
- ✔ Nennung Ihrer fachlichen und persönlichen Stärken und Erfahrungen, um zu zeigen, dass Sie der Richtige für die zu besetzende Position sind

Beginnen Sie mit der Motivation für die Stelle und den Arbeitgeber. Standardphrasen wie »Hiermit bewerbe ich mich auf die ausgeschriebene Stelle xy« wecken beim Personalentscheider kein Interesse. Es ist wichtig, dass Sie individuell schreiben und nachvollziehbare Argumente aufführen.

Nun sind Sie an der Reihe. Mithilfe von Arbeitsblättern können Sie Ihr individuelles Anschreiben erstellen.

Arbeitsblatt – Das Interesse an der Tätigkeit und dem Arbeitgeber beschreiben

Beantworten Sie zunächst folgende Fragen für sich:

Warum möchte ich genau dieses Praktikum/diesen Job machen?

____

____

____

____

____

Warum möchte ich gerade bei diesem Arbeitgeber arbeiten?

____

____

____

____

____

____

Die folgenden Formulierungen können Ihnen helfen, Ihre Motivation für die angestrebte Stelle bei Ihrem Wunscharbeitgeber zu formulieren:

✔ **Interesse an der Stelle beschreiben:**

- »Die Vielfalt der Aufgaben aus Tagesgeschäft und Projektarbeit reizt mich sehr an der Position.«
- »Der Fokus auf die Projektarbeit entspricht voll und ganz meinen persönlichen Vorlieben.«
- »Da ich bereits mit Begeisterung ein Praktikum im Onlinemarketing absolviert habe, ist die von Ihnen ausgeschriebene Stelle der nächste logische Schritt für mich.«
- »Da ich mich im Studium auf die Internationale Rechnungslegung spezialisiert habe, entspricht die Position voll und ganz meinem akademischen Hintergrund.«

✔ **Gründe für die Wahl des Arbeitgebers nennen:**

- »Die Sportwagen AG ist als einer der renommiertesten Automobilhersteller Deutschlands für mich ein sehr attraktiver Arbeitgeber.«
- »Die Internationalität Ihres Konzerns spricht mich sehr an, da ich gern in einem interkulturellen Umfeld arbeiten möchte.«
- »Mit Ihren Werten kann ich mich bestens identifizieren.«
- »Da Sie Nachwuchskräfte gezielt fördern und umfassende Weiterbildungsmöglichkeiten anbieten, sind Sie der ideale Arbeitgeber für mich.«

An die Beschreibung Ihrer Motivation für die Stelle und den Arbeitgeber schließen Sie die Argumente an, warum die Wahl genau auf Sie fallen soll.

Arbeitsblatt – Die Eignung prägnant darstellen

Beantworten Sie zunächst folgende Frage, um ein Fundament für eine individuelle Sammlung von Argumenten zu erhalten:

Warum bin ich der/die Richtige für das Praktikum/den Job?

____

____

____

____

____

____

Nutzen Sie die folgenden Beispiele als Hilfe, um Ihre Eignung für die jeweilige Wunschstelle zu formulieren:

✔ **Studieninhalte beschreiben:**

- »Das theoretische Fundament bildet mein Bachelorstudium in Betriebswirtschaftslehre, in dem ich die Schwerpunkte Marketing und Controlling gewählt habe.«
- »Auf die Arbeit bei Ihnen bereitet mich mein Bachelor of Arts in der Fachrichtung Immobilienwirtschaft bestens vor.«
- »Da ein Einstieg in das Bankwesen schon immer mein Ziel war, habe ich mich für ein BWL-Studium mit Schwerpunkt Finanzdienstleistungen und Kreditwirtschaft an der Hochschule Academia entschieden.«
- »Mein Bachelorstudium der Betriebswirtschaft und der Master in Unternehmensführung bilden eine exzellente Basis für das Trainee-Programm als Nachwuchsführungskraft.«

Wenn Sie ein Studienfach abseits des Mainstreams gewählt haben, sollten Sie, ergänzend zu den Angaben in Ihrem Lebenslauf, im Anschreiben erläutern, warum gerade dieses Studienfach für die angestrebte Wunschtätigkeit nützlich ist.

Überlegen Sie sich bei Ihrer Argumentation auch, wie Sie sich gegenüber Mitbewerbern positiv absetzen können. Studieren Sie beispielweise Wirtschaftspsychologie und bewerben sich für eine Stelle im Personalbereich, könnten Sie auf die besondere Kombination von wirtschaftswissenschaftlichen Inhalten und Kenntnissen in der Eignungsdiagnostik und Personalentwicklung verweisen. Somit helfen Sie Entscheidern zu erkennen, dass genau Sie der richtige Bewerber sind.

✔ **Praktische Erfahrungen prägnant auflisten:**

- »Durch meine Praktika bei der Sportwagen AG und Lastwagen GmbH konnte ich vielfältige Erfahrungen in der Automobilindustrie sammeln.«
- »Für einen Berufseinstieg im Marketing bin ich durch meine Praktika und Werkstudententätigkeiten im Hochschul- und Onlinemarketing bestens vorbereitet.«
- »Der Bereich Human Resources hat mich schon im Studium interessiert. Branchenübergreifende Kenntnisse im Personalmanagement habe ich mir durch meine Praktika bei einem mittelständischen Immobilienunternehmen und bei einem internationalen Konsumgüterkonzern sowie durch die praktische Bachelor-Arbeit bei einem lokalen Textilunternehmen aneignen können.«

✔ **Persönliche Stärken formulieren:**

- »Durch diverse Studienarbeiten in der Gruppe konnte ich meine Teamfähigkeit unter Beweis stellen.«
- »Mein Umfeld schätzt insbesondere meinen Ehrgeiz und meine Belastbarkeit.«
- »Meine Kommunikationskompetenz und mein Talent, Menschen von etwas zu begeistern, werden mir helfen, in der Position als Referentin für Hochschulmarketing erfolgreich zu sein.«

Achten Sie darauf, Stärken zu erwähnen, die Ihre Persönlichkeit gut beschreiben (nutzen Sie hierfür die Ergebnisse der Kompetenzanalyse aus Kapitel 2). Auch sollten Sie keine Selbstverständlichkeiten wie Pünktlichkeit erwähnen.

✔ **Auslandsaufenthalte darstellen:**

- »Durch mein Auslandssemester in den USA konnte ich nicht nur meine Englischkenntnisse perfektionieren, sondern auch meine interkulturelle Kompetenz ausbauen.«
- »Während meiner Rucksackreise durch Südostasien habe ich gelernt, mich selbstständig zu organisieren und mit Unvorhergesehenem gelassen umzugehen.«
- »Durch mein Auslandspraktikum in einem Hostel in Mexiko fällt es mir leicht, mit Menschen unterschiedlicher Kulturen zu kommunizieren und mich auf deren Bedürfnisse einzustellen.«

✔ **Ehrenämter berufsrelevant beschreiben:**

- »In meiner Freizeit engagiere ich mich in einem Jugendclub und biete dort verschiedene Freizeitaktivitäten an. Hierdurch konnte ich meine Kreativität, meine Empathie und mein Organisationstalent schulen.«
- »Dank meiner ehrenamtlichen Tätigkeit als Lesepatin für ausländische Kinder verfüge ich über ein hohes Maß an Einfühlungsvermögen und interkultureller Kompetenz.«
- »Meine langjährige Tätigkeit als Leiterin eines Kulturvereins ist eine gute Basis, um in Ihrem Unternehmen in eine Leitungsfunktion hineinzuwachsen.«

Ein Beispielanschreiben für eine Position als Junior-Personalreferent mit Schwerpunkt Ausbildung und Praktikantenbetreuung bei einem internationalen Automobilkonzern finden Sie im Anhang. Beachten Sie Folgendes, wenn Sie Ihr Anschreiben verfassen:

✔ Fertigen Sie das Anschreiben im Layout eines klassischen Geschäftsbriefs an.

✔ Das Anschreiben sollte eine A4-Seite nicht überschreiten.

- ✔ Verfassen Sie eine aussagekräftige Betreffzeile, in der Sie den Titel der Position, die Quelle (zum Beispiel Namen der Online-Stellenbörse) und gegebenenfalls die interne Referenznummer der Stelle aufführen.

- ✔ Suchen Sie in der Stellenanzeige oder auf der Homepage einen persönlichen Ansprechpartner, um dem Anschreiben in der Anrede eine persönliche Note zu geben. Manche Großkonzerne veröffentlichen bewusst keine Namen von Ansprechpartnern, sondern nur eine allgemeine Recruiting-Hotline, hinter der ein ganzes Team steht. In diesem Ausnahmefall können sie die Anrede »Sehr geehrte Damen und Herren« verwenden.

- ✔ Achten Sie auf Vollständigkeit der Adresse. Sie sollten die richtige Rechtsform (AG, GmbH, ...) aufführen, die Sie entweder in der Stellenanzeige oder auf der Homepage des Arbeitgebers finden.

- ✔ Das Wort »Anlagen« brauchen Sie nicht am Ende des Anschreibens aufzuführen. Das war früher üblich, heutzutage ist es nicht mehr notwendig.

Lesen Sie sich das Anschreiben vor dem Versand noch mal durch. Haben Sie den richtigen Adressaten ausgewählt? Sowohl im Briefkopf als auch im Text des Anschreibens? Es kann durchaus ein k. o.-Kriterium sein, wenn Ihre Bewerbung bei der Lastwagen AG an ein ganz anderes Unternehmen adressiert ist oder den Satz enthält »Die Textil GmbH ist für mich ein spannender Arbeitgeber, da ...«. Der Personalverantwortliche schließt durch solche Fehler auf eine nachlässige Arbeitsweise oder mangelndes Interesse an dem Arbeitgeber. Daher raten wir auch davon ab »Serienanschreiben« zu erstellen, in denen Sie nur per copy & paste einzelne Textblöcke austauschen.

Das Bewerbungsbild

Aufgrund des Allgemeinen Gleichbehandlungsgesetzes, das seit 2006 in Kraft ist, dürfen Arbeitgeber keine Bewerbungsbilder mehr verlangen, da das zu Diskriminierung, etwa nach Geschlecht oder Herkunft, führen könnte. Auch das ist ein starker angelsächsischer Einfluss auf die Bewerbungsmodalitäten hierzulande. Allerdings ist das die Theorie. In der Praxis fügen die meisten Bewerber ihren Unterlagen nach wie vor ein Bild hinzu.

Auch wenn offiziell kein Bewerbungsfoto mehr verlangt werden darf, fällt es immer noch auf, wenn kein Foto in der Bewerbung zu finden ist. Auch zeigen Studien, dass Personalentscheider beim Blick auf die Bewerbungsmappe als Erstes auf das Bild schauen und auch schnell analysieren, ob die Person zum Arbeitgeber passt oder nicht. Ein wichtiger Aspekt sind hierbei die Wahl der angemessenen Kleidung sowie der Gesichtsausdruck.

Wir empfehlen, dass Sie sich ein professionelles Foto erstellen lassen, um Ihre Bewerbungsmappe mit einem weiteren Puzzleteil zu versehen, das Sie Ihrer Traumstelle näher bringt. Hier ein paar Tipps, was Sie im Hinblick auf das Bewerbungsfoto beachten sollten.

Platzierung des Bewerbungsbilds

Das Foto wird entweder auf der ersten Seite des Lebenslaufs in die obere linke oder rechte Ecke platziert. Wenn Sie ein Deckblatt für Ihre Bewerbungsunterlagen erstellt haben, empfiehlt es sich, das Bild auf dem Deckblatt zu platzieren.

- ✔ Das Foto sollte weder Ihr biometrisches Passbild noch der Schnappschuss aus dem letzten Urlaub sein. Investieren Sie in einen professionellen Fotografen, der ein modernes Bewerbungsbild für Sie erstellt.
- ✔ Das Bewerbungsbild ist größer als ein Passbild, das üblicherweise 3,5 cm × 4,5 cm misst. Hinsichtlich der Größe gibt es keine genauen Vorgaben. Wenn Sie das Foto auf dem Lebenslauf platzieren, wird es jedoch kleiner als auf dem Deckblatt ausfallen. Auf dem Deckblatt kann eine Größe von bis zu 9 cm × 13 cm im Hochformat oder 13 cm × 9 cm im Querformat passend wirken.
- ✔ Es muss nicht immer das Hochformat sein. Auch ein Querformat kann gut wirken. Das bleibt Ihnen überlassen, ebenso ob Sie ein farbiges oder ein schwarz-weißes Bild nehmen. Wir empfehlen ein farbiges Bild, da das jugendlicher und frischer wirkt und zu Ihrem Alter und Ihrer Lebenserfahrung passt.
- ✔ Eine moderne Bildsprache zeigt eine aufrechte Körperhaltung mit freundlicher, offener Mimik. Häufig werden Bewerber im Stehen fotografiert, da das dynamischer wirkt. Gängig sind Fotos, die viel Hintergrund zeigen. Auch die Köpfe der Bewerber sind oft angeschnitten, was ebenfalls modern wirken soll. Der Bildausschnitt sollte nicht nur den Kopf, sondern auch einen Teil des Oberkörpers erfassen. Auch Fotos mit vollständigem Oberkörper oder sogar dem ganzen Körper können Charme haben. Welche Details Ihr Foto aufweist, bleibt Ihnen überlassen.

Outfit, Makeup und Frisur

Egal ob Mann oder Frau, bei dem Bewerbungsfoto sollten Sie sich Gedanken über das Outfit und die Frisur machen. Frauen stehen auch vor der Frage, ob und welches Makeup Sie verwenden.

- ✔ Ihre Kleidung sollte altersgerecht und nicht zu bieder sein. Frauen sollten kein zu offenherziges Oberteil wählen, damit sie seriös wirken. Auch sollten Sie Ihr Outfit entsprechend der Position aussuchen, auf die Sie sich bewerben. Handelt es sich um eine Vertriebsposition, werden Sie sich förmlicher kleiden als für eine Tätigkeit in der Buchhaltung, bei der Sie keinen Kundenkontakt haben.
- ✔ Die Kleidung muss nicht nur zur Position, sondern auch zur Branche passen. In traditionellen Branchen wie dem Bankwesen ist ein klassischer Business-Look empfehlenswert. Frauen wählen eine weiße Bluse sowie einen Hosenanzug oder ein Kostüm. Herren ziehen einen dunklen oder grauen Anzug mit weißem Hemd und Krawatte an. In eher hemdsärmeligen Branchen und Tätigkeitsbereichen, wie zum Beispiel der Logistik oder auch Produktion, reicht häufig ein reduzierter Business Casual Look. Frauen können eine

farbige Bluse mit einer Stoffhose kombinieren oder ein kragenloses Shirt zu einem Hosenanzug oder Kostüm anziehen. Herren verzichten auf die Krawatte und kombinieren ein farbiges Hemd zum Anzug.

✔ In jungen Branchen wie Internetfirmen sollten Bewerber nicht zu förmlich auftreten. Deshalb muss auch schon das Bewerbungsbild zu dieser Art von Arbeitgeber passen. Frauen können ein buntes Shirt mit einem modernen Blazer und Stoffhose oder einer gepflegten Jeans kombinieren. Herren ziehen ein farbiges Hemd zu einer trendigen Stoffhose oder Jeans an.

Eine gute Orientierung dazu, in welche Kategorie Ihr Wunscharbeitgeber passt, bieten die Bilder auf der Website des Unternehmens. Orientieren Sie sich daran, wie die Personen angezogen sind. Sind Sie sich trotzdem unsicher, welches Outfit zu dem von Ihnen anvisierten Arbeitgeber passt, lassen Sie sich eher »overdressed« statt »underdressed« fotografieren.

Bevor Sie sich fotografieren lassen, sollten Sie Hautunreinheiten abdecken. Frauen sollten ein dezentes Makeup wählen, das im Berufsalltag nicht zu viel Aufmerksamkeit erregen und damit von Ihrer Fachkompetenz ablenken würde. Es geht schließlich um Ihre berufliche Eignung, die Sie gegenüber Ihrem zukünftigen Arbeitgeber ausstrahlen möchten.

Ihre Frisur sollte Ihr Gesicht nicht verdecken. Es bleibt Ihnen überlassen, ob Sie lange Haare zusammengebunden oder offen tragen. In konservativen Branchen werden Männer mit langen Haaren nicht gern gesehen (eine Beschreibung der unterschiedlichen Dresscodes finden Sie in Kapitel 1).

Der Business Look

Abbildung 6.1 zeigt ein klassisches Business-Outfit mit schwarzem Hosenanzug und weißer Bluse mit Kragen. Das Format ist nahezu quadratisch. Der ernsthafte Gesichtsausdruck strahlt Selbstbewusstsein und Stärke aus. Der Körper ist seitlich zur Kamera positioniert, die Bewerberin schaut direkt zum Fotografen. Dadurch wirkt sie dem Betrachter zugewandt und dynamisch.

Abbildung 6.2 zeigt den klassischen Business Look mit frontaler Körperhaltung. Das Lächeln mit offenem Mund, bei dem auch die Zähne zu sehen sind, wirkt bei der Bewerberin nahbar und freundlich. Die frontale Körperhaltung kann etwas statisch wirken, daher ist hier eine freundliche Mimik besonders wichtig.

Abbildung 6.1: Bewerbungsbild Business Formal seitlich

Im Vergleich zum klassischen Business-Outfit sehen Sie in Abbildung 6.3 eine legere Variante mit einem kragenlosen weißen Shirt und einem dunklen Blazer. Die Kette mit einem weißen Anhänger ist dezent und passt farblich zum Outfit.

Abbildung 6.2: Bewerbungsbild Business Formal frontal

Mit einem Bewerbungsbild im Business Look liegen Sie fast nie falsch. Ein Muss ist es in folgenden Bereichen:

- ✔ Wirtschaftsprüfung, Steuerberatung
- ✔ Unternehmensberatung
- ✔ Anwaltskanzleien
- ✔ Finanzbranche
- ✔ Großkonzerne

Der Business Casual Look

Abbildung 6.3: Bewerbungsbild Business Casual

Die gerade Kopfstellung in Abbildung 6.4 und das leichte Lächeln machen das Foto zu einem seriösen Bewerbungsbild. Bei einer Nahaufnahme rückt das Outfit in den Hintergrund. Wichtiger sind hier die Mimik und die Kopfhaltung. Trotzdem sollten Sie sich auch in Nahaufnahme nicht mit T-Shirt fotografieren lassen.

Abbildung 6.5 zeigt ein Beispiel für Business Casual. Ein dunkles Shirt wird mit einem hellen Blazer kombiniert, der einen ungewöhnlichen Schnitt hat. Die schwarze Kette ist ein schlichtes Accessoire. Die eingedrehte, etwas schräge Körperhaltung vermittelt Dynamik.

Abbildung 6.6 zeigt das gleiche Outfit wie Abbildung 6.5, jedoch mit einer anderen Körperhaltung. Die Bewerberin steht nahezu frontal zum Fotografen und stützt eine Hand in der Hüfte ab. Diese Körperhaltung vermittelt Selbstbewusstsein und ein sicheres Auftreten.

Abbildung 6.7 zeigt ein weiteres Beispiel für den Business Casual Look mit frontaler Körperhaltung. Als Outfit wurde hier eine schlichte, helle Bluse mit Kragen gewählt. Die Körperhaltung mit den verschränkten Armen vermittelt in Kombination mit einer aufrechten Körperhaltung und dem dezenten Lächeln einen selbstbewussten Gesamteindruck von der Bewerberin.

Mit dem Business Casual Look sind Sie bei Bewerbungen in folgenden Bereichen richtig angezogen:

- ✔ Logistik
- ✔ Produktion
- ✔ Öffentlicher Dienst

Das Smart Casual Outfit

Abbildung 6.8 zeigt einen Smart Casual-Look mit Jeans und Blazer und fast den ganzen Körper der Bewerberin. Die eingedrehte Körperhaltung mit den verschränkten Armen soll Dynamik vermitteln. Die verschränkten Arme könnten abwehrend wirken, was aber durch den freundlichen und offenen Gesichtsausdruck verhindert wird.

Auch Abbildung 6.9 zeigt einen Smart Casual Look. Hier wurde jedoch auf den Blazer verzichtet. Die in gedeckten Farben gemusterte Bluse wirkt gepflegt und gleichzeitig leger, ohne vom Gesicht der Bewerberin abzulenken.

Abbildung 6.10 zeigt ein Bewerbungsbild im Smart Casual Look, bei dem der Blick des Betrachters auf das Gesicht der Bewerberin gelenkt wird. Der direkt in die Kamera gerichtete Blick in Verbindung mit dem leichten Lächeln vermittelt ein gesundes Selbstbewusstsein.

Abbildung 6.4: Bewerbungsbild Nahaufnahme Business Casual

Abbildung 6.5: Bewerbungsbild Business Casual seitlich mit Blazer

Abbildung 6.6: Bewerbungsbild Business Casual frontal mit Blazer

Abbildung 6.7: Bewerbungsbild Business Casual frontal mit Bluse

Abbildung 6.8: Bewerbungsbild Smart Casual mit Jeans

Abbildung 6.9: Bewerbungsbild Smart Casual seitlich mit Bluse

Abbildung 6.10: Bewerbungsbild Smart Casual mit Bluse

Über ein Smart Casual Outfit können Sie im Bewerbungsbild Ihren individuellen Stil darstellen. Daher eignet es sich für folgende Bereiche:

- ✔ Medienbranche
- ✔ Start-up-Unternehmen
- ✔ Modebranche

Tipps für das Bewerbungsfoto

Wenn Sie folgende Tipps beachten, wird Ihr Bewerbungsfoto ein Erfolg:

- ✔ Vereinbaren Sie nicht vorschnell einen Foto-Termin. Schauen Sie sich vorab in Ruhe die Beispielfotos auf den Internetseiten verschiedener Fotostudios an und fragen Sie Freunde oder Bekannte nach Empfehlungen. Der Fotograf sollte eine moderne Bildsprache verwenden.
- ✔ Wenn Sie sich in unterschiedlichen Branchen bewerben, was typisch für eine Tätigkeit im Personalbereich, Marketing, Rechnungswesen/Controlling und IT ist, buchen Sie mehrere Outfitwechsel beim Fotografen. So können Sie von Business Look bis zu gehobener Freizeitkleidung eine Auswahl an Fotos anfertigen lassen und pro Bewerbung entscheiden, welches Bild für welchen Arbeitgeber passt.
- ✔ Schlafen Sie in der Nacht vor dem Fototermin ausreichend. Auch sollten Sie, wenn möglich, die Fotos nicht in einer extremen Stressphase machen, damit Sie frisch und nicht abgespannt aussehen.

Versuchen Sie, sich während des Fotoshootings in eine gute Stimmung zu versetzen. Denken Sie an einen tollen Urlaub oder an die Menschen, die Ihnen nahestehen und Ihnen ein Lächeln aufs Gesicht zaubern. Eine positive Grundstimmung wird auch über die Fotos transportiert.

Das Deckblatt – richtig eingesetzt

Häufig integrieren Bewerber ein Deckblatt in ihre Unterlagen. Auf einem Deckblatt kommt ein gewinnendes Bewerbungsfoto gut zur Geltung, da hier mehr Platz als auf dem Lebenslauf ist.

Auf dem Deckblatt können Sie ein prägnantes Kompetenzprofil positionieren. Es sollte aus drei bis sechs in Stichpunkten aufgelisteten Argumenten bestehen, die zeigen, warum Sie der passende Bewerber sind. Dabei geht es einerseits um Fakten wie den Studienhintergrund und praktische Erfahrungen. Andererseits sollten Sie auch Soft Skills, also persönliche und soziale Kompetenzen erwähnen.

Ein Kompetenzprofil sollte kurz gefasst sein, aber trotzdem prägnant auf den Punkt bringen, was Sie ausmacht. Im Folgenden finden Sie ein Beispiel für ein Kompetenzprofil.

Kompetenzprofil – in der Kürze liegt die Würze

So könnte ein Kompetenzprofil im Lebenslauf aussehen:

- ✔ Bachelor of Arts in der Fachrichtung Immobilienwirtschaft
- ✔ Praxiserfahrung im Asset Management und der kaufmännischen Objektverwaltung
- ✔ Fließende Englischkenntnisse durch Auslandssemester in Australien
- ✔ Energiegeladene, strebsame und kommunikative Persönlichkeit

Sie können auf dem Deckblatt auch ein Zitat, mit dem Sie sich besonders identifizieren, vermerken oder ein Lebensmotto, das Sie ausmacht. Somit heben Sie sich von der Masse der Bewerber positiv ab und fallen auf. Eine Bewerbung, die individuell ist und in Erinnerung bleibt, bringt Sie dem Traumjob näher.

Die dritte Seite – zu viel Prosa ist nicht gut

Einige Bewerber nutzen eine sogenannte Dritte Seite, um in persönlich gehaltenen Sätzen noch einmal ihre Motivation und Eignung für die jeweilige Position darzulegen. Häufig werden auch Zusatzinformationen wie etwa die Beschreibung eines Hobbys auf der Dritten Seite aufgeführt, um die Bewerbung noch persönlicher zu gestalten.

Bei der Dritten Seite besteht die Gefahr, dass Inhalte aus dem Anschreiben wiederholt werden. Wenn Sie das Anschreiben als individuelles Motivationsschreiben verfasst haben, bringt eine Dritte Seite keine zusätzliche Information. Hobbys und Interessen können Sie in Stichpunkten im Lebenslauf erwähnen. Insofern raten wir von der Dritten Seite als Bewerbungselement ab, da sich daraus kein Mehrwert ergibt.

Ein ansprechendes Layout

Nicht nur die Inhalte sind entscheidend, wenn Sie Ihre Bewerbung verfassen. Äußerlich attraktive Unterlagen vermitteln den Eindruck, dass sich der Bewerber besonders um die Stelle bemüht. Außerdem können Sie sich positiv von Mitbewerbern absetzen, wenn Sie Ihre Bewerbungsunterlagen attraktiv aufbereiten.

Tipps für das Layout Ihrer Bewerbung

Folgende Tipps sollten Sie beherzigen, wenn es um die Optik Ihrer Unterlagen geht:

- ✔ Verwenden Sie, je nach Schriftart, mindestens Größe 10 oder 11. Für die Überschriften nutzen Sie eine größere Schriftgröße (12, 13 oder 14) und markieren sie fett, damit sie optisch hervorgehoben und somit schneller erfasst werden können.
- ✔ Nutzen Sie einfache grafische Elemente wie geometrische Formen oder Linien, damit Ihre Bewerbung ein Eyecatcher wird, den die Personalentscheider in Erinnerung behalten.
- ✔ Bringen Sie Farbe in Ihre Bewerbung, indem Sie die grafischen Formen, oder auch die Überschriften, einfärben. Verwenden Sie nur eine Farbe, damit ein dezenter, moderner Eindruck vermittelt wird.
- ✔ Vermeiden Sie altbackene Standard-Schriftarten wie Times New Roman. Auch Arial muss es nicht immer sein. Stattdessen können Sie mit moderneren und gleichzeitig schnörkellosen Standard-Schriften wie Tahoma und Verdana verhindern, dass Ihre Unterlagen altbacken wirken.
- ✔ Sie sollten Ihrem Gestaltungswillen nicht zu sehr freien Lauf lassen. Mit einer Schrift wie Comic Sans oder Schriften, die einer Schreibschrift nachempfunden sind, werden Sie sich negativ von der Masse abheben.

Unter `www.fuer-dummies.de` und dem Stichwort »Zusatzmaterial« können Sie zwei Beispielvorlagen in den Farben grau, blau und rot mit der Schriftart Tahoma herunterladen. Beim Anschreiben orientieren Sie sich bei der Positionierung vom Adressfeld des Empfängers, der Betreffzeile und des Textfelds an der sogenannten DIN 5008.

Die erste Seite in unseren Vorlagen ist das Deckblatt der Bewerbungsvorlage. In der Kopfzeile stehen die Kontaktdaten des Bewerbers. Positionieren Sie Ihren Vor- und Nachnamen großflächig auf der Mitte des Blattes als Eyecatcher. Ihr Bewerbungsbild können Sie mit einem Klick auf das dazugehörige Bild in der Word-Vorlage in das besondere Format hochladen. Unter dem Bild könnten Sie ein Kompetenzprofil platzieren.

Im Anschreiben stehen die Adressdaten in der Kopfzeile. Darunter wird die Anschrift des Arbeitgebers unter Angabe des Ansprechpartners eingetragen. Durch einen Klick auf das Feld »Datum« können Sie das aktuelle Datum auswählen. Wichtig ist die aussagekräftige Betreffzeile mit Benennung von Positionstitel und dem Fundort der Stellenanzeige.

Auch der Lebenslauf unserer Vorlagen ist in dem gleichen Design gehalten. Unterhalb der Kopfzeile fügen Sie neben persönlichen Daten alle Informationen zu Ihrer Ausbildung, Ihren praktischen Erfahrungen, zu Auslandsaufenthalten, ehrenamtlichen Tätigkeiten, Sprach- und EDV-Kenntnissen sowie persönlichen Interessen ein. Sie können sich auch von unseren Vorlagen inspirieren lassen und Ihr individuelles Layout selbst erstellen.

Anlagen

Notenübersicht und Abschlusszeugnisse

Ein wichtiger Bestandteil der Anlagen sind die Zeugnisse von Schulbesuchen und vom Studium:

- ✔ Bei Studierenden und Berufseinsteigern möchten Personalverantwortliche noch das letzte Schulzeugnis anschauen, um zu analysieren, wie sich der Kandidat von der Schulzeit bis zum Studium entwickelt hat. Einige Entscheider legen Wert auf gute Zensuren in Deutsch und Mathematik. Wenn Sie Berufserfahrung haben, können Sie das Schulzeugnis weglassen, um anderen Dokumenten Platz in Ihren Anlagen zu schaffen.
- ✔ Auch das Abschlusszeugnis vom Studium gehört in die Bewerbungsunterlagen. Liegt es Ihnen noch nicht vor, schicken Sie eine aktuelle Notenübersicht. So kann sich der Arbeitgeber ein Bild von Ihren Studienleistungen machen.
- ✔ Haben Sie eine Ausbildung absolviert, fügen Sie das Abschlusszeugnis bei, da das ein wichtiger Teil Ihres bisherigen Werdegangs ist. Falls Sie den Studiengang nach einem oder wenigen Semestern gewechselt haben, können Sie die Notenübersichten hierzu weglassen, da das in der Regel nicht mehr relevant für die aktuellen Bewerbungen ist.

Arbeitszeugnisse – Geheimsprache der Personaler

Neben den Schul- und Hochschulnoten sollten Sie Ihrer Bewerbung auch Arbeitszeugnisse beilegen. Für Studierende und Absolventen empfiehlt es sich, alle Zeugnisse über Praktika und Nebenjobs der Bewerbung beizulegen. So weisen Sie nach, dass Sie bereits im Berufsalltag gestanden und ihn gemeistert haben. In Kapitel 3 lernen Sie den Aufbau eines deutschen Arbeitszeugnisses kennen und finden beispielhafte Phrasen.

Zeugnisse im Ausland

Arbeitszeugnisse, wie wir sie in Deutschland kennen, gibt es nur noch in Österreich und der Schweiz. In anderen Ländern wird eher auf Referenzschreiben zurückgegriffen. Wenn Sie in nicht deutschsprachigen Ländern ein Praktikum machen, sollten Sie die Chance nutzen, sich von Ihren dortigen Chefs eine Referenz schreiben zu lassen oder zumindest eine kurze Bescheinigung Ihrer Tätigkeit. Somit können Sie Ihren Bewerbungsunterlagen einen wertvollen Nachweis für eine praktische Tätigkeit beilegen, was von vielen Personalentscheidern gern gesehen wird.

Nachweise eines Auslandsaufenthalts oder Ehrenamts

Auch sonstige Aktivitäten wie ein Auslandssemester oder ein Ehrenamt, sollten Sie sich schriftlich bestätigen lassen.

In Deutschland haben Nachweise und Bescheinigungen einen hohen Stellenwert. Daher gehören zu einer aussagekräftigen Bewerbung die entsprechenden Dokumente. Sie sollten klar formuliert sein. So können Sie die Kenntnisse und Fähigkeiten aus dem Lebenslauf dokumentieren und untermauern.

Für alle, die über begrenzte Praxiserfahrung verfügen, ist es sinnvoll, sich jede Aktivität bescheinigen zu lassen, um ihre Bewerbung attraktiver zu machen. Wenn Sie eine mehrjährige Berufserfahrung aufweisen können, werden Sie Ihren Lebenslauf »entschlacken«, indem Sie kurze Praktika und kleinere Nebentätigkeiten streichen.

Portfolio mit Arbeitsproben – wichtig für Kreative

Falls Sie im weitesten Sinne eine kreative Tätigkeit, zum Beispiel in der PR-Branche, anstreben, können Sie Ihren Unterlagen ein Portfolio mit Arbeitsproben beifügen. Somit ermöglichen Sie Entscheidern, sich noch umfassender über Ihre Kompetenzen zu informieren. Im grafischen Bereich ist es sogar ein Muss, Arbeitsproben beizulegen. Es können Arbeiten sein, an denen Sie nicht allein gearbeitet haben. Wichtig ist, dass Sie auf Nachfrage darlegen können, welcher Teil von Ihnen stammt. Denn Sie müssen damit rechnen, dass im Bewerbungsgespräch gefragt wird, was Ihr Beitrag an dem Ergebnis war. Haben Sie schon eigene Webseiten programmiert oder Apps die zum Download zur Verfügung stehen? Dann geben Sie an, wo im Netz Ihre Arbeitsergebnisse zu finden sind.

Bewerbungsvideo – die etwas andere Bewerbung

Manche Kandidaten stellen sich mit Bewerbungsvideos vor. Ein Video hat den Vorteil, dass man auf dem Bildschirm erleben kann, wie der Bewerber spricht, gestikuliert und insgesamt wirkt. Wenn ein Video gut gemacht und die Botschaft durchdacht ist, kann sich der Bewerber positiv von der Konkurrenz abheben. Wenn das für Sie in Frage kommt, sollten Sie jedoch zunächst die Kosten prüfen, ein inhaltliches Konzept erarbeiten und das Video professionell erstellen lassen. Ein spontan gedrehtes Homevideo kann leicht lächerlich wirken und sich eher nachteilig auf Ihren Bewerbungserfolg auswirken.

Showreel beziehungsweise Demo-Video

Nicht nur im Bereich Schauspiel, sondern auch, wenn man im Bereich Bewegtbild, etwa Film oder Animation, arbeiten möchte, ist es üblich, sich mit einem Showreel zu bewerben. Sinnvoll kann ein Demovideo als Arbeitsprobe auch sein, wenn Sie eine Lehrtätigkeit anstreben und beispielsweise einen Ausschnitt aus einem abgehaltenen Seminar zeigen.

Folgendes sollten Sie bei der Erstellung Ihres Videos beachten:

- ✔ Das Video darf nicht zu lang sein. Empfehlenswert sind zwei Minuten, da Recruiter häufig nicht viel mehr Zeit in die Sichtung des Materials investieren möchten.

- ✔ Die Inhalte müssen die Vielfalt Ihres Könnens bestmöglich repräsentieren. Besonders eindrucksvoll sollte der Beginn des Videos sein. Schließlich entscheidet er darüber, ob der Zuschauer überhaupt das Interesse und die Geduld aufbringt, das Reel bis zum Ende zu sehen.
- ✔ Wählen Sie, wenn im Video nicht gesprochen wird, eine den Inhalt untermalende Musik aus. Sie darf nicht zu unruhig sein und auf keinen Fall von den Inhalten ablenken.
- ✔ Wenn die Arbeit, wie etwa in der Animation üblich, im Team entstanden ist, dann sollten Sie im Video mithilfe von Untertiteln benennen, worin Ihre Tätigkeit bestand. Ansonsten lassen Sie bei den Personalentscheidern zu viele Fragen offen.
- ✔ Holen Sie sich Feedback von Kollegen zu Ihrem Reel ein. Häufig ist man betriebsblind für die eigene Arbeit und der Blick von außen hilft, das Reel zu optimieren.
- ✔ Wenn es sich um ein Seminar- oder Schauspielvideo handelt, sollten Sie es von einem Profi aufnehmen und schneiden lassen.

Wegen der Dateigröße eines Videos empfiehlt es sich, nur einen Link an den Personalverantwortlichen zu senden. Auch ist es nicht ratsam, ausschließlich das Video zu schicken. Vielmehr sollten Sie es als Ergänzung zu Ihrer klassischen Bewerbungsmappe verstehen.

Referenzen – eine Ergänzung zu Arbeitszeugnissen

Ein Trend aus dem angelsächsischen Raum ist es, Kontaktdaten von Referenzgebern im Lebenslauf anzugeben oder sich ein Referenzschreiben ausstellen zu lassen. Es spiegelt nur die persönliche Erfahrung und Meinung Ihres Referenzgebers wider. Daher ist es in der Regel auch individueller formuliert und orientiert sich nicht an der Zeugnissprache. Referenzen können Vertrauen bei Personalentscheidern erwecken und daher hilfreich sein. Wenn Sie sich für ein Stipendium bewerben, werden Sie oft um ein Referenzschreiben gebeten. Unter `www.fuer-dummies.de` und dem Stichwort »Zusatzmaterial« sowie im Anhang finden Sie eine Beispielreferenz.

Die eigene Website

Für Bewerber, die im Medienbereich oder im künstlerischen Umfeld agieren, kann eine eigene Website vorteilhaft für die Bewerbung sein. Für Freiberufler gleich welcher Fachrichtung, die sich bei immer neuen potenziellen Auftraggebern bewerben müssen, kann eine eigene Website als Ergänzung zur Visitenkarte und den klassischen Bewerbungsunterlagen sinnvoll sein.

Wenn Sie webaffin sind, können Sie sich mithilfe verschiedener, teilweise kostenlos im Internet auffindbarer Angebote selbst eine Homepage erstellen. Folgende Aspekte sollten Sie bei der Gestaltung in jedem Fall beachten:

- ✔ Wählen Sie die Adresse der Website mit Bedacht. Wenn Sie sich als Person darstellen möchten, bietet es sich an, Ihren Namen als Adresse zu verwenden. Das ist insbesondere ratsam, wenn Sie fachlich breit aufgestellt sind und mehrere Dienstleistungen beziehungsweise Produkte anbieten. Haben Sie sich jedoch auf eine bestimmte Leistung spezialisiert, kann es sinnvoll sein, das Suchmaschinenwort, das sie am besten beschreibt, als Name für Ihre Website zu verwenden. Falls Sie Fotograf sind und Ihr Wirkungskreis eine bestimme Stadt umfasst, könnten Sie die Seitennamen `fotografie-beispielhausen.de` oder `Fotograf-Beispielhausen.de` wählen. Sie sollten sich auch mit dem suchmaschinenorientierten Texten beschäftigen. Denn die gezielte Verwendung der für die Auffindbarkeit der Homepage relevanten Keywords in den Überschriften und Texten der Seiten wirkt sich auf die Attraktivität in den Suchmaschinen aus.
- ✔ Vermeiden Sie lange Texte und begrenzen Sie die Zahl der Unterseiten auf maximal zehn. Ihre Homepage soll die Leser schließlich neugierig auf Sie machen und dazu bewegen, Sie zu kontaktieren. Auch beim Design sollten Sie eher auf schlichte Eleganz setzen.
- ✔ Achten Sie darauf, dass die Homepage einfach zu bedienen ist und Ihre Kontaktdaten von jeder Unterseite einfach zu erreichen sind. Wählen Sie eine E-Mail-Adresse, die den Namen der Domain enthält, zum Beispiel `Kontakt@Fotografie-Beispielhausen.de`.
- ✔ Erhöhen Sie Ihren »Traffic« auf der Website, indem Sie Freunde und Bekannte, die ebenfalls eine Homepage haben, bitten, auf Ihre Seite zu verlinken. Diese sogenannten »Backlinks« erhöhen die Sichtbarkeit Ihrer Homepage in den Suchmaschinen. Im Gegenzug können Sie auf Ihrer Seite die Webseiten Ihrer Kontakte mit Links aufführen. Sie sollten darauf achten, dass es sich hierbei um seriöse Homepages handelt. Idealerweise bieten die Links einen Mehrwert für den Leser. Wenn Sie Fotograf sind, könnten Sie sich Partnerseiten von Friseuren oder Typberatern suchen.
- ✔ Machen Sie Ihre Homepage anschaulich, indem Sie Fotos und, sofern es zu Ihrem Profil passt, auch Videos oder Audioaufnahmen integrieren.
- ✔ Integrieren Sie einen Link zu den von Ihnen genutzten Social Media-Funktionen, die einen beruflichen Mehrwert haben.

Adäquate Social-Media-Präsenz

Wenn Sie sich auf einem der Business-Netzwerke ein Profil anlegen, sollten Sie sie als Teil Ihrer Bewerbungsunterlagen betrachten. Einige Entscheider nehmen sich Zeit, um über Bewerber, die in die engere Auswahl gekommen sind, Internetrecherchen anzustellen.

Die Rechtsprechung sagt, dass eine Internetrecherche erlaubt ist, wenn es sich um frei im Internet verfügbare Informationen handelt oder aber ein Profil in einem Business-Netzwerk wie beispielsweise XING oder LinkedIn. Demnach ist eine Recherche auf Facebook nicht erlaubt. Wenn Sie jedoch ein für Suchmaschinen offenes Facebook-Profil haben, kann das natürlich von jedermann angesehen werden.

Immer mehr Arbeitgeber bieten die Möglichkeit, sich bei einem Online-Bewerbungsverfahren mit dem XING- oder LinkedIn-Profil zu bewerben. Das ist eine einfache und schnelle Möglichkeit, eine Bewerbung abzuschicken. Umso wichtiger ist es, dass Sie Ihr Profil auf Vollständigkeit und Inhalt überprüfen.

Tipps für Ihre Präsenz in den sozialen Medien

Wenn Sie sich bewerben, sollten Sie sich auch im Internet von Ihrer Schokoladenseite zeigen:

- ✔ Prüfen Sie Ihre Privatsphäreneinstellungen in allen sozialen Netzwerken, in denen Sie vertreten sind, um dafür zu sorgen, dass sie nicht von Suchmaschinen aufgerufen werden können. Empfehlenswert ist bei Xing und LinkedIn die Einstellung, nach der nur eingeloggte Mitglieder des jeweiligen Netzwerks Ihr Profil einsehen können. Bei Facebook wählen Sie am besten die Einstellung, dass ausschließlich Freunde Ihre persönliche Seite komplett anschauen können.
- ✔ Wählen Sie in den Business-Netzwerken Ihr Bewerbungsbild als Profilbild. Auch in den privaten Netzwerken sollten Sie Profilbilder einstellen, die Sie ohne Scham Ihren zukünftigen Chefs und Kollegen zeigen könnten. Daher ist es empfehlenswert, auf allzu ausgelassene Partybilder oder Fotos in knapper Bekleidung zu verzichten.

Kurzbewerbung – in der Kürze liegt nicht immer die Würze

Unter Kurzbewerbung versteht man, dass ein Auszug aus den Unterlagen statt der kompletten Bewerbungsmappe versandt wird. Üblicherweise werden nur ein Anschreiben und ein Lebenslauf geschickt, jedoch noch keine Anlagen.

Wenn eine Kurzbewerbung nicht ausdrücklich vom Arbeitgeber gewünscht wird, sollten Sie davon Abstand nehmen. Stattdessen sollten Sie dem Arbeitgeber gleich sämtliche relevanten Unterlagen zur Verfügung stellen, damit sich der Personalentscheider sofort einen umfassenden Einblick verschaffen kann. Muss der Arbeitgeber erst Anlagen anfordern, ist dies ein zusätzlicher Zeitaufwand, der bei vielen Personalentscheidern zu Unmut führt.

Bewerben im englischsprachigen Ausland

Bewerbungen für Positionen in Deutschland sind zunehmend durch den angelsächsischen Stil beeinflusst. Daher können Sie im Wesentlichen Ihre deutschen Unterlagen übersetzen, wenn Sie sich für ein Praktikum, Ehrenamt oder ein Auslandssemester in einem englischsprachigen Land bewerben. Falls Sie sich nach dem Studium um eine Festanstellung bewerben, ist es ratsam, nähere Informationen über die länderspezifischen Bewerbungsgepflogenheiten einzuholen, damit Sie auch, wenn es um Feinheiten geht, die Standards Ihres Wunschlands befolgen.

Curriculum Vitae – der Lebenslauf auf Englisch

Auch wenn die Formatierung und Gestaltung der Lebensläufe international viele Gemeinsamkeiten aufweist, gibt es doch auch wichtige Unterschiede. Hier stellen wir Ihnen die wichtigsten Punkte zu englischsprachigen Lebensläufen vor:

- ✔ In den USA heißt der Lebenslauf Resume, in Großbritannien ist von dem CV, kurz für Curriculum Vitae, die Rede.
- ✔ Im Unterschied zu deutschen Bewerbungen enthalten englische Bewerbungsunterlagen keinerlei Informationen, die zu Diskriminierungen führen könnten, etwa das Geburtsdatum, die Nationalität aber auch ein Bewerbungsbild.
- ✔ Ergänzen können Sie im englischen CV die sogenannte Professional Summary oder auch Career Objectives. Das ist eine Zusammenfassung Ihrer Kenntnisse und Fähigkeiten.
- ✔ Die Mitteilung von Referenzen wird üblicherweise in Aussicht gestellt durch die Formulierung References upon Request.
- ✔ Deutsche Noten sollten Sie bei ausländischen Bewerbungen nicht im Lebenslauf erwähnen, da sich das Notensystem wahrscheinlich vom deutschen unterscheiden wird. Im Vorstellungsgespräch können Sie das deutsche Notensystem dann erklären.

Klären Sie mit Ihrer Hochschule, ob sie Ihnen eine englischsprachige Notenübersicht beziehungsweise ein Abschlusszeugnis erstellen kann. Durch die europäische Vereinheitlichung der ECTS-Punkte sind diese Noten auch im europäischen Ausland verständlich.

Achten Sie beim englischen wie beim deutschen Lebenslauf darauf, aussagekräftige Überschriften zu wählen. Als Orientierung haben wir Ihnen einen Beispiellebenslauf in britischem Englisch verfasst, den Sie unter `www.fuer-dummies.de` und dem Stichwort »Zusatzmaterial« herunterladen können und im Anhang finden.

Achten Sie bei der Erstellung des Lebenslaufs auf folgende formale Punkte:

- ✔ Nennen Sie nicht nur Ihre Wohnanschrift, sondern auch das Land
- ✔ Ergänzen Sie Ihre Telefonnummer um die Ländervorwahl

Cover Letter – das Motivationsschreiben

Das Anschreiben in englischsprachigen Ländern ist ein Vorbild für die modernen deutschen Motivationsschreiben. Achten Sie darauf, Ihr Interesse für die Stelle und den Arbeitgeber ausführlich darzulegen.

Beschreiben Sie Ihre Kompetenzen selbstbewusst, um zu zeigen, dass Sie der ideale Kandidat sind. In englischsprachigen Ländern sollten Sie nicht zu zurückhaltend in den Formulierungen sein. Mehr ist hier tatsächlich auch mehr.

Unter `www.fuer-dummies.de` und dem Stichwort »Zusatzmaterial« sowie im Anhang finden Sie ein Anschreiben für eine Bewerbung um ein Praktikum im Personalbereich eines Automobilunternehmens in Malaysia, das Sie auch herunterladen können.

Achten Sie bei Ihrem Anschreiben auf folgende formelle Dinge:

- ✔ Nennen Sie im Adresskopf neben Ihrer Wohnanschrift auch das Land.
- ✔ Achten Sie auf die richtige Schreibweise des Adressaten.
- ✔ Informieren Sie sich über das landesübliche Format für die Formatierung des Briefes.
- ✔ Bei Schreiben in Großbritannien enden Sie mit »Sincerely yours« oder »Yours sincelerly«, wenn Sie den Namen des Ansprechpartners kennen. Verwenden Sie die allgemeine Anrede »Dear Sir or Madam«, schließen Sie das Schreiben mit » Faithfully yours« oder »Yours faithfully« ab.
- ✔ In den USA können Sie standardmäßig »Yours sincerely«, »Sincerely yours« oder »Sincerely« verwenden.

Anlagen – etwas anders als bei der deutschen Bewerbung

Die Anlage einer englischsprachigen Bewerbung besteht im Wesentlichen aus Referenzen oder Empfehlungsschreiben. Versuchen Sie, sich von deutschen Arbeitgebern ein englisches Empfehlungsschreiben geben zu lassen.

Sie können auch Professoren oder Vereinsvorstände um ein Schreiben bitten, in dem Sie gelobt und empfohlen werden. So haben Sie mehrere Fürsprecher, die den Personalentscheidern die Attraktivität Ihrer Bewerbung deutlich machen.

Erfahrungsgemäß sind viele Chefs, Professoren und Vereinsvorstände bereit, eine Referenz zu verfassen, jedoch fehlt häufig die Zeit, ein aussagekräftiges Schreiben – noch dazu in einer Fremdsprache – anzufertigen. Bieten Sie daher an, einen Entwurf zu verfassen.

Im Anhang finden Sie ein englischsprachiges Referenzschreiben, das Sie auch unter `www.fuer-dummies.de` und dem Stichwort »Zusatzmaterial« herunterladen können.

Bewerben im spanischsprachigen Ausland

Für Spanien und die spanischsprachigen lateinamerikanischen Länder fertigen Sie ebenfalls einen tabellarischen Lebenslauf (Curriculum) und ein Anschreiben (Carta de Precentación) an, um sich zu bewerben. Für die Bewerbung um ein Praktikum, Ehrenamt oder ein Auslandssemester können Sie Ihre deutschen Unterlagen im Wesentlichen übersetzen. Für Festanstellungen ist es empfehlenswert, sich in länderspezifischer Speziallliteratur zum Thema Bewerbung zu informieren.

Currículum – der spanischsprachige Lebenslauf

Ein Beispiel für einen spanischsprachigen Lebenslauf finden Sie unter `www.fuer-dummies.de` und dem Stichwort »Zusatzmaterial« sowie im Anhang dieses Buches. An dem Beispiel können Sie sich orientieren, wenn Sie Ihren eigenen Lebenslauf übersetzen.

- ✔ Der spanische Lebenslauf sollte im Unterschied zum deutschen möglichst nur eine A4-Seite umfassen.
- ✔ Kürzen Sie die erläuternden Stichpunkte beim Studiengang und den Praktika, damit Sie keine Platzprobleme bekommen.

Carta de precentación – das Motivationsschreiben auf Spanisch

Im spanischsprachigen Anschreiben erläutern Sie, warum Sie die Stelle und der Arbeitgeber interessiert und warum Sie ein geeigneter Bewerber sind. Im Unterschied zum deutschen Anschreiben, kann das spanische kürzer ausfallen. Ein spanischsprachiges Anschreiben zu einer Bewerbung für eine Freiwilligenarbeit in einem Kindergarten in Mexiko finden Sie im Anhang sowie zum Herunterladen unter `www.fuer-dummies.de` unter dem Stichwort »Zusatzmaterial«.

Anlagen – so geht's im spanischsprachigen Ausland

Es ist im spanischsprachigen Raum üblich, eine Kurzbewerbung zu schicken, die nur das Anschreiben und den Lebenslauf enthält. Was in Deutschland schon zu einer Absage führen kann, ist hier durchaus üblich. Hier werden Anlagen erst geschickt, wenn sie vom Arbeitgeber oder der Institution angefordert werden.

- ✔ Es gibt noch weitere Unterschiede, die Sie kennen sollten, wenn Sie sich im spanischsprachigen Raum bewerben: Da das Notensystem in spanischsprachigen Ländern anders ist als in Deutschland, sind Ihre Hochschul- und Schulzeugnisse nur wenig aussagekräftig, es sei denn, sie wurden nach internationalem Standard erstellt.
- ✔ Wenn Sie ein spanischsprachiges Referenzschreiben haben, kann es sinnvoll sein, es bereits der Kurzbewerbung beizulegen.

Ein spanischsprachiges Referenzschreiben finden Sie im Anhang und unter `www.fuer-dummies.de` unter dem Stichwort »Zusatzmaterial«.

IN DIESEM KAPITEL

Papier- oder E-Mail-Bewerbung

Online-Bewerbungsformular

Bewerben mit dem Smartphone

Wenn das Unternehmen anruft

Kapitel 7
Die Bewerbung abschicken

In diesem Kapitel stellen wir Ihnen die unterschiedlichen Bewerbungswege vor. Die mittlerweile gängigste Variante ist die digitale Bewerbung. Aber auch hier gibt es unterschiedliche Wege, auf die wir näher eingehen werden. So gibt es von Online-Bewerbungsportalen bis zu One-Click-Bewerbungen verschiedene Möglichkeiten, digital eine Bewerbung zu versenden. Und da die gedruckte Bewerbungsmappe noch nicht ganz ausgestorben ist, werden wir auch auf diese Bewerbungsart eingehen.

Wie viele Bewerbungen müssen Sie überhaupt verschicken, bevor Sie Erfolg haben? Das hängt von so vielen Faktoren ab, dass es unmöglich ist, eine realistische Aussage zu treffen. Einfluss haben unter anderem der aktuelle Arbeitsmarkt, Ihr persönliches Profil und nicht zuletzt die Qualität Ihrer Bewerbung. Insbesondere bei dem letzten Punkt können wir Sie unterstützen, sodass Ihre Bewerbungsphase nicht zu einem Marathon, sondern idealerweise zu einem Sprint wird. Auch wenn die Bewerbungsunterlagen ansprechend sind, ist es wahrscheinlich, dass Sie mehrere Bewerbungen verschicken müssen, bevor Sie einen Arbeitsvertrag bekommen.

Tipps, um den Überblick zu behalten

Legen Sie sich eine Excel-Tabelle an, in der Sie Buch führen über alle Bewerbungen, die Sie verschickt haben. So behalten Sie den Überblick über den jeweiligen Bewerbungsstand. Wenn Sie mehrere Bewerbungen verschicken, können Sie so besser verfolgen, von welchem Arbeitgeber noch eine Rückmeldung aussteht. Sie können sich auch einen Termin setzen – circa zwei Wochen nach Versand der Bewerbung – um bei einer ausbleibenden Rückmeldung bei dem Arbeitgeber nachzufragen.

Arbeitgeber	Position	Verschickt am	Nachfassen am	Rückmeldung
Lastwagen AG	Junior Controller	20.06.	30.06.	Einladung Interview
Spezial GmbH	Mitarbeiter Accounting	23.06.	07.07.	In Bearbeitung

Tabelle 7.1: So behalten Sie den Überblick über versendete Bewerbungen.

Speichern Sie sich die Stellenanzeigen ab, auf die Sie sich beworben haben. Auch wenn die Personalabteilungen ihr Bestes geben, um schnell auf eingehende Bewerbungen zu reagieren, kann manchmal etwas Zeit ins Land gehen, bis Sie eine Rückmeldung bekommen. Es kann also sein, dass zum Zeitpunkt einer Einladung zum Gespräch die Stellenanzeige schon offline ist. Für das Gespräch sollten Sie die Anzeige aber unbedingt parat haben, um auf die Frage antworten zu können, warum Sie denn nun der oder die Richtige für diese Stelle sind.

Anruf in der Personalabteilung

Viele Bewerber fragen sich, ob Sie vor dem Versand der Bewerbung bei dem Arbeitgeber anrufen sollten. Das ist durchaus eine Möglichkeit, aber überlegen Sie sich, was Zweck und Ziel Ihres Anrufs ist. Wollen Sie nur, dass der Personalverantwortliche schon einmal Ihren Namen gehört hat, oder haben Sie tatsächlich konkrete Fragen? Wenn Sie kein echtes Anliegen haben, sollten Sie von einem Anruf absehen, da Sie ansonsten Gefahr laufen, einen negativen Eindruck zu hinterlassen. Sind Sie allerdings gut vorbereitet und stellen konkrete Fragen, können Sie als positiven Nebeneffekt erreichen, dass der Recruiter Ihre Unterlagen mit einem noch interessierteren Blick anschaut.

Mögliche Fragen können sein:

- ✔ Die Stellenanzeige wurde schon vor mehr als drei Wochen geschaltet. Lohnt es sich noch, eine Bewerbung zu schicken oder führen Sie bereits Bewerbungsgespräche?
- ✔ Die Stellenanzeige richtet sich nicht explizit an Absolventen, sondern an Berufserfahrene. Ist es sinnvoll, sich als Absolvent zu bewerben?
- ✔ Die Stellenanzeige ist auf Englisch geschaltet, da sich ein internationaler Arbeitgeber dahinter verbirgt. Will der Arbeitgeber die Unterlagen auf Englisch oder auf Deutsch?
- ✔ Ich beende mein Studium erst in vier Monaten. Ist es trotzdem sinnvoll, sich zu bewerben oder suchen Sie jemanden, der früher verfügbar ist?

Bewerben auf Papier oder digital

Bis vor einigen Jahren war die Bewerbung mit einer Mappe üblich, die per Post geschickt wurde. Mittlerweile laufen fast alle Bewerbungsprozesse digital. Trotzdem möchten wir auch noch einmal auf den Klassiker, die Bewerbungsmappe, eingehen.

Telefonat mit der Personalabteilung

Personalabteilung:	Musterfirma GmbH, Personalabteilung, Müller
Bewerber:	Guten Tag Frau Müller. Hier spricht Max Muster. Ich habe ein paar Fragen zu Ihrer Anzeige für die Stelle eines Junior Controller. Haben Sie einen Moment Zeit?
Personalabteilung:	Ja, Herr Muster. Das passt sehr gut. Welche Fragen haben Sie?
Bewerber:	Ich habe Ihre Anzeige, die Stelle eines Junior Controller, leider erst jetzt gesehen. Die Stelle wurde aber scheinbar schon vor über drei Wochen ausgeschrieben. Daher wollte ich fragen, ob es noch lohnt, Ihnen eine Bewerbung zu schicken, oder ob Sie den Auswahlprozess schon abgeschlossen haben.
Personalabteilung:	Wir sind noch dabei, die Bewerbungen zu sichten. Wenn Sie uns bis Ende der Woche Ihre Bewerbung zukommen lassen, können wir Sie noch berücksichtigen.
Bewerber:	Prima, das mache ich gerne. Ich habe noch eine Frage zu den Anforderungen der Stellenanzeige. Sie suchen einen Junior Controller mit ein bis zwei Jahren Berufserfahrung. Ich schließe mein Studium erst in ein paar Monaten ab, aber habe schon durch meine Praktika relevante Berufserfahrung sammeln können. Würden Sie für die Stelle auch einen Absolventen in Erwägung ziehen?
Personalabteilung:	Das kommt darauf an. Berufserfahrung ist uns bei dieser Stelle durchaus wichtig. Was haben Sie denn in Ihren Praktika gemacht?
Bewerber:	Mein längstes Praktikum war sechs Monate in einer Controlling-Abteilung. Dort habe ich bei der Erstellung von Financial Reportings und Forecasts mitgearbeitet. In Ihrer Stellenanzeige schreiben Sie, dass Kenntnisse in der Makroprogrammierung von Vorteil sind. Während meines Praktikums habe ich eine Makroprogrammierung für die Financial Reports erstellt, die von der Abteilung seither genutzt wird.
Personalabteilung:	Das hört sich sehr interessant an. Schicken Sie uns doch einfach Ihre Bewerbung, und wir werden sehen, ob wir Sie im weiteren Prozess berücksichtigen können.
Bewerber:	Das mache ich. Vielen Dank, dass Sie sich Zeit für das Gespräch genommen haben.

Ganz egal, über welches Medium Sie sich bewerben, das Wichtigste ist ein letzter Qualitätscheck vor dem Versand:

✔ Prüfen Sie das Anschreiben und den Lebenslauf auf Rechtschreib- und Grammatikfehler.

✔ Kontrollieren Sie die Adresse und den Ansprechpartner der Firma.

- ✔ Stellen Sie sicher, dass Ihre Papierbewerbung keine Knicke oder Flecken enthält.
- ✔ Prüfen Sie, ob Ihre Bewerbung alle wichtigen Dokumente wie etwa Notenspiegel und Arbeitszeugnisse enthält.

Die Bewerbung auf Papier – eine aussterbende Spezies

Noch bis vor ein paar Jahren war es selbstverständlich, eine Bewerbungsmappe per Post zu verschicken. Das hieß Bewerbungsmappe kaufen, alle notwendigen Dokumente ausdrucken und das Bewerbungsbild aufkleben. Auch wurde ein kartonierter Umschlag besorgt, der groß genug für die Bewerbungsmappe war und in dem die Unterlagen nicht geknickt wurden. Schließlich galt es, alles zur Post zu bringen und frankieren zu lassen. Die Nachteile für die Bewerber liegen auf der Hand. Eine schriftliche Bewerbung zu erstellen kostet viel Geld und Zeit.

Aber auch für den Arbeitgeber ist eine schriftliche Bewerbung heutzutage meist ein Nachteil. Die Personalabteilung leitet die Bewerbung intern an den Fachbereich weiter. In kleinen und mittelständischen Unternehmen, bei denen die Wege kurz sind, wird eine Bewerbungsmappe möglicherweise einfach ein Büro weiter an den Fachbereich gereicht. In Großkonzernen mit mehreren Standorten müssen die Unterlagen jedoch aufwendig eingescannt werden, auch um den Überblick über die meist große Zahl an Bewerbungen zu behalten. Außerdem ist der Arbeitgeber verpflichtet, nach Abschluss des Bewerbungsverfahrens die Unterlagen an den Bewerber zurückzusenden. Auch für den Arbeitgeber ist diese Art der Bewerbung daher zeitaufwändiger und kostenintensiver.

Deshalb würden wir uns doch eigentlich alle gern von dieser antiquierten Art der Bewerbung verabschieden. Trotzdem finden Sie auch heute noch in einigen Stellenanzeigen den Hinweis, eine Bewerbungsmappe per Post zu schicken. Häufig sind es Stellen im Öffentlichen Dienst, bei denen diese Art der Bewerbung immer noch bevorzugt wird. Sinnvoll kann eine Papierbewerbung bei bestimmten Berufsgruppen sein. Zum Beispiel bei Berufen in kreativen Bereichen, bei denen Sie Arbeitsproben beilegen möchten, die in gedruckter Form besser wirken als digitale.

Manche Bewerber, die nicht im kreativen Bereich tätig sind, fragen sich, ob Sie mit einer Papierbewerbung aus der Masse herausstechen können. Überlegen Sie es sich gut, ob Sie diese Art der Bewerbung wählen möchten, obwohl Ihnen eine E-Mail-Adresse oder ein Bewerbungsformular zur Verfügung steht. Wir raten aus den oben genannten Gründen von einer Papierbewerbung ab, da sie möglicherweise sogar einen negativen Eindruck bei Ihrem Wunscharbeitgeber hinterlassen könnte. Schließlich wirkt es auf einen modernen Arbeitgeber antiquiert, wenn junge Menschen nicht mit der Zeit gehen.

In Kapitel 6 erfahren Sie, welche Unterlagen in eine vollständige Bewerbungsmappe gehören. Die Inhalte einer Bewerbungsmappe sind unabhängig davon, ob sie in Papierform oder digital verschickt werden. Es gibt aber ein paar Dinge, die Sie speziell bei einer Bewerbung in Papierform beachten sollten.

Tipps für die gedruckte Bewerbungsmappe

Für die Papierbewerbung geben wir Ihnen noch einige Ratschläge mit auf den Weg.

- ✔ Die Dokumente sollten ein qualitativ hochwertiges Druckbild haben. Falls Sie keinen Drucker haben, lassen Sie die Dokumente in einem Copy Shop drucken.
- ✔ Für die Ausdrucke ist es ratsam, nicht nur 80 Gramm-Standardpapier zu nutzen. Hochwertiger wirkt die Bewerbung, wenn sie auf 100 Gramm-Blättern gedruckt wurde.
- ✔ Sie sind Raucher? Das sollte der Adressat, der die Bewerbung öffnet, nicht unbedingt merken. Tüten Sie die Bewerbung in rauchfreier Umgebung ein.
- ✔ Nehmen Sie idealerweise einen kartonierten Umschlag, damit die Bewerbungsmappe auch möglichst ohne Knicke ankommt.

Die digitale Bewerbung – heutzutage Standard

Die digitale Bewerbung hat die Papierbewerbung fast vollständig abgelöst. Im Gegensatz zu der Papierbewerbung hat sich allerdings noch kein richtiger Standard etabliert. In vielen Stellenanzeigen finden Sie die Aufforderung, Ihre Bewerbung an eine E-Mail Adresse zu senden.

Bei kleinen und mittelständischen Unternehmen fehlen häufig Angaben zur gewünschten Dateiform und der maximalen Größe der Datei. Sie als Bewerber haben daher theoretisch die Wahl zwischen unterschiedlichen Dateiformaten. Auch können Sie eine, zwei oder zehn Dateien verschicken. Damit stechen Sie aber nicht unbedingt positiv unter den Bewerbern hervor.

Tipps für die digitale Bewerbungsmappe

Als Personaler möchten wir Ihnen ein paar Tipps mit auf den Weg geben, wie Sie schon beim Versand der digitalen Bewerbung Pluspunkte sammeln können. Versenden Sie so wenige Dateien wie möglich. Ideal ist eine einzige Datei:

- ✔ Versenden Sie keine Zip-Dateien. Zum einen ist es zeitraubend, die Dateien zu speichern und zu entpacken. Zum anderen verbergen sich dahinter zahlreiche Dateien.
- ✔ Die Datei sollte so klein wie möglich sein. 5 MB sind eigentlich schon die Obergrenze, um das Postfach des Empfängers nicht zu verstopfen. Die meisten Online-Bewerbungsportale der Arbeitgeber geben eine Obergrenze der Dateigröße vor.
- ✔ Achten Sie auf die Qualität der Scans. Die Datei sollte gut lesbar sein, also weder unscharf noch mit störende Balken. Wenn Sie es nicht schaffen, die Dateien in guter Qualität zu komprimieren, sollten Sie noch mal »ausmisten«. Die Nachweise für die Praktika, die Sie in Ihrem Lebenslauf aufführen, sind wichtig. Jedoch benötigen Sie beispielsweise nicht für jeden Sprachkurs einen Nachweis in den Bewerbungsunterlagen.

✔ Nutzen Sie das PDF-Dateiformat. So können die Inhalte nicht nachträglich verändert werden und die Formatierung bleibt bestehen. Sie können im PDF-Dokument auch ein Inhaltsverzeichnis anlegen. So kann der Empfänger direkt zu dem Abschnitt springen, der ihn am meisten interessiert.

Auf keinen Fall sollten Sie Ihre Bewerbung als Word-Datei verschicken. Eine solche Datei ist nicht vor Änderungen geschützt. Jeder, der Ihre Datei öffnet, kann Änderungen vornehmen. Je nachdem, mit welcher Word-Version Sie gearbeitet haben und welche Version der Empfänger des Dokuments nutzt, wird Ihre Formatierung anders dargestellt. Sie haben sich vielleicht sehr viel Mühe mit der Formatierung gemacht, der Empfänger sieht aber nur Kraut und Rüben.

Von dem Versand einer Bewerbung als Word-Datei raten wir dringend ab – nicht nur wegen möglicher Formatierungsfehler, sondern auch wegen der eventuellen Bedrohung durch Viren.

Bei dem Versand von Word-Dateien besteht die Gefahr von versteckten Viren. Immer wieder wird in den Medien vor der Virengefahr in Word-Dokumenten gewarnt, die per E-Mail verschickt wurden. Zuletzt wurde speziell vor Viren gewarnt, die sich in Bewerbungsdateien verbergen. Ist der Empfänger extrem vorsichtig, könnte Ihre Bewerbung ungelesen im digitalen Papierkorb landen.

Wenn Sie eine digitale Bewerbung versenden, tun Sie das entweder über eine Bewerbungsplattform des Arbeitgebers oder per E-Mail. Wenn in der Stellenanzeige eine E-Mail-Adresse angegeben ist, an die Sie die Bewerbung senden sollen, stellt sich Ihnen nun die Frage, mit welchem Inhalt Sie die E-Mail füllen. Wir empfehlen, Ihr Anschreiben in die digitale Bewerbungsmappe einzufügen. In der Regel wird der Personaler Ihre PDF-Bewerbungsmappe auf einem Laufwerk oder in einer Datenbank speichern und Ihre E-Mail löschen. Der Text der E-Mail sollte daher keine wichtigen Informationen enthalten, die nicht auch in der digitalen Bewerbungsmappe stehen. Wir raten Ihnen, einen kurzen und knappen Text in die E-Mail zu schreiben.

E-Mail an die Personalabteilung

Sehr geehrte Frau Müller,

mit großem Interesse habe ich Ihre Stellenanzeige für die Position eines Junior Controllers auf `www.bewerbungssuche.xy` gesehen. Anbei sende ich Ihnen meine Bewerbungsunterlagen und freue mich, bald von Ihnen zu hören.

Mit freundlichen Grüßen

Maria Mustermann
Königstraße 2
70173 Stuttgart
Handy: 0151-11111111
E-Mail: `Maria.Mustermann@beispiel.xy`

Ihre E-Mail sollte Ihre komplette Signatur enthalten. Das heißt Ihre Adresse, Telefonnummer und auch die E-Mail-Adresse. Ihre Bewerbung ist schließlich ein formelles Schreiben und sollte auch so wirken.

Nutzen Sie für Ihre Bewerbungen eine seriöse E-Mail-Adresse. Idealerweise besteht Ihre E-Mail-Adresse aus Vor- und Nachnamen oder einer entsprechenden Abkürzung. Unbedingt vermeiden sollten Sie Kose- oder Spitznamen. Wenn Sie sich mit `Schnubbelbaer@dubidu.de` auf eine Stelle als Junior Consultant bewerben, wirkt das eher unprofessionell.

Bevor Sie auf Senden klicken, überprüfen Sie nochmals, ob Sie Ihre Bewerbungsdatei tatsächlich an die E-Mail angehängt haben und es auch die richtige Datei ist. Sie sollten auch sicherstellen, dass Ihr E-Mail-Postfach verfügbar ist. Es sollte nicht passieren, dass ein Arbeitgeber, bei dem Sie sich beworben haben, eine E-Mail schickt, die mit einer Fehlermeldung zurückkommt.

Online-Bewerbungsformular– kein Grund zu verzweifeln

Immer mehr Arbeitgeber fordern dazu auf, sich über ein Online-Portal zu bewerben. Sie nutzen diese sogenannten Bewerbermanagementsysteme, um die vielen Bewerbungen effektiver und effizienter bearbeiten zu können. Außerdem ist es so möglich, schnell und automatisiert Eingangsbestätigungen zu versenden. Diese Automatisierung ist für Bewerber manchmal irritierend und ärgerlich. Denn natürlich werden auch Absagen per Knopfdruck verschickt und dabei handelt es sich oftmals um E-Mails mit Standardtexten.

Sie haben sich viel Arbeit gemacht, um Ihre Bewerbung zu erstellen und versenden. Durch eine Standardabsage, die manchmal auch schon sehr schnell nach Versand der Bewerbung kommt, fühlen Sie sich vielleicht nicht ausreichend wertgeschätzt. Leider bleibt den besonders beliebten Arbeitgebern aufgrund des hohen Bewerberaufkommens nichts anderes übrig, als auf solche Hilfsmittel zurückzugreifen.

Es gibt viele Anbieter von Bewerbermanagementsystemen und genauso vielfältig sind diese Systeme aufgebaut. Die Bandbreite reicht von einem einfachen Bewerbungsformular bis zu sehr aufwändigen, detaillierten Portalen.

Im Gegensatz zu dem Versand der Bewerbungsmappe per E-Mail brauchen Sie für das Bewerbungsformular in der Regel mehrere Dateien. Je nach System werden Sie aufgefordert, Anschreiben, Lebenslauf und Zeugnisse gesondert hochzuladen. Bereiten Sie Ihre Bewerbungsunterlagen also in mehreren Varianten vor – als eine Datei aber auch thematisch sortiert.

Bei einem Bewerbungsformular können Sie in der Regel schnell und einfach Ihre Bewerbung verschicken. Sie geben Ihre Kontaktdaten ein, laden die erforderlichen Dateien hoch und schon kann die Bewerbung abgeschickt werden. Seien Sie aber sorgfältig beim Ausfüllen des Formulars. Auf Basis der Daten, die Sie eingegeben haben, werden in der Regel Standard-E-Mails versendet. Bekommen Sie eine E-Mail mit der falschen Anrede, könnte es daran liegen, dass Sie eine falsche Auswahl getroffen haben.

In der Regel läuft der Bewerbungsprozess bei Online-Tools folgendermaßen ab:

- Sie müssen sich als Nutzer anmelden. Das heißt, Sie müssen einen Nutzernamen und ein Passwort auswählen.
- Sie werden durch den Bewerbungsprozess geleitet. In der Regel beginnt es mit der Eingabe Ihrer persönlichen Daten.
- Dann müssen Sie Angaben zu Ihrem schulischen und beruflichen Werdegang machen. Als Bewerber nervt es Sie wahrscheinlich, weil Sie ja all diese Daten bereits in Ihrem Lebenslauf angegeben haben. Da diese Felder aber oft als Pflichtfelder gekennzeichnet sind, führt kein Weg daran vorbei.
- Auch den Lebenslauf und die Zeugnisse müssen Sie hochladen.

Es kann auch ein Freifeld geben, in das Sie Ihr Anschreiben kopieren können. Das Anschreiben sollten Sie in jedem Fall schon vor dem Ausfüllen des Bewerbungsformulars erstellt haben, da Sie ansonsten zu viel Zeit verlieren und Sie möglicherweise automatisch aus dem System ausgeloggt werden.

Kompliziert kann es werden, wenn Sie sich erst in einem Job-Portal als Nutzer anmelden müssen, um sich zu bewerben. Bis zum tatsächlichen Versenden einer Bewerbung kann es 30 bis 60 Minuten dauern.

In manchen Bewerbersystemen werden Sie gebeten, Angaben darüber zu machen, in welchen Bereichen und welchen Ländern Sie sich eine Tätigkeit vorstellen können. Wenn Sie in dem Bewerbungsverfahren nicht erfolgreich sind, werden Sie auf andere freie Stellen bei dem Arbeitgeber aufmerksam gemacht, die Ihren Angaben entsprechen. Das hat allerdings keine Aussagekraft über die Erfolgswahrscheinlichkeit Ihrer Bewerbung, denn natürlich muss neben dem Wunschort und favorisierten Einsatzbereich auch Ihr Profil den Anforderungen entsprechen. Bei Bewerbungen müssen Sie viele persönliche Daten offenlegen, die Sie unter anderen Umständen vielleicht nicht so bereitwillig preisgeben würden. Daher gehen wir auch noch kurz auf das Thema Datenschutz ein.

Ein Hinweis zum Datenschutz

Mit Ihrer Online-Bewerbung stellen Sie einem Arbeitgeber umfassende persönliche Daten zur Verfügung. Das ist einerseits notwendig, da die Personalverantwortlichen prüfen möchten, ob Sie mit Ihrem Profil zur Stelle passen. Andererseits haben Sie vielleicht – aufgrund von Datenskandalen in der Vergangenheit – ein ungutes Gefühl, wenn Sie all Ihre Daten einem Arbeitgeber zur Verfügung stellen.

Sie können natürlich jederzeit verlangen, dass der Arbeitgeber Ihr Bewerberprofil komplett löscht. Entweder ist es möglich, das selbst über das Bewerberportal zu tun oder aber Sie verlangen das per E-Mail von der Personalabteilung. Das unmittelbare Löschen der Daten nach Abschluss eines Bewerbungsverfahrens kann Vor- und Nachteile haben. Wurden die Daten gelöscht, weiß der Arbeitgeber bei einer weiteren Bewerbung zu einem späteren Zeitpunkt unter Umständen nicht mehr, dass Sie sich schon einmal erfolglos beworben haben.

Andererseits kann der Arbeitgeber auch nicht mehr mit Ihnen in Kontakt treten, falls Sie – trotz Absage – in positiver Erinnerung geblieben sind und sich vielleicht eine neue Einsatzmöglichkeit ergeben hat. Wenn das Bewerbungsverfahren abgeschlossen ist und Sie nicht schon vorher die Löschung Ihrer Daten verlangt haben, muss der Arbeitgeber Ihre persönlichen Bewerberdaten nach sechs Monaten löschen.

Als Bewerber fragen Sie sich wahrscheinlich, warum Sie Angaben zu Ihrer Ausbildung oder Praktika doppelt machen müssen – einmal im Lebenslauf und dann noch einmal in einem Bewerbungsformular. Arbeitgeber nutzen diese Formulare, um Bewerbungen schneller zu sichten und zu bewerten. So können die Personaler zum Beispiel nach bestimmten Stichworten filtern, die sie ansonsten zunächst umständlich in jedem Lebenslauf suchen müssen.

Mittlerweile gibt es sogenannte CV Parser, die den Bewerbern einen Teil der Arbeit beim Ausfüllen des Bewerbungsformulars abnehmen. Mit dieser Anwendung werden die Daten aus Ihrem Lebenslauf extrahiert und an anderer Stelle aufbereitet, zum Beispiel in Formularfeldern. Achten Sie darauf, dass die Daten korrekt übernommen wurden. Manchmal kann es passieren, dass die Daten unvollständig übernommen oder in der falschen Kategorie angezeigt werden.

Mobile Bewerbung von unterwegs

Dank Smartphones hat sich auch das Mobile Recruiting etabliert. Die Stellenanzeigen werden in der Regel im sogenannten »responsive Design« erstellt, sodass sie sich an Ihr Endgerät automatisch anpassen. Viele Stellenportale bieten als Konsequenz auch die Möglichkeit, sich direkt über Ihr Endgerät, sei es ein Smartphone oder ein Tablet, zu bewerben. Diese Bewerbungen erfolgen in der Regel als »One-Click Bewerbung«, also ohne Ausfüllen diverser Felder. Bewerber können Ihre Bewerbungsunterlagen beispielsweise aus der Cloud in die Bewerbung einbinden.

Für Arbeitgeber ist das Mobile Recruiting eine attraktive Möglichkeit, mehr Bewerbungen zu erhalten. Da einige Arbeitgeber zunehmend unter Druck geraten, Fach- und Führungskräfte für sich zu gewinnen, erhofft man sich, die Hürden für eine Bewerbung bei potenziellen Kandidaten zu senken. Aber auch für Hochschulabsolventen ist die mobile Bewerbung eine gute Möglichkeit, schnell und unkompliziert mit Arbeitgebern in Kontakt zu treten. Es gibt jedoch noch große Unterschiede, was Arbeitgeber unter einer mobilen Bewerbung verstehen und demnach auch, was sie als Bewerbung akzeptieren. Je nach Branche oder Größe kann es ausreichen, dass Sie sich mit Ihrem Profil aus XING oder LinkedIn bewerben. Es gibt aber auch die Variante, bei der Sie ein Online-Bewerbungsformular mobil ausfüllen müssen.

Bei einigen Stellenportalen wird Ihnen ein vorformuliertes Standardanschreiben zur Verfügung gestellt. Von der Masse abheben werden Sie sich jedoch, wenn Sie das Anschreiben individualisieren. Achten Sie besonders auf Rechtschreibung und Tippfehler, die sich bei der Nutzung eines mobilen Endgeräts schnell einschleichen können. Mittlerweile gibt es im Internet auch Anbieter, die Sie bei der Erstellung passender Vorlagen unterstützen und so die mobile Bewerbung erleichtern.

Die Vorteile einer mobilen Bewerbung liegen auf der Hand – Sie können sich schnell und flexibel auf eine passende Stellenanzeige bewerben. Oft ist auch die Bewerbung mit einem verkürzten Formular möglich. Sie können dann Ihre Bewerbung schneller als über das reguläre Bewerbungsportal versenden. Schnelligkeit ist ein nicht zu überschätzender Vorteil, denn manchmal können Tage über Erfolg oder Misserfolg einer Bewerbung entscheiden.

Trotz der offensichtlichen Vorteile sind Bewerber noch etwas zögerlich bei der Nutzung einer mobilen Bewerbung. Es ist schwieriger, an einem mobilen Endgerät eine individuelle Bewerbung zu erstellen. Aber auch die Eingabe der Daten ist aufgrund der Displaygröße und der kleinen Tastatur umständlicher und fehleranfälliger. Und nicht zuletzt sind sich viele Bewerber unsicher, ob die Arbeitgeber mobile Bewerbungen akzeptieren.

Tipps für die mobile Bewerbung

Worauf Sie speziell bei der mobilen Bewerbung achten müssen, haben wir hier zusammengefasst:

- ✔ Bereiten Sie Ihre Unterlagen rechtzeitig vor und nicht erst, wenn Sie tatsächlich auf Ihrem Gerät nach passenden Stellen suchen. So verlieren Sie keine Zeit, wenn Sie Ihre Traumstelle gefunden haben.
- ✔ Um die Unterlagen jederzeit zur Hand zu haben, sollten Sie Cloud-Speicher nutzen.
- ✔ Gehen Sie bei der Erstellung Ihrer Bewerbung so sorgfältig vor wie bei einer Bewerbung, die Sie an einem Desktop-Rechner erstellt haben. Rechtschreib- und Tippfehler sollten Sie unbedingt vermeiden.
- ✔ Erstellen Sie für die mobile Bewerbung einen besonders ausführlichen und damit aussagekräftigen Lebenslauf. Orientieren Sie sich an den Tipps, die wir Ihnen zur Bewerbung mit Lebenslauf weiter vorne in diesem Kapitel gegeben haben.
- ✔ Optimieren Sie die Verschlagwortung in Ihrer Bewerbung. Wenn Sie sich auf eine Stelle bei einer Unternehmensberatung bewerben, sollte Sie in Ihrer Bewerbung unbedingt das Schlagwort »Reisebereitschaft« nutzen.
- ✔ Nutzen Sie die Push-Nachrichten, falls sie von der Stellenbörse angeboten werden. So sind Sie schnell informiert, falls eine auf Ihr Profil passende Stelle neu eingestellt wurde.

Kurzbewerbungen – sinnvoll oder nicht?

Vor einigen Jahren waren Kurzbewerbungen in Form von Bewerbungsflyern in Mode und wurden vor allem für Initiativbewerbungen empfohlen (auf Initiativbewerbungen und darauf, ob und wann sie sinnvoll sind, gehen wir in Kapitel 5 näher ein). Generell empfehlen wir Ihnen, vor Versenden einer Initiativbewerbung bei dem Arbeitgeber anzurufen, um zu erfahren, ob sich eine Bewerbung lohnt. So haben Sie einerseits die Möglichkeit, sich bereits mit persönlichen Worten vorzustellen. Andererseits können Sie erfragen, ob sich eine Bewerbung zu dem derzeitigen Zeitpunkt überhaupt lohnt und welche Unterlagen von Ihnen gefordert werden. Hier möchten wir daher nur auf die verschiedenen Formen von Kurzbewerbungen eingehen.

Bewerbungsflyer– eine Bastelarbeit

Bewerbungsflyer sind eine Kombination aus »Dritter Seite« und Lebenslauf. Das heißt, Sie präsentieren im Flyer eine Zusammenfassung Ihrer Kenntnisse und Fähigkeiten, aber nennen auch ganz klassisch Ihre Ausbildung, praktische Erfahrung und alles Weitere, was in einen Lebenslauf gehört. Der Flyer wird gefaltet. Das geschieht entweder im Zickzack- oder im Wickelfalz. Letztlich entsteht immer ein DIN A6 im Längsformat.

Nun aber zur wichtigsten Frage – ist ein Bewerbungsflyer sinnvoll? Ein Bewerbungsflyer soll bei Initiativbewerbungen zum Einsatz kommen und kann an Personalabteilungen und Fachbereiche verschickt werden. Und das ist auch schon ein Knackpunkt.

Wir empfehlen die Bewerbung mit einem Bewerbungsflyer nicht. In der Flut an Post, die täglich eingeht, geht eine solche Sendung schnell unter. Die Wahrscheinlichkeit, dass Ihr Flyer nach einem kurzen Blick weggeworfen wird, ist recht hoch. Das liegt daran, dass der Informationsgehalt eines Flyers sehr niedrig ist. Der Platz, den Sie zur Verfügung haben, ist begrenzt, sodass Sie sich auf das Wesentliche beschränken müssen. Zudem kommt ein Flyer auch eher wie ein Werbeprospekt daher und wirkt auf viele Personal- beziehungsweise Fachbereiche kaum wie eine seriöse Bewerbung.

Bewerbung mit einem Lebenslauf

Eine andere Form von Kurzbewerbung ist die Bewerbung mit einem Lebenslauf. Personen mit umfassender Berufserfahrung bewerben sich häufig nur mit einem Lebenslauf. Bei diesem Personenkreis kann eine solche Bewerbung durchaus von Erfolg gekrönt sein, wobei auch sie früher oder später weitere Zeugnisse vorlegen müssen.

Berufseinsteigern raten wir ab, sich nur mit einem Lebenslauf, ohne Zeugnisse, zu bewerben, insbesondere, wenn Sie auf eine Stellenanzeige Bezug nehmen. Wenn eine Personalabteilung viele Bewerbungen bearbeiten muss, wird man sich nicht die Mühe machen, erst einmal weitere Informationen und Unterlagen von Ihnen anzufordern.

Bewerbungen werden nach den vorgegebenen Kriterien geprüft und werden diese nicht erfüllt, erhalten Sie eine Absage. Vollständigkeit der Bewerbungsunterlagen ist dabei oft ein wichtiges Kriterium. Achten Sie auf die Hinweise in der Stellenanzeige und auf der Karriereseite des Arbeitgebers. Dort wird oft ausdrücklich darauf hingewiesen, dass eine Bewerbung mit vollständigen Unterlagen erwünscht ist.

Bewerbung mit Lebenslauf – wann sie sinnvoll ist

In den folgenden Situationen ist es sinnvoll, nur den Lebenslauf und nicht die ganze Bewerbungsmappe zu versenden:

- ✔ Sie können den Lebenslauf in Bewerberdatenbanken hochladen. Alle größeren Bewerbungsportale haben eine solche Bewerberdatenbank, die Arbeitgebern gegen eine Gebühr zugänglich gemacht wird. Arbeitgeber suchen hier nach passenden Bewerbern und sind zunächst an den Kenntnissen und weniger an den Zeugnissen interessiert.
- ✔ Auch bei einem Personaldienstleister beziehungsweise Headhuntern können Sie sich zunächst mit einem aussagekräftigen Lebenslauf bewerben. Bei Interesse werden weitere Unterlagen von Ihnen angefordert.
- ✔ In Business Netzwerken wie XING und LinkedIn können Sie ebenfalls Ihren Lebenslauf zum Download bereitstellen. Hier sollten Sie sich genau mit den Einstellungen zur Privatsphäre vertraut machen. Denn je nach Sicherheitseinstellung kann möglicherweise jeder, der Ihren Namen in eine Suchmaschine eingibt, Ihr Profil einsehen. Sinnvoll ist es, den Zugriff auf die Mitglieder des jeweiligen Netzwerks zu begrenzen.
- ✔ Bei einer mobilen Bewerbung kann ein ausführlicher Lebenslauf eingesetzt werden, da eine mobil abgeschickte Bewerbung oftmals kein Anschreiben enthält.

In den Fällen, in denen nur ein Lebenslauf versandt wird, ist es wichtig, dass er aussagekräftig ist. Besonders modern ist das britische Format, bei dem Sie sich zu Beginn des Lebenslaufs mit einer Art Elevator Pitch vorstellen, der Ihre Kenntnisse und Fähigkeiten prägnant zusammenfasst. Durch diese Zusammenfassung kann der Personalverantwortliche im Idealfall innerhalb kürzester Zeit einen Eindruck gewinnen, für welche Einsatzbereiche sich der Bewerber eignet.

Ein Beispiel für einen detaillierten Lebenslauf mit Elevator Pitch finden Sie unter `www.fuer-dummies.de` unter dem Stichwort »Zusatzmaterial«.

Wichtig ist, dass Ihr Profil in Datenbanken gut auffindbar ist, wenn Personaler danach suchen. Achten Sie darauf, dass Ihr Lebenslauf die Stichworte enthält, nach denen aller Wahrscheinlichkeit nach gesucht wird. Das sind in der Regel Begriffe, die typische Tätigkeiten der Wunschposition erklären. Für eine Tätigkeit im Personalbereich könnten das zum Beispiel Recruiting, Arbeitsrecht oder Personalentwicklung sein. Diese Schlüsselwörter können Sie im einleitenden Text platzieren oder in der Auflistung Ihrer bisherigen Tätigkeiten.

Die Bewerbung ist abgeschickt

Sie haben die Bewerbung abgeschickt und jetzt ist Warten angesagt. Das ist manchmal vielleicht die schwierigste Zeit im Bewerbungsprozess. Sie haben sich auf eine Stelle bei einem Arbeitgeber beworben, der Ihrer Meinung nach perfekt zu Ihnen passt und nun wissen Sie erst einmal nicht, wann und wie es weitergeht.

Wann ist der richtige Zeitpunkt, um nach dem aktuellen Stand der Bewerbung zu fragen? Werfen Sie zunächst nochmal einen Blick auf die Karriereseiten. Manche Arbeitgeber machen hier Angaben zur Dauer des Bewerbungsverfahrens und geben Ihnen damit einen guten Hinweis, wann Sie nachfragen können.

Um ein bisschen besser zu verstehen, warum man nicht immer innerhalb weniger Tage eine Rückmeldung bekommt, geben wir Ihnen einen Überblick darüber, was hinter den Kulissen bei einem Arbeitgeber mit Ihrer Bewerbung passiert.

- ✔ Vieles hängt von der Größe des Arbeitgebers und der Zahl der Bewerbungen ab, die er bearbeiten muss. Handelt es sich um einen beliebten Großkonzern oder eine große Unternehmensberatung, gibt es in der Regel ein richtiges Team, das zunächst alle eingehenden Bewerbungen anhand vorgegebener Kriterien prüft.
- ✔ Entspricht Ihre Bewerbung diesen vorgegebenen Kriterien nicht, können Sie mit einer Absage relativ schnell, also ungefähr innerhalb von einer Woche, rechnen.
- ✔ Haben Sie die erste Hürde überstanden, wird Ihre Bewerbung an den zuständigen Personalverantwortlichen weitergeleitet.
- ✔ Wie schnell Sie von der Personalabteilung hören, kommt darauf an, ob der Personalverantwortliche selbst entscheidet, ob und wer in den ersten Auswahlschritt eingeladen wird oder nicht.
- ✔ Ist er nicht auf Feedback durch den Fachbereich angewiesen, geht es in der Regel schneller und Sie haben innerhalb von zwei Wochen eine erste persönliche Rückmeldung.

Der Unterschied von großen und kleinen Unternehmen

In manchen Dingen macht es einen Unterschied, ob Sie sich bei einem Großkonzern oder einem kleinen, regionalen Arbeitgeber beworben haben. Wie sich die Größe auf das Bewerbungsverfahren auswirken kann, haben wir für Sie hier zusammengefasst:

- ✔ Bei großen Arbeitgebern sind die Entscheidungswege oft lang, was die Rückmeldungszeit und damit auch die Dauer des Bewerbungsprozesses erheblich verlängern kann. Andererseits haben sich Personalabteilungen bei großen Arbeitgebern oftmals Qualitätskriterien auferlegt, nach denen eingehende Bewerbungen innerhalb eines bestimmten Zeitraums bearbeitet werden müssen.

- ✔ Auch bei kleinen und mittelständischen Unternehmen variiert die Dauer des Bewerbungsverfahrens, sodass keine generelle Aussage getroffen werden kann. Die Zahl der Bewerbungen und die Frage, ob es überhaupt einen Personalverantwortlichen gibt, oder aber die Auswahl direkt durch die vielbeschäftigte Geschäftsleitung erfolgt, sind hierbei die bestimmenden Faktoren.
- ✔ Häufig haben kleinere Unternehmen kein Bewerbermanagementsystem. Dann ist die Bearbeitung der Bewerbungen recht mühsam und zeitaufwändig, weil zum Beispiel Daten zunächst manuell in eine Excel-Tabelle übertragen werden müssen. Ist der Arbeitgeber beliebt und erhält dementsprechend viele Bewerbungen, kann sich die Bearbeitung über Wochen hinzögern.
- ✔ In ländlichen Regionen gibt es kleine Unternehmen, die händeringend nach guten Mitarbeitern suchen. Wenn eine Bewerbung bei diesen Arbeitgebern auf Interesse stößt, erfolgt manchmal schon innerhalb weniger Tage nach Bewerbungseingang ein Anruf mit der Einladung zum Vorstellungsgespräch.

Viele Bewerbermanagementsysteme geben den aktuellen Bewerberstatus an, wenn Sie sich mit Ihren Benutzerdaten einloggen. Diese Auskunft ist jedoch oft wenig hilfreich, da die Angaben meistens wenig detailliert sind. Der Status springt nach Eingang der Bewerbung auf »in Bearbeitung«, aber in den wenigsten Fällen werden Sie darüber informiert, ob die Unterlagen schon beim Fachbereich liegen oder ob sich überhaupt schon jemand mit Ihrer Bewerbung befasst hat.

Unserer Ansicht nach können Sie guten Gewissens zwei Wochen nach Bewerbungseingang nachfragen, wo Sie mit Ihrer Bewerbung aktuell stehen. Sie können auch per E-Mail nachfragen. Telefonisch werden Sie aber in der Regel schneller eine Rückmeldung erhalten.

Kontakt telefonisch oder per E-Mail

Um Kontakt mit dem Arbeitgeber aufzunehmen, müssen Sie den passenden Ansprechpartner finden. Dabei hilft ein Blick in die Stellenanzeige. Viele Arbeitgeber geben einen Ansprechpartner mit Kontaktdaten an, der bei Fragen rund um die Bewerbung zur Verfügung steht. Größere Arbeitgeber haben ein Service Center der Personalabteilung, das auch für die Bewerber erreichbar ist. Hier ist eher die Regel, dass Sie keinen bestimmten Ansprechpartner haben, sondern mit dem nächsten verfügbaren Mitarbeiter verbunden werden.

Es ist in jedem Fall ratsam, telefonisch Informationen einzuholen. So können Sie direkt Folgefragen klären, die sich möglicherweise aus der Antwort ergeben. Zudem ist es eine schöne Möglichkeit, sich nochmals in Erinnerung zu bringen und einen positiven Eindruck zu hinterlassen. Dazu gehört natürlich, dass Sie am Telefon freundlich sind und nicht schon in einem genervten Ton fragen, was denn nun eigentlich mit Ihrer Bewerbung passiert ist.

Legen Sie sich vor dem Anruf alle Informationen bereit, die Sie benötigen:

- ✔ Die Bezeichnung der Position und gegebenenfalls die Referenznummer der Stelle, auf die Sie sich beworben haben
- ✔ Das Datum, an dem Sie Ihre Bewerbung abgeschickt haben
- ✔ Den Bewerbungsweg, den Sie gewählt haben (E-Mail, Online-Portal und so weiter)
- ✔ Der aktuelle Status Ihrer Bewerbung, sofern der Ihnen bekannt ist

Falls Sie Ihren Ansprechpartner telefonisch nicht erreichen, können Sie per E-Mail nach dem aktuellen Stand Ihrer Bewerbung fragen.

Nicht so einfach wie das ABC

So einfach wie das ABC ist es bei den Bewerbungen leider nicht immer. Doch ein Grund warum sich die Antwort länger hinzieht, ist die ABC-Analyse. Diese wird von vielen Arbeitgebern genutzt, um der Masse der Bewerbungen Herr zu werden.

ABC Kandidaten

Was verbirgt sich hinter den ABC Kandidaten? Hier geben wir Ihnen einen kurzen Überblick.

- ✔ A-Kandidaten: Das sind die Kandidaten, die alle Muss-Kriterien und noch einige Soll-Kriterien der Stellenanzeige erfüllen. Solche Bewerber werden in der Regel schnell kontaktiert und zu einem Gespräch eingeladen.
- ✔ B-Kandidaten: Diese Kandidaten erfüllen die Muss- und Soll-Kriterien nur zum Teil. Dennoch weisen sie interessante Kompetenzen auf. Sie werden in der Regel nicht in der ersten Gesprächsrunde berücksichtigt, aber auch nicht direkt abgesagt.
- ✔ C-Kandidaten: Auf diesem Stapel landen Kandidaten, die die Muss- und Soll-Kriterien nicht oder nur zu einem sehr geringen Teil erfüllen. Diese Kandidaten erhalten eine Absage.

Wenn Sie zu den B-Kandidaten gehören, sind Sie für den Arbeitgeber nicht uninteressant, werden aber auch nicht innerhalb kurzer Zeit zu einem Gespräch eingeladen. Daher ist etwas mehr Geduld gefragt, denn die B-Kandidaten kommen in der Regel erst zum Zug, wenn der Bewerbungsprozess bei den A-Kandidaten nicht erfolgreich war. Das wird man Ihnen aber auch auf Nachfrage höchstwahrscheinlich nicht so offen kommunizieren. Der Arbeitgeber will einem potenziellen Kandidaten natürlich nicht das Gefühl vermitteln, dass er nur zweite Wahl ist.

Aber auch wenn Sie als C-Kandidat auf dem Absagestapel gelandet sind, bekommen Sie häufig nicht sofort eine Absage. Je nachdem, wie die Personalabteilung organisiert ist, werden die Absagen erst versendet, wenn die Stellenbesetzung abgeschlossen ist. Das ist der Fall, wenn der Wunschkandidat das Vertragsangebot angenommen hat. Daher vergehen häufig vier bis sechs, manchmal auch noch mehr Wochen, bis der Bewerbungsprozess abgeschlossen ist.

Es gibt Arbeitgeber, die ihre Absagen in einem wöchentlichen oder zweiwöchentlichen Turnus versenden. Selten werden Sie innerhalb von ein bis zwei Tagen eine Absage erhalten. Auch wenn das geübte Personalerauge schnell erkannt hat, dass das Profil für die Stelle ungeeignet ist, wird es als unhöflich erachtet, eine Absage derart schnell zu versenden.

Der Arbeitgeber ruft an

Sie haben einen Schwung Bewerbungen abgeschickt und dann erhalten Sie einen Anruf von einem Personalverantwortlichen. Das bedeutet allerdings nicht unbedingt, dass Sie zu einem Gespräch eingeladen werden. Vielleicht will der Personalverantwortliche zunächst einige Informationen einholen, die nicht unmittelbar aus den Unterlagen hervorgehen.

Wenn der Grund des Anrufs das Einholen von weiteren Informationen ist, sollten Sie überlegen, ob Sie sich gerade in einem Umfeld befinden, in dem Sie frei sprechen können. Können Sie gerade nicht über Ihre angegebenen Gehaltvorstellungen oder ähnliche Themen sprechen, bieten Sie einen Rückruf zu einem späteren Zeitpunkt an.

Tipps für den ersten Anruf des Arbeitgebers

Um das Gespräch mit dem Arbeitgeber optimal zu führen, sollten Sie ein paar Dinge beachten.

- ✔ Eine Ihnen unbekannte Nummer ruft an? Es könnte ein Mitarbeiter der Personalabteilung des Arbeitgebers sein, der Ihre Traumstelle ausgeschrieben hat. Wenn Sie in einem relativ ruhigen Umfeld sind, nehmen Sie das Gespräch an. Ist es allzu laut und besteht die Gefahr, dass Sie Ihren Gesprächspartner nicht verstehen, lassen Sie es lieber klingeln und rufen später zurück. Falls der Anruf zu einer unpassenden Zeit kommt, nehmen Sie das Gespräch trotzdem an und vereinbaren eine Zeit für einen Rückruf.

- ✔ Melden Sie sich mit Ihrem Namen und nicht mit einem knappen »Ja!« Es erspart dem Anrufer die Rückfrage, ob er wirklich den richtigen Gesprächspartner erwischt hat und wirkt zudem freundlich und professionell.

- ✔ Notieren oder merken Sie sich den Namen des Anrufers sowie des Arbeitgebers. So können Sie bei Rückfragen gezielt nach Ihrer Kontaktperson fragen. Wenn Sie zu Beginn des Gesprächs den Namen nicht richtig verstanden haben, fragen Sie am Ende des Gesprächs ruhig noch mal nach.

- ✔ Versuchen Sie nicht, abgebrüht und emotionslos zu wirken. Wenn Sie eine Einladung zu einem Gespräch erhalten haben, dürfen Sie Ihrer Freude darüber auch gerne Ausdruck verleihen. Das zeigt dem Recruiter, dass Sie großes Interesse an der Stelle haben und es sich nicht um eine Bewerbung unter vielen handelt.

Termine, Termine, Termine

Noch mehr werden Sie sich mit Sicherheit über einen Anruf freuen, der mit einer Einladung zu einem Vorstellungsgespräch verbunden ist. Der Personalverantwortliche wird Ihnen einen Terminvorschlag machen, der intern mit dem Fachbereich abgestimmt ist. In der Regel hat der Recruiter noch einen Alternativtermin parat, den er Ihnen anbieten kann.

Natürlich müssen Sie nicht Himmel und Hölle in Bewegung setzen, um diesen Termin möglich zu machen. Wenn dringende Gründe gegen beide Terminvorschläge sprechen, können Sie sie auch ablehnen. Bieten Sie dann aber unmittelbar Alternativen an.

In der Regel wird von Ihnen nicht erwartet, dass Sie Gründe für die Ablehnung eines Terminvorschlags nennen. Wenn Sie an dem vorgeschlagenen Termin bereits ein anderes Vorstellungsgespräch haben, sollten Sie dem Recruiter das nicht auf die Nase binden. Zum einen kann es arrogant wirken, etwa »Auf das Gespräch bei Ihnen bin ich nicht wirklich angewiesen.« Zum anderen kann dies auch als Risikofaktor gewertet werden und Sie womöglich in der Priorisierung herabstufen.

Bitten Sie darum, dass der Termin schriftlich bestätigt wird und Ihnen auch Ihre Gesprächspartner genannt werden. Meist wird der Anrufer aus der Personalabteilung sowieso ankündigen, dass Sie noch eine schriftliche Terminbestätigung erhalten.

Nicht jeder Arbeitgeber wird Sie persönlich anrufen, um einen Termin mit Ihnen zu vereinbaren. Oft werden Sie eine E-Mail mit einem Terminvorschlag erhalten. Passt der Termin für Sie, können Sie eine kurze E-Mail senden, in der Sie sich für die Einladung bedanken und den Termin bestätigen. Aber auch für den Fall, dass Sie den Terminvorschlag nicht wahrnehmen können, sollten Sie sich schnellstmöglich zurückmelden und alternative Vorschläge angeben, um die Terminabstimmung zu erleichtern.

Was eine Terminbestätigung enthalten sollte

Haben Sie alle Informationen, die Sie für Ihren Interviewtermin brauchen? Folgende Punkte sollten in einer schriftlichen Terminbestätigung enthalten sein.

- ✔ Tag und Zeit des Gesprächs
- ✔ Exakte Adresse des Ortes, an dem das Gespräch stattfinden wird, besonders wichtig bei Arbeitgebern mit mehreren Standorten
- ✔ Gesprächspartner, idealerweise mit Angabe von Position und Bereich
- ✔ Anfahrtsbeschreibung
- ✔ Reisekostenerstattungsformular oder der explizite Hinweis, dass die Kosten der Anfahrt nicht übernommen werden

Nun kann es natürlich sein, dass der Anruf zu einem denkbar ungünstigen Zeitpunkt in Ihrem persönlichen Bewerbungsprozess kommt. Vielleicht haben Sie schon einige vielversprechende Gespräche geführt, Ihnen wurde bereits ein Vertragsangebot in Aussicht gestellt, oder Sie haben bereits einen Vertrag unterschrieben.

Für den Fall, dass Sie bereits einen Vertrag unterschrieben haben, sollten Sie das dem Arbeitgeber mitteilen und die Einladung höflich ablehnen. Wenn noch nicht alles in trockenen Tüchern ist, müssen Sie folgende Punkte abwägen:

- ✔ Wie wahrscheinlich ist es, dass Sie tatsächlich einen Arbeitsvertrag erhalten und der auch Ihren Vorstellungen entspricht?
- ✔ Wieviel Zeit haben Sie für Ihre Entscheidung, ein Angebot anzunehmen? Müssen Sie sich entscheiden, noch bevor das weitere Gespräch stattgefunden hat?
- ✔ Haben die Arbeitgeber und die Positionen, die Sie bei Ihren bisherigen Gesprächen kennengelernt haben, Ihren Vorstellungen und Erwartungen entsprochen?

Je nachdem, wie Sie diese Fragen für sich beantworten, sollten Sie die Möglichkeit eines weiteren Gesprächs wahrnehmen oder nicht.

Falls der vorgeschlagene Termin zu weit in der Zukunft liegt und Sie schon wissen, dass Sie bei Ihrer Entscheidung unter Zeitdruck geraten könnten, können Sie um einen früheren Termin bitten. Ansonsten können Sie den weiteren Ablauf persönlich im Vorstellungsgespräch besprechen und auf mögliche Konflikte im zeitlichen Ablauf hinweisen.

Teil III
Das Bewerbungsverfahren

IN DIESEM TEIL ...

... erfahren Sie alles über die perfekte Vorbereitung auf Ihr Vorstellungsgespräch. Wir geben Ihnen auch Tipps für Telefon- und Videointerviews. Assessment Center sind mittlerweile beliebte Auswahlverfahren, vor allem bei größeren Arbeitsgebern. Wir erklären Ihnen, wie so ein Verfahren abläuft. Und schließlich weihen wir Sie in die Feinheiten der Gehaltsverhandlung ein.

IN DIESEM KAPITEL

Vorbereitung auf das Interview

Ablauf eines Vorstellungsgesprächs

Tipps zur Beantwortung kniffliger Fragen

Besondere Interviewformen

Kapitel 8
Das Vorstellungsgespräch

Mit der Einladung zum Vorstellungsgespräch haben Sie eine wichtige Hürde gemeistert: Sie sind nun unter den Auserwählten, die sich aus der Masse der Bewerber herausgehoben haben und sich persönlich im Unternehmen präsentieren dürfen. Umso wichtiger ist die optimale Vorbereitung auf diesen Termin. Wir erläutern Ihnen in diesem Kapitel den typischen Ablauf eines Vorstellungsgesprächs und bereiten Sie auf die Interviewfragen vor. Sie erfahren, welche Fragetypen Sie erwarten und was Ihre Gesprächspartner damit herausfinden möchten. Beginnen werden wir jedoch mit einem Blick in die Stellenausschreibung, auf die Sie sich erfolgreich beworben haben.

Die Stellenanzeige – der Anker für die Vorbereitung

Schon als Sie Ihre Bewerbung geschrieben haben, haben Sie sich intensiv mit der Stellenausschreibung auseinandergesetzt. Da Sie zu einem Gespräch eingeladen wurden, haben Sie wichtige Anforderungskriterien erfüllt. Nun sollten Sie sich zur Vorbereitung auf das Gespräch die Stellenausschreibung noch mal vornehmen.

Aufgaben und Anforderungsprofil auswerten

Der erste Anhaltspunkt bei der Vorbereitung auf das Interview ist die Stellenausschreibung. Die Mär, dass Unternehmen irgendetwas hineinschreiben und eigentlich immer die sogenannte eierlegende Wollmilchsau suchen, stimmt nur in den seltensten Fällen. In der Regel setzt sich ein Personaler mit dem Vorgesetzten aus der Fachabteilung, in der die Stelle zu besetzen ist, vor der Ausschreibung zusammen. Zum einen definieren beide dann das Aufgabengebiet des zukünftigen Kollegen. Zum anderen wird das Anforderungsprofil festgelegt.

Also das, was der Mitarbeiter mitbringen sollte. Hierbei unterscheidet man zwischen Soll- und Kann-Anforderungen.

Die Stellenanzeige enthält neben einer Beschreibung der Tätigkeiten auch ein Anforderungsprofil. Aber nicht alle Anforderungen müssen Sie als Bewerber zwingend erfüllen. Achten Sie daher auf die Unterscheidung der Soll- und Kann-Anforderungen

Soll-Anforderungen:

- ✔ sollten Sie unbedingt erfüllen, sonst sind Sie für die Stelle höchstwahrscheinlich nicht geeignet
- ✔ werden in der Regel als Erstes in den Anforderungen genannt
- ✔ können durch Formulierungen wie zum Beispiel »herausragende Kenntnisse« hervorgehoben werden.

Kann-Anforderung:

- ✔ Kenntnisse, die wünschenswert sind
- ✔ werden durch eine einschränkende Wortwahl, wie etwa »idealerweise« oder »von Vorteil« beschrieben
- ✔ Können Ihnen den entscheidenden Vorteil verschaffen, denn je mehr Kann-Anforderungen Sie erfüllen, desto stärker heben Sie sich von der Konkurrenz ab

Wichtig ist, dass Sie sowohl die Aufgaben als auch die Anforderungen analysieren und zu jedem Aspekt relevante Beispiele aus Ihrem bisherigen Werdegang finden. Ein häufiger Fehler ist, dass sich Bewerber erst während des Interviews Gedanken hierzu machen. Somit ist die Antwort oft nicht flüssig oder sogar unvollständig. Anhand des folgenden Arbeitsblatts zeigen wir Ihnen, wie Sie sich mithilfe der Stellenanzeige optimal auf das Interview vorbereiten können.

Arbeitsblatt – Analyse der Stellenanzeige

Sehen Sie sich die Aufgaben an, die in der Stellenanzeige aufgeführt sind. Wo haben Sie bereits diese oder ähnliche Tätigkeiten ausgeführt? Vielleicht haben Sie ein Praktikum absolviert, ein Ehrenamt inne oder eine passende Studienarbeit geschrieben.

Welche Erfolge können Sie bei diesen Tätigkeiten vorweisen?

____

____

____

Lesen Sie die Soll- und Kann-Anforderungen. Sortieren Sie diese: Welche Kompetenzen zeichnen Sie besonders aus, welche weniger, und welche vielleicht gar nicht? Finden Sie zu allen Kompetenzen, die Sie haben, aussagekräftige Beispiele aus Ihrem Leben. Diese Beispiele sollen den Interviewern beweisen, dass Sie diese Fähigkeiten tatsächlich haben. Zum Beispiel könnten Sie sehr gute PowerPoint-Kenntnisse durch diverse Präsentationen im Studium und bei einem Praktikum erworben haben.

Die Werbeslogans des Unternehmens in der Stellenanzeige identifizieren

Neben der Beschreibung der Tätigkeiten und des Anforderungsprofils finden sich in den meisten Anzeigen auch Hinweise zur Unternehmenskultur und nicht-monetären Vorzügen, die das Unternehmen bietet. Häufig werden sie mit einer Formulierung wie »Wir bieten« kenntlich gemacht. Da steht dann zum Beispiel etwas zu den flachen Hierarchien, den vielfältigen Weiterbildungsmöglichkeiten oder der offenen Kommunikation, die gepflegt wird. Für Sie als Kandidat sind das wertvolle Informationen, um im Vorstellungsgespräch zu erklären, warum genau dieses Unternehmen Sie interessiert. Auch Behörden oder Kultureinrichtungen führen heutzutage häufig in ihren Stellenanzeigen ihre Stärken als Arbeitgeber aus.

Auch Bewertungsportale wie Kununu können Ihnen einen Blick hinter die Kulissen bieten. Bedenken Sie jedoch, dass es in der Regel enttäuschte Mitarbeiter sind, die sich hier äußern. Zufriedene Angestellte sehen in der Regel keinen Anlass, eine Bewertung zu hinterlassen, können aber die Mehrheit in der Firma ausmachen.

Die Homepage des potenziellen Arbeitgebers analysieren

Auch auf der Homepage finden Sie Werbebotschaften des Unternehmens, die Ihnen Hinweise darauf geben können, welcher Typ von Mitarbeiter gesucht wird. Wird an vielen Stellen über Innovation und Fortschritt gesprochen, können Sie davon ausgehen, dass Bewerber, die gern neue Wege gehen und »quer denken«, gut zu dieser Firma passen. Wenn Sie hierfür Beispiele aus Ihrem Leben finden und sie im Vorstellungsgespräch ausführen, sammeln Sie wichtige Pluspunkte.

Des Weiteren ist die Analyse der Homepage wichtig, weil von Ihnen als Bewerber erwartet wird, dass Sie sich in die Unternehmensaktivitäten einlesen. Wenn Sie im Interview einen Überblick über die Produkte beziehungsweise Dienstleistungen der Firma, die Standorte und die Geschichte geben können, werden Sie als interessierter und motivierter Kandidat wahrgenommen. Nehmen Sie sich deshalb genügend Zeit, die Homepage zu studieren, und notieren Sie sich die wichtigsten Informationen. Schauen Sie sich auch Pressemeldungen an. Sie finden diese häufig auf der Homepage als Download und über eine Google-Suche. Aus Pressemitteilungen kann man etwas über Ziele (zum Beispiel Expansion) oder auch Herausforderungen (zum Beispiel Verlagerung von Standorten ins Ausland wegen Kostendruck) der Firma lesen. Nutzen Sie das folgende Arbeitsblatt, um abzugleichen, inwieweit Ihre Wertvorstellungen mit denen des Unternehmens zusammenpassen.

Arbeitsblatt – Analyse des Unternehmensprofils

Welche Werte hat das Unternehmen auf der Homepage genannt? Häufig finden Sie zum Beispiel Chancengleichheit, Vielfalt, Nachhaltigkeit und Innovation. Inwieweit decken sich die Werte mit Ihren Werten? Schauen Sie sich hierzu Ihre in Kapitel 2 analysierten persönlichen Wertevorstellungen an.

____

____

____

Ablauf des Interviews und Fragetypen

Sie haben bestimmt schon viel über den Ablauf eines Vorstellungsgesprächs gehört oder gelesen. Wir können Ihnen weder die ultimativen Fragen noch die ultimativen Antworten vorgeben. Wir werden Ihnen aber mögliche Gesprächsabläufe vorstellen und verschiedene Fragetypen, mit denen Sie üblicherweise rechnen müssen. Die Antworten können Sie sich mit unserer Hilfe in diesem Kapitel selbst erarbeiten. Diese Antworten sollen darstellen, wer Sie sind und was Sie können. Wir geben Ihnen die Hilfestellung, um authentisch im Vorstellungsgespräch auftreten zu können. Von Standardantworten halten nicht nur wir, sondern auch die meisten Personalverantwortlichen wenig. Sie sammeln sogar meist Minuspunkte, wenn Sie vermeintlich perfekte Antworten, die Sie im Internet oder in Büchern gefunden haben, im Interview herunterbeten.

Körpersprache – wichtiger als viele denken

Sie haben bestimmt schon mal festgestellt, dass Ihre Kleidung einen Einfluss darauf hat, wie Sie sich fühlen oder auftreten. Aber auch unabhängig von der Kleidung sollten Sie auf Ihre Körpersprache achten. Denn auch das ist Kommunikation und vermittelt Ihrem Gesprächspartner einen Eindruck von Ihnen. Sicherlich haben Sie selbst schon Menschen beobachtet und sich aufgrund der Körperhaltung eine Meinung zu dieser Person beziehungsweise deren aktuellen Gefühlslage gebildet. Überlegen Sie, welche Körperhaltung unsicher auf Sie wirkt. In der Regel sind das Haltungen, die einen Menschen kleiner machen als er tatsächlich ist. Dazu gehören verschränkte Arme, verschränkte Beine oder auch eine gebückte und zusammengesunkene Haltung. Wenn Sie diese Haltungen einnehmen, kann es sein, dass Sie auf andere unsicher wirken. Es ist sogar möglich, dass sich die Körperhaltung ungünstig auch auf Ihre innere Haltung auswirkt. Daher sollten Sie sich mit dem Thema Körpersprache beschäftigen. Mehr dazu erfahren Sie auch in *Körpersprache im Beruf für Dummies.*

Wenn Sie ausdrucksstarke Posen einnehmen, wirken Sie nicht nur überzeugender auf Ihr Gegenüber, sondern werden auch selbstsicherer sein. Es handelt sich um Körperhaltungen, bei denen Sie den Körper öffnen, indem Sie zum Beispiel die Beine nebeneinander stellen oder die Arme ausbreiten.

Gerade bei einem Vorstellungsgespräch wollen Sie überzeugend und selbstsicher wirken. Wir empfehlen Ihnen daher, vor einem Bewerbungsgespräch die folgende, einfache Übung auszuprobieren.

Wer im Unternehmen angekommen ist und auf den Beginn des Bewerbungsgesprächs wartet, sitzt wahrscheinlich mit verschränkten Beinen, möglicherweise über sein Smartphone gebeugt. Mit dieser Haltung machen Sie sich klein, was sich auch auf Ihre innere Einstellung negativ auswirken kann. Nutzen Sie daher die Zeit, in der Sie auf den Beginn des Gesprächs warten, für eine kleine Übung.

Sie können die Übung auf dem Parkplatz, auf der Toilette oder im Aufzug durchführen. Stellen Sie sich aufrecht hin, die Füße stehen schulterbreit auseinander. Stemmen Sie Ihre Hände in die Hüfte und heben Sie das Kinn leicht an. Nehmen Sie diese Haltung ungefähr zwei Minuten ein. Merken Sie, wie sich Ihre innere Einstellung verändert? Nehmen Sie die innere Stärke, die Sie durch diese Haltung gewonnen haben, in das Gespräch mit.

Der berühmte erste Eindruck

Sie sind pünktlich zum Gespräch erschienen, haben wahrscheinlich noch einige Minuten im Empfangsbereich gewartet, wurden nun abgeholt und sind auf dem Weg zum Interview. (In Kapitel 1 finden Sie Informationen zur Planung Ihrer Anreise). Jetzt haben Sie Gelegenheit, einen ersten guten Eindruck zu hinterlassen. Ihr Gesprächspartner wird Small Talk mit

Ihnen führen. Das dient zum »Warmwerden« und soll eine angenehme Gesprächsatmosphäre schaffen. Lassen Sie sich darauf ein und antworten Sie offen und freundlich auf die Fragen.

Tipps für den Small Talk

Haben Sie keine Angst vor Small Talk. Folgende Punkte sollten Sie beachten:

- ✔ Tragen auch Sie zu der positiven Atmosphäre bei. Schimpfen Sie also nicht im ersten Satz über die Bahn, den Verkehr, oder wie schwierig es war, das Unternehmen zu finden. Stattdessen können Sie sich für den freundlichen E-Mail-Verkehr vorab bedanken oder das schöne Gebäude bestaunen.
- ✔ Stehen Sie aufrecht, nehmen Sie Augenkontakt auf, und lächeln Sie freundlich. Eine freundliche, offene und zugleich selbstbewusst wirkende Körpersprache verschafft Ihnen einen gewinnenden ersten Eindruck.
- ✔ Begrüßen Sie Ihr Gegenüber mit einem festen Händedruck. Ein schlaffer Händedruck kann auf eine wenig durchsetzungsstarke Persönlichkeit deuten. Natürlich sollten Sie nicht so fest drücken, dass Sie der Person Schmerzen zufügen. Falls Sie bereits sitzen und ein neuer Gesprächspartner auf Sie zukommt, um Ihnen die Hand zu schütteln, stehen Sie auf, um Respekt zu zeigen, auch wenn Sie eine Frau sind.
- ✔ Nehmen Sie das Angebot eines Getränks an. Das Unternehmen versteht sich als Gastgeber und möchte auch in dieser Rolle wahrgenommen werden.

Die Gesprächspartner – was man über sie wissen sollte

Eine Frage, die Sie sich vor dem Gespräch stellen werden, ist die nach Ihren Gesprächspartnern. Den Interviewtermin hat man entweder telefonisch oder per E-Mail mit Ihnen vereinbart. In der E-Mail sollten Ihre Gesprächspartner genannt werden, idealerweise auch mit ihrer Funktion beim Arbeitgeber.

Wurden Ihnen keine Gesprächspartner genannt, rufen Sie noch mal im Unternehmen an und bringen die Namen in Erfahrung. Zum einen sollten Sie wissen, nach wem Sie fragen können, wenn Sie bei dem Unternehmen angekommen sind und sich für Ihr Gespräch anmelden. Zum anderen sind Sie in der Vorstellungsrunde am Anfang des Interviews vielleicht aufgeregt. Da kann es sein, dass Sie Namen schnell wieder vergessen. Wenn Sie sich aber schon vor dem Termin die Namen eingeprägt haben, können Sie Ihre Gesprächspartner mit dem richtigen Namen ansprechen und so einen professionellen Eindruck hinterlassen.

Sie können sich über Ihre Gesprächspartner im Internet informieren. So finden Sie vielleicht heraus, dass Sie und Ihr potenzieller Chef gemeinsame Interessen verbindet oder er Alumni Ihrer Hochschule ist. Sagen Sie Ihren Gesprächspartnern aber nicht, dass Sie nach ihnen gegoogelt haben. Auch wenn sich keine Leichen im virtuellen Keller befinden, würden Sie selbst es wahrscheinlich auch als unangenehm empfinden, wenn man Ihnen im Vorstellungsgespräch erzählt, man habe ein wenig über Sie im Internet recherchiert.

Sie haben Angst, dass Ihr potenzieller Arbeitgeber auf Facebook oder Instagram Fotos von Ihnen auf der letzten Studi-Party sieht? Seien Sie entspannt. Entgegen aller Gerüchte hat kaum ein Mitarbeiter einer Personalabteilung wirklich Zeit oder Interesse, im Internet nach potenziell peinlichen Partyfotos der Bewerber zu recherchieren. Und wenn dem doch so ist, werden die meisten Personalentscheider wohl nichts gegen einen »normal« feiernden Bewerber haben. Natürlich sollte sich alles im Rahmen halten und keine Bilder, auf denen Sie als »Schnapsleiche« unter dem Tisch liegen, im Netz zu sehen sein.

In den meisten Fällen werden Ihnen zwei Personen im Gespräch gegenüber sitzen – ein Vertreter aus dem Fachbereich sowie ein Vertreter der Personalabteilung. Klassischerweise sind die Rollen im Interview so aufgeteilt, dass der Vertreter des Fachbereichs Sie über Ihre Kenntnisse und Fähigkeiten hinsichtlich der zu besetzenden Position befragt. Der Vertreter der Personalabteilung wird sich mit Ihnen intensiver über Ihre Soft Skills, Ihre Motivation zur Bewerbung bei dem Unternehmen oder auch Ihre Erwartungen an die Stelle und das Unternehmen unterhalten. Er wird Ihnen in der Regel auch mehr Informationen zum Unternehmen sowie über die allgemeinen Leistungen geben. Nach dem Gespräch wird häufig der Personaler Ihr Hauptansprechpartner bleiben. Von ihm bekommen Sie die Rückmeldung aus dem Gespräch. Auch vertragliche Themen werden Sie meist mit der Personalabteilung besprechen.

Es kann auch sein, dass neben dem möglichen Chef auch ein zukünftiger Kollege am Gespräch teilnimmt. Manche Führungskräfte nehmen einen Mitarbeiter aus dem Team ganz oder teilweise mit in das Gespräch, da ihnen wichtig ist, dass die Chemie zwischen dem alten Team und zukünftigen neuen Mitgliedern stimmt, oder weil dieser Mitarbeiter über spezielle Fachkenntnisse verfügt, die er bei den Bewerbern abfragen soll.

Vorstellungsgespräche im Öffentlichen Dienst

Wenn Sie sich für eine Stelle im Öffentlichen Dienst beworben haben, kann es gut sein, dass Ihnen noch einige andere Gesprächspartner gegenübersitzen. Möglicherweise nimmt ein Vertreter des Personalrats am Gespräch teil. Er stellt sicher, dass die Interviews vergleichbar ablaufen. In Wirtschaftsunternehmen ist es eher ungewöhnlich, dass ein Mitglied des Betriebsrats an einem Vorstellungsgespräch teilnimmt. Wenn im Rahmen des Auswahlprozesses auch schwerbehinderte Bewerber interviewt werden, ist auch die Schwerbehindertenvertretung bei den Gesprächen anwesend. Auch Gleichstellungsbeauftragte nehmen teilweise an Vorstellungsgesprächen teil. Alles in allem kann es sein, dass Ihnen eine richtige Kommission gegenübersitzt.

Die Dynamik zwischen den einzelnen Gesprächsteilnehmern kann sehr unterschiedlich sein. Manchmal sind die Vertreter des Personal- und Fachbereichs ein eingespieltes Team, das sich die Bälle zuspielt. Es kann aber auch passieren, dass Ihnen Personen gegenübersitzen, die ganz offensichtlich nicht miteinander können. Als Bewerber können Sie in dieser Situation nicht viel tun. Bleiben Sie neutral und vermeiden Sie es, sich offensichtlich auf die Seite einer der Gesprächspartner zu schlagen.

Lassen Sie sich von der Zahl der Gesprächspartner nicht nervös machen. Konzentrieren Sie sich bei Ihren Antworten auf den Fragesteller, aber lassen Sie zwischendurch auch den Blick schweifen und beziehen so die anderen Gesprächsteilnehmer ebenfalls ein. Somit zeigen Sie allen Anwesenden Wertschätzung.

Es halten sich hartnäckig die Gerüchte, dass es in Vorstellungsgesprächen die Rollenverteilung von »Good Cop« und »Bad Cop« gibt. Häufig wird vermutet, dass dem Mitarbeiter aus der Personalabteilung die Rolle des »Bad Cop« zufällt. Solche Rollenverteilungen sind äußerst selten. Es kann jedoch vorkommen, dass einer Ihrer Gesprächspartner Ihnen provokantere Fragen stellt, etwa zu Lücken im Lebenslauf, um Sie ein wenig aus der Reserve zu locken. Wichtig ist dann, dass Sie ruhig bleiben und sachlich erklärend antworten.

Kontaktaufnahme über Business Netzwerke

Personaler werden auch immer wieder vor Interviews von Kandidaten kontaktiert, die sie auf XING oder LinkedIn zu ihren Kontakten hinzufügen möchten. Sie sollten aber damit rechnen, dass viele Personalverantwortliche solche Kontaktanfragen ignorieren oder ablehnen. Damit wollen sie dem Bewerber gegenüber kein Desinteresse ausdrücken. Vielmehr möchten sie ihre Kontaktliste übersichtlich halten. Personalentscheider bestätigen jedoch gern Kontakte, wenn Sie einen Kandidaten persönlich kennengelernt haben und ein beidseitiges Interesse an einem weiterführenden Kontakt besteht. Vor einem persönlichen Kontakt hat die Vernetzung über soziale Netzwerke in der Regel sowieso keinen echten Mehrwert. Wenn Sie Fragen haben, zum Beispiel zum Auswahlprozess, empfehlen wir, sich entweder über die Nachrichtenfunktion des Netzwerks an Ihren Ansprechpartner zu wenden, oder die Firmen-E-Mail-Adresse zu nutzen.

Der Ablauf des Interviews

Nachdem man Ihnen ein Getränk eingeschenkt hat und vielleicht noch ein bisschen über Allgemeinheiten geplaudert wurde, geht es ans Eingemachte – das eigentliche Interview beginnt. Vor allem bei größeren Unternehmen können Sie einen mehr oder weniger strukturierten Ablauf des Gesprächs erwarten.

Typischer Ablauf eines Interviews

1. **Begrüßung**

Ihre Gesprächspartner stellen sich vor und geben Ihnen erste Informationen zum Unternehmen.

2. **Ihre Selbstpräsentation**

Sie werden gebeten, sich kurz vorzustellen oder chronologisch durch Ihren Lebenslauf zu führen.

3. **Fragen zur Berufswahl, zum Fachwissen und zum Arbeitgeber**

Mit diesen Fragen möchte man herausfinden, warum Sie sich gerade für die ausgeschriebene Stelle interessieren und ob Sie über die wichtigsten theoretischen Grundlagen verfügen.

4. **Persönlichkeitsbezogene Fragen**

Die Interviewer versuchen, Ihre Motivation zu ergründen, mehr über Ihren Charakter zu erfahren und Ihr Entscheidungsverhalten in berufsrelevanten Situationen zu prüfen.

5. **Tätigkeitsinformationen**

Der Arbeitgeber gibt Ihnen nähere Informationen zu der Stelle. Worin bestehen die Aufgaben im Detail? Mit wem würden Sie zusammenarbeiten?

6. **Fragen des Bewerbers**

Jetzt wird man Ihnen die Gelegenheit geben, Fragen zu stellen.

7. **Abschluss des Gesprächs**

Der Personaler gibt Ihnen an dieser Stelle meist schon Informationen zum Arbeitsverhältnis und zu besonderen Leistungen des Unternehmens. Schließlich sind nicht nur Sie hier, um sich gut zu verkaufen. Auch das Unternehmen hat ein Interesse, einen positiven Eindruck zu hinterlassen, denn es möchte die besten Kandidaten für sich begeistern und gewinnen.

Dieser Ablauf wird so auch in vielen Trainings und Lehrbüchern Personalverantwortlichen vermittelt. Im Detail gibt es natürlich Unterschiede, denn jeder Interviewer hat seinen eigenen Gesprächsstil und seine Lieblingsfragen, die er Bewerbern stellt. Es kann passieren, dass Interviewer sich vorab kaum Zeit zum Lesen der Unterlagen genommen haben und mit einem lapidaren »Dann erzählen Sie mal!« in das Gespräch starten. Wiederum andere halten wenig von einer Gesprächsstruktur und springen stattdessen von einem Thema zum nächsten.

Folgende Gesprächsformen stellen wir Ihnen kurz vor:

- ✔ strukturiertes Interview
- ✔ teilstrukturiertes Interview
- ✔ unstrukturiertes Interview

Strukturierte Interviews sind die Extremform eines planvollen Vorgehens. Sie werden als Bewerber anhand eines vorgefertigten Fragebogens im wahrsten Sinne des Wortes abgefragt. Personalverantwortliche sehen hier den Vorteil einer höheren Vergleichbarkeit der Kandidaten.

Ihnen mag ein strukturiertes Interview einengend erscheinen und wenig individuell. Denken Sie daran, dass es allen Kandidaten so geht. Versuchen Sie, locker zu bleiben. Legen Sie so viel Ihrer Persönlichkeit wie möglich in die Antwort, indem Sie Ihre Ausführungen mit Beispielen aus Ihrem Leben veranschaulichen.

In einem *unstrukturierten Interview* haben sich Ihre Gesprächspartner keinen bestimmen Ablauf überlegt und meist auch keine Fragen vorbereitet, die Sie unbedingt stellen möchten. Frustrierend und irritierend kann ein unstrukturiertes Interview sein, wenn Sie das Gefühl haben, dass Ihr Interviewpartner schlecht vorbereitet ist.

Lassen Sie es sich nicht anmerken, wenn Sie von einem unstrukturierten Interview irritiert sind. Jetzt hilft Ihnen Ihre gute Vorbereitung. Lenken Sie durch Ihre Antworten das Gespräch auf Ihre Stärken, die Sie im Zusammenhang mit dieser Stelle besonders betonen möchten. Sie können auch versuchen, mit Fragen das Gespräch in eine bestimmte Richtung zu lenken, um über ein Thema zu sprechen, mit dem Sie besonders punkten können, etwa: »Welche Software nutzen Sie in der Buchhaltung? Ich habe bereits Erfahrung mit den Produkten der Firma XY gemacht.«

Im Idealfall treffen Sie auf Interviewpartner, die ein *teilstrukturiertes Interview* führen, jedoch die Möglichkeit individueller Fragen zulassen. So entsteht eine Mischung aus Struktur und Spontanität.

Spotlight Unternehmensberatung: Ein typisches Interview

Die Interviews in der Beratung bestehen aus zwei Bestandteilen:

- ✔ dem »Persönlichkeitsteil«, in dem der Personalentscheider herausfinden möchte, wer Sie sind und wie gut Sie für die Beratung geeignet sind und
- ✔ dem »Case-Teil«, in dem es darum geht, Ihre analytischen Fähigkeiten, Ihr Wissen und Ihren Umgang mit Problemen in einer Situation mit Leistungs- und Zeitdruck zu testen.

Auch beim Thema Persönlichkeit gehen Beratungen gerne strukturiert vor. Viele nutzen sogenannte »erfahrungsbasierte Persönlichkeitsinterviews«. Anstatt zu fragen »Sind Sie eine Führungspersönlichkeit?«, werden Sie gefragt »In welcher Situation mussten Sie mehrere

Personen von etwas überzeugen?«. Ihr Interviewpartner geht davon aus, dass Sie, wenn Sie einen bestimmten Wesenszug haben, wohl auch schon mehrmals entsprechend gehandelt haben. Und genau dort wird er nachbohren.

Nach welchen Persönlichkeitsmerkmalen die Beratungen suchen, verraten sie Ihnen meist auf ihren Websites. Fast immer dabei sind:

- ✔ Bereitschaft, Außerordentliches zu leisten
- ✔ Fähigkeit, aus Fehlern zu lernen
- ✔ Überzeugungsfähigkeit
- ✔ Durchhaltevermögen
- ✔ Teamfähigkeit

Ein weiterer Bestandteil eines Interviews ist dann der Case-Teil. Eigentlich beginnt jeder Case, also der Fall, den Sie lösen sollen, mit den Worten »Nehmen wir an, Sie wären jetzt schon für uns tätig und sollen sich mit folgender Problemstellung auseinandersetzen. Wie gehen Sie vor?« Die Fälle sind häufig tatsächlich erlebte Begebenheiten, die vereinfacht und anonymisiert zu einer in der vorgegebenen Zeit lösbaren Aufgabe gekürzt werden. So kann der Interviewer testen, welche Fähigkeiten Sie für die Beratung mitbringen.

Vor den Case-Interviews sollten Sie Respekt haben. Dennoch sind Sie gut beraten, mit Spielfreude und vor allem Lust und Spaß an die knifflige Aufgabe heranzugehen. Auf jeden Fall sollten Sie die Fallaufgaben vorab intensiv üben. Je nachdem, wie tief Sie in der Materie sind (studieren Sie Vergleichende Literaturwissenschaft oder BWL?), sollten Sie die Vorbereitungszeit für eine mittelschwere bis leichte Klausur veranschlagen. Denn neben dem Aneignen eines Gefühls für die Fälle und dem Verstehen und Ausprobieren einiger Herangehensweisen an die Problemstellungen gilt es auch, das gegebenenfalls eingerostete Kopfrechnen, zum Beispiel Prozentrechnen, zu üben.

Die Darstellung des Lebenslaufs

Nachdem Ihre Gesprächspartner sich vorgestellt und kurz über ihre eigenen Positionen im Unternehmen berichtet haben, wird man Sie in der Regel bitten, sich vorzustellen. Die Interviewer wollen so testen, ob Sie in der Lage sind, sich prägnant vorzustellen und dabei den Schwerpunkt auf die Aspekte setzen, die für den potenziellen Arbeitgeber und für die ausgeschriebene Stelle wichtig sind. Das ist Ihr Einstieg in den Hauptteil des Interviews und die beste Gelegenheit, sich von Ihrer Schokoladenseite zu präsentieren.

In der Regel werden Ihnen keine Vorgaben hinsichtlich Zeit und Inhalt bei der Selbstpräsentation gemacht. Sie können jedoch auch explizit aufgefordert werden, chronologisch vorzugehen. Für alle Fälle können Sie sich mit einer durchdachten Vorbereitung rüsten.

Arbeitsblatt Selbstpräsentation – so rücken Sie sich ins rechte Licht

Welche wesentlichen Stationen gab es bisher in Ihrem Leben? Notieren Sie sich zu jeder Station drei bis vier Stichworte, mit denen Sie die Lebensphasen prägnant und gleichzeitig interessant beschreiben können. Listen Sie dabei nicht nur die wichtigsten Tätigkeiten auf, sondern lassen Sie sich auch durch folgende Fragen bei der Auswahl Ihrer Stichworte inspirieren:

- ✔ Was haben Sie in dieser Lebensphase gelernt?
- ✔ Welche Erfahrungen aus dieser Zeit können für Ihren zukünftigen Arbeitgeber besonders interessant sein?
- ✔ Hatten Sie Erfolge, auf die Sie besonders stolz sind?
- ✔ Warum genau haben Sie sich für die Station XY entschieden? Gibt es einen Plan B?

Üben Sie nun zwei Varianten Ihrer Selbstpräsentation ein, damit Sie flexibel auf die jeweilige Fragestellung der Interviewer eingehen können.

- ✔ **Geben Sie chronologisch Ihren Werdegang wieder und beginnen Sie dabei am Ende Ihrer Schulzeit.**
- ✔ **Stellen Sie Ihr Leben bewusst nicht chronologisch vor, sondern strukturieren Sie nach anderen Gesichtspunkten. So könnten Sie zunächst Ihren Studiengang vorstellen, anschließend alle praktischen Tätigkeiten ausführen, danach auf besondere Erfahrungen wie Auslandsaufenthalte und Ehrenämter eingehen und Ihre Selbstpräsentation schließlich mit Ihrer Motivation für die Bewerbung auf die ausgeschriebene Stelle beenden.**

Beachten Sie bei der Vorbereitung Ihrer Selbstpräsentationen folgende Punkte:

- ✔ Denken Sie an die Informationen zum Unternehmen beziehungsweise der Institution, die Sie aus der Stellenanzeige und von der Homepage erhalten haben. Sie helfen Ihnen auszuwählen, welche Details aus Ihrem Leben besonders interessant für Ihren potenziellen Arbeitgeber und Ihre Wunschstelle sind.
- ✔ Holen Sie nicht zu weit aus. Ihre Gesprächspartner interessiert nicht, auf welche Grundschule Sie gegangen sind. Konzentrieren Sie sich auf die Aspekte Ihres Lebenslaufs, die der Firma oder Behörde einen Vorteil bringen würden, wenn die Entscheidung auf Sie fallen würde.
- ✔ Verlieren Sie sich bei der Darstellung der einzelnen Lebensstationen nicht in Details. Wenn Sie über Ihr Studium berichten, sollten Sie die Interviewer nicht mit dem Inhalt jeder Hausarbeit oder umfassenden Ausführungen zu den Prüfungsmodalitäten langweilen. Vertrauen Sie stattdessen darauf, dass die Interviewer nachfragen, wenn Sie Aspekte Ihres Lebens genauer interessieren.
- ✔ Erwähnen Sie nicht nur Praktika, sondern auch Nebenjobs. Wenn Sie sich neben Schule oder Studium Geld dazu verdient haben, zeigen Sie ein hohes Maß an Belastbarkeit. Das ist eine wichtige persönliche Stärke, die sich die meisten Unternehmen von ihren Mitarbeitern wünschen.
- ✔ Sie haben vor Ihrem Studium eine Ausbildung gemacht? Lassen Sie diese zwei bis drei Jahre Ihres Lebens nicht unter den Tisch fallen, auch wenn Sie nun nicht mehr in diesem Bereich tätig sein möchten. Ihre Lehrzeit ist eine wertvolle Berufserfahrung, die Ihnen im Vergleich zu jüngeren Absolventen ein Mehr an Lebenserfahrung beschert hat.
- ✔ Wenn Sie über Ihr Auslandssemester oder -praktikum sprechen, gehen Sie sensibel auf die kulturellen Unterschiede zwischen dem jeweiligen Land und Deutschland ein. So zeigen Sie interkulturelle Kompetenz. Das ist eine Stärke, die gerade für internationale Unternehmen, in denen Menschen verschiedener Kulturen zusammenarbeiten, ein Mehrwert ist.
- ✔ Engagiert sich Ihr potenzieller Arbeitgeber sozial oder für die Umwelt? Dann vergessen Sie nicht, entsprechende eigene Erfahrungen zu erwähnen, da das Ihre Passung zur Unternehmenskultur erhöht.

Üben Sie Ihre Selbstpräsentation vor Familie und Freunden und bitten Sie um Feedback. Lernen Sie die Selbstpräsentation nicht auswendig, sondern sprechen Sie immer anhand Ihrer Stichpunkte, damit Ihr Vortrag natürlich und lebendig wirkt.

Eine besondere Form der Selbstpräsentation ist der Elevator Pitch. Wie der Name schon sagt, sollen Sie sich in einem Zeitrahmen, der nicht länger als eine Fahrt mit dem Aufzug dauert, als idealer Kandidat verkaufen. Sie müssen Ihre Stärken und Vorzüge also innerhalb von ein bis zwei Minuten präsentieren können. Für ein Vorstellungsgespräch ist diese Form der Selbstpräsentation etwas zu knapp bemessen. Es ist aber durchaus eine gute Übung, um sich auf das Wesentliche zu konzentrieren. Und wer weiß, wen Sie eines Tages mal im Aufzug treffen ...

Elevator Pitch zum Studiengang

Als Hochschulabsolvent müssen Sie auch mit der Frage rechnen, warum Sie ausgerechnet den Studiengang gewählt haben, für den Sie sich entschieden haben. Daher ist es sinnvoll, einen Elevator Pitch für Ihren Studiengang beziehungsweise Ihre Studienwahl vorzubereiten. Fassen Sie die wichtigsten Inhalte Ihres Studiengangs und der Studienschwerpunkte, die Sie gewählt haben, zusammen. Stellen Sie einen Praxisbezug her: Welche Inhalte haben Sie auf den Berufsalltag vorbereitet? Vielleicht haben Sie das in Praktika oder Werkstudententätigkeiten schon unter Beweis stellen können?

Der Elevator Pitch zu Ihrem Studiengang kann besonders wichtig sein, wenn Sie ein eher exotisches Studienfach gewählt haben oder in einen fachfremden Beruf einsteigen möchten. Beispielsweise haben Sie in einem Philosophiestudium wahrscheinlich eine ausgeprägte Analysefähigkeit sowie logisches Denken einsetzen müssen. Diese Fähigkeiten werden auch von vielen Berufseinsteigern gefordert, zum Beispiel in der Unternehmensberatung.

Fragen zum potenziellen Arbeitgeber

»Was wissen Sie über unsere Firma?« oder »Haben Sie sich auf der Homepage über uns informiert?« Mit Fragen dieser Art ist zu rechnen, bevor die Interviewer näher auf die Firma beziehungsweise Institution sowie die Stelle eingehen. Das kann schon im ersten Teil des Gesprächs sein oder erst gegen Ende.

Natürlich kennen Ihre Gesprächspartner Ihr eigenes Unternehmen und Sie werden ihnen an dieser Stelle nichts Neues erzählen können. Vielmehr geht es darum zu prüfen, wie intensiv Sie sich bereits mit dem Unternehmen beschäftigt haben. Denn wenn sich der Bewerber viel Zeit für die Recherche zu seinem potenziellen Arbeitgeber genommen hat, wird das als ein positives Indiz für die Motivation des Kandidaten wahrgenommen.

Setzen Sie sich intensiv mit der Homepage Ihres potenziellen Arbeitgebers auseinander. Versuchen Sie, sich dabei auf die Aspekte zu konzentrieren, die im Zusammenhang mit Ihrem zukünftigen Aufgabenbereich stehen. Wenn Sie im Controlling einsteigen wollen, ist es sinnvoll, einen Blick in den Geschäftsbericht zu werfen. Als zukünftiger Mitarbeiter in der Unternehmenskommunikation wiederum ist es ratsam zu analysieren, wie sich das Unternehmen auf der eigenen Homepage, aber auch in den sozialen Medien präsentiert. Als Bewerber im Personalbereich sollten Sie sich mit den Karriereseiten der Homepage auseinandersetzen. Als informierter Bewerber wird es Ihnen leichtfallen, mit den Personalentscheidern ein anspruchsvolles Fachgespräch zu führen.

Persönlichkeitsbezogene Fragen

Beliebt sind bei Personalern Fragen, mit deren Hilfe sie Ihre Persönlichkeit erfassen können. Da Sie in den meisten Fällen keinen Probetag absolvieren werden, bevor Sie den Job starten, verwenden die Interviewer bestimmte Techniken, um in der begrenzten Zeit des Vorstellungsgesprächs Hinweise zu Ihren Denkmustern, typischen Verhaltensweisen und Einstellungen zu finden.

Machen Sie sich bewusst, dass es bei den Fragen in der Regel keine richtigen und falschen Antworten gibt. Es geht viel eher darum, dass Sie sich und Ihre Person authentisch präsentieren, Ihre Stärken in den Vordergrund stellen und ergründen, ob die ausgeschriebene Stelle tatsächlich zu Ihnen passt. Seien Sie also vorsichtig damit, Antworten zu geben, die der Interviewer vermeintlich hören möchte.

Anhaltspunkte aus Ihrer Biografie

Die Interviewer werden Fragen zu Ihrem Lebenslauf haben:

- Bestimmte Entscheidungen in Ihrem Leben:
  »Warum haben Sie sich gerade für diese Universität entschieden?«

- Sie werden gebeten, eine bestimmte Erfahrung oder Tätigkeit näher zu erläutern:
  »Beschreiben Sie, wie Sie bei der Organisation der Firmenfeier, für die Sie zuständig waren, vorgegangen sind!«

- Häufig werden bestimmte Soft Skills abgefragt:
  »Beschreiben Sie einen Fall, in dem Sie einen Kollegen oder einen Kommilitonen unterstützt haben, ein Problem zu lösen.«
  »Nennen Sie ein Beispiel aus Ihrem Leben, in dem Sie besondere Teamfähigkeit gezeigt haben!«

Situative Fragen – Beispiele aus Ihrem Leben

Ihre Gesprächspartner haben sich überlegt, welche typischen Situationen Sie allgemein im Berufsleben oder speziell auf der ausgeschriebenen Stelle zu bewältigen haben. Genau diese fiktiven Situationen beschreiben Sie in Form einer kleinen Fallaufgabe. Sie werden nun gebeten, sich in diese Situation zu versetzen und zu beschreiben, wie Sie handeln und welche Entscheidungen Sie treffen würden. Eine situative Frage kann beispielsweise so aussehen: »Ein Kollege aus Ihrem Team hat einen Fehler begangen, der das ganze Team betrifft. Wie gehen Sie mit dieser Situation um?«

Arbeitsblatt: Soft Skills – mit Persönlichkeit punkten

Schauen Sie sich die in der Stellenausschreibung geforderten Soft Skills an und notieren Sie Beispiele aus Ihrem Leben, in denen Sie diese Kompetenzen gezeigt haben. Wählen Sie Ereignisse, die über den alltäglichen Rahmen hinausgehen und Sie in einem besonderen Licht zeigen.

Ihr Dilemma ist, dass Sie weder als Petze dastehen möchten, noch einen Fehler verschweigen können, der für Sie selbst negative Folgen hat. Sinnvoll sind daher folgende Handlungsstrategien:

- ✔ Sie sprechen den Kollegen direkt auf seinen Fehler an.
- ✔ Sie versuchen, eine Lösung innerhalb des Teams herbeizuführen.
- ✔ Als letzte Eskalationsstufe informieren Sie den Vorgesetzten.
- ✔ Sie präsentieren Lösungen, wie solche Fehler in Zukunft vermieden werden können.

Stärken und Schwächen

Ein Klassiker ist die Frage nach den eigenen Stärken und Schwächen. Sie sollten mindestens drei Eigenschaften für beide Kategorien vorbereiten, da einige Personaler gern Zahlenvorgaben machen.

Für die Auswahl der Stärken schauen Sie in das Kompetenzprofil, das Sie sich in Kapitel 2 erarbeiten können. Denken Sie daran, jede Stärke mit Beispielen aus Ihrem Leben zu belegen.

Bei der Angabe der Schwächen sollten Sie darauf achten, authentisch zu sein. Verärgern Sie Ihre Interviewpartner also nicht, indem Sie Scheinschwächen wie Ungeduld und Perfektionismus nennen. Andererseits dürfen die Schwächen Sie auch nicht für Ihre Traumstelle disqualifizieren. Folgende Strategien können bei dieser schwierigen Aufgabe hilfreich sein:

- ✔ Wählen Sie Schwächen aus, die keine Beeinträchtigung der Kerntätigkeiten Ihres Wunschjobs nach sich ziehen (zum Beispiel geringes mathematisches Verständnis als Redakteurin).

- ✔ Zeigen Sie bei jeder Schwäche, wie Sie an dieser arbeiten (zum Beispiel Besuch eines Volkshochschulkurses bei geringen Englischkenntnissen).
- ✔ Thematisieren Sie offensichtliche Schwächen, die Ihre Interviewpartner bereits aus dem Lebenslauf herauslesen könnten (zum Beispiel bisher wenig Praxiserfahrung im Wunschbereich gesammelt)!

In Unternehmen mit gut ausgebildeten Personalern wird die Frage nach den Stärken und Schwächen indirekt gestellt.

- ✔ Da Sie Dinge, die Sie gut beherrschen, auch gerne machen im Gegensatz zu den Tätigkeiten, die Ihnen schwerfallen, werden Neigungen abgefragt:
  »Was hat Ihnen in Ihrem Praktikum am meisten Spaß gemacht und was überhaupt nicht?«
- ✔ Es wird neben Ihrer Einschätzung auch die Meinung Dritter erfragt, um Ihre Persönlichkeit in ihrer Gänze beleuchten zu können:
  »Wie beschreiben Sie Ihre Kommilitonen und wie beschreiben Sie sich selbst?«
  »Was hat Ihr letzter Chef besonders an Ihnen geschätzt und in welchem Bereich hat er Entwicklungspotenzial gesehen?«

Werteorientierte Fragen – Unternehmenskultur spielt auch eine Rolle

Wenn im Unternehmen bestimmte Werte eine Rolle spielen, müssen Sie mit Fragen hierzu rechnen. Man will herausfinden, ob Sie mit Ihren Vorstellungen und Erwartungen in die Unternehmenskultur passen. Daher ist auch wichtig, dass Sie ehrlich antworten. Schließlich wollen Sie nicht in einer Firma arbeiten, in der Sie sich ständig verbiegen müssen. Mögliche Fragen könnten sein:

- ✔ »Was hat Sie besonders geprägt in Ihrem Leben?«
- ✔ »Wer hat Sie besonders beeinflusst und warum?«
- ✔ »Was erwarten Sie von Ihrem Arbeitgeber?«

⚠ Wenn Ihre Gesprächspartner nach Ihren Erwartungen an die Firma fragen, wollen sie keine lange Wunschliste von Ihnen à la kostenlosen Kaffee, mindestens ein Seminar zur Weiterbildung im Jahr und eine intensive Unterstützung durch einen Mentor. Gehen Sie stattdessen darauf ein, wie Sie sich eine Einarbeitung vorstellen. Auch Ihre bevorzugte Arbeitsweise sollten Sie erläutern: Arbeiten Sie gerne im Team oder lieber alleine? Möchten Sie einen Vorgesetzten, der Sie eng führt und mit Ihnen regelmäßig Ihre Aufgaben bespricht? Oder arbeiten Sie gerne mit einem Chef, der allgemeine Ziele setzt und Sie eigenverantwortlich Lösungen finden lässt?

Fragen zu beruflichen Ambitionen und Zielen im Leben

Der potenzielle Arbeitgeber möchte Ihre Karriere- und Entwicklungswünsche ergründen. Man will herausfinden, ob sich Ihre Vorstellungen mit dem decken, was das Unternehmen oder die Behörde bieten kann und will. Mögliche Fragen könnten sein:

✔ »Was möchten Sie hier lernen und erreichen?«

✔ »Was erwarten Sie von Ihrem Chef und von Ihren Kollegen, um erfolgreich sein zu können? «

✔ »Wo sehen Sie sich in fünf Jahren?«

✔ »Warum haben Sie sich gerade auf diese Stelle beworben?«

Die Antworten auf diese Fragen helfen Ihnen zu klären, ob und wie Sie mit der ausgeschriebenen Stelle und bei diesem Arbeitgeber Ihre persönlichen Ziele erreichen können. Mit dem folgenden Arbeitsblatt können Sie sich Ihre individuellen Antworten zum Thema berufliche Ziele erarbeiten.

Arbeitsblatt berufliche Ziele – Wohin wollen Sie?

Notieren Sie sich Stichworte zu Ihren beruflichen Zielen und Ambitionen. Nehmen Sie sich Ihre Antworten aus Kapitel 2 zu Hilfe.

____

____

____

____

Fragen zum um die Ecke denken – Brainteaser und andere Fallstudien

Fallstudien sind beliebt, um die Analysefähigkeit, Flexibilität, Kreativität und Kommunikationsstärke der Bewerber zu testen. Bei diesen Aufgaben geht es darum zu ergründen, wie Sie mit einer großen Menge an Daten und Informationen umgehen. Sie müssen innerhalb kurzer Zeit Wesentliches von Unwesentlichem trennen können. Die wichtigen Informationen müssen Sie dann gut strukturieren, um schließlich einen schlüssigen Lösungsansatz zu erarbeiten. Es gibt unterschiedliche Typen von Fallstudien. Besonders gern werden Sie von Unternehmensberatungen in Bewerbungsprozessen eingesetzt:

Brainteaser

Wie der Name schon sagt, ist die Fragestellung bei einem Brainteaser oft nicht ganz ernst gemeint, aber dennoch will der Fragesteller eine plausible Antwort von Ihnen hören. Es geht oftmals darum, Marktanteile abzuschätzen.

Business Cases

Bei einer Fallstudie müssen Sie meistens ein strategisches Problem lösen. Dabei könnte es zum Beispiel darum gehen, dass ein Unternehmen ein neues Produkt einführen möchte. Sie, in der Rolle des Unternehmensberaters, sollen nun eine Markteinführungsstrategie entwickeln. Bei vielen Fallstudien erhalten Sie Material in Form von Diagrammen und Tabellen, die Sie interpretieren und für Ihre Lösung nutzen müssen.

Spotlight Unternehmensberatung: Fallstudien laut denkend lösen

Sobald der Interviewer die Fragestellung zur Fallstudie erläutert hat, sind Sie als Bewerber an der Reihe. Lassen Sie Ihr Gegenüber an Ihrem Lösungsprozess teilhaben, indem Sie die Aufgabe »laut denkend« lösen. Jetzt heißt es strukturiert

- ✔ nachzufragen, ob Sie die Aufgabenstellung richtig verstanden haben und Fragen zu stellen, um Ihr Verständnis mit weiteren Informationen zu verbessern,
- ✔ kurz darzulegen, mit welchen Schritten Sie den Fall lösen möchten,
- ✔ entlang dieser Schritte Lösungsansätze anzubieten und zu überprüfen,
- ✔ einen oder mehrere Lösungswege zu verfolgen (gegebenenfalls auszurechnen)
- ✔ und sich zu trauen, eine Antwort zu geben (wenn auch mit viel »wenn« und »falls«).

Die Bearbeitung einer Fallstudie dauert je nach Komplexität 15 bis 45 Minuten. Der Interviewer wird Ihnen immer wieder Feedback geben und Nachfragen stellen und Sie so durch den Fall leiten.

Scheuen Sie sich nicht, selbst viel zu fragen und so Ihre Hypothesen zu überprüfen. Und nutzen Sie Block und Stift, die Ihnen gereicht werden. Notieren Sie Ihre geplante Vorgehensweise, nutzen Sie die zusätzliche Sicherheit bei komplizierteren Rechnungen und visualisieren Sie Ihre Entscheidungsbäume. Wenn Ihr Gegenüber das Gefühl bekommt, dass Sie gute Schaubilder zeichnen, freut sich sein Beraterherz. Noch ein Tipp zur Vorbereitung: Spielen Sie lieber mit Freunden einige Fallstudien durch anstatt zu versuchen sich im Alleingang durch unzählige »durchzubohren«. Nur zu zweit können Sie die Situation simulieren und das Vorgehen im Fall wirklich üben.

Viel diskutiert und oft gefürchtet sind die Brainteaser-Fragen, auf die Sie auf Anhieb wahrscheinlich keine Antwort parat haben. Das können zum Beispiel Fragen sein, wie

- ✔ Wie viele Tuben Zahnpasta werden in Deutschland am Tag verbraucht?
- ✔ Wie viele Smarties passen in einen Smart?

Arbeitsblatt Brainteaser

Probieren Sie es aus! Überlegen Sie sich eine Antwort für folgende Frage: »Wie viele Tuben Zahnpasta werden in Deutschland im Jahr verbraucht?«

____

____

____

Lösungsvorschlag – So könnten Sie vorgehen:

- ✔ Überlegen Sie zunächst, wie häufig Sie selbst sich die Zähne putzen. Man kann davon ausgehen, dass sich die meisten Menschen in der Regel zweimal am Tag die Zähne putzen.
- ✔ Bei jedem Zähneputzen verbrauchen Sie durchschnittlich 0,5 ml Zahnpasta.
- ✔ Da es keine einheitliche Größe von Zahnpastatuben gibt, müssen Sie von einem durchschnittlichen Wert ausgehen. Eine Tube kann zwischen 75 ml und 125 ml enthalten, durchschnittlich also 100 ml.
- ✔ Demnach würde Ihnen eine Tube für 100 Tage ausreichen. Im Jahr brauchen Sie also 3,65 Tuben für Ihren persönlichen Zahnpastaverbrauch.
- ✔ Können Sie nun einfach den Verbrauch auf die Bevölkerung in Deutschland hochrechnen? Dann würden Sie nicht berücksichtigen, dass beispielsweise Säuglinge gar nicht Zähne putzen und manche ältere Personen ein Gebiss haben. Darüber hinaus wird es Personen geben, die sich häufiger (drei- bis viermal am Tag) die Zähne putzen. Sie können also einen Mittelwert zwischen null und viermal Zähne putzen schätzen. Gehen wir davon aus, dass wir einen Mittelwert von 2,5 bilden können.
- ✔ Nun können Sie den Verbrauch der Bevölkerung berechnen:
  - 2,5 × 0,5ml = 1,25ml
  - 100/1,25 = 80 Tage
  - 365/80 = 4,56 Tuben pro Jahr / Person
  - 4,56 × 80.000 000 = 364.800 000 Tuben pro Jahr in Deutschland
- ✔ Sie können sich der Aufgabe auch annähern, indem Sie Annahmen treffen, wie viel Prozent der Bevölkerung sich wie häufig die Zähne putzt und so entsprechend den Verbrauch errechnen. Das Ergebnis wird dann von unserem Vorschlag abweichen.

Bei Fragen, die um die Ecke gestellt sind, ist wieder ganz wichtig, dass Sie Ihren Gesprächspartner bei dem Entwurf Ihres Lösungswegs an Ihren Überlegungen teilhaben lassen, da es nicht nur darum geht, eine Zahl zu präsentieren. Viel interessanter ist für den Interviewer, welche Aspekte Sie bei Ihren Überlegungen einbezogen haben. Zudem will der Fragesteller sehen, wie Sie in Stresssituationen und auf eine Frage, zu der man in der Regel keine schnelle Lösung parat hat, reagieren.

Typische Fragen und mögliche Antworten

Nun haben Sie schon eine gute Grundlage, um für die unterschiedlichen Fragen im Vorstellungsgespräch gerüstet zu sein. Als weitere Hilfestellung hier nun weitere Hinweise, worauf Sie bei Ihren Antworten achten sollten.

»Warum haben Sie sich ausgerechnet auf diese Stelle beworben?«

Mit dieser Frage möchten Personaler herausfinden, wie detailliert Sie die Stellenanzeige angeschaut haben und ob Sie sich Gedanken gemacht haben, inwieweit Sie auf die Stelle passen und die Anforderungen erfüllen können. Verbunden damit ist auch die Frage nach Ihrer Motivation. Was reizt Sie inhaltlich an dieser Stelle?

- ✔ **Personaler wollen nicht hören:** »Ihr Unternehmen ist so traditionsreich. Sie wurden schon im Jahr 1865 gegründet und sind jetzt in 25 Ländern in Europa tätig.« Schön und gut, dass Sie Ihrem Gesprächspartner schmeicheln möchten. Sicherlich hören auch Personaler gern, dass das Unternehmen, für das sie arbeiten, auch bei Bewerbern beliebt ist. Aber Sie erzählen Ihrem Gesprächspartner nichts Neues – sein Unternehmen kennt er selbst. Gleichzeitig haben Sie nichts von sich selbst, Ihrer Motivation oder Ihren Erwartungen preisgegeben.

- ✔ **Plausibel klingt für Personaler:** »Ich habe mich auf diese Stelle beworben, weil ich die Kenntnisse aus meinem Studium bei dieser Stelle ideal einsetzen kann. In Ihrer Stellenanzeige schreiben Sie, dass die Aufgaben XY Teil der Stelle sind. Das habe ich bereits in meinem Praktikum XY gemacht.« Sie können auch erwähnen, dass Sie die Internationalität des Unternehmens schätzen. Vielleicht haben Sie selbst im Rahmen Ihres Studiums bereits Auslandserfahrung gesammelt. Aber im Wesentlichen geht es bei der Frage um Ihre ganz individuelle Motivation, sich für genau diese Stelle beworben zu haben und damit eben vor allem um Ihre Kenntnisse und Fähigkeiten.

»Wie stellen Sie sich Ihren idealen Arbeitsplatz vor?«

Mit Ihrer Antwort auf diese Frage möchte das Unternehmen ein Gefühl dafür bekommen, in welchem Umfeld Sie sich wohlfühlen und maximale Leistung bringen können. Es ist aber trotzdem kein »Wünsch-Dir-Was«.

- ✔ **Personaler wollen nicht hören:** »Also in einem Großraumbüro kann ich überhaupt nicht arbeiten. Das ist mir viel zu laut und man hat ständig Leute um sich herum. Und einen 15-Inch-Monitor brauche ich unbedingt. Ansonsten mache ich mir ja meine Augen kaputt.« Diese Frage ist keine Aufforderung an Sie, eine Wunschliste zu erstellen. Natürlich geht es auch darum zu prüfen, welche Erwartungen Sie an Ihren physischen Arbeitsplatz haben. Lehnen Sie kategorisch ein Großraumbüro ab, aber das Unternehmen hat eben nur solche Arbeitsplätze? Das allein wird noch nicht zu einer Absage führen, aber Ihren Gesprächspartnern zu denken geben. Als Programmierer können Sie darauf eingehen, mit welcher Hardware Sie gern arbeiten, aber formulieren Sie es bitte nicht als Muss-Kriterium. Gehen Sie lieber darauf ein, welche positiven Erfahrungen Sie in Ihren Praktika mit verschiedenen Arbeitsplätzen gemacht haben, und dass Sie sich flexibel auf neue Situationen einstellen können.

✔ **Plausibel klingt für Personaler:** »In meinen Praktika habe ich verschiedene Arbeitsplätze kennengelernt. Ich habe im Großraumbüro und in Zweier-Büros gearbeitet. Beides hat seine Vor- und Nachteile. Im Großraumbüro war der Austausch unter den Kollegen intensiver und man hat viel mehr mitbekommen. Im Zweier-Büro war es einfacher, sich auf schwierigere Aufgaben zu konzentrieren.« Vielleicht möchte der Personaler auch wissen, ob Sie jemand sind, der gern früh anfängt und dafür auch früh Feierabend macht. Ob Sie es gewohnt sind, vorgegebene Arbeitszeiten zu haben oder sich diese flexibel selbst einteilen konnten. Seien Sie hier ruhig ehrlich und verbinden Sie Ihre Antwort mit einer Rückfrage, wie das denn in dem Unternehmen gehandhabt wird.

»Wo sehen Sie sich in fünf (beziehungsweise zwei oder drei Jahren)?«

Mit dieser Frage wollen Ihre Gesprächspartner herausfinden, in welchem Umfang Sie sich schon Gedanken zu Ihrer beruflichen Entwicklung und Ihren Zielen gemacht haben.

✔ **Personaler wollen nicht hören:** »Das weiß ich doch heute noch nicht. Ich brauche jetzt erst mal einen Job.« Natürlich ist es schwer, zu Beginn der Karriere den eigenen Weg vorauszusagen. Es kommt ja doch häufig anders als man denkt. Und das kann sich auch in Ihrer Antwort widerspiegeln. Sie sollten sich jedoch im Vorfeld Gedanken gemacht haben, was Sie beruflich erreichen möchten. Wenn es Ihnen schwerfällt, fünf Jahre in die Zukunft zu denken, beziehen Sie sich eher auf mittelfristige Ziele. Auch sollten Sie dem Unternehmen nicht vermitteln, dass es beliebig und austauschbar ist. So wollen Sie als Bewerber auch nicht wahrgenommen werden.

✔ **Plausibel klingt für Personaler:** »Für mich ist es wichtig, den Berufseinstieg in einem Unternehmen zu machen, das seine Mitarbeiter fördert und fordert. In der ersten Zeit werde ich mich erst einmal in meine Aufgaben einarbeiten müssen. Ich möchte eigenverantwortlich arbeiten und nach und nach mehr Verantwortung übernehmen. Mit der Unterstützung meines Vorgesetzten kann ich in fünf Jahren vielleicht Projekte leiten.« Überlegen Sie sich vor dem Vorstellungsgespräch, wie Ihr beruflicher Weg idealerweise aussehen soll. Wenn Sie wissen, dass Sie gerne Führungskraft werden möchten, können Sie das auch kommunizieren. Aber auch, wenn Sie sich eher als Experte sehen, der für bestimmte Themen verantwortlich ist, sollten Sie das erwähnen. Glauben Sie nicht, dass ein Unternehmen hören will, dass Sie führen wollen. Schließlich braucht jedes Unternehmen eine gute Mischung aus Fach- und Führungskräften. Immer häufiger wird auch die Projektlaufbahn als dritte Karriereoption angeboten.

»Wie gehen Sie mit Kritik um?«

Bei dieser Frage geht es um Ihre Fähigkeit, mit negativem Feedback umzugehen. Gerade als Berufsanfänger haben Sie eine steile Lernkurve vor sich und es ist wichtig, dass Sie für Entwicklungshinweise offen sind.

- ✔ **Personaler wollen nicht hören:** »Kritik ist in Ordnung, wenn sie gerechtfertigt ist und von meinem Chef kommt. Was ich nicht mag, sind Leute, die sich ständig einmischen und meinen, Sie könnten jeden beurteilen und kritisieren.« Als Berufsanfänger können Sie noch nicht in jedem Fall beurteilen, ob Kritik gerechtfertigt ist. Auch sollten Sie nicht nur in Hierarchien denken und den Chef als alleinige Autorität akzeptieren. Sie kommen in Ihrer neuen Stelle in der Regel in ein bestehendes Team mit Kollegen, die sich gut auskennen mit dem Unternehmen und ihren Aufgaben.

- ✔ **Plausibel klingt für Personaler:** »Ich stehe am Anfang meiner beruflichen Laufbahn und werde noch viel lernen können. Daher wird mir die Kritik von meinem Chef und Kollegen helfen, wenn Sie konstruktiv ist.« Mit dieser Antwort zeigen Sie, dass Sie kritikfähig und lernbereit sind. Das sind gerade für Hochschulabsolventen wichtige Eigenschaften. Natürlich sollen Sie über ein gesundes Selbstbewusstsein verfügen und sich Ihrer Stärken bewusst sein. Kaum ein Vorgesetzter wird Ihnen aber abnehmen, dass Sie bereits alles können und über jede Kritik erhaben sind.

»Was sind Ihre Schwächen?«

Die Erkundung Ihrer Schwächen kommt meist in versteckter Form, aber es kann auch sein, dass Ihnen die Frage nach Ihren Schwächen direkt gestellt wird.

- ✔ **Personaler wollen nicht hören:** »Meine größte Schwäche ist Schokolade.« Diese vermeintlich lustige Antwort klingt abgedroschen. Sie werden als Reaktion höchstwahrscheinlich ein etwas gequältes Lächeln ernten und müssen damit rechnen, dass die Frage wiederholt wird. Auch Antworten wie »Ungeduld« und »Perfektionismus« sind durch Tipps in den vielen Bewerbungsratgebern verbrannt und gelten als Scheinschwächen.

- ✔ **Plausibel klingt für Personaler:** »In meinem ersten Praktikum sollte ich für ein Meeting eine PowerPoint-Präsentation vorbereiten. Ich hatte mich bis dahin nicht wirklich mit diesem Programm beschäftigt und die Präsentation sah aus wie »Kraut und Rüben«. Bevor das nächste Meeting anstand, habe ich mich mit PowerPoint beschäftigt und viel über YouTube-Videos gelernt. Inzwischen sehen meine Präsentationen ganz ordentlich aus, aber ich lerne immer noch dazu.« Ihre Schwäche muss nicht unbedingt eine Charaktereigenschaft sein. Es kann auch eine technische Fähigkeit sein, die Sie erst noch erwerben mussten. Wichtig ist bei Ihrer Antwort, dass Sie, wie wir es auch schon weiter oben im Kapitel beschrieben haben, authentisch ist und Sie dies durch Beispiele belegen können. Ideal ist es, wenn Sie Ihre Schwächen nicht nur erkannt haben, sondern auch dagegen steuern und sich vielleicht auch schon verbessert haben.

»Warum haben Sie eine schlechte Note in XY?«

Diese Frage kann aus verschiedenen Gründen gestellt werden. Sofern das Fach oder der Kurs relevant für die Position ist, kann es um Ihre Fachkenntnisse in diesem Bereich gehen und Sie müssen mit inhaltlichen Fragen zu diesem Thema rechnen. Wenn Ihre Leistungen von Fach zu Fach oder Semester zu Semester stark schwanken, will man vielleicht herausfinden, welcher Lerntyp Sie sind.

- ✔ **Personaler wollen nicht hören:** »Bei dem Lehrer/ Professor hatte ich keine Chance. Der hat nur schlechte Noten verteilt. Außerdem konnte er mich nicht leiden.« Aus solchen Antworten klingt heraus, dass Sie ungern die Verantwortung für Ihr eigenes Handeln übernehmen und gern anderen die Schuld geben. Im Berufsalltag ist dies eine denkbar schlechte Eigenschaft.

- ✔ **Plausibel klingt für Personaler:** »Ich hatte mir in dem Semester XY zu viel vorgenommen. Neben der Uni hatte ich auch noch eine Werkstudentenstelle, daher blieb wenig Zeit zu lernen. Ich hatte mich in der Lernphase auf andere Fächer konzentriert und, ehrlich gesagt, dieses Fach vernachlässigt.« Seien Sie ruhig ehrlich und geben zu, dass auch mal etwas nicht nach Plan gelaufen ist und Sie ein gestecktes Ziel nicht erreichen konnten. Nachvollziehbar ist auch, wenn Sie erklären, dass Ihnen ein bestimmtes Fach nicht gelegen hat. Wichtig ist zu beschreiben, wie Sie mit dem Misserfolg umgegangen sind und was Sie tun, um in der Zukunft solche Rückschläge zu vermeiden.

»Was machen Sie in Ihrer Freizeit?«

Diese Frage wird gern gestellt, um das Gespräch etwas aufzulockern und Ihnen die Möglichkeit zu geben, über etwas zu sprechen, das Ihnen Freude bereitet. Ihre Antwort auf diese Frage hilft Ihren Gesprächspartnern auch, sich ein ganzheitliches Bild von Ihrer Persönlichkeit zu machen. Wenn Sie sich für eine Stelle beworben haben, die eine hohe Reisetätigkeit erfordert, könnte die Frage darauf abzielen, wie stark Sie, zum Beispiel durch Vereinstätigkeit, in Ihrer Freizeit eingebunden sind und ob das im Widerspruch zu der Tätigkeit steht. Machen Sie sich in diesem Fall also Gedanken über die Vereinbarkeit von Freizeit und Beruf, um auch diese Frage meistern zu können.

- ✔ **Personaler wollen nicht hören:** »Ich spiele am Computer. Ich habe erst kürzlich meinen persönlichen High Score geknackt.« Sie müssen kein spannendes oder exotisches Hobby haben, aber Ihre Freizeitgestaltung sollte aus mehr bestehen, als nur am Rechner zu sitzen, denn schließlich möchten die meisten Arbeitgeber Mitarbeiter haben, die auch in ihrer Freizeit ein gewisses Maß an Sozialkompetenz erbringen.

- ✔ **Plausibel klingt für Personaler:** »Besondere Hobbys habe ich nicht, aber ich treffe mich gerne mit Freunden. Wir veranstalten regelmäßige, gemeinsame Kochabende und gehen mindestens einmal im Monat zusammen ins Kino.« Kochen und Kino sind keine spektakulären Hobbys, aber Sie zeigen, dass Sie ein Leben außerhalb von Uni und dann eben auch dem Beruf haben. Vielleicht fragt man Sie nun noch, welchen Film Sie zuletzt gesehen haben. Wenn einer Ihrer Gesprächspartner diesen Film auch gesehen hat, werden Sie möglicherweise auch noch kurz darüber sprechen, und schon ist Ihr Gespräch – zumindest für kurze Zeit – auf einer anderen und etwas persönlicheren Ebene. Sie können auch über Ihre Reisen oder Ihre sportlichen Aktivitäten sprechen. Auch hier besteht die Chance, Gemeinsamkeiten mit dem Gesprächspartner zu finden und somit Sympathiepunkte bei den Personalentscheidern zu sammeln.

Fragen in einer Fremdsprache

In Unternehmen, die Niederlassungen in verschiedenen Ländern und/oder ausländische Kunden haben, werden sehr gute Fremdsprachenkenntnisse, allen voran Englischkenntnisse, von Bewerbern erwartet. Denn diese Kandidaten sind von Anfang an vielfältig einsetzbar und müssen nicht erst die Schulbank drücken, um eine fremdsprachliche E-Mail schreiben zu können.

Manche Personaler stellen im Vorstellungsgespräch Fragen auf Englisch. So können sie testen, ob die Sprachkenntnisse der Kandidaten tatsächlich verhandlungssicher sind. Gerne wird auch zunächst nach Ihrer Selbsteinschätzung zu Ihrem Können gefragt, um anschließend den Abgleich von Fremd- und Selbstbild erleben zu können. Schätzen Sie sich realistisch ein und prahlen Sie nicht mit fließenden Sprachkenntnissen, wenn sie keine haben.

Häufig sind die fremdsprachlichen Fragen einfach, zum Beispiel wird der Bewerber aufgefordert, über seine Hobbys auf Englisch zu erzählen. Manchmal werden auch Fragen zum Lebenslauf gestellt, sodass es wichtig ist, Fachwörter aus der Uni oder aus den absolvierten Praktika auf Englisch parat zu haben. Bereiten Sie die Stichworte zu Ihrer Selbstpräsentation auch auf Englisch, beziehungsweise in einer weiteren für die Wunschposition relevanten Fremdsprache vor, wenn Sie sich bei international orientierten Unternehmen vorstellen. Mit der richtigen Vorbereitung sind auch Fragen in Fremdsprachen für Sie kein Problem. Keep Calm & Carry On.

Verbotene Fragen – die Grenzen eines Vorstellungsgesprächs

Grundsätzlich dürfen Ihnen als Bewerber nur Fragen gestellt werden, die für die Ausübung der Stelle wesentlich sind. Deshalb darf man beispielsweise nicht fragen, ob Sie bald heiraten möchten oder einen Kinderwunsch hegen. Werden Sie dennoch hierzu befragt, dürfen Sie die Antwort verweigern oder aber nicht wahrheitsgemäß antworten. Die Unwahrheit ist in diesen Fällen ausnahmsweise erlaubt, weil die Rechtsprechung in Deutschland davon ausgeht, dass eine Verweigerung Ihnen negativ ausgelegt werden könnte. Die Gesetze sind schließlich zum Schutz der Bewerber da und sollen Ihnen auf dem Weg zur Traumstelle keine Steine in den Weg legen.

Frauen laufen bei unbefristeten Stellenangeboten Gefahr, zu ihrer Familienplanung befragt zu werden. Denn mit einer Mutterschaft kommen Kosten und Unsicherheiten in der Personalplanung auf die Unternehmen zu: Die Mitarbeiterin setzt mindestens vierzehn Wochen aus (sechs Wochen vor und acht Wochen nach der Geburt), jedoch maximal drei Jahre pro Kind. Während des Mutterschutzes muss das Unternehmen der Mitarbeiterin zwar kein Gehalt, jedoch einen Geldbetrag als Zuschuss zum von der Krankenkasse zu zahlenden Mutterschaftsgeld zahlen. In der Elternzeit, die sich an den Mutterschutz anschließen kann, muss die Mutter nicht arbeiten, hat jedoch einen besonderen Kündigungsschutz.

Zum Ende der Elternzeit hat die Mitarbeiterin zwar keinen Anspruch auf den gleichen Arbeitsplatz, jedoch auf einen gleichwertigen. Genau das muss das Unternehmen in seiner Personalplanung berücksichtigen.

Rechtliche Grundlagen – Hintergrundwissen für Sie

Von rechtlicher Seite werden Interviewern bei der Wahl ihrer Fragen Grenzen gesetzt. Das soll einerseits die Chancengleichheit unter den Bewerbern sicherstellen und andererseits die Privatsphäre der Kandidaten schützen. Wichtige Rechtsquellen hierzu sind das Grundgesetz, das Mutterschutzgesetz und das seit 2006 bestehende Allgemeine Gleichbehandlungsgesetz, das vor Diskriminierungen schützen soll.

Fragen zu folgenden Themen sind nicht erlaubt:

- ✔ Nach Behinderungen, wenn sie nicht im Zusammenhang mit der Tätigkeit stehen
- ✔ Schwangerschaft oder Familienplanung
- ✔ Ethnische Herkunft
- ✔ Sexuelle Orientierung
- ✔ Religion und Weltanschauung
- ✔ Partei- oder Gewerkschaftszugehörigkeit
- ✔ Vorliebe für PC-Spiele mit Gewaltinhalten

Fragen zu folgenden Themen sind unter bestimmten Voraussetzungen gestattet:

- ✔ Nach Vorstrafen und allgemein Delikten darf gefragt werden, wenn das relevant für den Job ist. Das ist zum Beispiel im Bereich Rechnungswesen/Controlling wegen der besonderen Vertrauenswürdigkeit, die für derartige Jobs unabdingbar ist, wichtig.
- ✔ Wenn Sie bei einer Bank beispielweise im Bereich Kundenberatung anfangen wollen, schreibt die Aufsichtsbehörde BaFin vor, dass Sie Ihrem neuen Arbeitgeber ein polizeiliches Führungszeugnis vorlegen.
- ✔ Persönliche Fragen können gestellt werden, wenn Sie bei einer Partei ins Berufsleben starten möchten oder sich in einer kirchlichen Institution bewerben. Denn bei Jobs in sogenannten Tendenzbetrieben kann die Parteimitgliedschaft beziehungsweise Religionszugehörigkeit ein zulässiges Einstellungskriterium sein.

Am besten reagieren Sie auf persönliche Fragen zu Partnerschaft und Kinderwunsch mit einem netten Lächeln und einer allgemein gehaltenen, freundlichen Antwort wie »Ich habe mein Studium gerade erst abgeschlossen. Im Moment ist es mein Ziel, bei einem tollen Unternehmen ins Arbeitsleben zu starten und Berufserfahrung zu sammeln.«

Fragen des Bewerbers

Als letzten Block im Vorstellungsgespräch wird der Bewerber gebeten, seine Fragen zu stellen. Einsilbigkeit wird an dieser Stelle als Desinteresse interpretiert. Stellt der Bewerber Fragen, deren Antworten er durch einen Blick auf die Homepage hätte beantworten können, erscheint das als uninformiert. Sie sehen, dass es nicht so einfach ist, die Interviewer zufrieden zu stellen. Daher ist es wichtig, dass Sie sich vorab überlegen, wie Sie diesen Teil des Interviews sinnvoll füllen möchten.

Empfehlenswert ist, sofern das nicht schon im Verlauf des Interviews beantwortet wurde, Fragen zum Aufgabenbereich der Stelle und Detailfragen zum Unternehmen beziehungsweise der Institution zu stellen. Denken Sie daran, dass die Antworten auf gut durchdachte Fragen auch Ihnen helfen zu entscheiden, ob die Stelle und das Unternehmen zu Ihnen passen.

Hier finden Sie einige Beispiele:

✔ Wie groß ist das Team?

✔ Wie gestaltet sich bei Ihnen die Einarbeitung?

✔ Wird die Stelle neu geschaffen oder ist es eine Nachbesetzung?

✔ Was wären Ihre wesentlichen Erwartungen an mich als neuen Mitarbeiter?

✔ Worauf wird in Ihrem Unternehmen bei der Zusammenarbeit zwischen den Mitarbeitern besonderen Wert gelegt?

✔ Wie würden Sie die Kultur in Ihrem Unternehmen beschreiben?

✔ Unternehmen die Mitarbeiter auch ab und zu etwas zusammen in ihrer Freizeit?

✔ Würde es für mich Angebote zur Weiterbildung geben?

✔ Wissen Sie schon, wann Sie sich entscheiden? Wird es ein Zweitgespräch geben?

Diese Frage können Sie als Abschluss im Erstgespräch stellen, um nach dem weiteren Verlauf zu fragen.

Zurückhaltend sollten Sie mit Fragen zu Arbeitszeiten sein, da Personaler das häufig als mangelnde Einsatzbereitschaft werten. Auch die Frage nach dem Gehalt sollten Sie nicht stellen. Selbstbewusster wirkt es, wenn Sie als Bewerber abwarten, bis die Personaler dieses Thema anschneiden. Ausführliche Tipps zur Gehaltsverhandlung finden Sie in Kapitel 10.

Wenn die Interviewer tatsächlich alle Fragen, die Sie eigentlich vorbereitet hatten, bereits von sich aus beantwortet haben, können Sie die »Frage nach den Fragen« folgendermaßen geschickt umgehen: »Ehrlich gesagt, haben Sie bereits so ausführlich über die Stelle und Ihr Unternehmen berichtet, dass sich alle meine Fragen schon beantwortet haben. Das Gespräch war sehr informativ. Vielen Dank dafür!«

Das Telefoninterview – der heiße Draht zum Arbeitgeber

Wir haben das Telefoninterview zwar an das Ende des Kapitels gestellt, aber tatsächlich ist es oft der erste Schritt in einem Bewerbungsprozess. Meistens wird es von Mitarbeitern aus der Personalabteilung durchgeführt und dauert 30 bis 60 Minuten.

Gründe für ein Telefoninterview

Ziel des Interviews ist es, eine Vorauswahl unter den Kandidaten zu treffen, die nach der Papierform die wichtigsten Kriterien erfüllt haben. Dabei können folgende Themen im Fokus stehen:

- ✔ Fachwissen: Haben Sie das Wissen, das für diese Stelle erforderlich ist? Oft wird in Form eines Fragebogens Ihr Wissen abgefragt.
- ✔ Motivation: Warum haben Sie sich auf die Stelle beworben? Passen Ihre Erwartungen zu der zu besetzenden Stelle und dem Arbeitgeber?
- ✔ Gehalt: Arbeitgeber haben für Ihre Stellen eine gewisse Gehaltsbandbreite, in der Sie sich bewegen können. Bei Positionen für Hochschulabsolventen gibt es oft auch ein festes Einstiegsgehalt. Es kann auch sein, dass ein Gehaltstarifvertrag Anwendung findet. Wenn Ihre Vorstellungen zu weit entfernt sind von dem, was Ihr potenzieller Arbeitgeber zahlen kann, ist dies möglicherweise schon ein k. o.-Kriterium.
- ✔ Eintrittstermin: Wenn Sie sich auf ein Trainee-Programm oder Volontariat beworben haben, gibt es in der Regel feste Eintrittstermine. Ob Sie zu einem bestimmten Zeitpunkt für die Firma, Behörde beziehungsweise den Verein zur Verfügung stehen, könnte auch Thema im Gespräch sein.
- ✔ Weitere offene Punkte: Vielleicht haben Ihre Bewerbungsunterlagen Fragen hinterlassen. Wenn Ihr Lebenslauf Lücken aufweist, wird die Personalabteilung vielleicht noch mal genauer nach den Gründen fragen oder auch noch fehlende Zeugnisse anfordern.

Tipps für ein erfolgreiches Telefoninterview

Wenn Sie die folgenden Tipps beachten, wird Ihr Telefoninterview mit Sicherheit ein Erfolg.

- ✔ Sorgen Sie dafür, dass Sie zum geplanten Gesprächszeitpunkt an einem ungestörten Ort sind.
- ✔ Planen Sie ausreichend Zeit ein. Informieren Sie sich gegebenenfalls im Vorfeld über die voraussichtliche Länge des Gesprächs.

- ✔ Das Gespräch sollten Sie in einem geschlossenen Raum führen. Auch wenn es reizvoll erscheint, entspannt im Garten zu sitzen – Windböen, Blätterrascheln oder vorbeifahrende Autos können für den Gesprächspartner störend sein.
- ✔ Ihre Stimme ist Ihr Instrument. Achten Sie auf Ihre Sprechgeschwindigkeit, Lautstärke und auf die Länge Ihrer Sätze. Bei einem Telefoninterview ist wichtiger, präzise auf den Punkt zu kommen.
- ✔ Machen Sie Pausen und geben Ihrem Gesprächspartner die Gelegenheit, Fragen zu stellen. Da Sie keine optischen Signale von Ihrem Gegenüber bekommen, sollten Sie nicht ohne Punkt und Komma reden.
- ✔ Hilfreich ist es, beim Telefonat seinen Lebenslauf dabei zu haben. Schreiben Sie aber auf keinen Fall ein ausführliches Script, von dem Sie womöglich noch ablesen. Das sieht Ihr Gesprächspartner zwar nicht, aber er wird es mit sehr hoher Wahrscheinlichkeit hören.
- ✔ Lassen Sie sich nicht ablenken. Ihr Gesprächspartner am Telefon wird es hören, wenn Sie nebenbei in Zeitschriften blättern oder auf einer Tastatur tippen.

Wenn Sie zu Beginn des Gesprächs gebeten werden, sich vorzustellen, orientieren Sie sich an einem kurzen Elevator Pitch.

Das Video-Interview – lieber nicht im Schlafanzug

Video-Interviews gewinnen bei Unternehmen zunehmend an Beliebtheit. Dafür nutzen Unternehmen unterschiedliche Anbieter. Neben dem Klassiker Skype werden auch unternehmensinterne Systeme für Videokonferenzen genutzt. Das Unternehmen wird Ihnen die Zugangs- beziehungsweise Einwahldaten zuschicken. Sie brauchen eine stabile Internetverbindung und eine Webcam.

Gründe für ein Videointerview

In manchen Unternehmen lösen Video-Interviews Telefoninterviews ab. Die Vorteile für Unternehmen liegen klar auf der Hand. Sie gewinnen von den Bewerbern einen persönlichen Eindruck, den sie im Telefoninterview nicht bekommen. Gleichzeitig sparen sie Kosten für die Anreise zu einem Erstgespräch. Für die Bewerber entfallen einige Vorteile eines Telefoninterviews. Ein Telefonat können Sie fast überall und in jedem Outfit annehmen. Bei einem Videointerview sollten Sie sich allerdings nicht gerade im Schlafanzug vor die Webcam setzen.

Tipps zur Vorbereitung und Durchführung eines Videointerviews

Wenn Sie die folgenden Tipps beachten, wird Ihr Telefoninterview mit Sicherheit ein Erfolg.

- ✔ Achten Sie auf den Hintergrund, der im Blickfeld Ihres Gesprächspartners sein wird. Hängt hier noch ein Poster Ihrer Lieblingsband aus Teenagerzeiten oder eine vertrocknete Zimmerpflanze? Sie müssen sich nicht in einen sterilen Raum setzen, aber der Hintergrund sollte nicht zu unruhig oder unaufgeräumt sein oder etwas von Ihnen preisgeben, das Sie als Teil Ihrer Privatsphäre empfinden.
- ✔ Führen Sie das Gespräch in ungestörter Atmosphäre. Ein Internet-Café oder der öffentliche Rechner an der Uni sind keine geeigneten Orte.
- ✔ Ihre Gesprächspartner erwarten nicht, dass Sie im Anzug vor der Webcam sitzen. Aber der gemütliche Schlabberpulli sollte es auch nicht sein (orientieren Sie sich an den Tipps zum Business Casual Dresscode in Kapitel 1).
- ✔ Überprüfen Sie in einem Testgespräch Ihre Webcam, das Mikro und die Internetverbindung. Können Sie Ihren Gesprächspartner gut verstehen und andersherum? So können Sie auch herausfinden, welchen Bildausschnitt Ihr Gesprächspartner sehen kann.

Nun sind Sie bereit für das Gespräch. Hier noch einige Tipps, an die Sie im Interview denken sollten:

- ✔ Bereiten Sie sich rechtzeitig auf die Einwahl in das Gespräch vor. Planen Sie einige Minuten ein, um der Videokonferenz beizutreten, vor allem, wenn Sie noch Konferenznummern und andere Einwahldaten eingeben müssen.
- ✔ Schauen Sie direkt in die Kamera, sodass Ihr Gesprächspartner das Gefühl hat, Sie anzuschauen. Schauen Sie nicht an der Kamera vorbei und drehen Sie sich nicht weg.
- ✔ Da Ihr Gesprächspartner nur einen kleinen Ausschnitt von Ihnen wahrnimmt, sollten Sie auf Ihre Mimik achten. Sie sollten im Gespräch weder zu teilnahmslos wirken noch sollten Sie übertriebene Gesichtsakrobatik machen.
- ✔ Machen Sie sich keine Notizen während eines Interviews. Was während eines persönlichen Vorstellungsgesprächs durchaus positiv gewertet wird, kann hier irritierend wirken, da es den Eindruck erwecken kann, als wären Sie von anderen Dingen abgelenkt.

Eine besondere Form des Video-Interviews

Eine relativ neue und noch nicht sehr verbreitete Form sind aufgezeichnete Video-Interviews. In diesem Fall können Sie das Interview zum Zeitpunkt Ihrer Wahl durchführen. Sie haben allerdings keinen realen Gesprächspartner. Die Fragen, die Ihnen gestellt werden, sind entweder aufgezeichnet oder auf dem Bildschirm zu lesen. Sie zeichnen Ihre Antworten auf und übermitteln Sie an das Unternehmen. In manchen Fällen können Sie die Aufnahme beliebig oft wiederholen, bevor Sie eine letzte Version abschicken. Und das ist auch die Herausforderung bei dieser Form des Interviews. Wenn Sie schon einmal eine Nachricht auf Ihrer Mailbox aufgenommen haben, kennen Sie bestimmt das Gefühl, völlig unnatürlich gesprochen zu haben. Das kann Ihnen hier auch passieren, denn Ihnen fehlt der Gesprächspartner, mit dem Sie interagieren können. Wenn Sie die Fragen im Vorfeld kennen beziehungsweise ausreichend Zeit zwischen Fragestellung und Aufzeichnung der Antwort haben, machen Sie ein paar Probeläufe. Ihre Antwort sollte allerdings nicht zu einstudiert wirken. Sie können auch einen Testlauf machen, indem Sie sich mit Ihrer Handykamera aufzeichnen und überprüfen, wie Sie auf der Aufnahme wirken. Achten Sie dabei auf die Tonalität, die Mimik und ob Sie den Augenkontakt in die Kamera richten.

Vorstellungsgespräche für Praktika und Freiwilligenarbeit im Ausland

Das Vorstellungsgespräch für Praktika und ehrenamtliche Arbeiten im Ausland wird in den meisten Fällen aus Kosten- und Zeitgründen in Form eines Video- oder Telefoninterviews durchgeführt. Beachten Sie daher die vorne aufgeführten Tipps zu diesen Interviewformen.

Bei einem Auswahlgespräch in einer Fremdsprache ist eine umfassende Vorbereitung unerlässlich:

- ✔ Gehen Sie die einzelnen Stationen Ihres Lebenslaufs durch und machen sich Stichpunkte in der Fremdsprache, um Ihren Werdegang zu beschreiben.
- ✔ Beantworten Sie typische Fragen, die Interviewer stellen könnten, stichwortartig in der Fremdsprache.
- ✔ Überlegen Sie sich Ihre Fragen zu der Wunschtätigkeit und Ihrem Wunscharbeitgeber in der Fremdsprache.
- ✔ Simulieren Sie mit einem Freund, der die jeweilige Landessprache gut beherrscht, das Interview.
- ✔ Achten Sie darauf, beim Interview keine auswendig gelernten oder aufgeschriebenen Sätze aufzusagen. Das wird Ihr Gesprächspartner wahrscheinlich merken und Sie werden dadurch Minuspunkte sammeln. Wenn Sie sich jedoch trotz guter Vorbereitung einzelne Fachbegriffe in der Fremdsprache nicht merken könnten, notieren Sie sie als Gedankenstütze.

Nach dem Vorstellungsgespräch

Das Gespräch ist vorüber und der Arbeitgeber hat Sie über die nächsten Schritte informiert. Sie wissen ungefähr, wann Sie mit einer Entscheidung durch Ihren potenziellen Arbeitgeber rechnen können. Glauben Sie, dass die Entscheidung schon gefallen ist und Sie das Ergebnis

Beispiel für eine Dankes-E-Mail

Sehr geehrte Frau Müller,

für das angenehme Gespräch in Ihrem Hause möchte ich mich noch einmal bedanken. Ich konnte einen sehr guten Einblick in Ihr Unternehmen gewinnen und bin überzeugt, dass ich in der Position als Junior Controller meine Erfahrungen aus Studium und Praktika ideal einbringen kann. Mich reizt insbesondere die Möglichkeit, an dem Aufbau eines Reporting Systems mitzuwirken und in einem internationalen Team zu arbeiten.

Ich hoffe, dass ich Sie von meinen Stärken überzeugen konnte und warte gespannt auf Ihre Rückmeldung.

Mit freundlichen Grüßen

Max Mustermann

nun auch nicht mehr beeinflussen können? Als Antwort darauf können wir Ihnen ein unklares »Jein« geben. Zum einen haben Sie normalerweise mehrere Gesprächspartner, die unterschiedlicher Meinung sein können und sich auch darüber austauschen werden. Zum anderen stehen vielleicht noch Gespräche mit weiteren Bewerbern an, mit denen man Sie vergleichen wird. Was können Sie also tun, um sich in Erinnerung zu rufen? Eine Möglichkeit ist es, ungefähr einen Tag nach dem Gespräch eine Dankes-E-Mail an einen oder alle Gesprächspartner zu senden.

In der E-Mail können Sie sich für das Gespräch bedanken und Ihre Eindrücke aus dem Gespräch schildern. Was hat Ihnen besonders gut gefallen und worin sehen Sie Ihre Stärken für diese Position? Passen Sie auf, dass Sie im Ton nicht zu anbiedernd sind, und verfassen Sie auch nicht ein zweites Anschreiben. Es genügt, wenn Sie auf ein oder zwei Aspekte eingehen, die Ihnen relevant erscheinen.

Nach dem Gespräch ist vor dem Gespräch

Nach dem Gespräch sind Sie sicherlich erst einmal erleichtert, alles überstanden zu haben. Sie werden bestimmt auch eine klare Meinung zu Ihrem Auftritt im Gespräch haben. Wie nach einer Klausur werden Sie entweder denken »Das habe ich total versaut.« oder »Das ist doch richtig gut gelaufen!«. Ihr Eindruck muss sich nicht mit dem Ihrer Gesprächspartner decken. In jedem Fall sollten Sie über sich selbst nachdenken, um in zukünftigen Vorstellungsgesprächen noch besser zu sein.

Die Eindrücke aus dem Gespräch nutzen

Nutzen Sie die Eindrücke aus dem Interview für die Vorbereitung weiterer Gespräche:

- ✔ Hatten Sie das Gefühl, Ihre Selbstvorstellung war zu kurz oder zu lang? Legen Sie sich nochmal neue Varianten zurecht, in denen Sie andere Schwerpunkte setzen.
- ✔ Notieren Sie nach dem Gespräch die Fragen, auf die Sie nicht sofort eine Antwort hatten. Was würden Sie antworten, wenn Ihnen die Frage noch einmal gestellt werden würde?
- ✔ Mit welchen Ihrer Antworten waren Sie nicht zufrieden? Denken Sie über neue Antwort-Varianten nach und überlegen sich gegebenenfalls neue Beispiele.
- ✔ Haben Sie eine Antwort gegeben, mit der Sie sich ganz offensichtlich für die Stelle disqualifiziert haben, zum Beispiel bei der Frage nach Ihrer Reisebereitschaft? Überprüfen Sie noch einmal, auch im Hinblick auf zukünftige Bewerbungen, welche Erwartungen Sie an Ihre zukünftige Tätigkeit haben und inwieweit Sie bereit sind, Kompromisse zu machen, um einen guten Job zu bekommen.
- ✔ Ihnen ist doch noch eine wichtige Frage eingefallen, die Sie im Gespräch nicht gestellt haben? Wenn man Ihnen angeboten hat, dass Sie sich im Nachhinein melden können, nutzen Sie diese Möglichkeit.

Mit einer Absage umgehen

»Vielen Dank für das Gespräch, aber wir haben uns für einen anderen Kandidaten entschieden.« Das sind natürlich Worte, die Sie nach dem Gespräch nicht hören wollen. Wenn Sie mit dem Gefühl aus dem Gespräch gegangen sind, dass es furchtbar gelaufen ist oder die Stelle nicht zu Ihnen passt, wird es Ihnen wahrscheinlich leichter fallen, eine Absage hinzunehmen. Aber besonders dann, wenn Sie mit einem guten Gefühl aus dem Gespräch gegangen sind und die Stelle unbedingt haben wollten, werden Sie sich fragen, was falsch gelaufen ist.

Wegen des Allgemeinen Gleichbehandlungsgesetzes sind Personalabteilungen vorsichtig bei Absagen geworden. Man möchte ungern einem potenziellen Kläger einen Beweis für einen AGG-Verstoß liefern. Das sollte Sie aber nicht davon abhalten, bei einer Absage nach den Gründen zu fragen.

Wenn Sie um Feedback zu den Absagegründen bitten, werden Sie in neun von zehn Fällen wohl die Standardantwort erhalten, dass ein anderer Kandidat besser für die Stelle qualifiziert war. Aber vielleicht bekommen Sie einen nützlichen Hinweis für zukünftige Bewerbungsgespräche. Mitarbeiter der Personalabteilungen werden solche Auskünfte lieber telefonisch als schriftlich geben. Wenn Sie die Absage per E-Mail erreicht hat, versuchen Sie einen Termin für ein kurzes Telefonat für das Feedback zu vereinbaren. Wenn die Mitarbeiter der Personalabteilung sehr ausgelastet sind, kann es jedoch auch passieren, dass Sie kein ausführliches Feedback bekommen werden.

Wie Sie Feedback annehmen

Wenn es darum geht, Feedback anzunehmen, sollten Sie folgende Dinge beachten:

✔ Hören Sie zu und unterbrechen Sie Ihren Gesprächspartner nicht.

✔ Falls Ihnen etwas unklar ist, fragen Sie nach, aber stellen Sie nicht grundsätzlich die Entscheidung in Frage.

✔ Rechtfertigen Sie sich nicht. Die Entscheidung ist gefallen und wird sich nun nicht mehr ändern. Die anderen Bewerber hatten die gleichen Voraussetzungen wie Sie und nun gilt es zu akzeptieren, dass jemand anderes nach Meinung der Personalentscheider besser zur ausgeschriebenen Position passt.

IN DIESEM KAPITEL

Bausteine und Zielsetzung eines Assessment Centers

Vorbereitung auf mehrstufige Gruppenauswahlverfahren

Vorstellung verschiedener Tests im Auswahlverfahren

Kapitel 9
Das Assessment Center

In diesem Kapitel erfahren Sie, aus welchen Bausteinen ein Assessment Center typischerweise besteht, und welche Zielsetzung diese Methode verfolgt. Außerdem erhalten Sie Tipps und Übungen, um sich optimal auf ein derartiges mehrstufiges Auswahlverfahren, das in der Regel in Gruppen stattfindet, vorzubereiten.

Der englische Begriff »assessment« bedeutet Beurteilung oder Bewertung. Ein Assessment Center (AC) ist demnach, wörtlich übersetzt, ein Beurteilungszentrum. Es ist ein Auswahlverfahren, das Unternehmen und Institutionen einsetzen, um geeignete Mitarbeiter zu finden. Zu einem Assessment Center werden mehrere Bewerber gleichzeitig eingeladen, die im Team und einzeln bestimmte Übungen beziehungsweise Tests machen müssen. Durch den direkten Vergleich der Kandidaten erhoffen sich die potenziellen Arbeitgeber, gezielt die Stärken und Fähigkeiten der Bewerber herauszufinden und damit eine Aussage für die Eignung für die Stelle machen zu können.

Ein besonderer Fokus des Assessment Centers liegt auf der Teamfähigkeit, denn diese ist in nahezu jedem Job wichtig. Durch Gruppenaufgaben kann diese Kompetenz umfassend getestet werden.

Assessment Center für Hochschulabsolventen werden häufiger in großen Unternehmen als in kleinen durchgeführt. Große Firmen haben einerseits einen höheren Bedarf an Absolventen und andererseits umfassendere personelle und finanzielle Ressourcen, um dieses vergleichsweise aufwendige Bewerbungsverfahren durchführen zu können. Teilweise werden auch externe Firmen, die sich auf Personalauswahlverfahren spezialisiert haben, für die Konzeption und Durchführung des Assessment Centers beauftragt. Meist dauert ein Assessment Center für Hochschulabsolventen einen Tag.

Professionelle Beobachtung

Während der Übungen werden Sie von Personalverantwortlichen und teilweise auch externen Personalauswahlexperten beobachtet und analysiert. Hierzu haben sich die Arbeitgeber vorab Kriterien überlegt, nach denen sie während der Übungen Ihre Eignung bewerten. Nachfolgend finden Sie ein Beispiel eines Bewertungsblatts zu gängigen Beurteilungskriterien mit einer Skala, die einfaches Ankreuzen ermöglicht. Wenn Sie die Gelegenheit haben, mit Freunden oder der Familie einige der Übungen auszuprobieren, bitten Sie sie, Ihre Leistung anhand des Arbeitsblatts zu bewerten. So erhalten Sie ein sachbezogenes, konkretes Feedback, das Ihnen hilft, sich fortlaufend zu verbessern.

Tabelle 9.1 zeigt das Beispiel eines Beobachterbogens. Ein Bogen dieser Art wird von den Beobachtern genutzt, um im Laufe des Assessment Centers das Verhalten der Teilnehmer zu notieren. Je nach Übung wird der Fokus auf bestimmte Kompetenzen gelegt.

	Gar nicht gezeigt	Wenig gezeigt	Häufig gezeigt	Immer gezeigt
Kommunikation				
Hört aktiv zu, geht auf andere Beiträge ein				
Zeigt Offenheit und kann auf andere Menschen zugehen				
Führt verschiedene Beiträge zusammen				
Körpersprache				
Setzt Mimik und Gestik ein				
Hält Blickkontakt				
Offene und unverkrampfte Körperhaltung				
Auftreten				
Hat eine angemessene Sprechgeschwindigkeit und Lautstärke				
Hat eine deutliche Aussprache				
Soziales Verhalten				
Kann sich auf andere Personen einstellen, ohne den eigenen Standpunkt aufzugeben				
Kann sich in andere Personen oder Meinungen hineinversetzen				
Kann in schwierigen Situationen vermitteln				
Durchsetzungsvermögen				
Bringt gute Argumente zur richtigen Zeit				
Aussagen/ Argumente werden überzeugend vorgebracht				
Beiträge werden von der Gruppe als wertvoll erachtet				
Fachkompetenz				
Versteht Fachbegriffe und verwendet diese				
Kann schwierige Sachverhalte erfassen				

Tabelle 9.1: Beobachtungsbogen aus einem Assessment Center

Grundsätzliches zur Vorbereitung

Bevor wir Ihnen detaillierte Tipps zur Vorbereitung auf die verschiedenen Übungen geben, die Bestandteil eines Assessment Centers sein können, wollen wir Ihnen einige grundsätzliche Hinweise geben, die Sie bei der Vorbereitung auf ein Assessment Center beachten sollten.

Stellenausschreibung, Homepage und Internetrecherche

Wie auch bei der Vorbereitung auf ein Vorstellungsgespräch sind die Stellenausschreibung, die Homepage und eine Internetrecherche wichtige Hilfen für Ihre optimale Vorbereitung (in Kapitel 8 finden Sie Übungen, wie Sie die Stellenanzeige im Hinblick auf ein Vorstellungs-

Arbeitsblatt: Recherche über den potenziellen Arbeitgeber

Welche Werte hat der Arbeitgeber auf der Homepage und in der Stellenanzeige genannt? Häufig finden Sie zum Beispiel Chancengleichheit, Vielfalt, Nachhaltigkeit und Innovation. Inwieweit decken sich die Werte mit Ihren persönlichen Wertvorstellungen und persönlichen Eigenschaften? Schauen Sie sich als Hilfestellung die in Kapitel 2 erarbeiteten persönlichen Wertevorstellungen an.

____

____

____

Wie wird die Kultur beschrieben? Gibt es Überschneidungen zu Firmenkulturen, die Sie bisher kennengelernt haben? Inwiefern können Sie sich mit der Kultur identifizieren?

____

____

____

Welche Ziele hat der Arbeitgeber? Welchen Herausforderungen, beispielsweise technologischer Art, steht die Firma gegenüber? Haben Sie, etwa durch Praktika, Firmen oder Behörden kennengelernt, die ähnliche Ziele verfolgen und/oder sich mit ähnlichen Problemstellungen auseinandersetzen müssen?

____

____

____

gespräch analysieren und aufbereiten). In der Stellenanzeige und auf der Homepage finden Sie wertvolle Hinweise darüber, wie Ihr potenzieller Arbeitgeber »tickt«. Bewertungsportale wie Kununu oder eine allgemeine Internetsuche können Ihnen wertvolle Informationen geben, wenn Sie sich bei einem größeren Unternehmen bewerben. Das kann Ihnen einerseits helfen, mögliche Themenstellungen für die Aufgaben des Assessment Centers vorauszusehen. Andererseits erhalten Sie eine Vorstellung davon, welche Eigenschaften der zukünftige Mitarbeiter idealerweise haben sollte.

Auch der Arbeitgeber stellt sich vor

Immer häufiger nutzen Unternehmen und größere Behörden Assessment Center dazu, nicht nur Bewerbern auf den Zahn zu fühlen, sondern sich auch als Arbeitgeber zu präsentieren. So stellen Arbeitgebervertreter die Geschäftsfelder, die Geschichte aber auch die Karriere- und Weiterbildungsmöglichkeiten vor. Nicht selten präsentieren junge Mitarbeiter ihren Werdegang und ihre aktuellen Tätigkeiten. Der Arbeitgeber möchte damit bei den Bewerbern punkten. Denn wenn der mühevoll ausgewählte Kandidat sich dann doch nicht für die Firma beziehungsweise Institution entscheidet, hat sich das aufwendige Auswahlverfahren nicht gelohnt.

Für Sie als Bewerber bietet sich durch ein Assessment Center die Chance, jenseits der Homepage und der Internetrecherche einen interessanten Einblick in die Firma oder Behörde zu erhalten. Nutzen Sie diese Gelegenheit, indem Sie viele Fragen stellen. Schließlich geht es nicht nur darum, dass der Arbeitgeber den richtigen Kandidaten findet. Auch für Sie als Bewerber ist es wichtig zu prüfen, ob die Aufgaben und die Kultur zu Ihnen passen, denn schließlich wollen Sie nicht nach wenigen Wochen oder Monaten feststellen, dass Sie eine Fehlentscheidung bei der Jobwahl getroffen haben.

Informelle Beobachtung

Nicht zu unterschätzen sind die Pausen zwischen den Assessment-Übungen, die Begrüßung, die Verabschiedung und auch, sofern es ein ganzer Tag ist, das Mittagessen am Auswahltag. Denn auch diese Zeiten nutzen viele Arbeitgebervertreter bewusst als weitere Möglichkeit, Bewerber zu prüfen. Für diese informellen Momente können folgende Tipps behilflich sein:

- ✔ Achten Sie darauf, gute Manieren an den Tag zu legen. Sprechen Sie nicht mit vollem Mund und legen Sie Ihre Ellenbogen nicht beim Essen auf den Tisch.
- ✔ Gehen Sie auf Small Talk ein, etwa, wenn Sie gefragt werden, wie es Ihnen geht. Versuchen Sie gleichfalls, Small Talk mit anderen Teilnehmern und den Beobachtern zu initiieren. So zeigen Sie, dass Sie eine umgängliche und kommunikative Person sind, die ihren zukünftigen Arbeitgeber angemessen repräsentieren könnte.
- ✔ Machen Sie Ihr Interesse am Arbeitgeber sowie an der Stelle, auf die Sie sich beworben haben, deutlich. Das tun Sie, indem Sie einerseits Fragen stellen zu Inhalten, die Sie sich nicht durch eine Internetrecherche selbst beantworten können. Andererseits können Sie

versuchen, geschickt Themen oder Aspekte, die Sie über den Arbeitgeber recherchiert haben anzusprechen, um daraus ein interessantes Gespräch zu entwickeln. Das wird umso interessanter, je mehr Anknüpfungspunkte Sie zu Ihrer eigenen Biografie finden. Hat ein Unternehmen Standorte in den USA und Sie waren in diesem Land im Rahmen eines Auslandssemesters zu Gast, wäre dies ein ideales Gesprächsthema.

Körperspannung abbauen

Jedes Vorstellungsgespräch bedeutet Stress und Anspannung. Ein Assessment Center bedeutet in der Regel noch mehr Stress. Sie müssen über einen längeren Zeitraum äußerst konzentriert sein und neben vielen anderen Dingen auch auf Ihre Körpersprache achten. Häufig merkt man bei Stress und psychischer Anspannung, dass sich das auch physisch auswirkt. Der Körper verkrampft sich, vielleicht klingt auch Ihre Stimme höher und hat weniger Volumen als sonst. Insgesamt entsteht ein rundum ungutes Gefühl. Für so eine Situation, gibt es einen Trick: Drücken Sie Daumen und Zeigefinger einer Hand oder beider Hände fest aufeinander. So lenken Sie die Gesamtkörperanspannung in die Finger und konzentrieren das Gefühl der Spannung bewusst auf diesen Körperbereich.

Direkteinstieg oder Trainee-Programm

Es macht einen Unterschied, ob das Assessment Center für einen Direkteinstieg oder aber, was häufiger der Fall ist, für ein Trainee-Programm durchgeführt wird. Bei einem Direkteinstieg geht es um eine konkrete Stelle, sodass relevante Vorerfahrungen in eben diesem Tätigkeitsfeld besonders wichtig sind. Bei einem Trainee-Programm dagegen ist häufig noch nicht klar, wo der Bewerber später eingesetzt wird. In einigen Firmen bewirbt man sich zwar für einen Zielbereich, zum Beispiel Marketing oder Controlling, jedoch bestehen in der Regel zahlreiche Einsatzmöglichkeiten. Daher wird bei Trainee-Programmen stärker als beim Direkteinstieg nach weichen Kriterien ausgewählt. Insbesondere die Frage, ob man Potenzial für anspruchsvolle Fach- und Führungsaufgaben hat und inwieweit die Persönlichkeit des Bewerbers zur Kultur passt, versuchen die Beobachter während des Auswahlverfahrens umfassend zu beantworten.

Fachkarriere oder Führungsnachwuchs

Sofern es sich bei dem Auswahlverfahren um ein Trainee-Programm handelt, sollten Sie sich über die Stellenausschreibung beziehungsweise die Homepage darüber informieren, ob es speziell an Führungsnachwuchskräfte gerichtet ist. Wenn dem so ist, wird im Rahmen des Assessment Centers Ihr Führungspotenzial geprüft.

Arbeitsblatt: Führungsverhalten

Machen Sie sich Gedanken darüber, welche Verhaltensweisen eine gute Führungskraft Ihrer Meinung nach ausmacht. Wie sollte ein Vorgesetzter aus Ihrer Sicht angemessen kommunizieren? Wechseln Sie die Perspektive und denken Sie an Ihre eigenen Erfahrungen als Praktikant oder in Nebenjobs: Wie verhielten sich Chefs, die aus Ihrer Sicht die Führungsrolle adäquat ausgefüllt haben? Warum haben Sie sich als Mitarbeiter wohl gefühlt?

____

____

____

____

____

____

____

____

____

Die meisten Unternehmen und Institutionen haben ein Führungsverständnis, das sich durch kooperatives Verhalten auszeichnet und situationsbezogen ist:

✔ Die Führungskraft gibt den Mitarbeitern Raum für Ideen beziehungsweise für ihre eigene Entfaltung im Gegensatz zu einem autoritären Vorgesetzten.

✔ Die Kommunikation ist wertschätzend. Feedback zeichnet sich durch Sachbezogenheit aus und wird mit konkreten Verbesserungsvorschlägen beziehungsweise Wünschen verbunden.

✔ Die Führungskraft ist empathisch und kann daher individuell auf die Mitarbeiter eingehen. Beispielsweise gibt es Mitarbeiter, die mit einem Zuviel an Freiraum nicht gut umgehen können, weil sie sich dann verloren fühlen. Diese Mitarbeiter führt der Vorgesetzte enger, das heißt er wird mit ihnen regelmäßiger Feedbackgespräche führen und ihnen eher kleinere Aufgabenpakete vorgeben.

Spotlight Unternehmensberatung: Ein beispielhafter Auswahltag

In den meisten Beratungen werden Sie zu einem ein- bis zweitägigen Assessment Center eingeladen. Dies kann selbstverständlich von Beratung zu Beratung unterschiedlich aussehen. Hier ein Beispiel für einen Recruiting-Tag.

8:45 Uhr	Ankunft der Bewerber
9:00 Uhr	Kurze Firmenvorstellung mit Frage-und-Antwort-Runde
9:45 Uhr	Erstes Interview mit einem Projektleiter
10:45 Uhr	Kurze Pause
11:00 Uhr	Zweites Interview mit einer Projektleiterin
11:45 Uhr	Kurze Pause
12:00 Uhr	Drittes Interview mit einem Projektleiter
13:00 Uhr	Mittagessen
14:30 Uhr	Feedback zum Vormittag

Nachmittags findet gegebenenfalls ein weiteres Gespräch mit einem Partner, also einem Inhaber der Beratung statt, wenn am Vormittag eine positive Vorentscheidung gefallen ist. Die Entscheidung wird in einem Anruf am Abend oder am nächsten Tag mitgeteilt. An einem solchen Tag kommen Sie beim Mittagessen und gegebenenfalls auf dem Flur mit dem Sekretariat beziehungsweise dem Empfang, Ihren Interviewern und potenziellen Kollegen in Kontakt. Es ist angebracht, dass Sie alle von sich überzeugen.

Typische Übungen im Assessment Center

Wir stellen Ihnen Aufgaben vor, die Ihnen typischerweise in einem Assessment Center gestellt werden. Umfang und Anzahl der Übungen können von Arbeitgeber zu Arbeitgeber variieren – auch abhängig von der Länge des Assessment Centers. Ein typisches Assessment Center dauert einen Tag. Es gibt aber auch Varianten, die nur einen halben Tag umfassen oder sich sogar über zwei Tage hinziehen.

In seltenen Fällen hat ein Arbeitgeber einen so großen Bedarf an Nachwuchs, dass die Hürden für eine Teilnahme an einem Assessment Center relativ gering sind. Eines der wenigen Beispiele sind die sogenannten Castings der Lufthansa für Flugbegleiter. Wer bestimmte Grundvoraussetzungen erfüllt, kann zu einem der öffentlich kommunizierten Termine kommen und am Auswahlverfahren teilnehmen.

Die Selbstpräsentation

Häufig beginnt das Assessment Center damit, dass sich die Bewerber kurz selbst vorstellen sollen. Für die Vorbereitung wird Ihnen begrenzt Zeit gegeben, oft erhalten Sie lediglich zehn bis 15 Minuten. Umso wichtiger ist es, sich bereits vor dem Auswahltag Gedanken zu machen und in eine umfassende Vorbereitung Zeit zu investieren. Die Aufgabenstellung zur Selbstpräsentation kann allgemein gehalten sein oder eine konkrete Frage in den Vordergrund rücken. Die Länge der Präsentation wird fast immer vorgegeben.

Halten Sie die Zeitvorgabe unbedingt ein, die für Ihre Präsentation gemacht wird. Eine Überschreitung der Zeit kann so interpretiert werden, dass Sie nicht mit Vorgaben umgehen können oder ein Vielredner sind. Auch eine wesentliche Unterschreitung der Zeit kann negativ ausgelegt werden, da Sie nicht die Gelegenheit genutzt haben, sich selbst zu präsentieren. Das könnte als übermäßige Zurückhaltung oder Schüchternheit ausgelegt werden oder aber als mangelndes Interesse an der ausgeschriebenen Stelle.

Die Selbstpräsentation kann mit einer bestimmten Aufgabenstellung verknüpft sein. Hier eine Liste möglicher Fragestellungen:

- ✔ Bitte stellen Sie sich in zehn Minuten vor.
- ✔ Bitte stellen Sie in drei Minuten dar, warum Sie sich gerade für unser Trainee-Programm bewerben.
- ✔ Bitte erläutern Sie in maximal fünf Minuten, warum wir gerade Sie einstellen sollten.

Bereiten Sie Ihre Selbstpräsentation auf Englisch vor. Diese Übung wird gern genutzt, um die Englischkenntnisse der Bewerber zu prüfen. Prinzipiell müssen Sie sich bei jeder Übung darauf einstellen, dass ins Englische gewechselt wird.

Körpersprache und Stimme

Im Unterschied zur Selbstpräsentation im klassischen Vorstellungsgespräch werden Sie sich im Assessment Center in der Regel stehend vor allen Beteiligten, also den Konkurrenten und den Beobachtern, vorstellen. Daher sind nicht nur die Auswahl der Inhalte, sondern auch eine passende Körpersprache und der gekonnte Einsatz von Medien wie dem Flipchart oder der Pinnwand besonders wichtig, um einen guten Eindruck zu hinterlassen.

Tipps für die Selbstpräsentation

Bei einer Selbstpräsentation erzählen Sie viel über sich selbst. Dabei kommt es nicht nur auf die Inhalte an, sondern auch auf die Art und Weise, wie Sie die Inhalte transportieren. Mit diesen Tipps gelingt der Auftritt:

- ✔ Achten Sie darauf, bei der Präsentation gerade zu stehen. Stellen Sie sich vor, dass Sie an Ihrem Hinterkopf einen Faden haben, der Sie nach oben Richtung Decke zieht. Diese Vorstellung kann Ihnen helfen, eine aufrechte Haltung einzunehmen, die Selbstbewusstsein ausstrahlt.
- ✔ Sprechen Sie laut und deutlich. Achten Sie darauf, dass Sie die Stimme senken, wenn Sie einen Gedanken zu Ende gebracht haben. Auch können Sie bewusst kurze Sprechpausen setzen, um Sinneinheiten deutlich zu machen. So können Ihre Zuhörer das Gesagte besser verarbeiten und sich merken.

Achten Sie darauf, im Verlauf der Präsentation wirklich alle sich im Raum befindlichen Leute anzusehen. Blickkontakt wird mit Wertschätzung und Interesse verbunden. Dieses Gefühl sollten Sie allen Personen vermitteln.

Auswahl der Medien

Die Auswahl der Medien richtet sich nach dem Angebot, das Ihnen und Ihren Mitstreitern gemacht wird. Ein Flipchart und eine Metaplanwand beziehungsweise Pinnwand werden in der Regel vorhanden sein, manchmal auch noch ein Whiteboard. Den meisten Arbeitgebern ist die Erstellung und Durchführung einer PowerPoint-Präsentation im Rahmen eines Assessment Centers zu zeitaufwendig.

Mit einem **Flipchart** können Sie bildlich arbeiten und Zusammenhänge grafisch darstellen. Sie können Ihr Leben als Leiter darstellen, deren Sprossen die wichtigsten Stationen Ihres Lebens, wie Studium oder Work & Travel, sind. Die oberen Sprossen wären der Wunschjob und die sich daraus ergebenen Karriereziele. Mit einer bildhaften Selbstvorstellung bleiben Sie den Zuhörern besser im Gedächtnis. Daher ist es wichtig, dass die Darstellung optisch ansprechend ist. Sie sollten sich zu Hause nicht nur Zeit für die inhaltliche Vorbereitung nehmen, sondern auch das Malen und Schreiben auf Flipchart-Papier üben.

Eine Moderationstafel oder Pinnwand ist geeignet, um markante Schlagworte zu Ihrem Werdegang und Ihrer Person wie Auslandserfahrung, Ehrenamt, Hobbys oder auch Charak-

Tipps für die Vorbereitung einer Selbstpräsentation

Die Selbstpräsentation können Sie gut im Vorfeld vorbereiten. Damit die Vorbereitung gelingt, haben wir einige Tipps für Sie:

- ✔ Üben Sie mehrere Varianten und Längen Ihrer Selbstpräsentation ein, damit Sie flexibel auf die jeweilige Fragestellung und Zeitvorgabe der Interviewer eingehen können.
- ✔ Probieren Sie den Einsatz unterschiedlicher Medien aus, damit Sie spontan auf die Gegebenheiten am Auswahltag reagieren können.
- ✔ Üben Sie Ihre Selbstpräsentation vor dem Spiegel und vor Freunden, dem Partner oder der Familie.
- ✔ Lernen Sie Ihre Präsentation nicht auswendig, da dies unnatürlich wirkt. Arbeiten Sie stattdessen mit Stichworten als strukturgebende Hilfestellung.
- ✔ Achten Sie darauf, dass Sie Ihr Hilfsmedium nicht verdecken und dass Ihre Schrift und auch mögliche Zeichnungen gut zu lesen beziehungsweise zu erfassen sind.
- ✔ Besonders bei Unternehmen, in denen familienorientierte Werte eine Rolle spielen, sollten Sie sich auch als Privatmensch präsentieren. Zum Beispiel können Sie etwas zu Ihrer Freizeitgestaltung oder Ihrer Familie sagen.
- ✔ Auch wenn es nicht immer explizit gefordert wird, sollten Sie in Ihrer Selbstpräsentation erwähnen, warum die ausgeschriebene Stelle und der potenzielle Arbeitgeber für Sie interessant sind. So zeigen Sie, dass Sie sich zielgerichtet beworben haben.

terstärken wie Teamgeist oder Ehrgeiz, effektvoll zu präsentieren. Am besten pinnen Sie jeweils zunächst das Kärtchen an die Wand und sagen dann etwas zu diesem Stichwort. Wichtig ist die Einheitlichkeit der Präsentationsweise, das heißt die klare Abfolge von Pinnen und Sprechen, da der Vortrag ansonsten unruhig wirken kann. Auch das zügige Anpinnen mit den Stecknadeln sollten Sie üben, da ansonsten unschöne Pausen entstehen, die den Fluss Ihrer Selbstpräsentation beeinträchtigen.

Die Gruppendiskussion – gekonnt im Team erörtern

Die Gruppendiskussion findet gemeinsam mit den anderen Bewerbern statt. Der Arbeitgeber möchte mit diesem AC-Baustein einerseits prüfen, ob Sie in der Lage sind, sich zu einem bestimmten Thema mit durchdachten Argumenten zu äußern und Ihre Meinung auch in der Gruppe vertreten können. Andererseits werden die Beobachter auch Ihren Umgang mit den Argumenten anderer und das Verhalten in der Gruppe gezielt auswerten.

Führen Sie zu unseren Beispielen mit Freunden, dem Partner oder Ihrer Familie eine Gruppendiskussion durch. Besonders hilfreich ist es für Sie, wenn mindestens ein Helfer in die Rolle des Beobachters schlüpft und Ihnen so als Außenstehender ein umfassendes Feedback zu Ihrem Verhalten und Ihrer Kommunikation geben kann. Hierzu können Sie den Beobachterbogen von Tabelle 9.1 in diesem Kapitel nutzen.

- ✔ Wie würden Sie als Führungskraft innovatives Denken in Ihrem Team anregen? Erarbeiten Sie einen Maßnahmenplan.
- ✔ Ohne Abitur hat man keine Chancen auf dem Arbeitsmarkt. Nehmen Sie Stellung zu dieser These.
- ✔ Frauenquote in den Vorstandsetagen: Fluch oder Segen? Nehmen Sie Stellung.

Hinsichtlich der Aufgabenstellung gibt es Varianten. Häufig wird eine kontroverse These vorgegeben, zu der man Stellung nehmen muss. Manchmal wird es den Teilnehmern überlassen, welche Meinung sie zu dem vorgegebenen Thema vertreten. Manchmal werden die Rollen gezielt unter den Teilnehmern verteilt, sodass der Pro- beziehungsweise Kontra-Standpunkt des Einzelnen vorgegeben ist und hierzu Argumente gefunden und vertreten werden müssen. Oft ist es auch Teil der Aufgabe, gemeinsam mit den anderen Bewerbern eine Lösung zu einer bestimmten Fragestellung zu erarbeiten.

Eine mögliche Variante oder auch Ergänzung zur Gruppendiskussion kann auch das Lösen einer kreativen Übung sein. Zum Beispiel wird gemeinsam etwas aus vorgegebenen Materialien gebaut oder gemeinsam gemalt. Bei dieser Übung ist die Teamfähigkeit besonders gefragt. Die Kommunikation zwischen den Gruppenmitgliedern wird gezielt beobachtet. Außerdem spielt eine zielgerichtete, analytische Vorgehensweise eine Rolle.

Tipps für die Gruppendiskussion

Wir haben einige Tipps für die Durchführung einer Gruppendiskussion zusammengestellt:

- ✔ Versuchen Sie Argumente zu finden, die sachbezogen sind, statt emotional. Sachlich zu bleiben, ist ein wesentliches Merkmal einer gelungenen Diskussion.
- ✔ Kommunizieren Sie wertschätzend. Hören Sie den Wortbeiträgen anderer genau zu und erkennen Sie wertvolle Argumente anderer verbal an. So zeigen Sie, dass Sie nicht nur Ihre eigenen Ansichten vertreten können, sondern auch Leistungen anderer anerkennen und ein respektvoller Gesprächspartner sind.
- ✔ Auch wenn Ihnen keine Pro- beziehungsweise Kontra-Rolle vorgegeben wird und Sie keine eindeutige Meinung zu dem Thema haben, sollten Sie sich trotzdem schnell für eine Seite entscheiden, da Sie ansonsten wertvolle Zeit und Gelegenheit, sich den Beobachtern zu präsentieren, verschwenden. Viel wichtiger als einen bestimmten Standpunkt einzunehmen, ist den Beobachtern, dass Sie sorgfältig Argumente formulieren und respektvoll mit Ihren Mitbewerbern umgehen.
- ✔ Verfolgen Sie insbesondere in den Tagen beziehungsweise Wochen vor Ihrem Assessment Center aktuelle gesellschaftliche und politische Diskussionen und bilden sich hierüber eine Meinung. Einige Unternehmen und Institutionen nutzen das aktuelle Tagesgeschehen in ihren Auswahlverfahren, um die Allgemeinbildung der Bewerber und deren Interesse an Themen zu testen, die die Allgemeinheit betreffen.

Das Rollenspiel – spielerisch überzeugen

Ein beliebtes Element von Assessment Centern ist das Rollenspiel. Ihnen wird hier eine Situation, in der Regel aus Ihrem zukünftigen Berufsalltag, vorgegeben und Sie müssen eine vorgegebene Rolle spielen. So wird getestet, wie Sie mit schwierigen Situationen umgehen können. Ihr Partner im Rollenspiel ist meist ein Mitarbeiter des Unternehmens beziehungsweise der Institution oder eine extern hierfür engagierte Person.

Wenn Sie sich für ein Nachwuchsprogramm für Führungskräfte bewerben, werden Sie höchstwahrscheinlich die Rolle einer Führungskraft einnehmen, die eine Konfliktsituation mit einem Mitarbeiter meistern muss. Daher sollten Sie sich intensiv mit dem Thema Führungsverhalten auseinandersetzen. Nutzen Sie dazu auch das Arbeitsblatt »Führungsverhalten« in diesem Kapitel. Bei vertriebsorientierten Stellen bietet sich ein kontroverses Gespräch mit einem Kunden beziehungsweise potenziellen Kunden an. Bereiten Sie sich mit Hilfe des Arbeitsblatts darauf vor.

Arbeitsblatt: Vertrieb und kundenorientiertes Verhalten

Überlegen Sie, welche Verhaltensweisen einen erfolgreichen Vertriebler auszeichnen. Wie kommuniziert ein guter Verkäufer beziehungsweise Berater? Wechseln Sie die Perspektive und denken Sie an Ihre eigenen Erfahrungen als Kunde: Wie verhielten sich Verkäufer/Berater, die Sie als kundenorientiert wahrgenommen haben? Warum haben Sie sich als Kunde wohl gefühlt?

____

____

____

____

____

____

____

____

____

Prägen Sie sich in der Vorbereitung auf das Assessment Center folgende Struktur für den Gesprächsablauf des Rollenspiels ein. Wenn Sie einen groben Ablauf im Kopf haben, werden Sie in der stressigen Situation ruhiger und sicherer agieren können.

Ablauf eines Rollenspiels

1. Kontaktaufbau/Einleitung

Fallen Sie nicht gleich mit der Tür ins Haus. Begrüßen Sie den Mitarbeiter beziehungsweise Kunden herzlich. Versuchen Sie, eine angenehme Gesprächsatmosphäre zu schaffen und einen freundlichen Kontakt mit Ihrem Gegenüber aufzubauen. Sie können sich nach seinem Befinden erkunden oder nach seinen Urlaubsplänen fragen.

2. Gesprächsanlass formulieren

Zu Beginn des Hauptteils des Gesprächs ist es wichtig, dass Sie den jeweiligen Gesprächsanlass konkret benennen. So zeigen Sie den Beobachtern des Assessment Centers, dass Sie die Gesprächsführung haben. In Gesprächen, deren Ziel es ist, eine schlechte Nachricht zu überbringen, ist es wichtig, den Anlass ohne Umschweife zu benennen, sodass keine Missverständnisse beim Gegenüber entstehen.

3. Hauptteil des Gesprächs

Im Hauptteil des Gesprächs erfolgt die eigentliche Besprechung beziehungsweise Bearbeitung des Problems. Wichtig ist, dass nicht nur Sie selbst, sondern auch Ihr Gegenüber in Ruhe seine Sichtweise und die dazugehörigen Argumente schildern kann.

4. Zusammenfassung der Ergebnisse/Maßnahmen/Verantwortlichkeiten

Im Anschluss an den Hauptteil des Gesprächs sollten Sie das bisher Besprochene zusammenfassen. Benennen Sie nochmals die Gesprächsergebnisse, mögliche Maßnahmen oder definierte Verantwortlichkeiten. Durch diese Wiederholung geben Sie dem Gesprochenen mehr Gewicht.

5. Gesprächsabschluss

Beenden Sie das Gespräch möglichst positiv. Auch bei schwierigen Themen ist dies möglich, indem man sich beim Gegenüber für die Offenheit bedankt, die konstruktive Auseinandersetzung lobt oder nochmals betont, dass man dem Gesprächspartner Unterstützung bei der Problemlösung zusichert.

Arbeitsblatt: Rollenspiele üben

Üben Sie mit Freunden, dem Partner oder Ihrer Familie folgende Rollenspiele. Geben Sie sich und Ihrem Rollenpartner fünf Minuten Zeit, um die Aufgabenstellung zu lesen und sich Gedanken zur Lösung zu machen. Anschließend spielen Sie den Fall durch. Idealerweise erhalten Sie nicht nur von Ihrem Spielpartner, sondern auch von mindestens einer weiteren Personen Unterstützung. Sie soll das Rollenspiel als neutraler Beobachter mithilfe des Beobachtungsbogens (Tabelle 9.1) auswerten und Ihnen somit ein besonders differenziertes Feedback geben.

Rollenspiel 1: Führungskraft

Ausgangssituation

Sie sind Personalleiter. Frau Müller ist in Ihrem Team seit zwei Jahren als Junior-Personalreferentin beschäftigt. Sie ist eine überdurchschnittlich ambitionierte Mitarbeiterin mit viel Potenzial. Frau Müller wünscht sich seit über einem Jahr eine vom Unternehmen bezahlte Weiterbildung in Arbeitsrecht, um noch kompetenter in der Personalbetreuung zu werden. Auch Sie halten diese Maßnahme für sinnvoll. Letztes Jahr mussten Sie Frau Müller jedoch auf das kommende Jahr vertrösten, da das Weiterbildungsbudget bereits aufgebraucht war. Völlig überraschend hat die Geschäftsleitung dieses Jahr das Budget gekürzt.

Aufgabe

Führen Sie ein Mitarbeitergespräch mit Frau Müller, in dem Sie ihr mitteilen, dass Sie ihre Weiterbildung auch in diesem Jahr nicht genehmigen.

Notizen zur Vorbereitung

____

____

____

____

Rollenspiel 2: Vertriebspersönlichkeit

Ausgangssituation

Sie sind Service-Mitarbeiter in der Autovermietung Schmidt. Interne Vorgabe des Unternehmens ist, dass bei Beschwerden auf keinen Fall Geld zurückerstattet werden darf. Auch andere monetäre Extras wie etwa Gutscheine oder Rabatte sind tabu. Trotzdem sind Sie als Service-Mitarbeiter angehalten, alle Kunden so zu behandeln, dass sie wieder bei der Autovermietung Schmidt buchen und die Firma weiterempfehlen. Ihr Kollege von der Rückgabestation hat Ihnen telefonisch mitgeteilt, dass eine unzufriedene Kundin namens Frau Meier auf dem Weg zu Ihnen ins Büro ist, weil die Klimaanlage in ihrem Mietauto nicht funktioniert hat.

Aufgabe

Führen Sie ein Kundengespräch mit Frau Meier durch.

Notizen zur Vorbereitung

____

____

____

____

____

Rollenspiel 3: Projektleiter

Ausgangssituation

Sie sind Projektleiter in einem Beratungsunternehmen und haben erfolgreich ein Großprojekt in einem Pharmaunternehmen akquiriert. Herr Schmidt, Junior Consultant, hat Ihnen bei der Akquisition erfolgreich zugearbeitet. Er ist ein überdurchschnittlich ambitionierter Mitarbeiter mit viel Potenzial. Für den neuen Kunden begeistert er sich sehr. Da Herr Müller jedoch nur ein Jahr Berufserfahrung hat und noch nicht über alle geforderten Kenntnisse verfügt, haben Sie beschlossen, nicht ihn, sondern die erfahrenere Frau Krüger für das Pharmaprojekt einzuplanen.

Aufgabe

Führen Sie ein Mitarbeitergespräch mit Herrn Müller, in dem Sie ihm mitteilen, dass er nicht an dem Beratungsprojekt im Pharmaunternehmen mitarbeiten kann.

Notizen zur Vorbereitung

____

____

____

____

____

Neben der Grobstruktur werden Ihnen folgende Tipps helfen, Ihr Rollenspiel im Assessment Center zu meistern:

- ✔ Setzen Sie sich Ihrem Rollenspielpartner nicht gegenüber, sondern im 90-Grad-Winkel. Diese Sitzstellung ist psychologisch weniger frontal. Eine zugewandte Sitzordnung wirkt insbesondere bei Konfliktgesprächen unbewusst positiv auf das Verhältnis der Parteien.
- ✔ Achten Sie auf eine dem Rollenspielpartner zugewandte Körpersprache. Auch Mimik und Gestik werden unterbewusst wahrgenommen. Wenden Sie sich Ihrem Gegenüber zu und verschränken Sie weder Arme noch Beine. Schenken Sie dem Rollenspielpartner, sofern es inhaltlich angemessen ist, ein freundliches Lächeln. Machen Sie ihm, wenn er seine Sichtweise schildert, durch ein Nicken Ihr Verständnis für seinen Standpunkt deutlich.
- ✔ Zeigen Sie Ihrem Gegenüber Wertschätzung, indem Sie fortlaufend Blickkontakt halten und ihn ausreden lassen. Des Weiteren können Sie wichtige Aussagen Ihres Gegenübers in eigenen Worten wiederholen, um sicherzustellen, dass es keine Unklarheiten gibt. Auch sollten Sie nachfragen, wenn Sie etwas nicht verstanden haben.
- ✔ Stellen Sie offene Fragen, um Hintergründe beziehungsweise Motive für den Standpunkt Ihres Gegenübers zu erfahren. »W-Fragen« eignen sich hierzu.
- ✔ Wertschätzen Sie die Bedürfnisse des Gegenübers verbal, ohne das eigene Ziel im Gespräch aus den Augen zu verlieren. Verlieren Sie sich also nicht in den Argumenten des Gegenübers.

Der Teufel steckt oft im Detail. Beginnen Sie damit, sich die Aufgabenstellung genau und in Ruhe durchzulesen. Denken Sie daran: Alle Informationen sind wichtig.

- ✔ Machen Sie sich bewusst, dass jedes Rollenspiel Sie in ein Dilemma bringt. Die naheliegende Lösung ist nie möglich, denn Ihr potenzieller Arbeitgeber will vor allem Ihre kommunikativen Fähigkeiten testen. Sie müssen Empathie und Wertschätzung gegenüber Ihrem Rollenspielpartner zeigen, der in der Regel unzufrieden oder aufgebracht ist.

- ✔ Suchen Sie nach Lösungsalternativen. Als Personalleiter im Mitarbeitergespräch mit der ambitionierten Frau Müller könnten Sie ihr zum Beispiel anbieten, in regelmäßigen Terminen Ihr Arbeitsrechtswissen weiterzugeben. Dies wäre eine Alternative zu einer Weiterbildung und Sie könnten Frau Müller Wertschätzung zeigen, indem Sie sich als vielbeschäftigter Personalleiter für Sie Zeit nehmen.
- ✔ Bleiben Sie in der Verantwortung, statt den »Schwarzen Peter« anderen zuzuschieben. So wäre es im Rollenspiel zur Autovermietung fatal, wenn Sie die Vorgaben Ihrer eigenen Firma zum Thema Rückerstattung/Rabatte/Gutscheine kritisieren würden.

Der Kurzvortrag – kurz und knackig

Ihnen wird ein Thema oder eine These genannt und Sie müssen hierzu unter Zeitdruck einen kurzen Vortrag vorbereiten und ihn dann vortragen. Ziel ist es, dass Sie sich schnell eine Meinung bilden und Ihre Argumente nachvollziehbar und vor allem sachlich äußern. Häufig wird ein allgemeines Thema gestellt, für das man kein Fachwissen braucht. Manchmal werden jedoch, ähnlich wie bei Gruppendiskussionen, aktuelle gesellschaftliche und politische Themen herangezogen, um Ihr Interesse am Zeitgeschehen zu testen. Stellen Sie sich darauf ein, dass Sie nur fünf bis zehn Minuten Zeit haben, um den Kurzvortrag vorzubereiten. Wie beim Rollenspiel helfen Ihnen Modelle zur Strukturierung, in der Stresssituation schnell und fundiert zu agieren.

Modelle zur Strukturierung eines Vortrags

Für einen Kurzvortrag haben Sie nur wenig Zeit zur Vorbereitung und in der Regel auch nur wenige Minuten für die Präsentation. Jetzt kommt es darauf an, kurz und knackig die wesentlichen Punkte zu präsentieren. Damit Sie die Inhalte schnell strukturieren können, hilft es, sich an einer Gliederung zu orientieren. Zwei Modelle stellen wir Ihnen hier vor.

Die AIDA-Formel aus der Werbepsychologie:

- ✔ Attention (Aufmerksamkeit schaffen, zum Beispiel durch Anekdote, rhetorische Frage)
- ✔ Interest (Interesse erwecken)
- ✔ Desire (Verlangen erzeugen/Wunsch auslösen, indem Vorteile aufgezeigt werden)
- ✔ Action (appellieren, Lösung anbieten, Handlung erzeugen)

Das MISLA-Modell nach Richard Wittsack, einem deutschen Sprechwissenschaftler:

- ✔ Motivation (Warum spreche ich?)
- ✔ Ist-Zustand (genaue Beschreibung des Ausgangszustands)
- ✔ Soll-Zustand (genaue Beschreibung des Wunschzustands)
- ✔ Lösung(en)
- ✔ Appell (Was muss getan werden?)

Arbeitsblatt: Vorbereitung eines Kurzvortrags

Bereiten Sie stichwortartig in jeweils fünf Minuten Kurzvorträge zu den folgenden Themen vor. Wählen Sie hierzu jeweils eines der Modelle zur Strukturierung aus. Tragen Sie Ihren Vortrag anschließend Ihrer Familie, dem Partner und/oder Ihren Freunden vor und bitten Sie sie, Ihnen mithilfe des Beobachtungsbogens (Tabelle 9.1) ein ausführliches Feedback zu geben.

Vortragsthema 1

Überzeugen Sie Ihre Zuhörer von dem Nutzen, den ein Unternehmensberater einer Firma bieten kann.

Notizen zur Vorbereitung

____

____

____

____

Vortragsthema 2

»Nachhaltiges Denken verhindert den Fortschritt.« Nehmen Sie hierzu Stellung.

Notizen zur Vorbereitung

____

____

____

____

Vortragsthema 3

Sind Teilzeitkräfte in der Lage, verantwortungsvoll Führungspositionen zu übernehmen? Nehmen Sie dazu Stellung.

Notizen zur Vorbereitung

____

____

____

____

Das persönliche Interview

Normalerweise ist auch ein Interview Teil eines Assessment Centers. Hier werden Ihnen detaillierte Fragen zum Lebenslauf gestellt und es wird geprüft, wie stark Ihr Interesse an der ausgeschriebenen Stelle tatsächlich ist.

Im Unterschied zum »normalen« Vorstellungsgespräch (siehe Kapitel 8), wird keine klassische Selbstvorstellung verlangt, da sie in der Regel bereits am Anfang des Assessment Centers vor der Gruppe erfolgte. Ein weiterer Unterschied ist, dass die Interviewer Bezug auf die bereits absolvierten Bausteine des Assessment Centers nehmen können. Stellen Sie sich daher darauf ein, Rede und Antwort zu stehen zu Ihrem Vorgehen und Ihrem Kommunikationsverhalten in der Gruppendiskussion oder dem Rollenspiel. Ansonsten sollten Sie sich auch für das Interview im Assessment Center auf unterschiedliche persönlichkeitsorientierte Fragen vorbereiten. Mehr zur Vorbereitung auf die unterschiedlichen Fragetypen finden Sie in Kapitel 8.

Der Klassiker – die Postkorbübung

Bei der Postkorbübung erhalten Sie zahlreiche E-Mails, Aufgabenlisten und sonstige Dokumente, anhand derer Sie einen Tag oder einen noch längeren Zeitraum planen müssen. Sie müssen alle Aufgaben in kurzer Zeit nach ihrer Wichtigkeit sortieren und die Reihenfolge ihrer Abarbeitung festlegen.

Der Arbeitgeber setzt Sie bei der Postkorbübung bewusst unter Stress und testet, wie gut Sie sich organisieren können und ob Sie in der Lage sind, Prioritäten zu setzen. Manchmal werden auch noch zusätzliche Störungen erzeugt, zum Beispiel durch unerwartet eingehende Telefonanrufe.

Inhaltlich können Sie sich nur bedingt auf eine Postkorbübung vorbereiten, da sich die Aufgaben stark voneinander unterscheiden. Daher ist es umso wichtiger, dass Sie sich gewisse Strategien zurechtlegen, um diese Übung zu meistern:

- ✔ Lesen Sie zunächst alle Informationen, die Sie erhalten, vollständig durch, um einen Gesamtüberblick zu bekommen. Manchmal erübrigen sich durch Zusatzinformation auf der letzten Seite Aufgaben, die Sie weiter oben auf Ihrer Liste gelesen haben.

- ✔ Entscheiden Sie, welche Aufgaben Sie in Anbetracht der begrenzten Zeit in welcher Reihenfolge erledigen können und welche Aufgaben Sie an wen delegieren würden. Gehen Sie davon aus, dass die Aufgabe so gestellt ist, dass Sie nicht alle Tätigkeiten auf der Liste erledigen können. Treffen Sie daher schnell Ihre Entscheidung und überlegen Sie sich jeweils eine rationale Begründung, die Sie später vor der Jury präsentieren können.

- ✔ Nutzen Sie zur Bearbeitung das Eisenhower-Modell, das nach dem ehemaligen US-Präsidenten benannt wurde (siehe Tabelle 9.2).

Das Eisenhower-Modell hilft, die Arbeit zu organisieren und Prioritäten zu setzen. Bei allen Aufgaben, die man zu erledigen hat, soll man sich laut dem Modell fragen, wie wichtig und wie dringend sie jeweils sind. Aufgaben, die weniger dringlich und eher unwichtig sind, lan-

Wichtigkeit	Terminieren und selbst erledigen	Sofort selbst erledigen
	Papierkorb (nicht erledigen)	Delegieren
	Dringlichkeit	

Tabelle 9.2: Das Eisenhower Modell

den im Papierkorb. Das bedeutet, dass man sie gar nicht erledigt. Delegieren sollte man Dinge, die eine hohe Dringlichkeit haben, jedoch von geringer Wichtigkeit sind. Bei eher nicht dringenden, jedoch wichtigen Aufgaben, empfiehlt das Modell, dass man sie selbst erledigt, aber hierfür einen Termin in der Zukunft festlegt. Entscheidend sind laut Eisenhower alle Arbeitsaufträge, die sowohl wichtig als auch dringend sind und die man daher sofort selbst erledigen sollte. Übung macht bekanntlich den Meister. Daher haben wir zum Üben eine einfache Postkorbübung zusammengestellt, die Sie selbstständig durchführen können.

Die Ausgangssituation – was erledigt werden muss

Sie sind Personalleiter/in mit einem Team aus einem Personalreferenten und einem Assistenten. Gerade sind Sie von einer Geschäftsreise zurückgekommen. Bevor Sie in einer Stunde ein nicht verschiebbares Meeting haben und direkt im Anschluss zur nächsten dreitägigen Geschäftsreise aufbrechen, sichten und priorisieren Sie alle Nachrichten und Aufgaben, die Ihnen während Ihrer Abwesenheit hinterlassen wurden.

- ✔ Nachricht 1 von Ihrer Frau/Ihrem Mann: Der Hund hat sich verletzt und Sie sollen ihn heute noch zum Tierarzt bringen, da sie/er selbst unabkömmlich verhindert ist.
- ✔ Nachricht 2 von Ihrer Frau/Ihrem Mann: Die Nachbarn bitten dringend um Nachricht, ob Sie am Gartenfest nächste Woche Dienstag teilnehmen können.
- ✔ Nachricht von einem Bereichsleiter: Ein für das Unternehmen äußerst wichtiger Experte hat überraschend gekündigt. Der Bereichsleiter möchte mit Ihnen kurzfristig in einem persönlichen Gespräch die Rekrutierungsstrategie für den Nachfolger besprechen.
- ✔ Nachricht 1 von Ihrem Assistenten: Die Geschäftsleitung bittet kurzfristig um eine persönliche Berichterstattung zu Ihrer Geschäftsreise.
- ✔ Nachricht 2 von Ihrem Assistenten: Der Rechtsanwalt, der die Firma in einer Streitigkeit mit einem ehemaligen Mitarbeiter vertritt, möchte mit Ihnen telefonisch seine Strategie für die übermorgen stattfindende Gerichtsverhandlung abschließend besprechen.
- ✔ Nachricht 3 von Ihrem Assistenten: Damit er die Büromittelbestellung heute noch versenden kann, bittet er um Ihre schriftliche Freigabe des Auftragsschreibens.
- ✔ Nachricht vom Personalreferenten: Für das morgen von ihm durchzuführende Kommunikationsseminar bittet er um eine finale persönliche Rücksprache mit Ihnen hinsichtlich des Konzepts.

Aufgabe

Beschreiben Sie, wie Sie bei der Erledigung der Aufgaben vorgehen würden. Sie haben fünf Minuten Zeit.

Lösungsansatz

Schritt 1: Notizen zur Dringlichkeit und Wichtigkeit der Aufgaben in Anlehnung an das Eisenhower-Modell

- ✔ Nachricht 1, Hund: dringend, da es nicht vertretbar wäre, einem verletzten Hund nicht zu helfen, daher selbst machen oder delegieren
- ✔ Nachricht 2, Zusage Gartenfest Nachbarn: in Anbetracht der anderen Aufgaben nicht dringend, da es erst nächste Woche stattfindet, eventuell delegierbar
- ✔ Nachricht 3, Rekrutierungsstrategie: dringend, da es eine Kernaufgabe der Personalabteilung ist, daher selbst machen oder delegieren
- ✔ Nachricht 4, persönliche Berichterstattung Geschäftsleitung: dringend und wichtig, da es sich um eine Aufgabe der Geschäftsleitung handelt, daher selbst machen
- ✔ Nachricht 5, Vorbereitung Gerichtsverhandlung mit Rechtsanwalt: dringend, da es eine Kernaufgabe der Personalabteilung ist, daher selbst machen oder delegieren
- ✔ Nachricht 6, Büromittelbestellung für Assistent freigeben: in Anbetracht der anderen Aufgaben nicht wichtig, aber eventuell dringend, falls nicht mehr genug Arbeitsmittel vorhanden sind, daher selbst machen oder delegieren
- ✔ Nachricht 7, Kommunikationsseminar mit Personalreferent besprechen: in Anbetracht der anderen Aufgaben nicht wichtig, aber dringend und daher delegierbar

Schritt 2: Persönliche Entscheidungsfindung

Die Krux ist, dass Sie nur eine Stunde Zeit im Büro zur Verfügung haben, um Aufgaben persönlich zu erledigen. Unser Lösungsvorschlag ist, sich zunächst die Aufgaben zum verletzten Hund, der Rekrutierungsstrategie, der Berichterstattung gegenüber der Geschäftsleitung sowie der Vorbereitung zur Gerichtsverhandlung anzuschauen.

- ✔ Der verletzte Hund (Nachricht 1) sollte auf jeden Fall versorgt werden. Wenn Sie diese Aufgabe außer Acht lassen, würde das für Außenstehende sicherlich sehr kaltherzig wirken. Auch von einer vielbeschäftigten Führungskraft wird erwartet, dass sie menschlich und verantwortungsvoll handelt. Die Frage ist, ob die Aufgabe delegiert werden kann. Vielleicht können Sie die Nachbarin anrufen und um Hilfe bitten und ihr bei dieser Gelegenheit gleich für Ihr Gartenfest zusagen. So hätten Sie auf einen Schlag Nachricht 1 und 2 erledigt. Sie könnten auch Ihren Assistenten fragen, ob dieser ausnahmsweise eine private Aufgabe für Sie erledigen kann.
- ✔ Aufgaben, die von der Geschäftsleitung kommen (Nachricht 4), gelten insbesondere in traditionellen, hierarchisch orientierten Unternehmen als oberste Priorität. Bewerben Sie

sich in einer solchen Firma, sollte diese Aufgabe auf jeden Fall von Ihnen als diejenige erkoren werden, die Sie in Ihrer im Büro verfügbaren Stunde erledigen.

- ✔ Eine Rekrutierungsstrategie mit einem Bereichsleiter zu besprechen (Nachricht 3), ist als Aufgabe eines Personalleiters einzustufen. In Anbetracht der knappen Zeit, könnten Sie jedoch entscheiden, dies an den Personalreferenten zu delegieren. Der Personalreferent ist als gehobene Fachkraft die einzige Person, die für diese Aufgabe in Frage kommt. Sie könnten auch entscheiden, die Aufgabe zwar selbst zu erledigen, jedoch nicht persönlich, wie vom Bereichsleiter gewünscht, sondern telefonisch, wenn Sie sich im Verlauf des heutigen Tages auf die nächste Geschäftsreise machen.

- ✔ Auch die Vorbereitung der Gerichtsverhandlung mit dem Rechtsanwalt (Nachricht 5) ist eine anspruchsvolle Aufgabe, die zum Verantwortungsbereich eines Personalleiters passt. Praktischerweise wünscht der Rechtsanwalt eine telefonische Absprache. Diese könnten Sie, wie auch die Rekrutierungsstrategie, von unterwegs erledigen. Eine andere Möglichkeit wäre, diese Aufgabe an den Personalreferenten zu delegieren.

Wenden Sie sich nun den weniger wichtigen Aufgaben bezüglich der Büromittelbestellung, des Kommunikationsseminars und des Gartenfestes zu.

- ✔ Die Büromittelbestellung (Nachricht 6) könnte dringend sein, wenn ansonsten die reibungslose Arbeit im Büro gefährdet ist. In Anbetracht der bereits betrachteten Aufgaben werden Sie keine Zeit haben, sich darum zu kümmern. Sie könnten die Freigabe der Bestellung an den Personalreferenten delegieren. Wenn dieser bereits andere Aufgaben von Ihnen bekommen hat, könnten Sie beschließen, dass die Bestellung erst nach Ihrer Rückkehr gemacht wird. Eine weitere Lösung wäre, das Vier-Augen-Prinzip zu vernachlässigen und den Assistenten die Bestellung tätigen zu lassen, ohne dass eine andere Person diese kontrolliert.

- ✔ Das Kommunikationsseminar (Nachricht 7) ist dringend, jedoch werden Sie keine Möglichkeit haben, den Wunsch nach einer persönlichen Rücksprache zu erfüllen. Auch Delegieren geht nicht, da der Assistent fachlich unter dem Personalreferenten steht und ansonsten laut Aufgabenstellung kein weiterer Fachexperte verfügbar ist. Insofern wäre eine Möglichkeit, telefonisch von unterwegs mit dem Personalreferenten zu sprechen. Eine andere Möglichkeit wäre, dass Sie die Aufgabe nicht erledigen und den Personalreferenten das Seminar ohne abschließendes Feedback durchführen lassen.

- ✔ Auch als Führungskraft sollten Sie private Belange beachten. Bei der Aufgabenstellung ist jedoch die Zusage zur Gartenparty die am wenigsten dringende und auch unwichtigste Nachricht. Möglichkeiten zur Lösung wären, sich nach der Rückkehr selbst bei der Nachbarin zu melden oder aber Ihre Assistentin zu bitten, diese Aufgabe zu übernehmen. Falls Sie versuchen, die Aufgabe mit dem Hund an die Nachbarin zu delegieren, könnten Sie natürlich im gleichen Gespräch für die Party zusagen.

In der Regel gibt es nicht die eine ideale Lösung. Vielmehr liegt es an Ihnen, sinnvolle Entscheidungen zu treffen und diese nachvollziehbar begründen zu können.

Testverfahren im Assessment Center

Oft werden in Assessment Centern Wissenstest durchgeführt. Beliebt sind neben Fragen zur Allgemeinbildung auch Aufgaben, die mathematische Fähigkeiten und logisches Denken prüfen. Die Auffassungsgabe kann zum Beispiel getestet werden, indem ein Text beziehungsweise ein Film zu einem Thema gelesen beziehungsweise geschaut wird und im Anschluss Fragen dazu gestellt werden. In Großkonzernen sind die Wissenstests oft online-basiert und häufig eine Eintrittskarte, um überhaupt zum persönlichen Assessment Center erscheinen zu dürfen.

Psychologische Testverfahren werden bei Assessment Centern gern eingesetzt und sind in der Regel elektronisch durchzuführen. Wichtig ist, dass Sie ehrlich antworten statt zu versuchen, die vermeintliche gewünschte Antwort zu geben. Der Markt für psychologische Tests wurde in den letzten Jahren stetig professionalisiert. Großkonzerne ziehen externe Experten in Sachen Eignungsdiagnostik zu Rate, die besonders valide Verfahren entwickeln. Durch umfassende, für den Bewerber kaum zu durchschauende Kontrollmechanismen wird geprüft, ob dieser ehrlich antwortet.

Der Einsatz von Testverfahren im Auswahlprozess ist sowohl bei Bewerbern als auch bei Personalverantwortlichen und Führungskräften umstritten. Skeptiker bezweifeln Sinn und Aussagekraft der Verfahren, während Befürworter die Tests als wertvolle Informationsquelle zu ihren Bewerbern schätzen. Sie selbst sind vielleicht nicht überzeugt vom Sinn und der Aussagekraft der Wissenstests oder psychologischen Tests. Wenn der Weg zu Ihrem Traumjob jedoch über einen Online-Test führt, sollten Sie sich mit dem Thema unbedingt auseinandersetzen.

Die Testverfahren sollen die Objektivität im Auswahlprozess erhöhen und damit eine bessere Vergleichbarkeit der Kandidaten ermöglichen. Natürlich sind auch die Beobachter in den anderen Bausteinen des Assessment Centers, wie der Gruppendiskussion oder dem Rollenspiel, so geschult, dass sie möglichst objektiv anhand definierter Beobachtungskriterien urteilen. Aber auch diese Profis können sich nicht ganz von subjektiven Eindrücken freimachen, weshalb computergestützte beziehungsweise schriftliche Auswahlverfahren das Bild von einem Kandidaten abrunden können.

Häufig müssen die Bewerber schon zu Beginn des Auswahlverfahrens, quasi als erste Hürde bevor sie überhaupt zu einem persönlichen Gespräch oder Assessment Center eingeladen werden, ein Testverfahren durchlaufen. Dann kann ein bestimmtes Testergebnis schon zu einer sehr frühen Absage führen. Es gibt aber auch Unternehmen, die Tests in der Mitte oder am Ende des Assessment Centers vorsehen, und deshalb nicht allein dieses Instrument über den Erfolg oder Misserfolg im Bewerbungsverfahren entscheiden lassen.

Manche Arbeitgeber sind in der Wahl und im Ablauf von Auswahlverfahren transparent und informieren auf der Karriereseite über Ablauf und Einsatz von Testverfahren. Meistens sind die Testverfahren online-basiert. Wenn Sie schon zu Beginn des Auswahlprozesses einen Test durchführen müssen, werden Ihnen die Zugangsdaten per E-Mail zugeschickt. Sie melden sich von einem Rechner mit Internetzugang an und haben einen bestimmten Zeitraum und häufig auch ein Zeitlimit für die Durchführung. In der Regel haben die Tests keine Freifelder, die Sie ausfüllen müssen, sondern die Antwortoptionen sind durchgängig vorgegeben, also »Multiple Choice«.

Tipps für die Durchführung von Online-Tests

Folgende Tipps sollen Ihnen bei der Vorbereitung und Durchführung von Online-Tests helfen.

✔ Stellen Sie sicher, dass Sie eine stabile Internetverbindung haben. Ansonsten laufen Sie Gefahr, dass der Test aufgrund von Verbindungsstörungen abgebrochen und nicht wieder begonnen werden kann. Sollte Ihnen das dennoch passieren, kontaktieren Sie umgehend Ihren potenziellen Arbeitgeber und erklären Sie die Situation, damit Sie hoffentlich die Möglichkeit haben, den Test zu wiederholen.

✔ Suchen Sie sich einen ruhigen und ungestörten Ort. Zum einen sollten Sie sich voll und ganz auf den Test konzentrieren können. Zum anderen müssen Sie den Test, wenn Sie ihn einmal begonnen haben, auch in einem Zug beenden. Einen Pause-Button werden Sie in der Regel nicht finden.

✔ Füllen Sie den Test selbst aus. Es scheint verlockend zu sein, den Test von jemandem ausfüllen zu lassen, der vermeintlich bessere Ergebnisse erzielt als Sie. Vor allem, wenn es um persönlichkeitsorientierte Fragen geht, kann dies aber nach hinten losgehen. Denn wenn Sie im weiteren Verlauf des Verfahrens andere Assessment-Center-Bausteine durchlaufen, können solche Schummeleien schnell auffallen.

✔ Wenn Sie einen Test zu Ihren mathematischen und sprachlichen Fähigkeiten durchführen sollen, sollten Sie sich vorab mit dem speziellen Fragestil vertraut machen und sich mit Übungsaufgaben auf den Test vorbereiten. Einige Aufgaben finden Sie weiter unten in diesem Kapitel. Aber auch im Internet haben viele Anbieter von Testverfahren frei zugänglich Übungsaufgaben eingestellt. Vielleicht können Sie sogar recherchieren, welche Art von Test Sie erwartet und sich somit noch gezielter vorbereiten. Viele Unternehmen sind transparent in der Wahl Ihrer Testverfahren, aber auch auf Arbeitgeberbewertungsseiten und in Foren finden Sie, wenn Sie sich bei einem Großkonzern bewerben, Hinweise von früheren Bewerbern.

✔ Geht es im Test um Ihre Persönlichkeit, sollten Sie ehrliche Antworten geben. Es hilft nichts, wenn Sie die Antwort auswählen, von der Sie glauben, dass sie der potenzielle Arbeitgeber hören will. Das wird zu einem verzerrten und möglicherweise etwas schrägem Ergebnis führen.

✔ Lesen Sie sich die Aufgabenbeschreibung genau durch. Ein gutes Verständnis der Aufgabe ist eine wichtige Voraussetzung, um die Aufgaben in der vorgegeben Zeit zu lösen.

✔ Wenn Sie kein Zeitlimit bei den Antworten haben, nehmen Sie sich die Zeit, die Sie für die Antwort brauchen und klicken Sie sich nicht vorschnell zur nächsten Aufgabe weiter.

Üblicherweise werden Sie in einem Auswahlverfahren nur mit einer Testart konfrontiert, es kann aber auch eine Kombination aus psychologischen Verfahren und Intelligenztests auf Sie zukommen. Als Bewerber fragen Sie sich vielleicht, was die Aufgaben denn eigentlich mit der späteren beruflichen Praxis zu tun haben. Oft gibt es diesen Zusammenhang auf den ersten Blick nicht, dennoch können die Ergebnisse dem Arbeitgeber helfen, Aussagen über Ihre spätere berufliche Entwicklung zu treffen. Die hängt natürlich auch von vielen anderen Faktoren ab, wie der Bereitschaft des Unternehmens beziehungsweise der Institution, Sie fachlich und persönlich weiterzuentwickeln, oder der Tatsache, ob Sie mit Ihrem Start ins Berufsleben einen Mentor bekommen, der Sie in Ihrem beruflichen Fortkommen unterstützt. Aber in dem Stadium des ersten Kennenlernens im Rahmen des Assessment Centers kann sich Ihr Wunscharbeitgeber nur auf die Ergebnisse seiner Auswahlinstrumente stützen, um zu bewerten, welche Kompetenzen Sie haben und welches Potenzial in Ihnen steckt.

Intelligenztests – facettenreich und komplex

Intelligenztests bestehen in der Regel aus mathematischen, sprachlichen und logikbasierten Aufgaben. Man will damit Ihre kognitiven Fähigkeiten prüfen. Somit erkennt Ihr potenzieller Arbeitgeber, wie gut Sie komplexe Aufgaben lösen, wie schnell Sie sich allgemein in neue Themenbereiche einarbeiten und wie schnell Sie Informationen erfassen. Diese Art von Test wird selten als Intelligenztests angekündigt, sondern wird meist Logik- oder Leistungstest genannt.

Ein Test enthält immer unterschiedliche Aufgabentypen, die unterschiedliche Facetten Ihrer kognitiven Fähigkeiten abprüfen. Hier die wichtigsten:

- ✔ Bei mathematischen Aufgaben müssen Sie häufig Prozentsätze oder Durchschnittswerte berechnen. Auch werden Sie aufgefordert, Zahlen oder Grafiken zu interpretieren.
- ✔ Bei sprachlichen Aufgaben müssen Sie sprachliche Analogien lösen oder sich zu Aussagen in Texten äußern. Es können auch Wortreihen vorkommen, in denen Sie das Wort identifizieren müssen, das nicht in die Reihe passt.
- ✔ In Aufgaben zum logischen Verständnis sollen Sie Zahlenreihen ergänzen oder Schlussfolgerungen ziehen.
- ✔ Ihnen können auch Aufgaben zum räumlichen Vorstellungsvermögen gestellt werden. Dann müssen Sie zum Beispiel einem dreidimensionalen Gegenstand die richtige Schnittform zuordnen.
- ✔ Aufgaben zum Allgemeinwissen können ebenfalls Teil des Tests sein, auch wenn dies nicht zu einem klassischen Intelligenztest gehört. Hier geht es um Fragen zu Politik, zum Zeitgeschehen oder auch zur Geografie.

Übungsaufgaben für einen Intelligenztest

Wir haben für Sie ein paar Übungsaufgaben aus den verschiedenen Kategorien zusammengestellt.

Sprachliche Aufgabe: Lesen Sie sich den folgenden Text aufmerksam durch. Sie finden am Ende des Textes mehrere Aussagen. Treffen Sie eine Entscheidung, ob die Aussage richtig (A), falsch (B) oder aufgrund der vorhandenen Informationen nicht beantwortet werden kann (C).

Viele Eltern mit Kindern unter drei Jahren möchten sich gerne gleichermaßen in Familie und Beruf einbringen. Viele Elternpaare fänden es ideal, nur 30 Wochenstunden zu arbeiten und sich die Familienaufgaben zu teilen. Dabei geht es oft nicht um Selbstverwirklichung, sondern um die Tatsache, dass der Verdienst von nur einem Ernährer in der Familie nicht ausreicht. Viele Mütter möchten aber auch früher wieder in den Beruf einsteigen, um ihre Rentenansprüche zu sichern. Die Tatsache, dass Frauen immer noch weniger verdienen als Männer, liegt nicht zuletzt auch daran, dass Frauen öfters in Teilzeit arbeiten. Ein Lösungsvorschlag für eine gerechtere Verteilung zwischen Vater und Mutter ist die Einführung einer 32-Stunden Woche.

Aussage 1: - Die Lohnlücke zwischen Männer und Frauen liegt auch daran, dass Frauen häufiger in Teilzeit arbeiten.

A B C

Aussage 2: – Mütter möchten gerne früher in den Beruf einsteigen, um weniger Zeit mit der Kinderbetreuung verbringen zu müssen.

A B C

Aussage 3: – Viele Elternpaare können ihren Wunsch nach einer gerechteren Verteilung zwischen Beruf und Familienbetreuung wegen fehlender Kitaplätzen nicht verwirklichen.

A B C

Mathematische Aufgabe: Schauen Sie sich Abbildung 9.1 an und beantworten dann die unten stehenden Fragen. Die Abbildung zeigt die öffentlichen Gesamtausgaben verschiedener Länder für Bildung in Prozent des Bruttoinlandprodukts.

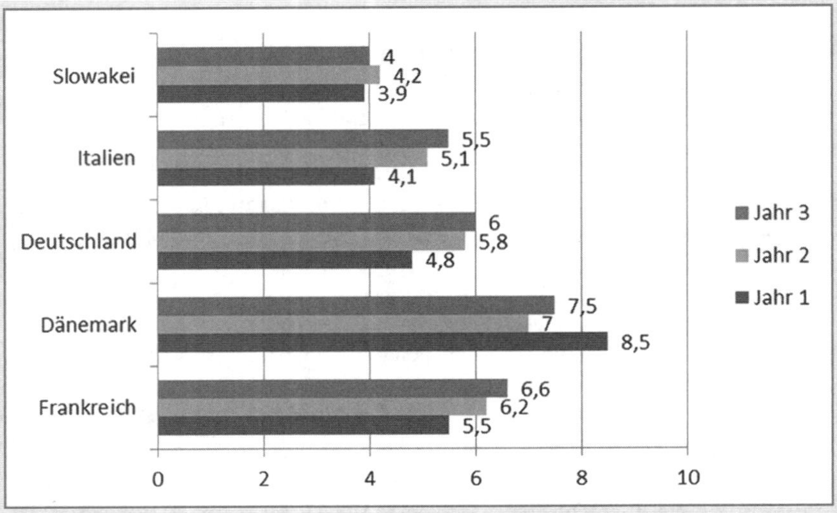

Abbildung 9.1: Die Angaben sind öffentliche Gesamtausgaben für Bildung in Prozent des BIP.

Aufgabe 1: Die Länder in Europa investieren unterschiedlich viel in ihre Bildungssysteme.

Wie viel mehr als Italien gibt Dänemark im Jahr 1 für die Bildung aus?

A 4,2 %

B 4,4 %

C 3,8 %

D 4,6 %

Aufgabe 2: Die Ausgaben für Bildung sinken in Deutschland im Jahr 3 von 300 Millionen auf 200 Millionen in Jahr 4. Wie viel Prozent des BIP gibt Deutschland dann im Jahr 4 für Bildung aus? Gehen Sie davon aus, dass das BIP unverändert bleibt.

A 4,2 %

B 5 %

C 4 %

D 3,5 %

E 3 %

Logische Aufgaben: Im Folgenden ist jeweils eine Abfolge von Symbolen dargestellt. Wählen Sie aus, welches Symbol die Reise logisch fortsetzt.

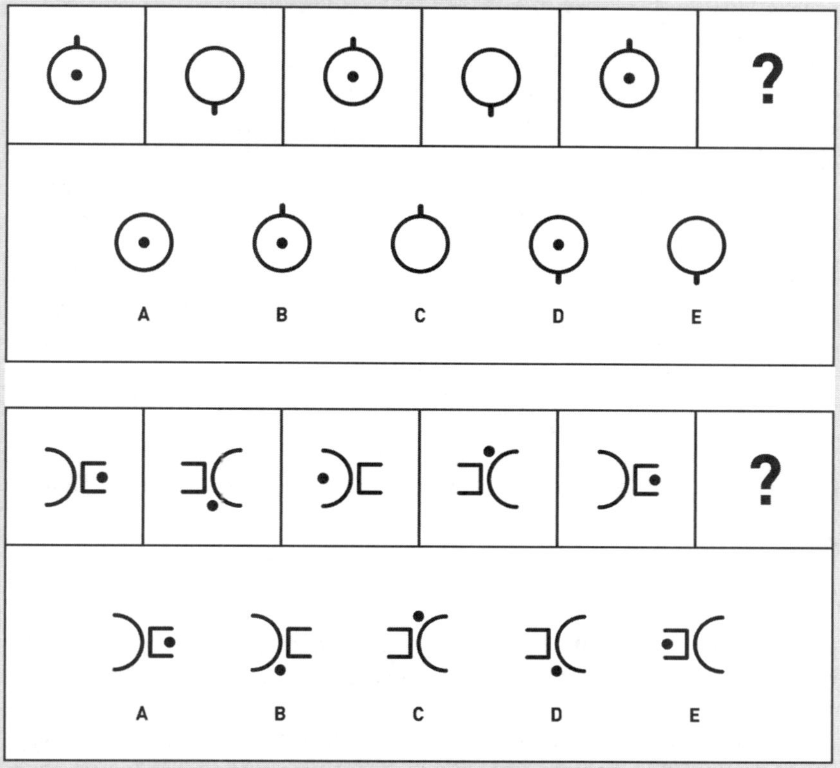

Abbildung 9.2: Beispielaufgabe für den Bereich logisches Denken

Lösungen

Sprachliche Aufgabe: Aussage 1: A, Aussage 2: B, Aussage 3: C

Mathematische Aufgabe: Aufgabe 1: B, Aufgabe 2: C

Logische Aufgabe: Frage 1: Antwort E ist korrekt, Regel 1: Abwechselnd Punkt im Kreis und leer; Regel 2: Abwechselnd Strich nach oben und nach unten; Frage 2: Antwort D ist korrekt, Regel 1: Kreis und Quadrat wechseln hin und her; Regel 2: Schwarzer Punkt wandert im Uhrzeigersinn.

Persönlichkeitstests – so ticken Sie

Persönlichkeitstests werden in Assessment Centern am häufigsten eingesetzt. Sie sollen Aufschluss darüber geben, was Ihre Persönlichkeit ausmacht und wie Sie sich in bestimmten Situationen verhalten. Sind Sie eine introvertierte Person oder eher extrovertiert? Wie handeln Sie unter Druck? Die Tests geben einen Einblick darüber, wie Sie sich tendenziell verhalten würden. Generell sollten Sie sich bewusst machen, dass diese Tests keine Wertung im Sinne von »richtig« oder »falsch« beziehungsweise »gut« oder »schlecht« vornehmen. Je nachdem, auf welche Position Sie sich beworben haben, sind bestimmte Eigenschaften gefragt oder eher nicht erwünscht.

Welche Eigenschaften für Ihren potenziellen Arbeitgeber beziehungsweise die ausgeschriebene Position relevant sind, ist für Sie in den wenigsten Fällen wirklich durchschaubar. Wenn die Stelle, auf die Sie sich beworben haben, beispielsweise in einem Team ist, in dem es schon mehrere Mitarbeiter mit extrovertierter Persönlichkeit gibt, ist man vielleicht eher auf der Suche nach einem Bewerber der tendenziell introvertierte Merkmale aufweist.

Versuchen Sie in Persönlichkeitstests nicht, vermeintlich gewünschte Antworten zu geben. Zum einen wissen Sie nicht wirklich, welchen Persönlichkeitstyp das Unternehmen beziehungsweise die Institution sucht. Zum anderen folgen auf die Tests oftmals persönliche Gespräche. Spätestens dann würden geschulte Interviewer schnell merken, dass Sie versucht haben, sich Eigenschaften zuzuschreiben, über die Sie gar nicht verfügen.

Es gibt zahlreiche Testanbieter auf dem Markt. Einige der bekanntesten Tests stellen wir Ihnen vor.

DISC-Analyse

Die DISC-Analyse basiert auf der Annahme, dass bei jedem Menschen vier grundlegende Verhaltenszüge in unterschiedlicher Ausprägung vorhanden sind. Hierbei handelt es sich um Dominanz (Dominance), Einfluss (Influence), Beständigkeit (Steadiness) und Einwilligung (Compliance). Da die Ausprägungen dieser Verhaltenszüge bei jedem Menschen unterschiedlich stark sind, kann bei der DISC-Analyse ein individuelles Persönlichkeitsprofil entstehen.

D: eher dominant oder entgegenkommend

I: eher extrovertiert oder introvertiert

S: eher zuverlässig oder eher flexibel

C: eher perfektionistisch oder eher unabhängig

Die Durchführung einer DISC-Analyse erfolgt normalerweise in einem Online-Assessment und dauert 10 bis 15 Minuten. Sie müssen in diesem Test jeweils unter vier Adjektiven auswählen, welches am ehesten und welches am wenigsten auf Sie zutrifft. Dabei sollen Sie spontan, ohne lange zu überlegen, antworten.

Myers Briggs Type Indicator (MBTI)

Auch der Myers Briggs Type Indicator basiert auf der Annahme, dass bei Menschen bestimmte Eigenschaften in unterschiedlicher Ausprägung vorhanden sind. Unterteilt wird in vier Indikatoren, denen jeweils zwei Präferenzen zugeordnet sind. Dem Indikator *Motivation* wird *Extraversion* und *Introversion* zugeschrieben, während der Indikator *Aufmerksamkeit* für *Intuition* und *Sensorik* steht. *Denken* und *Fühlen* sind die Präferenzen bei dem Indikator *Entscheidung*. Beim Lebensstil gibt es die Präferenzen *Wahrnehmung* und *Beurteilung*. Anhand der Ausprägungen lassen sich die Ergebnisse einem von 16 sogenannten »MBTI Typen« zuordnen. Die verschiedenen Typen werden in einer Buchstabenkombination ausgedrückt, die sich aus vier Präferenzen der Indikatoren zusammensetzen.

- ✔ **Motivation:** Dieser Indikator beschreibt die Motivation zur Sinneserfahrung. Die Präferenzen gehen von *außenorientiert* (E) bis zu *innenorientiert* (I).
- ✔ **Aufmerksamkeit:** Dieser Indikator gibt Aufschluss darüber, wie die gewonnenen Sinneseindrücke verarbeitet werden. Die Präferenzen reichen von *intuitiv* (N), also der Berücksichtigung des »sechsten Sinns«, bis zu *sensorisch* (S), also der Verarbeitung von konkreten Informationen.
- ✔ **Entscheidung:** Dieser Indikator beschreibt, wie Entscheidungen getroffen werden. Die Präferenzen reichen vom *Denker* (T), der eher einen rationalen Standpunkt einnimmt, bis zum *Fühlenden* (F), der sich stärker auf ein persönliches Wertesystem verlässt.
- ✔ **Lebensstil:** Dieser Indikator drückt aus, wie Umwelteindrücke verarbeitet werden. Die Präferenzen reichen von der *Wahrnehmung* (P), also der Offenheit für neue Eindrücke, bis zur *Beurteilung* (J), also der schnellen Entscheidung, an der festgehalten wird.

Der Test wird mit einem Fragebogen durchgeführt, in dem Gegensatzpaare benannt werden. Nun müssen Sie sich als Teilnehmer für eine Möglichkeit entscheiden. Dabei ist Ihnen kein Zeitlimit vorgegeben. Abstufungen sind nicht möglich.

Beispielfragen können sein:

Bei geselligen Anlässen

A freue ich mich, möglichst viele neue Leute kennenzulernen.
B konzentriere ich mich lieber auf einige Bekannte.

Projekte plane ich lieber mit

A vernunftbetonten Menschen.
B einfallsreichen Menschen.

Ich bevorzuge es, meine Ideen

A anderen mitzuteilen und darüber zu diskutieren.
B erst mal für mich zu behalten und sie kritisch abzuwägen.

Ich ziehe es vor, Dinge

A für sich sprechen zu lassen.
B häufig in Frage zu stellen.

Aufgrund der Ergebnisse wird ein Persönlichkeitsprofil erstellt, das jeweils eine der Präferenzen pro Indikator enthält. So ergibt sich die Kombination aus den vier Buchstaben. Das Profil wird mit einem zertifizierten Berater in einem persönlichen Gespräch durchgesprochen. Als

Teilnehmer haben Sie die Möglichkeit, bestimmten Eigenschaften, die Ihnen zugeschrieben werden, verbal zuzustimmen oder diese abzulehnen. Aufgrund Ihrer Rückmeldung kann dann noch eine Korrektur der Buchstabenkombination vorgenommen werden. Da das persönliche Gespräch vor der Auswertung verpflichtend ist, verursacht die korrekte Durchführung des Myers Briggs Type Indicator viel Zeit und hohe Kosten. Daher wird dieser Test im Rahmen von Assessment Center für Berufseinsteiger oft in vereinfachter Form durchgeführt. Zum Beispiel wird das Profil nur auf Basis eines Onlinetests erstellt, ohne dass ein Berater anwesend ist.

Bochumer Inventar zur berufsbezogenen Persönlichkeitsbeschreibung

Das Bochumer Inventar zur berufsbezogenen Persönlichkeitsbeschreibung (BIP) analysiert Ihre Persönlichkeit auf Basis Ihrer Selbsteinschätzung. Auch das BIP ist online-basiert. Sie werden bei diesem Test mit verschiedenen Aussagen konfrontiert und müssen auf einer sechsstufigen Skala – von *trifft voll zu* bis *trifft überhaupt nicht zu* – einschätzen, inwieweit diese jeweils auf Sie zutreffen.

BEISPIEL

- ✔ »Ich ordne beruflichem Erfolg alles unter.«
- ✔ »Es ist mir sehr wichtig, die Richtung vorzugeben.«
- ✔ »Ich vermeide Konkurrenzsituationen.«
- ✔ »Lieber zu viel Kontrolle als zu wenig.«
- ✔ »Ich plane gerne den genauen Ablauf meines Arbeitstags.«
- ✔ »Ich nehme mir viel Zeit für Entscheidungen.«
- ✔ »Ich gehe mit anderen rücksichtsvoll um.«
- ✔ »Ich ziehe es vor, allein zu arbeiten.«
- ✔ »Ich bin temperamentvoller als andere.«

Die Ihnen vorgelegten Aussagen decken zahlreiche Persönlichkeitsbereiche ab, um ein wirklich umfassendes Bild von Ihrer Persönlichkeit zu erhalten:

- ✔ Leistungsmotivation, Gestaltungsmotivation, Führungsmotivation und Wettbewerbsorientierung aus dem Bereich der beruflichen Orientierung
- ✔ Gewissenhaftigkeit, Flexibilität, Handlungsorientierung und Analyseorientierung aus dem Bereich des Arbeitsverhaltens
- ✔ Sensitivität, Kontaktfähigkeit, Soziabilität, Teamorientierung, Durchsetzungsstärke und Begeisterungsfähigkeit aus dem Bereich der sozialen Kompetenzen
- ✔ Emotionale Stabilität, Belastbarkeit und Selbstbewusstsein aus dem Bereich der psychischen Konstitution

Es können sich auch Aussagen wiederholen, die inhaltlich zum gleichen Ergebnis führen sollten, aber jeweils anders formuliert sind. Dies dient als Kontrolle darüber, ob Sie einheitlich und vor allem ehrlich antworten. Zum Beispiel geht es bei den Aussagen »Bemerke Unwohlsein anderer manchmal nicht.« und »Bemerke mit großer Sicherheit, wie sich mein Gegenüber fühlt.« im Kern darum, wie gut Sie sich in andere hineinversetzen können.

Das Bochumer Inventar zur berufsbezogenen Persönlichkeitsbeschreibung nutzt Testergebnisse einer bestimmten Vergleichsgruppe als Referenzrahmen. Das bedeutet, dass Ihre Ausprägungen der verschiedenen Eigenschaften in Bezug zu einem Mittelwert gesetzt werden. Wenn Sie zum Beispiel in der Vergleichsgruppe der Sachbearbeiter eine hohe Wettbewerbsorientierung aufweisen, heißt das nicht automatisch, dass Ihnen dieses Persönlichkeitsmerkmal auch in der Vergleichsgruppe der Führungskräfte zugeordnet werden würde. Darüber hinaus berücksichtigt das Bochumer Inventar zur berufsbezogenen Persönlichkeitsbeschreibung bei der Auswertung auch, wie lange Sie gebraucht haben, um eine Aussage zu treffen.

Wie Sie als Bewerber von Persönlichkeitstests profitieren

Die Testergebnisse geben Aufschluss darüber, was Sie beruflich anspornt, wie Sie an bestimmte Aufgaben herangehen, wie Sie in Ihrem Arbeitsumfeld mit anderen Personen umgehen und auch, wie Sie im Beruf mit Misserfolgen oder Widerständen zurechtkommen. Die Ergebnisse können nicht nur für das Unternehmen, sondern auch für Sie als Bewerber aufschlussreich sein. Wenn Sie einen Persönlichkeitstest durchlaufen haben, wird Ihnen der potenzielle Arbeitgeber meist eine schriftliche Auswertung zur Verfügung stellen. Erfolgt dies nicht automatisch, sollten Sie das Ergebnis einfordern.

- ✔ Lesen Sie die Testergebnisse aufmerksam durch. Inwieweit erkennen Sie sich wieder und über welche Aussagen waren Sie überrascht?
- ✔ Gleichen Sie Ihr Selbstbild mit weiteren Fremdbildern ab, indem Sie Freunde, Ihren Partner und die Familie befragen. Können diese die Ergebnisse aus dem Test bestätigen, auch wenn Ihnen selbst bestimmte Verhaltenszüge bisher nicht bewusst waren?

Denken Sie darüber nach, welche Verhaltenszüge für Ihre beruflichen Ziele förderlich oder hinderlich sein könnten. Sprechen Sie diese Themen, wenn möglich, mit aktuellen Vorgesetzten oder Mentoren aus dem letzten Praktikum an, um sich Tipps zur persönlichen Weiterentwicklung zu holen.

Grafologische Tests

Bei grafologischen Testverfahren sollen aus einer Schriftprobe Charaktereigenschaften einer Person abgeleitet werden. Diese Tests sind Humbug und haben in einem Bewerbungsverfahren eigentlich nichts zu suchen, da sie keinem der Gütekriterien *Objektivität*, *Zuverlässigkeit* und *Validität* entsprechen.

Ein Test ist objektiv, wenn er unabhängig von der durchführenden beziehungsweise zu bewertenden Person zum gleichen Ergebnis führt. Zuverlässigkeit ist dann gewährleistet, wenn der Test unabhängig von Ort und Zeit der Durchführung bei derselben Person zum gleichen

Ergebnis führt. Bei der Validität geht es darum, ob der Test das, was er untersuchen will, auch tatsächlich erfasst. Bei Testverfahren, die im Rahmen von Auswahlprozessen eingesetzt werden, muss gewährleistet sein, dass diese tatsächlich den beruflichen Erfolg prognostizieren können. Dies ist bei grafologischen Tests nicht der Fall. Glücklicherweise wenden nur sehr wenige Unternehmen diese unseriösen, nicht aussagekräftigen Verfahren an.

Abschluss des Assessment Centers

Wenn Sie ein Assessment Center absolviert haben, liegt ein anstrengender Tag hinter Ihnen. Der Arbeitgeber hat einen umfassenden Eindruck von Ihnen gewonnen und auch Sie haben Einblicke in das Unternehmen beziehungsweise die Institution erhalten. Nun gilt es, diese Eindrücke zu verarbeiten.

Verschiedene Arbeitgebervertreter oder auch externe Experten nehmen als Beobachter an einem Assessment Center teil. Diese Jury ist dazu angehalten, das Verhalten der Teilnehmer zu beobachten. Während der Übungen sollen daher keine Bewertungen der Teilnehmer vorgenommen werden. Das passiert in der sogenannten Beobachterkonferenz, die in der Regel im Anschluss an das Assessment Center stattfindet. Die Unterscheidung zwischen Beobachten und Bewerten ist wichtig, da das Verhalten der Kandidaten durchaus unterschiedlich wahrgenommen wird. Im Rahmen der Beobachterkonferenz werden die Ergebnisse zusammengetragen und ausgewertet. Dann wird entschieden, welcher Kandidat ein Vertragsangebot erhält.

Feedback geben und bekommen

Zwei Fragen werden Sie nach der Teilnahme an einem Assessment Center besonders interessieren. Zum einen, ob Sie ein Vertragsangebot bekommen und zum anderen, wie Sie in den Übungen und Tests abgeschnitten haben. Zu einem professionellen Assessment Center gehört es dazu, dass Sie ein umfassendes Feedbackgespräch erhalten. Dabei ist es egal, ob Sie nun eine Zu- oder Absage bekommen haben. Das Feedbackgespräch kann im Anschluss an das Assessment Center stattfinden oder innerhalb weniger Tage danach. Oft werden auch Sie nach einer Rückmeldung zum Bewerbungsverfahren gefragt. Nutzen Sie die Gelegenheit, Ihre Eindrücke zu schildern.

Ein professionelles Feedback nach einem Assessment Center kann Ihnen als Bewerber wertvolle Hinweise für zukünftige Vorstellungsgespräche geben. Es kann Anstoß sein, bestimmte Verhaltensweisen zu hinterfragen. Vielleicht haben Sie sich selbst als engagiert diskutierend wahrgenommen. Den Beobachtern ist aber vor allem aufgefallen, dass Sie Ihre Mitstreiter laufend unterbrochen haben. Tipps, wie Sie Feedback sinnvoll nutzen können, und wie Sie am besten mit einer Absage umgehen, finden Sie in Kapitel 8.

IN DIESEM KAPITEL

Die optimale Vorbereitung auf die Gehaltsfrage

Gehaltsangebote und Rahmenbedingungen auswerten

Durchdacht und zielorientiert verhandeln

Kapitel 10 Die Gehaltsverhandlung

In diesem Kapitel erfahren Sie, wie und wo Sie recherchieren können, um eine Gehaltsvorstellung zu entwickeln, und welche Aspekte hierbei eine Rolle spielen. Sie erfahren auch, wie Sie eine Gehaltsangabe formulieren und ein Gehaltsangebot auswerten. Außerdem geben wir Ihnen Tipps zur Verhandlung.

Die Gehaltsfrage

In Deutschland ist es noch unüblich, Stellen mit einer Gehaltsangabe auszuschreiben. In anderen europäischen Ländern ist es Standard, in Großbritannien sogar Pflicht. In Deutschland werden Sie als Bewerber oft gebeten, zunächst Ihre Gehaltsvorstellungen mitzuteilen, bevor der Arbeitgeber hierzu eine Aussage macht. In vielen Stellenanzeigen finden Sie die Aufforderung, Ihre Gehaltsvorstellungen anzugeben, aber auch in Online-Bewerbungsformularen findet sich meist ein Feld hierzu.

Warum möchte das Unternehmen schon vor dem Vorstellungsgespräch wissen, wie viel der Bewerber verdienen möchte? Es kann mehrere Gründe haben:

- ✔ Der potenzielle Arbeitgeber möchte aus Zeit- und Effizienzgründen nur Bewerber zum Vorstellungsgespräch einladen, deren Gehaltsvorstellung in die für die Position vorgesehene Gehaltsspanne passt beziehungsweise nur leicht darüber liegt. Somit können sich die Personalentscheider nahezu sicher sein, dass sie sich mit den eingeladenen Kandidaten über das Gehalt einigen werden. Hat ein Bewerber eine deutlich über dem Budget liegende Gehaltsvorstellung, wird man ihn wahrscheinlich nicht auf das budgetierte Entgelt herunter handeln können. Daher ist es dann für den Arbeitgeber nicht sinnvoll, überhaupt ein Vorstellungsgespräch zu führen.
- ✔ Die Personalentscheider möchten sich schon vor der Interviewphase einen Überblick über den Arbeitsmarkt für die betreffende Position verschaffen. Das ist häufig der Fall,

wenn man noch nie oder das letzte Mal vor vielen Jahren eine bestimmte Position ausgeschrieben hat. Es kann zum Beispiel sein, dass sich ein kleineres Unternehmen weiter professionalisieren möchte, indem es einen Wirtschaftsinformatiker für die Schnittstellenarbeit zwischen der IT und den klassischen betriebswirtschaftlichen Abteilungen einstellen möchte und bisher noch keine Erfahrung hinsichtlich der Gehaltsvorstellungen von Absolventen dieser Fachrichtung gemacht hat.

✔ Der potenzielle Arbeitgeber möchte schon anhand der Unterlagen prüfen, ob der jeweilige Bewerber bezogen auf seine Qualifikation eine marktgerechte Gehaltsvorstellung angibt, sich also im jeweiligen Arbeitsmarkt realistisch einschätzt. Nur wenn das so ist, wird der Bewerber zum Gespräch eingeladen.

Damit Ihre Bewerbungsunterlagen nicht wegen einer unangemessenen Gehaltsvorstellung aussortiert werden, ist es wichtig, dass Sie sich über das Thema Gehalt frühzeitig Gedanken machen.

Gehalt im Praktikum

Für Pflichtpraktika haben Sie gesetzlich weder einen Anspruch auf eine Vergütung, noch auf Urlaub und Lohnfortzahlung im Krankheitsfall. Jedoch ist es in der Praxis gerade bei Großkonzernen und größeren Mittelständlern üblich, dass man auch Pflichtpraktikanten eine Vergütung zahlt und aus administrativen Gründen keine Gehaltsabzüge bei Krankheitstagen vornimmt. Ebenfalls wird meist freiwillig der gesetzliche Mindesturlaub gewährt.

Dreimonatige freiwillige Praktika, die Sie als Student absolvieren sind nicht mindestlohnpflichtig. Als Student, der ein freiwilliges Praktikum macht, gelten für Sie die gesetzlichen Vorgaben für Auszubildende. Demnach sollten Sie theoretisch eine angemessene Vergütung erhalten. In der Praxis liegt es jedoch im Ermessen des jeweiligen Arbeitgebers, den Betrag festzulegen. Sie haben wie Auszubildende Anspruch auf bezahlte Krankheitstage und den gesetzlichen Mindesturlaub. Für ein Praktikum von drei Monaten bei einer Fünftagewoche erhalten Sie demnach fünf Urlaubstage.

Dauert das freiwillige, während des Studiums absolvierte Praktikum länger als drei Monate, muss Ihnen der Arbeitgeber den Mindestlohn zahlen. Wenn Sie als Absolvent ein Praktikum machen, haben Sie ebenfalls Anspruch auf den Mindestlohn, da Sie ein normaler Arbeitnehmer sind.

Die monatliche Vergütung für Praktika, die nicht unter den Mindestlohn fallen, ist meist dreistellig, kann aber auch im unteren vierstelligen Bereich liegen. Wenn Sie ein bezahltes Praktikum während Ihres Studiums absolvieren, ist das Gehalt in der Regel nicht Verhandlungssache, da viele Arbeitgeber ein Standardgehalt zahlen. Häufig werden die Personalentscheider daher von sich aus im Gespräch mittteilen, wie hoch das Praktikumsgehalt ist. Wenn das nicht so ist, können Sie am Ende des Gesprächs, nachdem Sie alle inhaltlichen Fragen geklärt haben, freundlich fragen, welche Vergütung vorgesehen ist.

Bei den verschiedenen Praktikumsarten sind auch die Unterschiede bei den Abgaben zu beachten. Machen Sie ein Pflichtpraktikum, müssen Sie keine Sozialversicherungsbeiträge zahlen und haben als Nettogehalt wesentlich mehr als bei einem freiwilligen Praktikum. Bei einem Absolventenpraktikum werden Sie in jedem Fall sozialversicherungsrechtlich als normaler Arbeitnehmer behandelt.

Das marktübliche Gehalt recherchieren

Auch beim Thema Gehalt können Sie sich gut vorbereiten. Es gibt viele Quellen, die Ihnen wichtige Informationen liefern. Dabei helfen Ihnen neben der Suche im Internet auch Gespräche mit Freunden und Bekannten.

Vielfältige Quellen zur Recherche nutzen

Das Internet ist für die Recherche nach dem Gehalt ein gutes Medium. Einige Personalvermittlungsagenturen oder auch Jobbörsen veröffentlichen ihre eigenen Gehaltsstudien, die im Internet heruntergeladen werden können. Durch diese Untersuchungen bekommen Sie einen guten Einblick in die üblichen Gehälter, aufgeschlüsselt nach Tätigkeitsfeld, Berufserfahrung, Branche und Region.

Darüber hinaus gibt es Seiten im Internet, auf denen Arbeitgeber bewertet werden und Mitarbeiter ihr Gehalt angeben können. Ein Beispiel dafür ist die Seite `www.glassdor.de`, die aus den USA stammt und sich langsam auch in Deutschland etabliert. Sie können außerdem nach Foren recherchieren, in denen Bewerber und Mitarbeiter der Zielarbeitgeber Insider-Wissen preisgeben. Insbesondere zu den DAX 25 Unternehmen werden Sie mit hoher Wahrscheinlichkeit im Internet fündig werden.

Die Gehaltsangaben in Foren und auf Bewertungsseiten sind mit Vorsicht zu genießen. Sie können ein Hinweis sein, aber es gibt keine Kontrolle, ob die Angaben wahr sind. Wenn die kritische Menge fehlt, sind sie auch nicht repräsentativ.

Gehalt ist ein Thema, über das bei uns in der Regel auch im Freundeskreis nur selten gesprochen wird. Trotzdem sollten Sie Ihr persönliches Netzwerk nutzen, um mehr Informationen zu erhalten. Wenn Sie jemanden kennen, der in einem ähnlichen Bereich arbeitet, den Sie auch anstreben, sollten Sie die Person nach den Erfahrungswerten beziehungsweise dem Einstiegsgehalt fragen. Trauen Sie sich, diese Insider auf das Thema anzusprechen, denn das ist der einfachste Weg, um an verlässliche Informationen zum Gehalt zu kommen.

Die Stelle einordnen

Wenn es darum geht, ein angemessenes Gehalt für die Stelle zu ermitteln, auf die Sie sich bewerben möchten, sollten Sie viele Kriterien berücksichtigen. Mit einer umfassenden Betrachtung und Recherche ist die Wahrscheinlichkeit hoch, dass Sie eine marktgerechte Gehaltsvorstellung angeben können.

Gültigkeit eines Tarifvertrags prüfen

Als Erstes prüfen Sie, ob der Arbeitgeber tarifgebunden ist. Das ist häufig bei Industrieunternehmen, Pharma- und Chemieunternehmen, Banken, Versicherungen und dem Öffentlichen Dienst der Fall. Wenn Ihr Wunscharbeitgeber einem Tarifvertrag unterliegt, versuchen Sie herauszufinden, welche Entgeltgruppe beziehungsweise Entgeltstufe für Ihre Wunschposition gilt. Bei Ausschreibungen im Öffentlichen Dienst steht das manchmal schon in der Stellenausschreibung. Dann ist es einfach, den Gehaltsrahmen festzustellen. Wenn das nicht so ist, recherchieren Sie die Gehaltsgruppen des Tarifvertrages im Internet und lesen nach, welche Anforderungen für die jeweilige Stufe nötig sind und wie hoch das Grundgehalt ist.

Auch wenn ansonsten nicht über das Gehalt gesprochen wird – wenn ein Unternehmen nach Tarif zahlt, ist das Gehalt transparent. Sie finden in der Regel mit einer kurzen Suche im Internet beziehungsweise auf den Seiten der Gewerkschaften Gehaltstabellen der jeweiligen Branchen. Auch die Gehaltsstufen im Öffentlichen Dienst finden Sie im Internet.

Achten Sie darauf, wie Ihre Wunschposition bezeichnet ist und wie anspruchsvoll die Aufgaben sind. Ein Referent wird höher eingestuft sein als ein Assistent. Auch wenn Sie vielleicht nicht mit hundertprozentiger Sicherheit einschätzen können, wo die Wunschstelle angesiedelt ist, erhalten Sie durch einen Blick in den Tarifvertrag zumindest ein Gefühl dafür, welche Gehälter beim Wunscharbeitgeber gezahlt werden.

Viele Tarifverträge sehen eine Gehaltssteigerung anhand von Berufsjahren vor. Wenn Sie eine branchenspezifische Berufsausbildung absolviert haben, kann es sein, dass Ihnen diese Ausbildungsjahre als Berufsjahre anerkannt werden. Insgesamt ist der gehaltliche Verhandlungsspielraum bei tarifgebundenen Unternehmen und Institutionen jedoch sehr begrenzt. Strittig kann manchmal sein, in welche Tarifgruppe eine bestimmte Position vom Anspruch her eingeordnet werden sollte. Ein weiterer Spielraum ergibt sich durch die freiwillige Zahlung von Zuschlägen sowie die Ausgestaltung eines variablen Anteils.

In jedem Fall sollten Sie auch bei tarifgebundenen Unternehmen darauf vorbereitet sein, dass die Personaler im Gespräch Ihr Wunschgehalt hören wollen. So testen Ihre Gesprächspartner, ob Sie gut recherchiert haben und einen realistischen Blick auf die finanziellen Möglichkeiten des jeweiligen Arbeitgebers haben.

Aufpassen müssen Sie bei Tochterfirmen von Großunternehmen. Immer mehr Großunternehmen, die Tarifverträgen unterliegen, versuchen sie mit der Gründung von Tochterunternehmen zu umgehen, um Arbeitsverträge mit weniger Entlohnung anbieten zu können. Wenn Sie sich bei Großkonzernen bewerben, sollten Sie genau darauf achten, ob die Stelle in der Muttergesellschaft ist. Nur dann können Sie sicher sein, dass der Tarifvertrag auch für Ihre Stelle gilt. Wenn Sie sich bei einer Tochtergesellschaft bewerben, sollten Sie darauf eingestellt sein, dass sie möglicherweise ein Gehalt unter dem Tarifvertrag zahlt und auch andere Vertragsbestandteile, wie bezahlte Urlaubstage und Altersvorsorge, von den Konditionen der Muttergesellschaft abweichen.

Attraktivität der Branche einschätzen

Die durchschnittlichen Entgelte können je nach Branche stark variieren. Daher sollten Sie bei der Festlegung Ihrer Gehaltsvorstellung auch die Branche Ihres Wunscharbeitgebers berücksichtigen.

Die Durchschnittsgehälter sind in der Regel in folgenden Branchen besonders hoch:

- ✔ Pharma und Chemie
- ✔ Banken und Versicherungen
- ✔ Industrieunternehmen, insbesondere Automobilhersteller und Zulieferer

In folgenden Branchen verdienen Sie im Durchschnitt eher wenig:

- ✔ Medienunternehmen, insbesondere Agenturen
- ✔ Kultureinrichtungen
- ✔ Öffentlicher Dienst, je nach Eingruppierung
- ✔ Einzelhandel
- ✔ Bildungseinrichtungen und -träger
- ✔ Gesundheitswesen
- ✔ Hotellerie und Gastronomie

Position und Arbeitgeber analysieren

Häufig werden Bewerber gebeten, schon in der schriftlichen Bewerbung eine Gehaltsvorstellung anzugeben. Orientiert sich das Gehaltssystem der betreffenden Firma oder Institution nicht an einem Tarifvertrag, ist eine umfassende Analyse der Position und des Arbeitgebers nötig, um das marktgerechte Gehalt zu bestimmen.

Das Tätigkeitsfeld analysieren

Ein erster Anhaltspunkt ist die Tätigkeitsbeschreibung Ihrer Wunschstelle. Sie gilt es einzuordnen. Sind Sie BWL-Absolvent, gibt es je nach Fachbereich Gehaltsunterschiede. Bei Einstiegspositionen sind im Marketing, der Unternehmenskommunikation und dem Personalbereich die durchschnittlichen Gehälter niedriger als im Finanz- und Rechnungswesen sowie im Vertrieb. Das liegt zum einen an der Konkurrenzsituation unter den Bewerbern. Denn letztlich ist der Arbeitsmarkt auch von Angebot und Nachfrage bestimmt. Aber auch die Bedeutung, die einem bestimmten Fachbereich intern zugeschrieben wird, hat Einfluss auf die Höhe des Gehalts. Falls die Rolle der Personalabteilung in vielen Unternehmen immer wichtiger werden würde, könnte sich das auch in der Vergütung niederschlagen, da man mit finanziellen Anreizen geeignete Talente finden und halten müsste.

Die Stellenbezeichnung anschauen

Versuchen Sie, die Stellenbezeichnung einzuordnen. Eine Bezeichnung wie »Mitarbeiter« ist wenig aussagekräftig. Wird jedoch ausdrücklich ein Referent gesucht, handelt es sich um eine gehobene Fachposition, die auf eine vergleichsweise hohe Vergütung hinweist. In angelsächsisch geprägten Unternehmen werden anspruchsvolle Positionen mit der Bezeichnung »Manager« versehen, auch wenn sie keine Personalverantwortung umfassen. Auch das ist ein Hinweis darauf, dass die Stelle gut bezahlt ist. Allerdings verlangen die meisten Arbeitgeber für eine Manager- oder Referentenposition Berufserfahrung, sodass diese Stellen für Sie als Absolvent häufig noch nicht in Betracht kommen.

Lesen Sie in der Stellenanzeige »Assistenz« oder »Sachbearbeiter«, handelt es sich meist um eine Position mit moderater Verantwortung, die eher durch Zuarbeit gekennzeichnet ist und daher eine vergleichsweise niedrige Bezahlung ausweist.

Schauen Sie genau hin, bei Stellenanzeigen für eine Assistenz der Geschäftsführung oder Vorstandsassistenz. Zum einen kann es sein, dass sich darunter eine gehobene Sekretariatsstelle verbirgt. Zum anderen werden mit dieser Stellenbezeichnung auch interessante Einstiegspositionen für junge Akademiker vergeben. In diesem Fall können Sie nicht nur ein attraktives Einstiegsgehalt erwarten, sondern auch einen Einblick in übergeordnete Zusammenhänge der Firma. Denn in einer solchen Position unterstützen Sie die Geschäftsleitung beispielsweise bei der Ausarbeitung von Strategiepapieren und der Umsetzung von Projekten und werden wichtige Besprechungen vor- und nachbereiten.

Die Unternehmensgröße und die Region berücksichtigen

Bei Bewerbungen in der freien Wirtschaft ist die Unternehmensgröße ein weiterer Aspekt bei der Bestimmung der Gehaltsvorstellung. Die Durchschnittsgehälter steigen mit der Größe des Unternehmens. Deutlich wird das beispielsweise bei Unternehmensberatungen sowie Steuer- und Wirtschaftsprüfungsgesellschaften. Die großen, bekannten Unternehmensberatungen und die Big Five der Wirtschaftsprüfungsgesellschaften zahlen überdurchschnittlich. Jedoch gibt es auch viele kleine Unternehmen, die dieser Branche angehören und mit den Top-Einstiegsgehältern der Großen nicht ganz mithalten können.

Bedenken Sie bei nicht tarifgebundenen Arbeitgebern auch regionale Unterschiede. Auch wenn Sie sich auf die gleiche Art von Position bewerben, kann es einen Unterschied machen, in welcher Stadt beziehungsweise in welcher Region Sie sich bewerben:

- ✔ In Städten wird in der Regel ein höheres Gehalt gezahlt als in ländlichen Gebieten.
- ✔ Die Gehälter in Süddeutschland sind durchschnittlich höher als in Norddeutschland.
- ✔ Im Osten sind die Gehälter im Schnitt immer noch niedriger als in Westdeutschland.

Die eigene Attraktivität auf dem Arbeitsmarkt kennen

Wie attraktiv Sie auf dem Arbeitsmarkt sind, hängt von vielen Komponenten ab. Auf einige haben Sie einen gewissen Einfluss, wie zum Beispiel bei der Studienwahl. Andere Faktoren, wie etwa die wirtschaftliche Lage zum Zeitpunkt Ihres Berufseinstiegs, können Sie nicht beeinflussen. Wenn Sie ermitteln wollen, welche Gehaltsvorstellung für Ihr Profil wichtig ist, sollten Sie die wichtigsten Faktoren einordnen können.

Bachelor, Master und Berufsausbildung

Studien zeigen, dass das durchschnittliche Einstiegsgehalt von Masterabsolventen höher als das von Bachelorabsolventen ist. Somit ist Ihr Abschluss auch ein Ansatzpunkt für die Höhe Ihrer Gehaltsvorstellung. Es gibt jedoch auch Arbeitgeber, deren Personalpolitik es ist, keine Unterschiede bei der Art des Studienabschlusses zu machen. Ein weiterer Aspekt ist, ob Sie vor dem Studium eine Berufsausbildung absolviert haben, bei der Sie Kompetenzen aufgebaut haben, die Sie bei Ihrem Wunschjob anwenden können. Wenn das so ist, kann es Ihren persönlichen Marktwert erhöhen.

Eine Promotion wird Ihnen in bestimmten Bereichen einen Vorteil in der Gehaltsverhandlung bringen. Dazu gehören die Ingenieurswissenschaften, aber auch bestimmte Einsatzbereiche wie zum Beispiel die Unternehmensberatung. Recherchieren Sie, ob das für Ihren Wunscharbeitgeber gilt, oder aber die Promotion kein Mehrwert ist und damit auch keine besonders hohe Gehaltsvorstellung rechtfertigt, wie es zum Beispiel häufig im IT-Bereich der Fall ist.

Praktika, Noten, Auslandsaufenthalt und Fremdsprachenkenntnisse

Ein wichtiges Kriterium dafür, wie gut Sie Ihr Einstiegsgehalt verhandeln können, ist Ihr Lebenslauf. Folgende Punkte können ein höheres Gehalt rechtfertigen:

- ✔ Mindestens zwei mehrmonatige Praktika
- ✔ Praxiserfahrung durch eine Werkstudententätigkeit
- ✔ Praxiserfahrung durch eine Abschlussarbeit in Kooperation mit einem Unternehmen
- ✔ Durchgängig gute bis sehr gute Noten im Studium beziehungsweise ECTS-Grade A
- ✔ mehrmonatiger Auslandsaufenthalt
- ✔ fließende Kenntnisse in Englisch
- ✔ idealerweise Kenntnisse in einer weiteren Fremdsprache

- ✔ Studium an einer besonders renommierten Universität beziehungsweise Hochschule
- ✔ Erfahrungen mit einer ehrenamtlichen Tätigkeit, idealerweise im sozialen Bereich

Schon während des Studiums Praxiserfahrung zu sammeln, ist heutzutage unerlässlich. Da die meisten Absolventen zumindest ein Praktikum absolvieren, können Sie sich positiv abheben, wenn Sie vielfältige Arbeitserfahrung vorweisen können. Praktika sind attraktiv aus Sicht der Arbeitgeber, da Sie hier über einen längeren Zeitraum in Vollzeit Praxiserfahrung gesammelt haben.

Eine Werkstudententätigkeit ist eine gute Ergänzung zu bereits absolvierten Praktika, auch wenn die Werkstudententätigkeit von Personalentscheidern oftmals als weniger relevant bewertet wird. Diese Unterschiede in der Bewertung lassen sich dadurch erklären, dass Praktikanten in der Regel anspruchsvollere Aufgaben übertragen werden als Werkstudenten. Das liegt daran, dass Sie als Werkstudent meist nur stunden- oder tageweise tätig sind und oft eher gleichförmige Aushilfsarbeiten ausführen. Beim Praktikum soll dagegen der Lerneffekt für den Studenten im Vordergrund stehen. Seriöse Unternehmen und Institutionen nehmen diese Ausbildungsverantwortung für Praktikanten ernst und investieren die Zeit, Studenten Gesamtzusammenhänge zu erläutern und sie an Besprechungen und Terminen teilhaben lassen.

Eine Abschlussarbeit in Zusammenarbeit mit einem Unternehmen, einer Behörde oder einem Verein macht Sie am Arbeitsmarkt attraktiv, da Sie Erfahrungen in der Projektarbeit sammeln und ein praxisrelevantes Thema bearbeiten. Das wird von Personalentscheidern häufig als anspruchsvoller und vor allem realitätsnäher bewertet als ein reines Theoriethema.

Bewerber mit guten bis sehr guten Noten zeigen, dass sie die Studieninhalte erfasst und verstanden haben und leistungsbereit sind. Aussagekräftig ist auch die relative ECTS-Note, nach der die Studierenden eines Jahrgangs in eine Reihenfolge gebracht werden. Die 10 Prozent einer Bezugsgruppe, die die besten Noten haben, erhalten ein A.

Für international tätige Unternehmen ist es wichtig, dass ihre Mitarbeiter über eine ausgeprägte interkulturelle Kompetenz verfügen. So können diese Arbeitgeber sicher sein, dass ihre Angestellten sensibel sind, wenn sie beruflichen Kontakt mit Kollegen aus anderen Ländern haben oder gar ins Ausland entsendet werden. Diese interkulturelle Kompetenz erwirbt man am besten durch einen längeren Auslandsaufenthalt. Wenn Sie in einem anderen Land gelebt und studiert beziehungsweise gearbeitet haben, haben Sie am eigenen Leib kulturelle Unterschiede erlebt.

Fließende Englischkenntnisse sind für die meisten international tätigen Unternehmen ein Muss, damit sich der Bewerber im Arbeitsleben ohne Sprachbarrieren mit Kollegen und Geschäftspartnern aus aller Welt verständigen kann. Ist der Hauptsitz des Arbeitgebers im Ausland und Deutschland nur einer von vielen Standorten weltweit, ist Englisch häufig die Unternehmenssprache. Für eine Entsendung in ein anderes Land ist eine zweite fließend gesprochene Fremdsprache häufig ein Wettbewerbsvorteil für einen Kandidaten.

Auch Unternehmen, die ausschließlich national tätig sind, schätzen in der Regel einen Auslandsaufenthalt, da man dadurch gezeigt hat, dass man sich in einer neuen Umgebung zurechtfinden kann und Neuem und Unbekannten gegenüber aufgeschlossen ist. Englisch ist bei nahezu allen Arbeitgebern wichtig.

Vorteilhaft für Ihre Verhandlungsposition als Bewerber kann es sein, wenn Ihre Hochschule einen guten Ruf hat und auch in Hochschulrankings auf den vorderen Plätzen liegt. Dies ist ein Hinweis darauf, dass Sie eine hervorragende Ausbildung genossen haben und Ihrem potenziellen Arbeitgeber mit einem besonders fundierten Theoriewissen einen Mehrwert bieten können.

Ein zusätzliches Plus für Ihre Attraktivität auf dem Arbeitsmarkt ist eine ehrenamtliche Tätigkeit. Personalentscheider wissen, dass man durch ein Ehrenamt über den eigenen Tellerrand blickt und auch soziale Kompetenzen stärkt. Außerdem zeigt man, dass man engagiert ist, wenn man freiwillig eine derartige Tätigkeit übernimmt.

Großkonzerne, aber auch immer mehr Mittelständler und kleine Unternehmen, nehmen eine gesellschaftliche Verantwortung wahr, indem sie Projekte aus dem sozialen oder Bildungsbereich unterstützen. Das geschieht durch finanzielle Mittel, aber auch, indem Mitarbeiter ehrenamtlich vor Ort helfen und somit ihre Zeit aufwenden.

Angebot und Nachfrage im Wunschbereich analysieren

Wie attraktiv Sie auf dem Arbeitsmarkt sind, hängt auch von externen Faktoren ab. Zum Beispiel spielt die aktuelle wirtschaftliche Lage eine Rolle. Aber auch die Anzahl der offenen Stellen in Ihrem Wunschbereich sowie die Zahl der Absolventen, die die Anforderungen der Stelle erfüllen, sind entscheidend. Schließlich ist auch der Arbeitsmarkt ein Markt, auf dem Angebot und Nachfrage den Preis regeln. Abgesehen von diesen externen Einflüssen ist nicht zuletzt ausschlaggebend, wie gut Sie mit Ihren Kenntnissen und Fähigkeiten auf das Stellenprofil passen und das auch schlüssig in den Bewerbungsunterlagen und im Vorstellungsgespräch präsentieren können.

Um das besser einschätzen zu können, sollten Sie versuchen, folgende Fragen zu beantworten:

- ✔ Welche Erfahrungen bei der Jobsuche hatten Studenten höherer Semester und Bekannte, die in Ihrem Wunscharbeitsfeld tätig sind?
- ✔ Gibt es viele Stellenanzeigen für Berufseinsteiger in dem von Ihnen gewünschten Tätigkeitsfeld oder nur wenige?
- ✔ Wie stark entsprechen Sie dem Anforderungsprofil der konkreten Stellenanzeigen, auf die Sie sich bewerben?

Fragen Sie in Ihrem Netzwerk gezielt, wie der Arbeitsmarkt einzuschätzen ist. Wenn die Jobsuche für andere schwierig war, ist das ein Hinweis darauf, dass die infrage kommenden Arbeitgeber bei der Gehaltsverhandlung nicht wirklich nachgeben müssen. Somit sollten Sie sich als Bewerber verhandlungsbereit zeigen, um eine passende Arbeitsstelle zu erhalten.

Wenn Sie in Ihrem Wunschbereich deutschlandweit beispielsweise nur fünf Stellenanzeigen finden, wäre das ein Hinweis darauf, dass Ihre Kenntnisse auf dem Arbeitsmarkt wenig gefragt sind. Wenn dann auch noch der jeweilige Arbeitgeber viele Bewerbungen auf eine dieser raren Stellen erhält, kann der Kampf um eben diese Position für Sie schwer sein, und Sie sollten sich deshalb flexibel bei der Gehaltsverhandlung zeigen.

Sofern Sie durch die Wahl Ihres Studiengangs beziehungsweise durch relevante Schwerpunkte im Studium bereits gute Theoriekenntnisse haben, die für die Stelle relevant sind, macht Sie das attraktiver und bringt Sie damit in eine bessere Position bei der Gehaltsverhandlung. Noch vorteilhafter ist, wenn Sie bereits Praktika und Werkstudententätigkeiten in dem Arbeitsfeld aufweisen, für das Sie sich bewerben, denn dadurch wird sich Ihre Einarbeitungszeit verringern, was wiederum ein höheres Einstiegsgehalt rechtfertigt.

Ortsgebunden oder flexibel

Wenn Sie örtlich flexibel sind, gibt es logischerweise mehr Stellen, auf die Sie sich bewerben können und damit eine höhere Chance, ein Vertragsangebot zu bekommen. Durch das Mehr an Möglichkeiten haben Sie auch bessere Chancen, Ihre persönliche Gehaltsvorstellung durchzusetzen.

Anders sieht es aus, wenn Sie lokal verwurzelt sind oder in einer ganz bestimmten Stadt beziehungsweise Region Ihren beruflichen Werdegang beginnen wollen. Dann schränken Sie Ihren Radius ein und damit auch Ihre Möglichkeiten, sich zu bewerben. Da Sie die Anzahl der Positionen, auf die Sie sich bewerben, minimieren, sollten Sie auch bei der Gehaltsverhandlung in gesundem Maße Abstriche machen, um bei der Jobsuche nicht leer auszugehen.

Berlin, Berlin

Der Arbeitsmarkt in der deutschen Hauptstadt ist ein ganz besonderer. Diejenigen, die ihr Studium in Berlin absolviert haben, möchten häufig auch für den Berufseinstieg in der Stadt bleiben. Die Metropole zieht außerdem junge Menschen aus nah und fern an, sodass auch viele Absolventen, die noch gar nicht in Berlin leben, sich eine berufliche Zukunft in der Hauptstadt vorstellen können. Die Kehrseite der Medaille ist, dass die Durchschnittsgehälter in Berlin im bundesweiten Vergleich eher niedrig sind und die Arbeitslosigkeit eher höher ist. Somit haben viele Jobsuchende in der Hauptstadt eine tendenziell schlechte Verhandlungsposition, wenn es um die Gehaltsfrage geht.

Dauer der Stellensuche

Bis zu drei Monate sind durchaus normal bei der Stellensuche von Absolventen. Alles, was darüber hinausgeht, wird von vielen Personalern kritisch betrachtet und hinterfragt, da der Bewerber möglicherweise noch keinen Arbeitgeber von sich überzeugen konnte.

Je länger Sie suchen, desto schwieriger kann sich auch die Erreichung Ihres Wunschgehalts gestalten. Für viele Arbeitgeber verlieren Sie als Bewerber an Attraktivität, wenn Sie schon länger arbeitslos sind. Das wirkt sich auch auf die Gehaltsverhandlung aus, denn ein dringend suchender Kandidat hat eine schwächere Verhandlungsposition als jemand, der kurz vor dem Studienende steht oder den Arbeitgeber freiwillig wechselt.

Machen Sie sich bewusst, dass es für Ihren beruflichen Erfolg besser ist, schnell in die Arbeitswelt einzusteigen und Berufserfahrung zu sammeln, als eine große Lücke im Lebenslauf zu haben und verzweifelt nach dem Job mit dem Wunschgehalt zu suchen.

Falls Sie schon länger arbeitssuchend sind, empfehlen wir Ihnen, sich flexibel bei der Gehaltsverhandlung zu zeigen und langfristig zu denken. Wenn Sie sich in Ihrem Einstiegsjob unterbezahlt fühlen, können Sie sich schon nach einem Jahr auf andere Stellen bewerben. Sie haben dann schon Berufserfahrung gesammelt und können sich ohne Druck bewerben. Das sind beste Voraussetzungen, um im zweiten Anlauf Ihr Wunschgehalt zu erzielen beziehungsweise möglicherweise noch mehr als dieses zu verhandeln.

Sind Sie dagegen noch in den Endzügen des Studiums oder haben erst vor kurzem die letzte Studienleistung erbracht, sind Sie ein starker Verhandlungspartner und sollten sich als dieser nicht zu früh mit einem Gehaltsangebot zufriedengeben, das deutlich unter Ihrer Vorstellung liegt. Voraussetzung dafür ist, dass Sie Ihren Werdegang, Ihre Studienleistungen und auch die Rahmenbedingungen Ihrer Zielstelle und des Wunscharbeitgebers genau analysiert haben und Ihre Gehaltsvorstellung demnach realistisch ist.

Bei aller Verhandlungsbereitschaft Ihrerseits sollte das Gehaltsangebot des Arbeitgebers fair sein. Lassen Sie sich nicht ausnutzen und bedenken Sie, wie viel Sie am Arbeitsort zum Leben brauchen. Die Lebenshaltungskosten sind aufgrund der unterschiedlichen Mieten in Deutschland je nach Region sehr unterschiedlich. Am höchsten sind die Mietpreise in München, in den ostdeutschen Städten zahlen Sie vergleichsweise wenig für eine Wohnung oder ein Zimmer.

Den Gehaltswunsch angeben und gekonnt verhandeln

Ein Personaler wird das Gehalt entweder schon recht früh ansprechen oder erst gegen Ende des Bewerbungsverfahrens. Wenn das Gehalt schon im Rahmen eines Telefonats zum Thema wird, will man frühzeitig prüfen, ob Ihre Vorstellung zu dem Gehaltsrahmen passt, den der Arbeitgeber anzubieten hat. Haben Sie bereits in den Bewerbungsunterlagen eine Gehaltsvorstellung mitgeteilt und ist diese auch realistisch, wird man in der Regel erst recht spät wieder auf das Gehalt zu sprechen kommen. Es kann sogar sein, dass Sie das gesamte Bewerbungsverfahren durchlaufen und man erst mit der Zusage per E-Mail oder per Telefon ein konkretes Gehaltsangebot macht.

Beantworten Sie die Frage nach Ihren Gehaltsvorstellungen nicht mit einer Gegenfrage á la »Wie viel zahlen Sie denn?«. Die Unternehmensvertreter wollen schließlich wissen, ob Sie sich Gedanken zu Ihrem Marktwert gemacht haben.

In der Regel ist es am Ende des ersten oder zweiten Vorstellungsgespräches soweit und Ihre Gesprächspartner kommen auf das Gehalt zu sprechen. Meistens erhalten Sie zunächst umfassende Informationen zu den allgemeinen Leistungen und den einzelnen Komponenten eines Gehaltspakets, das ein Arbeitgeber bietet.

Statt ein Gehaltsangebot vorschnell abzulehnen, sollten Sie alle Gehaltskomponenten berücksichtigen, die man Ihnen bieten kann. Das können Dinge sein wie:

- ✔ Essensgeldzuschuss
- ✔ Fahrtkostenzuschuss
- ✔ vermögenswirksame Leistungen
- ✔ betriebliche Altersvorsorge
- ✔ bezahlte Überstunden beziehungsweise Freizeitausgleich
- ✔ Fitnessraum
- ✔ Weiterbildungsangebote
- ✔ variable Vergütungsbestandteile

Vor allem im Außendienst können Sie wegen der hohen variablen, erfolgsabhängigen Vergütung ein besonders hohes Jahresgehalt erzielen.

Gehaltsvorstellung angeben

Wenn Sie als starker Verhandlungspartner von den Personalentscheidern wahrgenommen werden möchten, geben Sie mit fester Stimme ohne Erläuterungen Ihre Gehaltsvorstellung als Zahl und nicht als Gehaltsspanne an. So wirken Sie selbstbewusst. Seien Sie nicht zögerlich und schränken Sie Ihre Erwartung nicht direkt wieder ein.

Ob im Anschreiben oder dem persönlichen Gespräch – mit den folgenden Tipps zeigen Sie sich als gut vorbereiteter Bewerber bei der Angabe Ihrer Gehaltsvorstellung:

- ✔ Geben Sie Ihre Gehaltsvorstellung immer in »brutto« und niemals in »netto« an. Natürlich interessiert Sie als Bewerber vorrangig, was Sie zum Leben zur Verfügung haben. Aber die Höhe der Abzüge hängt beispielsweise von der Steuerklasse und der Art der Krankenversicherung ab. Hierüber können die Personalentscheider im Bewerbungsverfahren noch keine Aussage machen, weshalb bei der Gehaltsverhandlung lediglich von Bruttoangaben gesprochen wird.

- ✔ Geben Sie ein Jahresgehalt statt eines Monatsgehalt an. Da viele Arbeitgeber Sonderzahlungen oder 13. Monatsgehälter haben, bespricht man üblicherweise das Gesamtgehalt pro Kalenderjahr.
- ✔ Runden Sie Ihre Gehaltsvorstellung immer auf 1000 Euro. Die Angabe eines ungeraden Bruttojahresgehalts wirkt unprofessionell. Machen Sie sich bewusst, dass die Angabe einer Gehaltsvorstellung ein Richtwert ist, der die Grundlage für die Verhandlung darstellt.

Bei der Angabe der Gehaltsvorstellung kann man entweder eine einzige Zahl oder aber eine Gehaltsspanne kommunizieren. Mit einer Gehaltsspanne wirken Sie flexibler in der Verhandlung, als wenn Sie eine bestimmte Zahl nennen. Sie zeigen damit, dass Sie nicht auf einer Verhandlungsposition verharren. Je größer die Spanne ist, desto mehr beweisen Sie, dass Sie verhandlungsbereit sind. Für einen Job als Berufseinsteiger empfehlen wir als maximale Gehaltsspanne 5000 Euro anzugeben, da eine größere Spanne zu beliebig wirkt.

Bei folgenden Rahmenbedingungen kann die Angabe einer Gehaltsspanne sinnvoll sein:

- ✔ Trotz sorgfältiger Recherche zum Arbeitgeber und der Stelle sind Sie unsicher, welches Gehalt üblich ist.
- ✔ Es fällt Ihnen schwer, Ihre persönliche Attraktivität auf dem Markt einzuschätzen und daher wissen Sie nicht, welches Gehalt angemessen ist.
- ✔ Ihre Jobsuche gestaltet sich schwierig, und Sie möchten den Erfolg nicht an der Gehaltsfrage scheitern lassen.

Erfolge präsentieren und Ideen formulieren

Eine wichtige Grundlage für eine erfolgreiche Gehaltsverhandlung ist, dass Sie schon in der Selbstpräsentation, die klassischerweise den ersten Teil des Vorstellungsgesprächs einnimmt, den Mehrwert deutlich machen, den Sie dem Arbeitgeber bringen würden. Je höher der Nutzen ist, den Sie als Person bringen, desto höher ist auch Ihr Marktwert und damit die Chance, dass Sie ein zufriedenstellendes Ergebnis bei der Gehaltsverhandlung erzielen werden.

Der Blick in die Vergangenheit

Der wichtigste Anhaltspunkt bei der Frage, welchen Mehrwert Sie Ihrem potenziellen Arbeitgeber bieten, ist Ihre Biografie. Analysieren Sie Ihre Praktika und Jobs, aber auch Studienarbeiten und Studienprojekte in Hinblick auf folgende Aspekte:

- ✔ Welche Ihrer bisherigen Erfahrungen sind besonders relevant für den Arbeitgeber?
- ✔ Welche Sonderaufgaben oder auch Projekte konnten Sie bisher selbstständig oder in der Gruppe erfolgreich umsetzen?
- ✔ Welche besonderen Ideen und Impulse haben Sie bei Ihren bisherigen Arbeitserfahrungen geliefert? Zum Beispiel Prozessoptimierungen, Zeit- und Kosteneinsparungen, Ausgabensenkungen, Umsatzsteigerungen.

Wenn Sie im Vorstellungsgespräch Ihre Erfolge präsentieren, zeigen Sie den Personalentscheidern, dass Sie eine aktive, engagierte Persönlichkeit sind.

Wie können Sie bei der Gehaltsverhandlung mit bereits gewonnenen Erfahrungen und Fähigkeiten Punkten? Machen Sie sich hier Ihre Notizen:

Der Blick in die Zukunft

Die Personalentscheider fragen sich auch, ob der Bewerber auf der Stelle, die zu vergeben ist, eine überdurchschnittliche Leistung erbringen wird und die Firma beziehungsweise Institution voranbringen kann. Je eindeutiger diese Frage mit einem »Ja« beantwortet werden kann, desto höher ist das Gehalt, das der Arbeitgeber bereit ist zu zahlen.

- ✔ Welche Ideen haben Sie für die neue Stelle?
- ✔ Mit welchen Impulsen können Sie Ihren zukünftigen Arbeitgeber beziehungsweise Ihr Team voranbringen?

Bei den in die Zukunft gerichteten Themen greifen Sie auch auf die Erfahrungen zurück, die Sie zum Beispiel in einem Praktikum gesammelt haben. Nun gilt es, diese Erfahrungen auf die neue Stelle zu übertragen.

Achten Sie darauf, nicht nur auf Nachfrage, sondern auch von sich aus Ihren Mehrwert anzusprechen. Wenn im Vorstellungsgespräch die Aufgaben der offenen Position besprochen werden, ist ein guter Zeitpunkt, Ihre Ideen anzubringen. So zeigen Sie, dass Sie sich umfassend Gedanken gemacht haben und die Extrameile im Job gehen möchten.

Überlegen Sie, an welchen Prozessen Sie mitgewirkt haben, die sich als Best Practices auch auf andere Unternehmen oder Institutionen übertragen lassen. Hier können Sie sich dazu Notizen machen:

____

____

____

____

____

____

____

____

Geschickt auf Einwände reagieren

Im Folgenden stellen wir Ihnen Einwände der Personalentscheider vor, die Bewerber häufig in Vorstellungsgespräch hören:

- »Alle Berufseinsteiger verdienen bei uns so viel.«
- »Sie haben doch noch gar keine Berufserfahrung. Wie kommen Sie auf dieses hohe Gehalt?«
- »Sicher ist das Bruttomonatsgehalt etwas niedriger als bei der Konkurrenz, aber Sie müssen ja auch das Gesamtpaket betrachten.«
- »Für den Einstieg können wir Ihnen Ihr Wunschgehalt nicht zahlen, jedoch würden wir nach einem Jahr das Gehalt neu verhandeln.«

Wenn Sie sich aus Ihrer Sicht in einer starken Verhandlungsposition befinden, führen Sie den Mehrwert auf, den Sie dem Arbeitgeber bieten können. Gehen Sie beispielsweise auf Ihren für die Position relevanten Studienabschluss, Ihre guten Noten sowie Ihre Praxiserfahrungen ein. Sprechen Sie mit ruhiger, fester Stimme und versuchen Sie, einen entspannten, freundlichen Gesichtsausdruck zu behalten. Reagieren Sie auf keinen Fall sauer oder patzig auf die Einwände der Personalentscheider.

Falls Sie dringend einen Job suchen und sich daher in einer eher schwachen Verhandlungsposition befinden, mag Ihnen das beschriebene Vorgehen wenig zielführend erscheinen. Wenn Sie den Job also auf jedem Fall bekommen möchten, sind folgende Reaktionen möglich:

- Sie fragen Ihre Gesprächspartner, welche Gehaltsentwicklung Sie in den nächsten Jahren bei sehr guter Leistung erwarten können.
- Sie betonen, dass für Sie das Gehalt nicht der entscheidende Aspekt ist, sondern die Aufgaben, das Team und der Arbeitgeber im Vordergrund stehen.
- Auch wäre es möglich, dass Sie sofort einlenken und das Angebot als befriedigend anerkennen.

Pokern Sie nicht zu hoch, insbesondere, wenn Sie noch kein anderes Vertragsangebot in Aussicht haben. Viele Unternehmen haben einheitliche Einstiegsgehälter für Absolventen, von denen sie nicht abweichen werden.

Wenn Sie im Vorfeld Recherchen zum Gehalt gemacht haben, können Sie sich auf Ihre Ergebnisse zu Branche, Tätigkeit, Region und Unternehmensgröße beziehen und die Relevanz Ihrer persönlichen Erfahrungen durch Ihre Praktika und Jobs sowie die gute theoretische Basis, die Sie durch Ihr Studium gelegt haben, deutlich machen.

Seien Sie in der Gehaltsverhandlung vorsichtig mit Aussagen zu Ihren Lebensumständen. Personalentscheider werden irritiert reagieren, wenn Sie Ihren Gehaltswunsch mit den Kosten für den geplanten Traumurlaub oder den hohen Raten für Ihr neues Auto begründen.

Personalverantwortliche versuchen mit dem Hinweis auf eine Gehaltssteigerung nach einem Jahr eine Brücke zu bauen, um Sie als neuen Mitarbeiter zu gewinnen. Das Angebot, erst einmal zu niedrigeren Konditionen zu starten und nach einem gewissen Zeitraum erneut über die Höhe des Gehalts zu diskutieren, kann ein guter Kompromiss sein, da Sie als Berufseinsteiger wegen der Einarbeitung zunächst viel Zeit kosten.

Im schlimmsten Fall kann es sich bei mündlichen Aussagen um leere Versprechungen der Personalentscheider handeln, die, sobald Sie den Vertrag unterschrieben haben, vergessen sind. Manche Interviewer möchten mit Versprechungen, die sie nicht halten können, Bewerber zur Unterschrift bewegen. Wenn Sie sich in einer starken Verhandlungsposition befinden, sollten Sie darauf bestehen, dass im Vertrag eine konkrete Gehaltserhöhung als Eurobetrag für die Zeit nach einem Jahr oder sogar schon nach der Probezeit festgeschrieben wird.

IN DIESEM KAPITEL

Den Weg zum Vertragsangebot sicher beschreiten

Verträge genau prüfen

Die richtige Entscheidung treffen

Tipps für die Zeit nach der Unterschrift

Kapitel 11
Das Vertragsangebot

Dieses Kapitel soll Sie auf dem Weg zur Vertragsunterschrift begleiten. Zunächst geht es um den Schritt bis zu dem Punkt, an dem Ihnen ein Angebot vorliegt. Anschließend nennen wir Ihnen Kriterien, mit denen Sie Vertragsangebote für Praktika und Anstellungen prüfen können. Schließlich helfen wir Ihnen, anhand Ihrer persönlichen Bewerbungssituation die Entscheidung für oder gegen das Vertragsangebot zu treffen. Außerdem informieren wir Sie darüber, welche Dokumente Sie üblicherweise beschaffen müssen, wenn Sie unterschrieben haben, und wie Sie sich bis zum ersten Arbeitstag am besten gegenüber Ihrem neuen Arbeitgeber verhalten.

Entscheidungsfähig sein

Herzlichen Glückwunsch! Nach einer mehr oder weniger aufwendigen Bewerbungsphase haben Sie es geschafft. Ein oder mehrere Arbeitgeber haben Ihnen ein Vertragsangebot gemacht. Vielleicht kam der langersehnte Anruf mit der guten Nachricht oder Sie haben Vertragsunterlagen per Post erhalten. Auch wenn die Freude nun groß ist, gibt es einige Dinge, die Sie beachten sollten, bevor Sie einen Vertrag unterschreiben oder auch Vertragsangebote anderer Arbeitgeber absagen.

Auch wenn man Ihnen ein mündliches Angebot gemacht hat, das eigentlich rechtlich verbindlich ist, sollten Sie auf die Zusendung eines unterschriebenen Vertrags warten, bevor Sie andere Angebote absagen.

Zunächst sollten Sie sich bewusst machen, wo Sie im Bewerbungsprozess stehen. Bei einer telefonischen Ankündigung, dass man Ihnen ein Vertragsangebot zustellen möchte, haben Sie es auf dem Weg zu Ihrem Wunschjob fast geschafft. Aber eben nur fast. Ein paar Hürden gibt es noch, bevor Sie rechtskräftig ein Arbeitsverhältnis geschlossen haben:

- ✔ Wenn ein Unternehmen einen Betriebsrat hat, muss der die Einstellung genehmigen. Das kann mehrere Wochen dauern und in Einzelfällen kann der Betriebsrat die Einstellung verhindern, etwa wenn der Arbeitgeber nicht geprüft hat, ob die Stelle mit einem schwerbehinderten Menschen besetzt werden kann. Auch könnte der Betriebsrat monieren, dass die Position nicht innerbetrieblich ausgeschrieben wurde, obwohl er das verlangt hatte.
- ✔ Viele Arbeitgeber machen eine jährliche Personalplanung. Dennoch kann es aufgrund einer veränderten Strategie oder einer wirtschaftlichen Schieflage zu einem kurzfristigen Einstellungsstopp kommen. Dann wird der Arbeitgeber von bereits ausgesprochenen mündlichen Zusagen beziehungsweise Absichtserklärungen Abstand nehmen.

Wir empfehlen Ihnen, nicht allein auf eine mündliche Zusage beziehungsweise Absichtserklärung zu vertrauen.

Die Rolle des Betriebsrats in Unternehmen

Der Betriebsrat vertritt alle Arbeitnehmer eines Unternehmens und arbeitet hauptsächlich mit der Unternehmensleitung beziehungsweise in größeren Unternehmen auch der Personalabteilung zusammen (mehr zur Rolle und den Aufgaben eines Betriebsrats erfahren Sie in *Betriebsrat für Dummies*). Alle Informationen rund um die Gründung, Ausgestaltung und die Aufgaben des Betriebsrats sind im Betriebsverfassungsgesetz geregelt.

Laut §1 BetrVG muss ein Betrieb mindestens fünf ständig wahlberechtigte Arbeitnehmer haben, von denen mindestens drei wählbar sind, um einen Betriebsrat zu gründen. Wahlberechtigt sind alle Arbeitnehmer, die zum Zeitpunkt der Wahl 18 Jahre alt sind. Wählbar sind diejenigen Wahlberechtigten, die zum Zeitpunkt der Wahl bereits mindestens sechs Monate im Betrieb tätig sind. Die Betriebsratswahlen finden alle vier Jahre statt.

Selbst größere Unternehmen müssen nicht zwingenderweise einen Betriebsrat haben. Vielmehr ist es ein freiwilliges Organ, das auf Initiative der Arbeitnehmer gegründet wird. Laut dem von der Hans-Böckler-Stiftung herausgegebenen Tariftaschenbuch werden in der westdeutschen Privatwirtschaft fast 60 Prozent der Arbeitnehmer durch einen Betriebsrat vertreten. In der ostdeutschen Privatwirtschaft sind es fast 50 Prozent der Beschäftigten.

Wenn sich ein Arbeitnehmer in den Betriebsrat wählen lässt, ist das zwar ein Ehrenamt, es darf jedoch während der Arbeitszeit ausgeführt werden. Neben der Bezahlung der Arbeitszeit muss der Arbeitgeber auch für sämtliche andere Kosten aufkommen, wie etwa Arbeitsmittel und Räume, die dem Betriebsrat entstehen.

Ab einer Größe von 200 wahlberechtigten Mitarbeitern in einem Betrieb gibt es einen hauptberuflichen Betriebsrat. Je größer die Firma, desto größer ist auch der Betriebsrat und damit auch die Zahl derjenigen Betriebsratsmitglieder, die ihr Ehrenamt in Vollzeit ausüben dürfen. Die genaue Ausgestaltung ist im Betriebsverfassungsgesetz eindeutig geregelt.

Der Betriebsrat soll einerseits die Arbeitsbedingungen der Belegschaft verbessern und andererseits verhindern, dass Arbeitnehmer benachteiligt werden. Daher soll er kontrollieren, dass Gesetze, Tarifverträge und andere dem Schutz des Arbeitnehmers geltende Regelungen auch tatsächlich eingehalten werden. Darüber hinaus soll sich der Betriebsrat beispielsweise auch gezielt für die Gleichberechtigung von Mann und Frau, die Vereinbarkeit von Beruf und Familie, die Eingliederung von schwerbehinderten Menschen, die Beschäftigung älterer Arbeitnehmer und die Integration ausländischer Arbeitnehmer einsetzen.

Betriebsrat und Arbeitgeber sind angehalten, vertrauensvoll zusammenarbeiten. Beide Parteien sollen mindestens einmal pro Monat zusammenkommen, um strittige Fragen zu besprechen. Einigen sich Arbeitgeber und Betriebsrat über bestimmte Regelungen, so werden diese typischerweise in einer Betriebsvereinbarung schriftlich niedergelegt. Sie gilt dann für sämtliche Mitarbeiter des Betriebs. Freiwillige Betriebsvereinbarungen können zum Beispiel über Maßnahmen zum betrieblichen Umweltschutz oder zur Verhütung von Arbeitsunfällen und Gesundheitsschäden getroffen werden.

Das Betriebsverfassungsgesetz regelt die Rechte des Betriebsrats detailliert. Für bestimmte Entscheidungen muss der Arbeitgeber zwingend die Zustimmung des Betriebsrats einholen. Somit ist die Unternehmensleitung in Firmen mit Betriebsrat eingeschränkter handlungsfähig als in Unternehmen ohne Arbeitnehmervertretung. Mitbestimmen darf der Betriebsrat unter Berücksichtigung von Arbeitsgesetzen und Tarifverträgen zum Beispiel bei Themen wie Arbeitszeit und Entlohnung. Des Weiteren gibt es Belange, bei denen der Arbeitgeber den Betriebsrat anhören muss. Das ist beispielsweise bei der Kündigung von Arbeitnehmern der Fall. Hat der Arbeitgeber die Anhörung der Arbeitnehmervertretung versäumt, ist die Kündigung unwirksam.

Außerdem genießt der Betriebsrat in bestimmten Fällen Beratungsrechte. Der Arbeitgeber muss demnach dem Betriebsrat geplante Maßnahmen erläutern, sodass er hierzu seine Meinung äußern und gegebenenfalls Gegenargumente vorbringen kann. Beispielsweise ist die Beratung vorgeschrieben, wenn der Arbeitgeber Berufsbildungsmaßnahmen wie bestimmte Kurse oder Qualifizierungen plant und etwa Schulungsräume hierzu einrichten möchten. Das schwächste Recht des Betriebsrats ist das auf Information. Das bedeutet, dass der Arbeitgeber dem Betriebsrat lediglich etwas mitteilen muss. So muss der Arbeitgeber die Arbeitnehmervertretung beispielsweise über seine Personalplanung unterrichten.

Einmal pro Kalendervierteljahr muss der Betriebsrat eine Betriebsversammlung veranstalten, auf der er gegenüber der Belegschaft einen Tätigkeitsbericht abgibt. Die Teilnahme und die Anreise zu dieser Versammlung gelten für die teilnehmenden Arbeitnehmer als Arbeitszeit. Auch im Öffentlichen Dienst gibt es ein Organ zur Vertretung der Belegschaft. Die Rolle des Betriebsrats wird hier durch den sogenannten Personalrat ausgeübt.

Wie man Verträge schließt

Viele Verträge können mündlich geschlossen werden und bedürfen keiner Schriftform. Das gilt auch für einen unbefristeten Arbeitsvertrag. Ist der Vertrag befristet, muss er, damit die Befristung wirksam ist, schriftlich geschlossen werden. Die wesentlichen Inhalte eines unbefristeten Arbeitsvertrags müssen nach dem sogenannten Nachweisgesetz spätestens einen Monat nach dem vereinbarten Arbeitsbeginn schriftlich formuliert werden.

Wenn Sie es ganz genau wissen möchten, lesen Sie im Bürgerlichen Gesetzbuch die Regelungen zu Dienstverträgen nach. Arbeitsverträge fallen auch unter die in § 611 BGB geregelten Dienstverträge. In Paragraph 2 des Nachweisgesetzes steht, welche Inhalte eines Arbeitsverhältnisses schriftlich festgehalten werden müssen. Die Grundlagen zu befristeten Verträgen finden Sie im Teilzeit- und Befristungsgesetz.

Die Gesetze sind die eine Sache, in der Praxis ergeben sich jedoch einige Schwierigkeiten bei unbefristeten Verträgen, weil für sie eben nicht die Schriftform erforderlich ist. Es dürfte in der Regel schwer nachzuweisen sein, dass man ein mündliches, rechtsverbindliches Vertragsangebot erhalten hat. Allerdings ist auch den Arbeitgebern daran gelegen, bestimmte Dinge, die das Arbeitsverhältnis bestimmen, schriftlich festzuhalten. Daher werden Sie eigentlich immer einen schriftlichen Arbeitsvertrag erhalten, mit dem das Arbeitsverhältnis begründet wird.

Bei einigen Arbeitgebern ist es üblich, den Wunschkandidaten zwei nicht unterschriebene, jedoch personalisierte Vertragsexemplare zuzusenden und den Bewerber als Ersten unterschreiben zu lassen. Er muss dann ein unterschriebenes Exemplar an den Arbeitgeber zurücksenden und erhält zu einem späteren Zeitpunkt eben dieses Exemplar mit der darauf versehenen Unterschrift des Personalentscheiders zurück. Ein Grund für dieses Vorgehen kann sein, dass die Zeit bis zum Start des Jobs knapp ist und gerade kein Arbeitgebervertreter, der den Vertrag unterschreiben darf, verfügbar war. Es kann aber auch sein, dass der Arbeitgeber Zeit und Mühe sparen möchte, weil erfahrungsgemäß nicht jeder Bewerber, der sich einen Vertrag zusenden lässt, auch tatsächlich unterschreibt.

Ein Vertrag kann auch durch schlüssiges, nachvollziehbares Verhalten geschlossen werden. Streng genommen ist auch ein nicht unterschriebener Vertrag, der Ihnen zugesandt wird, ein wirksames Vertragsangebot, denn der Arbeitgeber zeigt durch sein Verhalten – die Erstellung eines personalisierten Vertrags und die Zusendung – dass er einen Vertrag mit Ihnen eingehen möchte. Aber auch in dieser Konstellation könnten sich, wenn der Arbeitgeber, aus welchen Gründen auch immer, sich nicht an dieses Vertragsangebot halten möchte, Beweisprobleme ergeben.

Eine rechtliche Besonderheit gibt es bei befristeten Verträgen. Fängt ein Arbeitnehmer, der eigentlich nur befristet eingestellt werden soll, ohne ein entsprechendes Schriftstück an zu arbeiten, hat dieser Mitarbeiter aus rechtlicher Sicht automatisch einen unbefristeten Vertrag bei dem Arbeitgeber.

Auch bei nicht unterschriebenen unbefristeten Verträgen sollten Sie die Post mit dem vom Personalentscheider unterzeichneten Originalvertrag abwarten, bevor Sie anderen Arbeitgebern absagen beziehungsweise Ihre Bewerbungsaktivitäten einstellen.

Tipps für einen schnellen Vertragsabschluss

Da Sie sich wahrscheinlich parallel bei mehreren Arbeitgebern beworben haben, könnten Sie mehrere Vertragsangebote erhalten. Nun liegen Ihnen vielleicht schon Vertragsangebote vor, für Ihren Wunschjob haben Sie aber bisher nur ein mündliches Angebot oder eine Absichtserklärung. So sollten Sie vorgehen:

- ✔ Statt abzuwarten, dass der heißersehnte Vertrag endlich in der Post ist, können Sie, wenn Sie in der Nähe Ihres Wunscharbeitgebers wohnen, anbieten, den Vertrag persönlich abzuholen. Manche Arbeitgeber werden Ihnen von sich aus anbieten, zur Vertragsunterzeichnung in die Büroräume zu kommen. Das ist grundsätzlich eine gute Gelegenheit, die positiven Eindrücke aus dem Gespräch zu bestätigen. Sie sollten aber im Vorfeld Gelegenheit haben, den Vertrag in aller Ruhe durchzulesen und sich vor Ort genügend Zeit nehmen, um das Schriftstück nochmals zu prüfen.
- ✔ Drängt die Zeit und der Arbeitgeber hat weiter entfernt seinen Sitz, können Sie auch um eine unterschriebene Kopie des Arbeitsvertrags per E-Mail bitten. Ein unbefristeter unterschriebener Vertrag, der eingescannt und als PDF-Datei verschickt wurde, ist rechtskräftig, obwohl er keine Schriftform aufweist, und ist auch ein gutes Beweismittel. Schriftlich bedeutet im rechtlichen Sinne, dass ein Dokument mit einer eigenhändigen Namensunterschrift im Original vorliegt oder die Unterzeichnung durch ein notariell beglaubigtes Handzeichen erfolgt ist. Eine eingescannte Unterschrift entspricht demnach nicht der Schriftform.

Paragraphen reiten – das Vertragsangebot prüfen

- ✔ Wenn Sie den Arbeitsvertrag für eine Anstellung nach dem Studium erhalten, sollten Sie sich Zeit nehmen, ihn genau zu lesen und zu bewerten. Wie ein Arbeitsvertrag aussieht, ist von Arbeitgeber zu Arbeitgeber unterschiedlich. Es kommt darauf an, ob
- ✔ zusätzlich zum Arbeitsvertrag ein Tarifvertrag gilt.
- ✔ es im Unternehmen Betriebsvereinbarungen oder für alle Arbeitnehmer relevante Richtlinien gibt.
- ✔ der Arbeitgeber den Vertragsinhalt regelmäßig von einem Arbeitsrechtler prüfen lässt und gegebenenfalls aktualisiert.

Egal, wie lang Ihr Vertragsangebot ist, nehmen Sie sich die Zeit, es sorgfältig durchzulesen. Notieren Sie Ihre Fragen und rufen Sie in der Personalabteilung an, um die offenen Punkte in Ruhe zu klären.

Wichtiges zu Tarifverträgen

Tarifverträge regeln die Beschäftigungsbedingungen wie zum Beispiel Gehalt und Wochenarbeitszeit, bei den auf sie angewendeten Arbeitgebern sowie die Rechte und Pflichten von Arbeitgeber- und Arbeitnehmerseite. Für die Arbeitnehmer verhandeln die Gewerkschaften den Tarifvertrag. Auf der Arbeitgeberseite stehen die Arbeitgeberverbände oder, wenn es sich um einen Haustarifvertrag handelt, nur der einzelne Arbeitgeber. In der Regel werden Tarifverträge ausgehandelt, damit sie in einer bestimmten Branche oder in einem bestimmten Industriezweig gelten.

Grundsätzlich ist der Tarifvertrag für die Mitglieder der Vertragsparteien bindend. Die betroffenen Arbeitgeber wenden jedoch die tarifvertraglichen Regelungen in der Regel nicht nur auf Gewerkschaftsmitglieder, sondern auf sämtliche Arbeitnehmer an. Auch möchten Arbeitgeber so vermeiden, dass sich noch mehr Beschäftigte gewerkschaftlich organisieren.

Darüber hinaus gibt es nicht tarifgebundene Arbeitgeber, die bei sich freiwillig einen Tarifvertrag anwenden oder zumindest auf einzelne Regeln aus dem Tarifvertrag in ihren Arbeitsverträgen Bezug nehmen. Das kann pragmatische Gründe haben, denn in Tarifverträgen sind sämtliche Beschäftigungsbedingungen detailliert geregelt. Auch kann es sein, dass der nicht tarifgebundene Arbeitgeber im Kampf um gute Fachkräfte konkurrenzfähig sein möchte. Schließlich sind die tarifvertraglichen Regelungen meist sehr attraktiv für Arbeitnehmer. So werden Lohngruppen für bestimmte Arten von Tätigkeiten definiert. Außerdem geht beispielsweise der Urlaubsanspruch meist über das gesetzliche Mindestmaß hinaus und es sind auch teilweise Zusatzleistungen wie etwa ein Krankengeldzuschuss oder garantierte Sonderzahlungen im Tarifvertrag verbindlich festgelegt. Auch besondere Regelungen zum Kündigungsschutz, die arbeitnehmerfreundlicher als die gesetzlichen Regelungen sind, finden sich in vielen Tarifverträgen.

Laut Tariftaschenbuch der Hans-Böckler-Stiftung hat die Zahl der tarifgebundenen Beschäftigten über die letzten zwei Jahrzehnte hinweg abgenommen. Trotzdem sind immer noch ungefähr die Hälfte der Arbeitnehmer in Ostdeutschland und mehr als 50 Prozent der Beschäftigten in Westdeutschland an einen Tarifvertrag gebunden.

Da es dem Arbeitgeber überlassen ist, wie detailliert er den Arbeitsvertrag gestaltet, kann Ihr Arbeitsvertrag nur wenige Seiten umfassen oder auch im zweistelligen Bereich liegen.

Den Arbeitsort beachten

In einigen Arbeitsverträgen finden Sie eine explizite Angabe des Arbeitsorts. Fehlt sie, ist der Ort, an dem Ihr Arbeitgeber ansässig ist, Ihr Arbeitsort und könnte sich somit durch einen Umzug des Arbeitgebers ändern. An einen anderen Ort kann Ihr Arbeitgeber Sie versetzen, wenn Sie eine Versetzungsklausel in Ihrem Vertrag haben. Sind Sie Berater oder Vertriebler, ergibt es sich aus der Natur Ihres Jobs, dass Sie viel unterwegs sind und daher auch an anderen Orten für Ihren Arbeitgeber tätig sein müssen.

Falls Sie in einem anderen Bundesland wohnen als Sie arbeiten, sollten Sie beachten, dass für Sie die Feiertage des Arbeitsorts relevant sind. Wenn Sie in Thüringen wohnen und Ihnen ein Job in Bayern angeboten wird, können Sie sich über mehr Feiertage als Ihre Nachbarn freuen, die in Thüringen arbeiten.

Arbeitszeit und Überstunden

Weit verbreitet ist in Deutschland eine vertraglich vereinbarte Wochenarbeitszeit von 40 Stunden. In der Metallindustrie haben die meisten Angestellten eine 35-Stunden-Woche, während die meisten Beamten 41 Stunden in der Woche arbeiten. Ihre tägliche Arbeitszeit darf zehn Stunden zuzüglich Pausen nicht überschreiten. Arbeiten Sie maximal sechs Stunden am Tag, müssen Sie keine Pause machen, darüber sind es 30 Minuten. Arbeiten Sie mehr als neun Stunden am Tag, müssen Sie 45 Minuten Pause machen. Diese arbeitsrechtlichen Grenzen müssen auch bei Überstunden beachtet werden.

In kaum einem Job werden Sie pünktlich nach acht Stunden Arbeit Feierabend machen können – sei es eine nahende Deadline für ein Projekt oder anfallende Mehrarbeit, weil ein Kollege krank ist – Überstunden sind oft nicht planbar. Bei kleineren Unternehmen, aber auch in ganzen Branchen wie der Werbewirtschaft und der Unternehmensberatung werden Überstunden von den Mitarbeitern regelmäßig erwartet. Daher ist es interessant zu analysieren, wie Ihr Arbeitgeber mit geleisteten Überstunden umgeht.

Ein Überstundenkonto führen

Wenn Sie ein Überstundenkonto führen, werden die Überstunden gesammelt. Sie können sie dann nach festgelegten Regeln entweder durch Freizeit ausgleichen oder ausgezahlt bekommen. Manchmal gibt es eine definierte Überstundenanzahl, die nicht überschritten werden darf oder ab der die Überstunden nicht mehr gezählt werden.

Vertrauensarbeitszeit ohne Zeiterfassung und Gleitzeit

Bei der sogenannten Vertrauensarbeitszeit sind die Arbeitnehmer eigenverantwortlich für ihre Arbeitszeit. Bei Gleitzeit wird die Arbeitszeit erfasst, in der Reinform der Vertrauensarbeitszeit entfällt die Dokumentation der Zeiten sogar. Die Theorie sieht vor, dass Sie bei hohem Arbeitsaufwand mehr arbeiten und diese Mehrarbeit dann in Zeiten, in denen weniger zu tun ist, wieder abbauen. In der Praxis hängt die Praktikabilität dieser Modelle vom Arbeitsaufwand beim Arbeitgeber beziehungsweise der Abteilung ab. Bei Vertrauensarbeitszeit besteht die Gefahr, dass zwar immer mal wieder mehr gearbeitet werden muss, jedoch nie Zeit ist, die Mehrarbeit wieder abzubauen.

Bei einem Gleitzeit-Modell können Sie Arbeitsbeginn und Arbeitsende frei bestimmen. Das kommt ausgeprägten Früh- beziehungsweise Spätaufstehern entgegen. Manchmal gibt es sogenannte Kernarbeitszeiten, die eine Anwesenheit innerhalb eines bestimmten Zeitrahmens nötig machen. Das ist insbesondere der Fall, wenn es sich um Jobs mit Kundenkontakt handelt.

Überstundenklausel im Vertrag

In vielen Arbeitsverträgen gibt es Überstundenklauseln. Früher besagten oft pauschale Klauseln im Vertrag, dass erforderliche oder betriebsübliche Überstunden mit dem Gehalt abgegolten sind. Schwammige Begriffe wie »erforderlich« oder »betriebsüblich« sind für Arbeitnehmer jedoch unklar, denn das wahre Ausmaß der geforderten Überstunden können Sie beim Abschluss des Vertrags nicht kennen. Deshalb hat das Bundesarbeitsgericht entschieden, dass solche pauschalisierten Überstundenklauseln unwirksam sind.

Wird jedoch in einem Arbeitsvertrag mit einer 40-Stunden-Woche darauf hingewiesen, dass 20 Überstunden im Monat mit dem Monatsgehalt abgegolten sind und erst ab der 21. Überstunde ein Anspruch auf Auszahlung der Überstunden oder Freizeitausgleich besteht, ist diese Klausel verständlich und transparent. Die Arbeitnehmer wissen genau, was von ihnen erwartet wird, und der Umfang der Überstunden ist bei der angegebenen Wochenarbeitszeit angemessen.

Die gefürchtete Probezeit

Verwirrung herrscht oft beim Thema Probezeit. Eine Probezeit von sechs Monaten ist üblich. Es ist aber auch denkbar, eine kürzere Probezeit mit dem Arbeitnehmer zu vereinbaren oder gänzlich darauf zu verzichten. In der Probezeit sollen sowohl Arbeitgeber als auch Arbeitnehmer innerhalb eines definierten Zeitraums prüfen können, ob sie zueinander passen. Wenn das nicht so ist, kann man sich mit einer vergleichsweise kurzen Kündigungsfrist ohne Angabe von Gründen voneinander trennen. Die Kündigungsfrist in der Probezeit kann sogar nur zwei Wochen betragen, wenn der Arbeitgeber nicht von dieser gesetzlichen Regelung abweicht, die in § 622 Abs. 3 BGB zu finden ist.

Kündigungsfristen beachten

In Unternehmen und Verwaltungen mit mehr als zehn ständigen Mitarbeitern haben die Mitarbeiter nach sechs Monaten Beschäftigung einen besonderen Schutz vor Kündigungen. Eine Kündigung kann nur dann ausgesprochen werden, wenn sie sozial gerechtfertigt ist. Es wird zwischen verhaltensbedingter, personenbedingter und betriebsbedingter Kündigung unterschieden. Der Kündigungsschutz tritt jedoch in jedem Fall erst sechs Monate nach Vertragsbeginn ein. Das ist in § 1 des Kündigungsschutzgesetzes geregelt und unabhängig vom Thema Probezeit.

Heutzutage wird in den seltensten Fällen der erste Arbeitgeber auch der letzte bis zur Rente sein. Daher lohnt es sich, einen Blick auf die vereinbarte Kündigungsfrist zu werfen. Die meisten Arbeitgeber haben entweder eine einheitliche Kündigungsfrist für alle Mitarbeiter oder zwei bis drei Kündigungsfristen für unterschiedliche Hierarchiestufen. Je höher die Position ist, desto länger ist in der Regel die Kündigungsfrist. Die gesetzliche Kündigungsfrist beträgt nach § 622 Abs. 1 BGB vier Wochen zum Fünfzehnten oder zum Ende eines Kalendermonats. Häufig werden jedoch auch schon mit Berufseinsteigern längere Kündigungsfristen als die gesetzliche vereinbart.

In seltenen Fällen wird ein Arbeitgeber bereit sein, eine individuelle Kündigungsfrist mit Ihnen zu verhandeln. Die Arbeitgeber bieten in der Regel allen Bewerbern Arbeitsverträge mit identischen Inhalten an. Wenn Sie als Berufseinsteiger zwei Vertragsangebote vergleichen und wahrscheinlich nach zwei Jahren den nächsten Job suchen werden, kann es für Ihre Attraktivität am Arbeitsmarkt durchaus relevant sein, ob Sie eine Kündigungsfrist von einem Monat zum Monatsende oder von drei Monaten zum Quartalsende haben. Wenn jedoch die sonstigen Rahmenbedingungen und die Jobinhalte passen, sollten Sie Ihre Zusage nicht von der Ausgestaltung der Kündigungsfrist abhängig machen.

Ein häufiger Irrglaube ist, dass man von Anfang an den vollen Kündigungsschutz hat, wenn die Probezeit aus dem Vertrag gestrichen wird. Das ist nicht so. Die einzige Konsequenz ist, dass beide Vertragsparteien vom ersten Arbeitstag an die reguläre Kündigungsfrist einhalten müssen.

Bonusregelung – der variable Gehaltsbestandteil

Wenn Sie im Vertrieb anfangen, werden Sie wahrscheinlich einen variablen Gehaltsbestandteil in Form eines Bonus haben. Die Zahlungen können unterschiedlich festgehalten werden:

- ✔ in Ihrem persönlichen Arbeitsvertrag
- ✔ als Vertragszusatz
- ✔ im Tarifvertrag
- ✔ in einer allgemeinverbindlichen Richtlinie oder Betriebsvereinbarung

Wenn ein hoher Anteil Ihres Jahresgehalts aus einem Bonus besteht, sollten Sie überlegen, wie realistisch es ist, dass Sie den Bonus ganz oder teilweise erhalten werden:

- ✔ Haben Sie unmittelbar Einfluss auf die Erreichung des Bonusziels oder ist der Bonus abhängig von Unternehmens- und beziehungsweise oder Teamzielen?
- ✔ Können Ihnen die Ansprechpartner sagen, wie hoch die durchschnittliche Zielerreichung bei den Beschäftigten in den letzten Jahren war?

Die betriebliche Altersvorsorge

Auch wenn Sie als Berufseinsteiger sicherlich eher selten an Ihre Rente denken, lohnt es sich, die Möglichkeiten der betrieblichen Altersvorsorge bei Ihrem potenziellen Arbeitgeber unter die Lupe zu nehmen. So haben Sie später die Möglichkeit, Ihre gesetzliche Rente aufzustocken. Manchmal werden auch Tod und Invalidität über eine betriebliche Altersvorsorge abgesichert.

Folgende Fragen sollten Sie klären:

- ✔ Welche Modelle zur betrieblichen Altersvorsorge bietet der Arbeitgeber an?
- ✔ Inwieweit werden die Beiträge vom Arbeitgeber übernommen beziehungsweise bezuschusst?

Grundsätzlich muss jede Firma ihren Beschäftigten die Möglichkeit zu einer Altersvorsorge über Entgeltumwandlung geben. Das bedeutet, dass aus dem Bruttoeinkommen statt dem Nettoentgelt des Arbeitnehmers bis zu einer bestimmten Höhe Beiträge gezahlt werden und man somit Steuern und Sozialversicherungsabgaben sparen kann. Darüber hinaus werden die Beiträge, die Sie als Arbeitnehmer zuzahlen, vom Staat unterstützt, indem sie bis zu bestimmten Grenzen steuer- und sozialversicherungsfrei sind.

Für die Altersvorsorge gibt es fünf verschiedene Möglichkeiten. Der Arbeitgeber ist bei der Wahl dieser Altersvorsorgeformen frei und kann seinen Arbeitnehmern das von ihm favorisierte Modell vorgeben. Es kann auch sein, dass die Art der Altersvorsorge durch einen Tarifvertrag oder eine Betriebsvereinbarung beziehungsweise Richtlinie vorgegeben ist.

Folgende Formen der betrieblichen Altersvorsorge gibt es:

- ✔ Direktversicherung
- ✔ Pensionskasse
- ✔ Pensionsfonds
- ✔ Unterstützungskasse
- ✔ Direktzusage

Bei einer **Direktversicherung** handelt es sich um eine Lebens- oder Rentenversicherung. Der Arbeitgeber schließt diese Versicherung für Sie ab und ist der sogenannte Versicherungsnehmer. Die Versicherungsfirma zahlt Ihnen als Arbeitnehmer später die Rente aus. Da der Arbeitgeber wenig Aufwand mit dieser Form der Altersvorsorge hat, werden Direktversicherungen häufig von kleinen Unternehmen angeboten.

Eine **Pensionskasse** ist eine spezielle Form der Lebensversicherung, die von Arbeitgebern allein oder gemeinsam mit anderen Unternehmen gegründet wurde. Pensionskassen werden von der Bundesanstalt für Finanzdienstleistungsaufsicht (BaFin) kontrolliert und müssen auch bei Insolvenz des Arbeitgebers die Renten auszahlen.

Ein **Pensionsfonds** ist ein sogenanntes Sondervermögen, das von Arbeitgebern allein oder auch von mehreren Firmen aufgesetzt wurde. Der Pensionsfonds wählt unterschiedliche Geldanlagen und kann bis zu 100 Prozent in Aktien investieren. Somit sind zwar höhere Renditen möglich, aber auch höhere Verluste, da der Kapitalmarkt starken Schwankungen unterliegt. Pensionsfonds sind daher besonders reguliert. Sie werden von der BaFin beaufsichtigt. Die Insolvenz des Arbeitgebers ist durch den sogenannten Pensions-Sicherungs-Verein abgesichert.

Eine **Unterstützungskasse** wird von einem oder mehreren Unternehmen unterhalten. Das von den beteiligten Firmen bereitgestellte Kapital wird gewinnbringend angelegt, sodass den begünstigten Arbeitnehmern später eine Rente gezahlt werden kann. Arbeitnehmer haben den Anspruch auf die Rente jedoch nur gegenüber ihrem Arbeitgeber und nicht gegenüber der Unterstützungskasse. Wenn die Unterstützungskasse die Renten in nicht ausreichender Höhe erwirtschaftet hat, schießt der Arbeitgeber den fehlenden Betrag zu. Auch im Fall einer

Betriebliche Altersvorsorge beim Wechsel des Arbeitgebers

Wenn Ihre Versorgungszusage beim aktuellen Arbeitgeber mindestens fünf Jahre alt ist und Sie mindestens 25 Jahre alt sind, sind die Beträge, die Ihr Unternehmen für Sie eingezahlt hat, unverfallbar. Sie haben somit auch bei einem Wechsel des Arbeitgebers später einen Anspruch auf diese Rentengelder. Die Gelder, die Sie als Arbeitnehmer in die betriebliche Altersvorsorge eingezahlt haben, können grundsätzlich nicht verfallen. Außerdem können Sie mit Ihrem neuen Arbeitgeber besprechen, ob Sie die betriebliche Altersvorsorge bei ihm weiterführen können. Die neue Firma würde dann die Rentenzusage des alten Unternehmens übernehmen und in eben diese Form einsteigen. Bei der Pensionskasse, dem Pensionsfonds und der Direktversicherung können Sie nach dem Arbeitgeberwechsel auch privat Beiträge weiter einzahlen, wenn Sie unverfallbare Anwartschaften erworben haben.

Insolvenz werden die Gelder an die Begünstigten bezahlt, da sie durch den Pensions-Sicherungs-Verein abgesichert sind.

Wenn Ihr Arbeitgeber eine **Direktzusage** ermöglicht, bildet er aus seinem Betriebsvermögen Pensionsrückstellungen in der Bilanz, um sie später als Betriebsrente auszuzahlen. Hierzu schließen Arbeitgeber häufig eine Rückdeckungsversicherung ab. Bei Insolvenz springt der Pensions-Sicherungs-Verein ein.

Vermögenswirksame Leistungen

Eine weitere mögliche Nebenleistung sind die sogenannten vermögenswirksamen Leistungen. Hier zahlt der Arbeitgeber zusätzlich zum Gehalt maximal 40 Euro in eine vom Arbeitnehmer bestimmte Anlageform. Die Höhe der Zuzahlung ist durch einen Tarifvertrag oder durch eine Betriebsvereinbarung beziehungsweise Richtlinie geregelt oder steht im Arbeitsvertrag. Die Einzahlungsdauer beträgt sechs Jahre und dann ruht das Ersparte ein weiteres Jahr. Somit beträgt die Laufzeit sieben Jahre. Wenn der Arbeitgeber weniger als 40 Euro zahlt, können Sie den Betrag aufstocken.

Es gibt unterschiedliche Anlageformen wie etwa Bausparvertrag, Aktienfonds, Lebensversicherung und Banksparplan. Das Produkt wählen die Arbeitnehmer aus, schließen den Vertrag beim Anbieter ihrer Wahl ab und legen dieses Dokument dann bei ihrem Arbeitgeber vor. Unterstützung vom Staat können Geringverdiener erhalten, indem Zuschüsse in Form der sogenannten Arbeitnehmersparzulage gewährt werden.

Nutzung eines Firmenwagens

Wenn Sie im Vertrieb anfangen, kann es sein, dass Ihnen schon als Berufseinsteiger ein Firmenwagen zur Verfügung gestellt wird.

Folgende Aspekte sollten Sie prüfen, wenn Ihnen ein Firmenauto angeboten wird:

✔ Klären Sie, ob Sie den Dienstwagen auch privat fahren dürfen und ob Sie für die Privatnutzung etwas zuzahlen müssten.

✔ Bei möglicher privater Nutzung sollten Sie für sich eine Schätzung darüber machen, wie viele Kilometer Sie ungefähr jährlich fahren werden.

✔ Erfragen Sie den ungefähren Listenpreis des für Sie vorgesehenen Autos und klären Sie, ob Sie einen Neu- oder Gebrauchtwagen bekommen.

Wenn Sie einen Firmenwagen auch privat kostenlos nutzen, sollten Sie unbedingt den sogenannten geldwerten Vorteil beachten, denn Sie müssen hierfür Steuern zahlen. Entweder Sie führen ein Fahrtenbuch oder Sie nutzen die Pauschalversteuerung in Höhe von 1 Prozent des Bruttolistenpreises. Beim Fahrtenbuch sollten Sie bedenken, dass die Dokumentation sehr aufwendig ist, da Sie alle Fahrten aufschreiben müssen. Wenn Sie sehr viel privat fahren, ist die pauschale Versteuerung wahrscheinlich vorteilhafter. Auch bei einem gebrauchten Fahrzeug ist der Brutto-Listenpreis des Wagens zum Zeitpunkt der Erstzulassung Grundlage der Besteuerung. Es spielt also keine Rolle wieviel das Auto momentan tatsächlich wert ist.

Falls Sie für die private Nutzung des Firmenwagens etwas zuzahlen müssen, reduziert sich der geldwerte Vorteil entsprechend. Bei hoher Zuzahlung kann das bis zu null sein.

Rechnen Sie sich alles genau durch, wenn Ihnen ein Firmenwagen zur privaten Nutzung angeboten wird. Nur so können Sie bewerten, wie attraktiv das Angebot tatsächlich ist.

Mach mal Pause – Urlaub per Gesetz

Freuen Sie sich, wenn Ihnen im Arbeitsvertrag 30 bezahlte Urlaubstage zugesichert werden. Denn kaum ein Arbeitgeber bietet mehr. Und auch 30 Tage sind keine Selbstverständlichkeit. Das Bundesurlaubsgesetz spricht von 24 Mindesturlaubstagen bei einer Sechs-Tage-Arbeitswoche. Wenn Sie also fünf Tage in der Woche arbeiten, kommen Sie auf einen Mindesturlaub von 20 Tagen pro Kalenderjahr. Prüfen Sie Ihren Arbeitsvertrag beziehungsweise einen möglicherweise gültigen Tarifvertrag auf die Zahl der bezahlten Urlaubstage.

Manche Arbeitgeber beziehungsweise Branchen gewähren zum individuellen Jahresurlaub auch noch Sonderurlaubstage. Meist sind dies Arbeitgeber, die einem attraktiven Tarifvertrag unterliegen. Häufig handelt es sich um bezahlte freie Tage für besondere Ereignisse wie die eigene Hochzeit, einen Umzug oder den Tod von nahen Angehörigen. Manchmal sind auch Heiligabend und Silvester dienstfrei, obwohl es sich bei diesen Tagen eigentlich um Werktage handelt.

Nicht für die Ewigkeit – befristete Arbeitsverträge

Natürlich ist es der Traum der meisten Absolventen, einen unbefristeten Arbeitsvertrag zu erhalten. Selbst wenn Ihnen klar ist, dass Sie nicht bis zur Rente bei dem Arbeitgeber bleiben werden, gibt es Ihnen Sicherheit und auch Freiheit, wenn Sie wissen, dass Sie nicht in ein oder zwei Jahren wieder auf Jobsuche gehen müssen. Im Teilzeit- und Befristungsgesetz ist geregelt, in welchen Fällen und in welchem Umfang ein Arbeitsvertrag befristet werden darf.

Befristung mit Sachgrund

Die Faustregel ist, dass man einen rechtlich akzeptierten sogenannten Sachgrund für die Befristung haben muss. Ein Sachgrund liegt vor, wenn ein Vertrag aus einem rechtlich akzeptierten Umstand der Natur nach nur für einen bestimmten Zeitraum sinnvoll ist. Typische Gründe sind Mutterschutz- beziehungsweise Elternzeitvertretung oder auch ein Projekt, für das eigens eine befristete Stelle geschaffen wird. Auch für Berufseinsteiger gilt explizit, dass man sie erst einmal befristen kann. Der Sachgrund muss klar und verständlich im Vertrag aufgeführt sein. Wenn der Arbeitgeber einen besonderen Sachgrund hat, sind der Befristung vom Gesetzgeber grundsätzlich keine zeitlichen Schranken gesetzt.

Kalendermäßige Befristung ohne Sachgrund

Gibt es keinen rechtlich akzeptierten Sachgrund, kann der Arbeitgeber unter bestimmten Voraussetzungen trotzdem einen befristeten Vertrag schließen. Eine Bedingung ist, dass die Befristung inklusive Verlängerungen maximal zwei Jahre andauern darf. Die andere Bedingung ist, dass ein befristeter Vertrag maximal dreimal verlängert werden kann. Sie erhalten beispielsweise zunächst einen Drei-Monats-Vertrag, der dann zweimal um weitere drei Monate verlängert wird. Um die vollen zwei Jahre der kalendermäßigen Befristung auszuschöpfen, müsste die dritte Verlängerung einen Zeitraum von einem Jahr und drei Monaten umfassen.

Von der Zwei-Jahres-Regel mit den maximal drei Verlängerungen gibt es Ausnahmen. So können Unternehmen, die neu gegründet wurden, Ihre Mitarbeiter vier Jahre ohne besonderen Grund befristen. Des Weiteren ist denkbar, dass ein Arbeitnehmer, der zunächst kalendermäßig befristet wurde, im Anschluss einen aufgrund eines Sachgrunds befristeten Vertrag beim gleichen Arbeitgeber erhält.

In einigen Branchen sind Befristungen gang und gäbe. Ob sie immer rechtssicher sind, sei einmal dahingestellt und muss von der Rechtsprechung im Einzelfall entschieden werden. Im Öffentlichen Dienst gibt es viele Arbeitnehmer, die unter sogenannten Kettenbefristungen leiden. In der Regel liegt das daran, dass sie immer wieder als Vertreter einer bestimmten Person befristet werden können. Dieser Sachgrund tritt in größeren Abteilungen regelmäßig auf, etwa wenn Arbeitnehmer in Mutterschutz beziehungsweise Elternzeit gehen oder ein Kollege länger krank ist.

Kündigung von befristeten Verträgen

Besondere Beachtung verdient das Thema Kündigung bei befristeten Verträgen. Der Logik nach endet ein befristeter Vertrag, wenn das vereinbarte Datum oder der vereinbarte Sachgrund, wie zum Beispiel das Projektende, eingetreten ist. Das ist in § 15 des Teilzeit- und Befristungsgesetztes geregelt. Es gibt keine gesetzlich vorgeschriebene Kündigungsmöglichkeit für befristete Verträge.

Bei einem befristeten Job ist eine Kündigungsmöglichkeit für Sie wichtig, um flexibler bei der Suche nach einem Anschlussjob zu sein. Wenn Sie ein befristetes Vertragsangebot ohne individuelle Kündigungsmöglichkeit erhalten, empfehlen wir Ihnen, den Arbeitgeber freundlich zu bitten, eine Kündigungsmöglichkeit in den Vertrag aufzunehmen.

Ihr potenzieller Arbeitgeber kann freiwillig eine Kündigungsfrist mit Ihnen vereinbaren. Manchmal ergibt sich die Kündigungsmöglichkeit aus einem auf das Arbeitsverhältnis anwendbaren Tarifvertrag.

Verweise auf Tarifverträge, Betriebsvereinbarungen und Richtlinien im Arbeitsvertrag

Viele Verträge sind nur wenige Seiten lang und Sie finden in einigen Paragraphen nur einen Hinweis auf einen Tarifvertrag oder eine Betriebsvereinbarung. Dann ist zum Beispiel die Höhe des Urlaubs oder die Gleitzeitregelung nicht in einem individuellen Arbeitsvertrag festgelegt, sondern allgemeingültig für alle Mitarbeiter geregelt. Auch in Unternehmen ohne Betriebsrat gibt es meist Regelungen, die für alle Mitarbeiter gelten. Sie werden Richtlinien genannt und allein vom Arbeitgeber verfasst. Für viele Arbeitsverhältnisse gilt ein Dreigestirn aus Tarifvertrag, Betriebsvereinbarung beziehungsweise Richtlinie und dem persönlichen Einzelvertrag.

Den Praktikumsvertrag prüfen

Praktikum ist nicht gleich Praktikum. Nehmen Sie sich Zeit, Ihren Praktikumsvertrag genau zu lesen und zu analysieren, bevor Sie ihn unterschreiben. Auch der Austausch mit Kommilitonen und den Mitarbeitern des Career Centers Ihrer Hochschule kann hilfreich sein.

Ein Pflichtpraktikum absolvieren

In vielen Studiengängen ist ein Pflichtpraktikum vorgeschrieben. Manchmal soll es nur wenige Wochen dauern. Es gibt aber auch sogenannte Praxissemester im Rahmen derer Sie bis zu sechs Monate ein Praktikum absolvieren. Schauen Sie in die Studienordnung, um die genaue Länge zu überprüfen und gleichen Sie das Vertragsangebot entsprechend ab.

Bei einem Pflichtpraktikum gibt es einige rechtliche Besonderheiten:

- ✔ Sie haben keinen Gehalts- und Urlaubsanspruch
- ✔ Es gibt keine rechtlichen Regelungen zu Probezeit und Kündigung

Für ein von der Hochschule oder Universität vorgeschriebenes Pflichtpraktikum besteht weder die Pflicht, einen Lohn zu zahlen, noch ein Urlaubsanspruch nach dem Bundesurlaubsgesetz. Pflichtpraktikanten sind keine Arbeitnehmer, sie erbringen eine Studienleistung. Diese Art von Praktikum unterliegt keiner Sozialversicherungspflicht. Ob Ihnen das Unternehmen, in dem Sie das Pflichtpraktikum absolvieren, freiwillig ein Gehalt zahlt oder Urlaubstage gewährt, hängt häufig von der Attraktivität des Praktikumsplatzes ab. Im konkurrenzreichen Medien- und Kulturbereich wird man Ihnen häufig nichts anbieten. Bei einem klassischen betriebswirtschaftlichen Praktikum kann das Gehalt jedoch, abhängig von der Branche und der Unternehmensgröße, einen dreistelligen bis niedrigen vierstelligen Monatsbetrag umfassen.

Da es sich beim Pflichtpraktikum nicht um ein Arbeitsverhältnis handelt, gibt es keinen rechtlichen Rahmen, der eine Probezeit und eine Kündigungsmöglichkeit regelt. Das Praktikum endet somit einfach mit dem letzten Tag. In der Praxis wird man sich jedoch meist miteinander einigen, wenn Praktikant und Arbeitgeber früher die Zusammenarbeit beenden möchten. Einige Arbeitgeber haben auch in ihren Verträgen für Pflichtpraktikanten eine Probezeit und Kündigungsfristen vorgesehen.

Ein freiwilliges Praktikum absolvieren

Statt eines Pflichtpraktikums oder auch zusätzlich dazu können Sie ein sogenanntes freiwilliges studienbegleitendes Praktikum absolvieren. Das ist im Unterschied zum Pflichtpraktikum jedoch sozialversicherungspflichtig.

Bei einem freiwilligen Praktikum sollten Sie einige Dinge beachten:

- ✔ Die Praktikumsdauer kann individuell festgelegt werden
- ✔ Es muss sichergestellt sein, dass Sie einen Studentenstatus haben
- ✔ Sie können einen Urlaubsanspruch geltend machen
- ✔ Sie müssen Probezeit und Kündigungsmöglichkeit beachten

Wenn das Praktikum maximal drei Monate dauert, ist es nicht mindestlohnpflichtig. Dauert es jedoch länger, muss der Arbeitgeber Ihnen den Mindestlohn zahlen.

Wenn Sie bereits alle Studienleistungen erbracht haben oder nach erfolgloser Jobsuche aus der Not heraus ein Absolventenpraktikum machen möchten, sind Sie normaler Arbeitnehmer und müssen daher mindestens den Mindestlohn verdienen. Prüfen Sie, ob das im Vertrag aufgeführte Gehalt Ihrem aktuellen Status entspricht.

Als freiwilliger Praktikant haben Sie einen gesetzlichen Urlaubsanspruch, da für Sie in diesem Fall die rechtlichen Vorgaben für Auszubildende angewandt werden. Prüfen Sie Ihren Vertrag dementsprechend. Gemäß der Regelungen für Berufsausbildungsverhältnisse sollte der Praktikumsvertrag eine Probezeit von maximal vier Monate enthalten. Die Dauer der Probezeit sollte angemessen zur Gesamtlänge des Praktikums sein. Während der Probezeit kann das Praktikumsverhältnis jederzeit ohne Einhaltung einer Kündigungsfrist gekündigt werden. Danach kann der Arbeitgeber Ihnen nur noch aus wichtigem Grund kündigen. Sie wiederum können auch nach der Probezeit ordentlich kündigen mit einer Frist von vier Wochen.

Einen Vertrag für Werkstudenten und Minijobber prüfen

Wenn Sie einen Aushilfsjob als Werkstudent oder im Rahmen einer geringfügigen Beschäftigung antreten möchten, sollten Sie sicherstellen, dass Sie wie ein normaler Arbeitnehmer behandelt werden. Das Sozialversicherungsrecht ist unabhängig vom Arbeitsrecht. Fallstricke lauern in der Praxis häufig beim Verdienst und dem Urlaub. Daher sollten Sie darauf achten, dass Sie:

- ✔ den Mindestlohn oder ein höheres Gehalt erzielen
- ✔ Urlaubsanspruch geltend machen

Sozialversicherungsrecht bei gleichzeitig mehreren Beschäftigungen

Aus sozialversicherungsrechtlichen Gründen können sich Konflikte zwischen zwei Beschäftigungen ergeben. Wenn Sie als Student eine geringfügige Beschäftigung, den sogenannten Minijob, ausüben und eine weitere Tätigkeit aufnehmen wollen, sollten Sie das mit Ihrem ersten Arbeitgeber besprechen.

Sozialversicherungsrechtlich werden beide Jobs zusammengezählt. Nur wenn Sie in der Addition nicht über die derzeitige Grenze von 450 Euro kommen, gelten beide Tätigkeiten als Minijobs. Überschreiten Sie mit beiden parallel ausgeführten Jobs diese Grenze, wären beide sozialversicherungspflichtig. Das ist die Theorie. Für die Praxis empfehlen wir, dass Sie sich bei der Überschreitung der Grenzen für einen Job entscheiden, da die Arbeitgeber erfahrungsgemäß ganz bewusst Minijobs vergeben.

Bei zwei Werkstudententätigkeiten müssen die sozialversicherungsrechtlich vorgegebenen Stundengrenzen von maximal 20 Stunden in der Vorlesungszeit eingehalten werden. Außerhalb der vorlesungsfreien Zeit, maximal 26 Wochen pro Jahr, kann man auch mehr arbeiten. Kommen Sie jedoch auch über diese zeitlichen Grenzen, ändert sich Ihr Sozialversicherungsstatus und Sie sind kein Werkstudent mehr. Einen Werkstudentenjob kann man auch mit einem Minijob kombinieren, wenn die Stundengrenzen eingehalten werden.

Für Werkstudenten und Minijobber gilt das Mindestlohngesetz. Bei einer geringfügigen Beschäftigung, die üblicherweise auf Basis eines Monatsgehalts entlohnt wird, sollten Sie genau nachrechnen, ob Sie den Mindestlohn erreichen.

Da Minijobber und Werkstudenten in der Regel nur tageweise arbeiten, lassen viele Arbeitgeber den Urlaubsanspruch unter den Tisch fallen. Das mag zwar für den Arbeitgeber praktikabel sein, ist jedoch nicht rechtens.

Auch Aushilfen haben einen Anspruch auf bezahlten Urlaub, der entsprechend der Anzahl der Wochenarbeitstage ausgerechnet wird. Wer einen Tag in der Woche arbeitet, dem stehen laut Bundesurlaubsgesetz vier bezahlte Urlaubstage pro Kalenderjahr zu.

Es ist soweit – die Entscheidung fällt

Liegt der Vertrag bei Ihnen zu Hause zur Unterschrift bereit und ist geprüft, wird es ernst. Nun sollten Sie abschließend bewerten, ob der Job und der Arbeitgeber passen. Sie sollten

- ✔ den Tätigkeitsbereich tiefgehend bewerten
- ✔ den Arbeitgeber abschließend analysieren
- ✔ das eigene Bauchgefühl würdigen

Überdenken Sie erneut, was Ihnen im Bewerbungsgespräch zu den Aufgaben und den Entwicklungsperspektiven gesagt wurde, und gleichen Sie das mit Ihren Zukunftswünschen hab. Reflektieren Sie nochmals die Rahmenbedingungen des Angebots mit den Arbeitsbedingungen wie Arbeitszeiten und Überstunden, dem Gehalt und möglichen Sonderleistungen. Beziehen Sie auch Bewertungsportale wie Kununu, Presseberichte zum Arbeitgeber sowie Feedback aus Ihrem Bekanntenkreis ein.

Stellen Sie sich auch folgende Fragen, um Ihre Entscheidung zu treffen: Wie sind die Personen im Vorstellungsgespräch mit Ihnen als Bewerber umgegangen? Und wie haben Sie die Stimmung bei dem Arbeitgeber wahrgenommen? Dabei sollten Sie Ihr Bauchgefühl nicht unterschätzen. Wenn Sie bei dem Gedanken an das Jobangebot in freudiger Erwartung sind, wird es der richtige Schritt für Sie sein.

Die persönliche Bewerbungssituation einschätzen

Neben der Attraktivität des Angebots fließt bei der Entscheidung, ob Sie das Angebot annehmen, auch Ihre persönliche Bewerbungssituation ein. Wo stehen Sie aktuell? Haben Sie gerade erst mit der Suche angefangen oder haben Sie bereits viele Absagen erhalten und nun das erste Angebot bekommen? Ihre Attraktivität auf dem Arbeitsmarkt und die Dauer und der Umfang Ihrer Bewerbungsaktivitäten sind die entscheidenden Faktoren.

Arbeitsblatt: Checkliste Vertragsangebot Berufseinstieg

Die Entscheidung, mit welchem Job Sie in das Berufsleben einsteigen, sollten Sie mit Bedacht treffen. Mit diesem Arbeitsblatt geben wir Ihnen eine Hilfestellung. Erstellen Sie eine Checkliste mit Excel, um Ihr Vertragsangebot zu bewerten. Die Checkliste ist hilfreich, wenn Sie sich zwischen zwei Vertragsangeboten entscheiden müssen. Die Gewichtung der einzelnen Kriterien können Sie an Ihre persönliche Situation anpassen.

		XY GmbH		Up AG	
Kriterium	**Gewichtung**	**Note**	**Gewichtung**	**Note**	**Gewichtung**
Arbeitsort	5 %	3	0,15	1	0,05
Gehaltspaket	30 %	4	1,2	2	0,6
Aufgaben der Stelle	35 %	2	0,7	5	1,75
Unbefristetes Angebot	15 %	1	0,15	3	0,45
Unternehmens-kultur	15 %	3	0,45	3	0,45
Ergebnis	100 %		**2,65**		**3,3**

Tabelle 11.1: Persönliche Checkliste zur Entscheidungsfindung

Die Summe aller Gewichtungen muss 100 Prozent ergeben. In unserem Beispiel haben wir fünf Kriterien gewählt. Eine Gewichtung von 20 Prozent wäre also Durchschnitt. Wenn Sie einen Wert wählen, der größer als 20 Prozent ist, ist das Kriterium Ihnen wichtiger. Liegt der Wert unter 20 Prozent, ist es Ihnen nicht so wichtig. Nun verteilen Sie Schulnoten für die Kriterien bei den Arbeitgebern, von denen Sie Angebote erhalten haben. Ist die Stelle an Ihrem Wunschort, geben Sie die Note Eins. Nun multiplizieren Sie die Gewichtung mit der Note und addieren die Ergebnisse. Sie haben nun einen guten Hinweis, welches Angebot eher Ihren Erwartungen entspricht.

Was du nicht willst, das man dir tu …

Dem Ego schmeichelt es, wenn man als Bewerber mehrere Vertragsangebote erhält, aus denen man auswählen kann. Verständlich ist, dass man die Angebote sorgfältig gegeneinander abwägen will und eine gewisse Zeit für eine fundierte Entscheidung braucht. Wenn Sie bereits ein schriftliches Angebot von Ihrem Wunscharbeitgeber erhalten haben, sollten Sie das den anderen Arbeitgebern mitteilen, bevor Sie sich einen weiteren schriftlichen Arbeitsvertrag erstellen lassen. Wenn Sie schon wissen, dass Sie das zweite Angebot nicht annehmen möchten, sollten Sie so fair sein, das dem Arbeitgeber zu sagen. Damit ersparen Sie den Personalverantwortlichen unnötige Arbeit und sie können einem anderen Bewerber schneller zusagen.

Kündigung vor Arbeits- oder Praktikumsantritt

Vielleicht erhalten Sie ein besseres Angebot, nachdem Sie bereits einen Vertrag unterschrieben haben und möchten nun die erste Stelle nicht antreten. Überlegen Sie sich genau die möglichen Konsequenzen dieses Schrittes. Der Arbeitgeber wird alles andere als erfreut sein, wenn Sie einen bereits unterschriebenen Vertrag kündigen wollen, denn

- ✔ der Arbeitgeber hat möglicherweise anderen Kandidaten, die in der engeren Auswahl waren, bereits abgesagt.
- ✔ wenn sich alle Kandidaten aus der ersten Runde bereits anderweitig orientiert haben, muss der Arbeitgeber den Auswahlprozess neu starten.
- ✔ eine erneute Suche ist mit einem hohen Zeit- und Kostenaufwand verbunden.

Auch wenn diese Aktion keine unmittelbaren Konsequenzen hat, wird man Sie nicht in guter Erinnerung behalten. Sollte der Arbeitgeber für Sie perspektivisch interessant sein, sollten Sie sich gut überlegen, wie Sie das Vertragsverhältnis auflösen.

Wenn Sie einen unterschriebenen Vertrag auflösen wollen, sollten Sie Folgendes beachten:

- ✔ Wenn die Entscheidung getroffen ist, handeln Sie so schnell wie möglich. So hat der Arbeitgeber mehr Zeit, Ihre Stelle nachzubesetzen.
- ✔ Auch wenn es unangenehm ist – sprechen Sie immer persönlich mit der Personalabteilung oder Ihrem Gesprächspartner aus dem Fachbereich.

Legen Sie offen und ehrlich Ihre Beweggründe dar. So können Sie hoffen, dass man Ihnen Verständnis entgegenbringt und Ihre Entscheidung nachvollziehen kann.

Rechtlich betrachtet können Sie vom Arbeitsvertrag nicht zurücktreten, sondern müssen ihn kündigen. In der Regel können Sie einen unterschriebenen Arbeitsvertrag entsprechend der vertraglich festgelegten Frist auch vor dem ersten Arbeitstag ohne Probleme kündigen, wenn Sie es früh genug umsetzen. Wenn Sie also nicht so früh kündigen, dass rechtzeitig vor dem ersten Arbeitstag die Kündigungsfrist abgelaufen ist, müssten Sie tatsächlich bei dem Arbeitgeber anfangen. So die Theorie. In der Praxis sollten Sie in diesem Fall mit der Zustellung der Kündigung das Gespräch mit dem Arbeitgeber suchen. Denn sowohl für ihn als auch für Sie ist es in der Regel wenig sinnvoll, wenn Sie ein paar Tage oder Wochen dort arbeiten müssten. Bezüglich der Kündigungsfrist sollten Sie in Ihren Vertrag schauen. Häufig gilt die gesetzliche ordentliche Kündigungsfrist von vier Wochen zum Fünfzehnten oder zum Ende eines Kalendermonats.

Um wirksam zu sein, muss eine Kündigung immer in Schriftform dem Arbeitgeber überreicht werden. Es reicht also nicht aus, das per E-Mail oder telefonisch zu machen.

Es gibt jedoch einige rechtliche Konstellationen, die die Kündigung vor Arbeitsantritt schwer oder sogar unmöglich machen:

- ✔ Vertragsstrafe
- ✔ Ausschluss der Kündigung vor Vertragsantritt

Einige Arbeitsverträge sehen eine Vertragsstrafe vor, wenn das Arbeitsverhältnis vor dem ersten Arbeitstag gekündigt wird. Grundsätzlich ist das laut Bundesarbeitsgericht legitim, sofern die Höhe angemessen ist. Als Richtwert dient das vertraglich vereinbarte Bruttomonatsgehalt. Einige Arbeitgeber schließen vertraglich eine Kündigung vor Antritt der Stelle aus. Das bedeutet, dass die Kündigungsfrist erst mit dem ersten Arbeitstag anfängt zu laufen, auch wenn Sie Ihr Kündigungsschreiben schon vor dem vereinbarten Eintrittstermin dem Arbeitgeber zukommen lassen haben. Somit müssten Sie der Theorie nach den Job auf jeden Fall anfangen und bis zum Ende der Kündigungsfrist ausführen und würden auch für die Zeit vertragsgemäß bezahlt werden.

Auf keinen Fall sollten Sie den Job, den Sie nun doch nicht mehr haben wollen, einfach nicht antreten. Ein Rücktritt ist bei einem Arbeitsvertrag rechtlich nicht möglich. Wenn Sie ohne vorab zu kündigen oder einen Aufhebungsvertrag geschlossen zu haben, einfach nicht zur Arbeit erscheinen, verletzen Sie Ihre Vertragspflicht und machen sich damit schadensersatzpflichtig.

Wenn Sie einen Arbeitsvertrag nicht antreten, ist es denkbar, dass dem Arbeitgeber Gewinn entgeht oder er zusätzlich Geld ausgeben muss, wenn Sie als eingeplante Arbeitskraft den Job nicht aufnehmen wie ursprünglich vereinbart. Wenn der Arbeitgeber das nachweisen kann, könnte er von Ihnen als Verursacher Schadensersatz verlangen. Es könnte sein, dass Ihr potenzieller Arbeitgeber Sie schon in der ersten Woche auf eine Messe als Standbetreuer schicken wollte und nun, da er eigentlich fest mit Ihrer Teilnahme gerechnet hatte und nachweislich keinen anderen geeigneten Mitarbeiter hat, die Messeteilnahme kostenpflichtig stornieren muss.

Der Aufhebungsvertrag als beidseitige Lösung

Wenn eine Kündigung nicht möglich ist, können Sie das Arbeitsverhältnis nicht ohne Zustimmung des Arbeitgebers beenden. Dann sollten Sie die Personalverantwortlichen bitten, mit Ihnen einen Aufhebungsvertrag zu schließen. Während eine Kündigung eine Rechtshandlung ist, die von einer Seite aus geht, ist ein Aufhebungsvertrag eine beidseitige Lösung, die von beiden Parteien einvernehmlich geschlossen wird. Somit müssen beide Seiten zustimmen, damit ein Aufhebungsvertrag zustande kommt. Die Arbeitgeber haben in der Regel Standardvertragsvorlagen, so auch für einen Aufhebungsvertrag, die sie Ihnen zuschicken werden.

Unserer Erfahrung nach wird kaum ein Arbeitgeber darauf bestehen, dass Sie einen Job beziehungsweise ein Praktikum antreten, wenn Sie sich in letzter Minute dagegen entschieden haben. Denn warum sollte er Sie einarbeiten und Ihnen ein Gehalt zahlen, wenn klar ist, dass Sie innerhalb kürzester Zeit den Arbeitgeber wieder verlassen?

Wenn der Vertrag unterschrieben ist

Sie haben ein Vertragsangebot erhalten und es unterzeichnet? Herzlichen Glückwunsch! Wenn Sie nicht sofort, sondern erst in einigen Wochen oder gar Monaten mit dem Job beginnen, sollten Sie darauf achten, sich in dieser Zeit adäquat gegenüber Ihrem neuen Arbeitgeber zu verhalten.

Mit folgenden Tipps hinterlassen Sie in der Zeit nach der Vertragsunterschrift weiterhin einen positiven Eindruck:

- ✔ Besorgen Sie alle Unterlagen, die Ihr neuer Arbeitgeber von Ihnen fordert, rechtzeitig und übermitteln Sie alle von Ihnen geforderten Informationen zum gewünschten Zeitpunkt. Üblicherweise werden Ihre Sozialversicherungsnummer, Ihre persönliche Steuer-Identifikationsnummer, die für die Gehaltsüberweisung gewünschte Bankverbindung und eine Mitgliedsbescheinigung Ihrer Krankenkasse benötigt. In manchen Branchen, wie dem Öffentlichen Dienst oder dem Bankwesen, wird meist ein Privatführungszeugnis gefordert, das Sie bei Ihrer Gemeindeverwaltung oder online beim Bundesamt für Justiz beantragen können. Sofern in der Firma vermögenswirksame Leistungen angeboten werden, sollten Sie sich frühzeitig Gedanken über die Durchführung und den Anbieter machen.
- ✔ Reagieren Sie möglichst innerhalb von 48 Stunden auf E-Mails von Ihrem neuen Arbeitgeber und beantworten Sie Bitten um Rückruf am besten noch am selben Tag.
- ✔ Wenn Sie Fragen haben, überlegen Sie sich, ob sie nicht bis zum ersten Arbeitstag warten können. Vermeiden Sie es, Ihren zukünftigen Vorgesetzten beziehungsweise Ihren Ansprechpartner in der Personalabteilung unnötig anzurufen.
- ✔ Falls Sie in der Zeit vor dem ersten Arbeitstag schon zu Festivitäten wie etwa einem Teamevent oder einer Weihnachtsfeier eingeladen werden, sollten Sie auf jeden Fall zusagen. Wenn ein Arbeitgeber Sie schon vor Ihrem eigentlichen Start einbinden möchte, zeigt das den hohen Stellenwert des Miteinanders. Daher sollten auch Sie durch Ihre Teilnahme zeigen, dass Sie alles tun, um sich schnell zu integrieren.
- ✔ Es kann sinnvoll sein, Ihren zukünftigen Chef zu fragen, ob Sie sich schon in der Zeit bis zum ersten Arbeitstag irgendwie vorbereiten können. So machen Sie nicht nur einen besonders engagierten Eindruck, sondern werden sich besonders schnell in die neuen Themen einfinden.

Nebentätigkeiten mit dem neuen Job vereinbaren

Der Café-Inhaber, bei dem Sie während des Studiums gejobbt haben, möchte Sie nicht verlieren, und Sie denken nun darüber nach, auch nach dem Berufseinstieg dort zu arbeiten? Oder Sie haben neben dem Studium als Selbstständiger etwas verdient und möchten das fortführen? In jedem Fall müssen Sie sich mit der Frage auseinandersetzen, ob es möglich und sinnvoll ist, eine Nebentätigkeit zusätzlich zu ihrem neuen Job auszuüben.

Zunächst sollten Sie in den Arbeitsvertrag mit Ihrem zukünftigen Arbeitgeber schauen, ob sich hier ein Passus zum Thema Nebentätigkeit findet. Meist ist zumindest vertraglich vereinbart, dass eine Nebentätigkeit dem Arbeitgeber mitgeteilt werden muss. Nicht selten will der Arbeitgeber auch, dass seine Mitarbeiter die Ausübung eines Nebenjobs schriftlich beantragen und sich dann genehmigen lassen.

Ein Arbeitgeber kann generell Nebenbeschäftigungen nicht verbieten, denn im Grundgesetz ist in Artikel 12 die Berufsfreiheit garantiert. Im Einzelfall ist es aber möglich, einem Mitarbeiter einen Zusatzjob zu verweigern. Hierfür muss es jedoch triftige Gründe geben. Ein Grund kann sein, dass der Arbeitnehmer bei einem Wettbewerber tätig sein möchte.

Eine Nebentätigkeit kann untersagt werden, wenn Sie beispielsweise bei einer Internetagentur im Vertrieb arbeiten und gleichzeitig einen Nebenjob im Marketing bei einer Agentur, die im gleichen Geschäftsfeld tätig ist, ausführen wollen. Das kann unter das Wettbewerbsverbot fallen. Auch, wenn es eine inhaltliche Übereinstimmung zwischen Haupt- und Nebenjob gibt, kann es sich als nicht vereinbar erweisen. Wenn Sie in der Personalrekrutierung für ein Industrieunternehmen tätig sind, kann eine Nebentätigkeit als Personalvermittler bei einer Zeitarbeitsfirma, die sich auf die Industrie spezialisiert hat, ebenfalls problematisch sein, da sich Interessenskonflikte ergeben könnten.

So manch einer mag sich denken, dass er den vom neuen Arbeitgeber bezahlten Urlaub nutzt, um sich in einer Nebentätigkeit etwas dazu zu verdienen. Auch daran hat der Gesetzgeber gedacht. Nach § 8 des Bundesurlaubsgesetzes darf man während des Urlaubs keiner Tätigkeit nachgehen, die dem Erholungszweck widerspricht. Bei den meisten Nebenjobs wird das wohl der Fall sein. Die gesetzliche Regelung ist sinnvoll, denn Ihr Arbeitgeber gibt Ihnen schließlich bezahlten Urlaub, damit Sie entspannen und Kraft tanken, um dann wieder mit voller Energie im Job durchstarten zu können.

Das Arbeitszeitgesetz beachten

Wenn Sie zwei Angestelltentätigkeiten gleichzeitig ausüben möchten, sollten Sie das Arbeitszeitgesetz genau lesen. Hier ist zum einen die maximale Arbeitszeit geregelt. Im Durchschnitt sollten Sie nur acht Stunden am Tag arbeiten. In jedem Fall dürfen Sie pro Arbeitstag nicht mehr als zehn Stunden, abzüglich der Pausen, arbeiten. Wenn Sie mehr als neun Stunden arbeiten, soll die Pause mindestens 45 Minuten betragen.

In Paragraph 11 des Arbeitszeitgesetzes ist die Ruhezeit geregelt. Sie besagt, dass zwischen dem Ende einer täglichen Arbeitszeit und dem Beginn der nächsten Arbeitszeit mindestens elf Stunden liegen sollen. So soll gewährleistet werden, dass sich der Arbeitnehmer ausreichend regenerieren kann. Bei einem Nebenjob im Schichtsystem kann es hier zu Problemen kommen. Wenn das der Fall ist, hat der Arbeitgeber Ihres Hauptjobs Anspruch darauf, dass Sie den Nebenjob aufgeben oder, sofern möglich, so legen, dass die Regelungen zur Ruhezeit eingehalten werden.

Üben Sie dagegen eine selbständige Tätigkeit im Nebenerwerb aus, so gelten hierfür die oben genannten Regelungen des Arbeitszeitgesetzes nicht. Natürlich sollten Sie trotzdem darauf achten, dass Sie ausreichend Freizeit und Erholung zwischen Hauptjob und selbständiger Nebentätigkeit haben.

Den persönlichen Nutzen abwägen

Neben der rechtlichen Seite sollten Sie sich Gedanken darüber machen, wie wichtig der Nebenjob tatsächlich für Sie ist. Wägen Sie das Verhältnis von Aufwand und Nutzen ab. Vor allem sollten Sie Ihre Kräfte realistisch einschätzen. Der erste Schritt ins Berufsleben markiert eine neue Lebensphase und erfordert viel Energie und Einsatzbereitschaft. Achten Sie darauf, sich nicht zu überfordern.

Auch die mögliche Außenwirkung beim neuen Arbeitgeber sollten Sie mit in Betracht ziehen. Beim zukünftigen Chef und den Kollegen könnte der Eindruck entstehen, dass Sie nicht hundertprozentigen Einsatz für den neuen Job zeigen möchten.

Entscheidungshilfe zum Nebenjob

Die Antworten auf folgende Fragen helfen Ihnen bei der Entscheidung, ob Sie Ihren Nebenjob auch nach dem Berufseinstieg weitermachen sollten oder können:

- ✔ Brauchen Sie den Nebenjob, um finanziell über die Runden zu kommen?
- ✔ Kommen die Arbeitszeiten der Nebentätigkeit dem Hauptjob in die Quere oder können Probleme mit dem Arbeitszeitgesetz oder dem Bundesurlaubsgesetz entstehen?
- ✔ Ist eine Nebentätigkeit laut Ihrem neuen Arbeitsvertrag genehmigungspflichtig?
- ✔ Könnte die Nebentätigkeit in Konkurrenz zu Ihrem neuen Arbeitgeber stehen, sodass ein Wettbewerbsverbot greifen würde?
- ✔ Müssen Sie eine bestimmte Stundenanzahl bei der Nebentätigkeit ableisten oder können Sie je nach Stressfaktor im Hauptjob den Aufwand flexibel gestalten?

IN DIESEM KAPITEL

Tipps rund um das Thema Einarbeitung

Hilfestellung für die gelungene Integration beim neuen Arbeitgeber

Organisiert, leistungsstark und entspannt den Berufsalltag meistern

Kapitel 12
Erfolgreich durch die Probezeit

Mit den Informationen und Hilfestellungen aus diesem Kapitel sind Sie für die ersten Wochen und Monate im neuen Job gerüstet, um erfolgreich die Probezeit zu meistern. Wir geben Ihnen auch Tipps, damit Sie sich zügig einarbeiten können, schnell beim neuen Arbeitgeber wohlfühlen und ein leistungsfähiger, anerkannter Mitarbeiter werden. Außerdem erhalten Sie Informationen zu Zeitmanagement und Anti-Stressmanagement, damit Sie auch langfristig Ihren beruflichen Alltag erfolgreich bestehen.

Der erste Arbeitstag

Der erste Arbeitstag ist für Sie der Auftakt einer hoffentlich langen Mitarbeit beim neuen Arbeitgeber. Daher ist es wichtig, sich rechtzeitig vor diesem wichtigen Datum mit dem Start in der neuen Firma oder Institution auseinanderzusetzen.

Der erste Eindruck

Im Bewerbungsprozess werden Sie wahrscheinlich nur den neuen Chef, Vertreter der Personalabteilung und möglicherweise ausgewählte Kollegen kennengelernt haben. Am ersten Arbeitstag lernen Sie weitere Personen kennen. Deshalb ist es wichtig, alles zu tun, damit der berühmte erste Eindruck positiv ausfällt. Schließlich gibt es hierfür keine zweite Chance.

Tipps für den berühmten ersten Eindruck

Folgende Tipps helfen Ihnen, einen guten Eindruck bei Ihrem neuen Arbeitgeber zu machen und erfolgreich Kontakte zu knüpfen:

- ✔ Planen Sie schon einige Tage vorher Ihr Outfit für den ersten Tag. Wenn Sie nicht genau wissen, welche Kleidung angemessen ist, erscheinen Sie lieber eher »overdressed« als »underdressed«. Gute Kleidung drückt Wertschätzung aus und außerdem wissen Sie nicht genau, welche Termine am ersten Tag für Sie anstehen. Vielleicht werden Sie der Bereichs- oder Geschäftsleitung vorgestellt.
- ✔ Achten Sie darauf, pünktlich zu sein. Verlassen Sie Ihr Zuhause daher lieber mit etwas Zeitpuffer, da der Weg zur Arbeit noch ungewohnt ist und Sie möglicherweise mehr Zeit benötigen als gedacht.
- ✔ Verwechseln Sie Ihr neues Arbeitsumfeld nicht mit einer anonymen Uni! Achten Sie vom ersten Tag an darauf, auf den Gängen oder im Treppenhaus die Menschen freundlich zu grüßen, die Ihnen begegnen.
- ✔ Nutzen Sie vom ersten Tag an die Gelegenheit, sich vorzustellen, wenn Sie beispielsweise an der Kaffeemaschine oder im Fahrstuhl Kollegen treffen. So machen Sie sich schnell bekannt und werden als kommunikative, offene Persönlichkeit wahrgenommen.

Mit Aufregung umgehen

Mit dem ersten Tag im neuen Job beginnt ein neuer Lebensabschnitt. So ist es wenig verwunderlich, wenn Sie aufgeregt sind und Lampenfieber haben. Daher ist es hilfreich, wenn Sie für sich Strategien entwickeln, wie Sie mit Stress umgehen. Eine Möglichkeit, Anspannung und Stress zu reduzieren, stellen wir Ihnen hier vor. Die Thymusdrüse ist ein Organ, das in erster Linie zu einem intakten Immunsystem beiträgt. Es liegt hinter dem Brustbein und besteht aus einem rechten und linken Lappen. Aktivieren Sie Ihre Thymusdrüse, indem Sie mehrmals am Tag vorsichtig mit den Fingerknöcheln auf Ihren Brustbereich klopfen. Dies gibt Energie und hilft gegen Stress.

Nicht nur am ersten Arbeitstag, sondern auch während des gesamten Bewerbungsprozesses kommt man immer wieder in Stresssituationen. Insbesondere bei Vorstellungsgesprächen und Assessment Centern steigt das Adrenalin und man gerät unter Druck. Daher haben wir für Sie auch in Kapitel 1 Übungen zusammengestellt, mit denen Sie Anspannung und Lampenfieber bekämpfen können.

Den Arbeitsplatz einrichten

Ihre vier Lieblingspflanzen, fünf Bilderrahmen mit Familie und Freunden und die Elefantenskulptur aus dem Afrikaurlaub sollen mit an Ihren neuen Schreibtisch ziehen? Bevor Sie alle persönlichen Sachen zusammensuchen, die Sie vermeintlich brauchen, um sich am Arbeitsplatz wohlzufühlen, sollten Sie sich überlegen, ob das angemessen ist. Ihr Arbeitsplatz ist schließlich zum Arbeiten da und soll nicht Ihr zweites Wohnzimmer werden.

Der Arbeitgeber kann aus rechtlicher Sicht sogar Vorgaben zur Ausgestaltung des Arbeitsplatzes machen. Manche Firmen haben Raumkonzepte, die auch die Gestaltung des einzelnen Arbeitsplatzes umfassen und nicht vorsehen, dass etwa private Pflanzen im Büro aufgestellt werden. Bringen Sie am ersten Arbeitstag keine persönlichen Einrichtungsgegenstände mit, sondern fragen Sie Kollegen und Vorgesetzte zunächst, was erlaubt ist.

Auch wenn Sie private Gegenstände am Arbeitsplatz aufstellen dürfen, sollten Sie das mit Bedacht tun. Hier gilt nicht nur die Regel, dass weniger mehr ist, sondern auch, dass sich am Geschmack die Geister scheiden. Sie sollten von plakativen und auffälligen Dekorationen absehen.

Die gelungene Einarbeitung und Integration

In den ersten Tagen und Wochen geht es hauptsächlich darum, dass Sie sich in Ihre neue Aufgabe inhaltlich einfinden, sich in das Team einfügen und mit Ihrem neuen Vorgesetzten eine positive Arbeitsbeziehung aufbauen.

Grundsätzliche Verhaltensweisen

Hilfreich für die erfolgreiche Einarbeitung und die Integration beim neuen Arbeitgeber sind ein paar allgemeine Verhaltensweisen.

Um möglichst schnell und erfolgreich in den Berufsalltag zu starten, sollten Sie einige Empfehlungen beachten:

- ✔ Schreiben Sie möglichst viel mit. In der Regel sind die Themen bei der Einarbeitung in einen neuen Job so komplex, dass es nicht möglich ist, sich alles zu merken. Sammeln Sie Informationen und speichern sie beispielsweise auf Ihrem Laufwerk.
- ✔ Fragen Sie nach, wenn Ihnen Dinge unklar sind. Hier haben falsche Ängste keinen Platz. Schließlich wird man davon ausgehen, dass Sie alles verstanden haben, wenn Sie nicht nachfragen. Außerdem zeigen Fragen, dass Sie Interesse haben. Stellen Sie aber nicht jede Frage sofort, sondern sammeln Sie sie, um sie gebündelt Ihren Ansprechpartnern zu stellen. Ansonsten kann es sein, dass Sie Kollegen und Vorgesetzte zu häufig in ihrer Arbeit unterbrechen und daher Unmut verursachen.
- ✔ Beachten Sie die Holschuld. Häufig wird man von Ihnen erwarten, dass Sie auf andere zugehen, wenn Sie etwas brauchen oder sich selbst die relevanten Informationen beschaffen. Warten Sie nicht darauf, dass man Ihnen alles »vorkaut«. Im Intranet können Sie arbeitgeberspezifische Prozesse, wie zum Beispiel zur Büromittelbestellung, nachlesen und wichtige Informationen wie das Organigramm erhalten.
- ✔ Versuchen Sie von Anfang an, durch Beobachtung beziehungsweise Zuhören zu lernen. Zum Beispiel können Sie sich abschauen, wie Ihre Kollegen telefonieren oder Kundengespräche führen.

Mit dem ersten Job beginnt ein neuer Lebensabschnitt für Sie. Nicht immer wird es leicht sein, den Anforderungen des Berufslebens gerecht zu werden. Auch wird nicht alles nach Ihrem persönlichen Plan laufen. Besonders wichtig ist, dass Sie nicht sofort aufgeben, wenn die Einarbeitung nicht so funktioniert, wie Sie es sich vorstellen.

Wenn Sie das Gefühl haben, dass in der Probezeit viele Dinge nicht so laufen, wie Sie sie erwartet haben, gilt es zu handeln. Sprechen Sie Probleme so schnell wie möglich aktiv an. Durch aktives Handeln können Sie positiv Einfluss auf Ihre Situation nehmen.

Die folgenden Tipps können Ihnen helfen, wenn es schwierig im neuen Job wird:

- ✔ Versuchen Sie, nicht in eine negative Stimmung zu fallen und fressen Sie Ihren Unmut nicht zu lange in sich rein, bevor Sie aktiv werden.
- ✔ Sprechen Sie Ihren Vorgesetzten an. Schildern Sie sachlich, warum die Einarbeitung nicht so vorangeht, wie Sie es sich wünschen. Machen Sie außerdem konstruktive Vorschläge, wie man die Situation ändern könnte.
- ✔ Sprechen Sie, wenn möglich, Kollegen an, die Ihnen helfen könnten.
- ✔ Tun Sie sich, falls es mehrere Mitarbeiter in der gleichen Situation gibt, mit diesen zusammen, um nach Lösungen zu suchen.

Einsatzfreude zeigen

Als Berufseinsteiger können Sie in der Regel noch nicht mit einem breiten Fachwissen punkten. Umso wichtiger ist es, dass Sie engagiert und lernfreudig sind und eine vorbildliche Arbeitseinstellung an den Tag legen. Planen Sie zum Beispiel private Termine nicht gleich in den ersten Wochen so, dass Sie früher als üblich Feierabend machen müssten. Zeigen Sie sich stattdessen möglichst flexibel und einsatzfreudig.

Mit diesen Verhaltensweisen können Sie im neuen Job punkten:

- ✔ Melden Sie sich freiwillig für Aufgaben.
- ✔ Sagen Sie ehrlich, wenn Sie nicht genug zu tun haben und bitten Sie um mehr Arbeit.
- ✔ Gerade als Berufseinsteiger sollten Sie sich nicht zu schade sein für Hilfsarbeiten. Wenn Sie im Kleinen Verlässlichkeit zeigen, empfehlen Sie sich automatisch für Aufgaben mit mehr Verantwortung.

Bei aller Einsatzfreude sollten Sie darauf achten, sich nicht maßlos ausbeuten zu lassen und natürlich auch das Arbeitszeitgesetz einzuhalten. Ihre tägliche Arbeitszeit darf zehn Stunden zuzüglich Pausen nicht überschreiten. Auch die Pausen sind gesetzlich geregelt. Arbeiten Sie mehr als sechs Stunden am Tag, müssen Sie 30 Minuten Pause machen. Bei mehr als neun Stunden Arbeitszeit beträgt die gesetzliche Pausenzeit mindestens 45 Minuten.

Sich ins Team integrieren

Neben der fachlichen Einarbeitung ist es wichtig, sich auf sozialer Ebene einzufinden. Achten Sie auf die Gepflogenheiten, die bei Ihrem Arbeitgeber herrschen. Reicht zum Beispiel ein lockeres »Hallo« am Morgen oder gehen Chef und Kollegen tagtäglich zu allen Mitarbeitern, um ihnen die Hand zu geben? Geht man nach dem Wochenende gleich an die Arbeit oder ist es üblich, erstmal Small Talk zu halten? Solche Gewohnheiten sind ein wichtiger Teil der Kultur in einem Unternehmen beziehungsweise einer Institution. Daran teilzunehmen, wird Ihnen helfen, schneller im jeweiligen Arbeitsumfeld anzukommen, sich wohlzufühlen und akzeptiert zu werden.

Folgende Tipps helfen Ihnen, sich zu integrieren:

- ✔ Finden Sie heraus, ob Ihre Kollegen zusammen Mittagessen gehen und schließen Sie sich regelmäßig an. Das hilft, schnell eine Beziehung zu anderen aufbauen.
- ✔ Sofern es üblich ist, miteinander ab und zu noch nach der Arbeit gemeinsam wegzugehen, sollten Sie auch dabei sein. So können Sie Kollegen und Vorgesetzte informell kennenlernen und sich schneller integrieren.
- ✔ Natürlich hat jeder einmal einen schlechten Tag, Versuchen Sie aber, schlechte Laune zu Hause lassen, statt sie an Ihrem Umfeld auszulassen.

Probieren Sie, sich bis zu einem gewissen, gesunden Grad an Ihre neue Arbeitsumgebung anzupassen. Doch achten Sie gleichzeitig darauf, sich selbst treu zu bleiben und authentisch zu sein.

Namen merken

Zur Integration in das Team und das Arbeitsumfeld gehört es auch, die Namen der Kollegen zu lernen. Das kann eine ganz schöne Herausforderung sein. Schließlich gibt es gerade in der Anfangszeit viele Informationen, die Sie sich merken müssen. Sie werden aber bei Ihren neuen Kollegen einen positiven Eindruck hinterlassen, wenn Sie sie schnell mit Namen ansprechen. Lassen Sie sich gerade bei ausländischen Namen gleich die korrekte Aussprache erklären.

Mit folgenden Tipps wird es Ihnen leichter fallen, sich in Ihrem neuen Arbeitsumfeld Namen zu merken:

- ✔ Die meisten Arbeitgeber haben ein Organigramm. Schauen Sie es sich in den ersten Wochen regelmäßig an, um sich den Aufbau der für Sie relevanten Abteilungen und damit die Namen der Kollegen und Vorgesetzten zu merken.
- ✔ Schreiben Sie sich möglichst unmittelbar nachdem Sie jemanden kennengerlernt haben, dessen Namen und Funktion auf. Lesen Sie Ihre Notizen zu den Personen immer mal wieder durch, damit Sie sich die Namen schnell merken.

- Fragen Sie Kollegen, die Sie schon kennen, nach dem Namen anderer Mitarbeiter, wenn Sie gemeinsam im Flur oder in der Kantine unterwegs sind. So lernen Sie schnell die Belegschaft Ihres neuen Arbeitgebers kennen.
- Versuchen Sie es mit Eselsbrücken: So können Sie eine Brücke zwischen Namen und Tätigkeit bauen oder dem Aussehen des Kollegen. Je ausgefallener diese sind, desto leichter werden sie in Ihrem Gehirn abgespeichert.

Eselsbrücken können helfen, sich Namen besser zu merken. Zum Beispiel könnte man sich den Namen von Frau Schmied aus der Personalabteilung merken, indem man sich die Assoziation »Frau Schmied, die Pläne für die Mitarbeiter schmiedet« immer wieder vergegenwärtigt. Bei Herrn Sommer, der Ihnen erzählt hat, dass er gern Gitarre spielt, könnten Sie sich das Bild vom Lagerfeuer am sommerlichen Strand mit Gitarrenspieler vor Augen führen.

Gekonnt Small Talk halten

Ob beim Mittagessen oder am Kopierer – im Berufsleben ist es wichtig, die Kunst des Small Talks zu beherrschen.

Folgende Themen eignen sich für ein kurzes Gespräch:

- Montags können Sie allgemein fragen, wie das Wochenende war und natürlich auch von Ihren Erlebnissen berichten.
- Sie können fragen, wie es bei anderen im Job läuft und im Verlauf des Gesprächs von Ihren aktuellen Erlebnissen oder Begegnungen im Berufsalltag erzählen.
- Wenn Sie neu in der Stadt sind, können Sie nach Tipps zum Weggehen und Empfehlungen für Cafés und Restaurants fragen.
- Generell ergeben sich Themen, wenn Sie aufmerksam sind. Vielleicht hat Ihr Gegenüber eine tolle Uhr oder ein besonderes Kleidungsstück? Machen Sie ein Kompliment und Sie werden sehen, dass sich in den meisten Fällen automatisch eine kleine Unterhaltung ergibt.

Beim Small Talk ist wichtig, dass Sie selbst nicht zu viel reden. Stellen Sie stattdessen eine offene Frage oder kommentieren Sie etwas positiv. So haben Sie ein Gespräch eröffnet und können zuhören, was Ihr Gegenüber zu sagen hat.

Nicht nur das, was Sie sagen, hat eine Wirkung. Auch Ihre Körpersprache kann viel vermitteln. Achten Sie darauf, dass Sie positiv wirken:

- Halten Sie Blickkontakt.
- Lächeln Sie freundlich, wenn es zum Gesprächsinhalt passt.
- Nicken Sie leicht, wenn Ihr Gegenüber Ihnen etwas erzählt, um zu signalisieren, dass Sie aufmerksam sind.

Duzen und Siezen

Wenn Sie von den Personalentscheidern nicht schon im Bewerbungsprozess geduzt wurden, wie es in vielen Medienunternehmen und Agenturen der Fall ist, können Sie sich darauf einstellen, dass es eine Mischung aus »Du« und »Sie« bei Ihrem Arbeitgeber gibt. Als Neuling sollten Sie darauf warten, bis man Ihnen das »Du« anbietet.

Allgemein gibt es folgende Regeln beim Duzen im Geschäftsleben: Der Ranghöhere bietet dem Rangniedrigeren das »Du« an. Bei gleichrangigen Kollegen sollte derjenige, der kürzer in der Firma beziehungsweise Institution ist, warten, bis ihm der Dienstältere das »Du« offeriert.

Meetings erfolgreich meistern

In den meisten Berufen arbeiten Sie regelmäßig mit anderen zusammen und nehmen an Meetings teil beziehungsweise berufen sie ein. Die Organisation der Besprechungen erfolgt häufig über Programme wie Outlook oder Lotus Notes, in denen Sie anhand einer farblichen Markierung sehen können, wann Kollegen und Vorgesetzte Zeit haben und ob Besprechungsräume verfügbar sind.

Mit folgenden Tipps meistern Sie Besprechungen im Berufsalltag:

- ✔ Wenn Kollegen oder Vorgesetze Sie zu einem Meeting einladen, sagen Sie nie ohne Begründung ab. Im Idealfall kontaktieren Sie den Einladenden und machen einen alternativen Terminvorschlag.
- ✔ Bereiten Sie sich auf Besprechungen immer vor. Sie sollten stets wissen, worum es geht und mögliche Aufgaben vorab erledigt haben.
- ✔ Seien Sie während des Meetings aufmerksam und versuchen Sie, sich mit lösungsorientierten Wortbeiträgen und Ideen einzubringen. Schreiben Sie gegebenenfalls mit.
- ✔ Beteiligen Sie sich sachlich an Diskussionen. Auch wenn Sie verärgert sind, durch Emotionalität wird in der Regel kein Problem gelöst.
- ✔ Achten Sie bei Ihren To-dos beziehungsweise den Aufgaben für das Team darauf, dass Deadlines realistisch gesetzt werden und Planungen sinnvoll sind.

Geschäftstermine souverän absolvieren

Für Berufseinsteiger sind Geschäftstermine häufig eine besondere Herausforderung.

Meetings mit Kunden oder externen Partnern meistern Sie folgendermaßen:

- ✔ Sie stellen sich immer mit Ihrem vollständigen Namen vor und benennen Ihre Funktion im Unternehmen oder der Institution beziehungsweise Ihren Job-Titel. Geben Sie Ihrem Gegenüber dabei die Hand.
- ✔ Gleich beim ersten Kontakt wird die Visitenkarte überreicht.

- ✔ Wenn Sie mit Ranghöheren, zum Beispiel dem Vorgesetzten, in eine Besprechung gehen, überlassen Sie ihm die Initiative. Das heißt, Sie stellen sich erst vor und übergeben die Visitenkarte, nachdem es Ihr Chef getan hat.
- ✔ Wenn das Meeting in den Räumlichkeiten Ihres Arbeitgebers stattfindet, sollten Sie gastfreundlich sein und den Besuchern zumindest ein Getränk anbieten.

In einigen Funktionen wie Einkauf oder Marketing kann es sein, dass Sie zu einem Geschäftsessen von Lieferanten oder Werbeagenturen eingeladen werden. Das dient dazu, in einer eher informellen Runde geschäftlichen Kontakt zu knüpfen oder zu vertiefen. Auch kann es sein, dass Sie von der Geschäftsleitung oder in größeren Unternehmen und Institutionen von Bereichsleitern eingeladen werden, etwa als Dankeschön für die gute Arbeit, die Sie beziehungsweise Ihre Kollegen geleistet haben.

Mit folgenden Tipps machen Sie bei einer Einladung zum Geschäftsessen eine gute Figur:

- ✔ Begrüßen Sie den Gastgeber zuerst und bedanken Sie sich herzlich für die Einladung.
- ✔ Achten Sie auf Hinweise des Gastgebers bei der Wahl von Speisen und Getränken. Wenn er Sie auffordert, eine Vorspeise oder einen Wein zu wählen, wissen Sie, dass es angemessen ist. Erhalten Sie keine Signale, wählen Sie eher Gerichte im mittleren Preissegment.
- ✔ Sofern Alkohol getrunken wird, sollten Sie mit dem Trinken darauf warten, dass der Gastgeber sein Glas erhebt und »zum Wohl« sagt.
- ✔ Beteiligen Sie sich an Gesprächen. Vermeiden Sie Themen wie Politik und Religion. Wählen Sie wenig verfängliche Themen wie Urlaub, Kultur oder Freizeitaktivitäten.
- ✔ Wenn der Gastgeber am Tisch zahlt, sollten Sie weder ihn noch die Rechnung anstarren oder gar kommentieren, sondern sich diskret verhalten.

Kommunikation per E-Mail und am Telefon

In nahezu jedem Job werden Sie regelmäßig E-Mails schreiben. Auch hier gibt es einige »Do‘s« und »Don‘ts«.

Damit sich das Miteinander mit den Kollegen positiv gestaltet und Sie einen professionellen Eindruck hinterlassen, sollten Sie folgende Tipps beachten, wenn Sie E-Mails schreiben:

- ✔ Wählen Sie einen möglichst aussagekräftigen Betreff, sodass der Leser sofort Bescheid weiß, worum es geht.
- ✔ Passen Sie sich bei internen Mails in der Anrede an die Gepflogenheiten bei Ihrem Arbeitgeber an. Es gibt alles zwischen einem lockerem »Hallo«, einem zugewandten »Lieber« und einem förmlichen und distanzierten »Sehr geehrter«. Bei E-Mails an Externe wählen Sie im Zweifel lieber die förmliche Anrede.

- ✔ Schreiben Sie einen prägnanten E-Mail-Text, aus dem der Leser schnell die wesentlichen Sachverhalte beziehungsweise das Anliegen erfassen kann.
- ✔ Informieren Sie sich bei Kollegen und Vorgesetzten, wie zeitnah interne E-Mails in der Regel beantwortet werden sollten. Je nach Arbeitgeber kann es üblich sein, schon nach wenigen Stunden zu antworten oder erst nach ein bis zwei Arbeitstagen.
- ✔ Nutzen Sie das Adressatenfeld »in Kopie« mit Bedacht. Einerseits ist es nicht ratsam, andere mit E-Mails zu überfluten. Andererseits sollten Sie sich bewusst machen, dass Leser, die eine Information nur »in Kopie« erhalten, ihr meist wenig Beachtung schenken.
- ✔ Überlegen Sie bei jeder E-Mail, die Sie schreiben, ob das tatsächlich die passende Kommunikationsform ist. Bei komplexen Themen ist es häufig zielführender zu telefonieren oder eine Besprechung zu vereinbaren, anstatt viele E-Mails hin und her zu schicken.
- ✔ Wenn eine E-Mail bereits häufig hin und her geschickt wurde, entsteht eine unübersichtliche Antwortkette. Passen Sie also den richtigen Moment ab und setzen eine neue E-Mail mit neuem Betreff auf. Das ist insbesondere sinnvoll, wenn sich die Inhalte im Gegensatz zur ursprünglichen Mail stark verändert haben.

Die Kommunikation per Telefon will gelernt sein. In einigen Firmen ist es vorgeschrieben, wie man sich bei eingehenden und ausgehenden Anrufen korrekt zu melden hat. In jedem Fall sollten Sie immer Ihren Vor- und Zunamen nennen und auch den Namen Ihres Arbeitgebers, wenn Sie geschäftlich telefonieren. Wenn es keinen internen Telefon-Guide gibt, achten Sie am besten darauf, wie sich die Kollegen am Telefon melden und übernehmen das beziehungsweise fragen nach.

Einstand feiern

Ein in vielen Firmen üblicher Brauch ist der sogenannte Einstand, bei dem der neue Mitarbeiter ein Miteinander mit den Kollegen organisiert und Snacks und Getränke anbietet.

Die Ausgestaltung und der Zeitpunkt eines Einstands unterscheiden sich von Arbeitgeber zu Arbeitgeber. Daher sollten Sie mit Ihrer Führungskraft oder Kollegen folgende Fragen klären:

- ✔ Wann ist der passende Zeitpunkt für den Einstand? Erfahrungsgemäß kann er schon nach wenigen Wochen sein oder erst nach erfolgreich bestandener Probezeit.
- ✔ Welches Ausmaß darf ein Einstand haben? Ist ein kurzes Zusammenstehen im eigenen Team im Büro üblich oder wird der Einstand ein bis zwei Stunden in großer Runde mit Kollegen anderer Abteilungen oder sogar der ganzen Firma beziehungsweise Institution in einem Besprechungsraum gefeiert?
- ✔ Welche Art Essen ist angemessen und dürfen auch alkoholische Getränke konsumiert werden?
- ✔ Darf der Einstand während der Arbeitszeit stattfinden oder sollte er auf den Feierabend gelegt werden?

Sich Feedback beim Chef holen

Bereits nach einigen Wochen ist es sinnvoll, den Vorgesetzten um ein Feedbackgespräch zu bitten. So können Sie die Ausgestaltung der Zusammenarbeit besprechen und haben die Chance, mögliche Kritikpunkte frühzeitig zu erfahren und anzugehen. Auch zeigen Sie Ihrer Führungskraft, dass Sie bestrebt sind, sich fortlaufend weiterzuentwickeln.

Sie sollten sich auf Feedbackgespräche gut vorbereiten, egal ob Sie oder der Chef um den Termin gebeten haben:

- ✔ Reflektieren Sie über die vergangenen Wochen oder Monate und Ihren aktuellen Entwicklungsstand. Wie gut haben Sie sich in Ihre Aufgaben hineingefunden? Was könnten Sie tun, um noch besser zu werden?
- ✔ Versuchen Sie, die Zusammenarbeit mit Ihrer Führungskraft und den Kollegen zu überdenken. Was läuft gut und was kann wie verbessert werden?
- ✔ Formulieren Sie realistische Wünsche an Ihr Umfeld. Wie können das Team und der Chef Ihnen helfen, noch besser in Ihrem Job zu werden?

In der Regel wird Ihr Vorgesetzter Sie in Mitarbeitergesprächen auch nach möglichen Verbesserungsvorschlägen fragen. Überlegen Sie, ob Sie Ihren Job beziehungsweise Ihr Arbeitsumfeld bereits so gut verstanden haben, dass Sie Neuerungen vorschlagen können. Natürlich wünscht sich jeder Arbeitgeber aufmerksame, innovationsfreundliche Mitarbeiter. Nichts ist jedoch schlimmer, als vorschnell unausgegorene Ideen zu präsentieren, die der Praxis nicht standhalten.

Informationen, Tipps und Tricks für den Berufsalltag

Damit Sie in Ihrer neuen Tätigkeit und in Ihrem neuen Arbeitsumfeld bestehen, haben wir einige Hinweis zusammengestellt.

Outfit im Job

Für viele Berufseinsteiger ist das Thema Kleidung mit einigen Fragezeichen versehen. Schließlich hängt es nicht nur von der Stellung in der Hierarchie, sondern auch von der Branche und der Tätigkeit, die man ausübt, ab, welche Art von Outfit angemessen ist.

Wenn Sie folgende Tipps beachten, wird es Ihnen leicht fallen, das passende Outfit für sich zu finden:

- ✔ Orientieren Sie sich bei der Wahl Ihrer Kleidung an den Outfits Ihrer Kollegen, die ungefähr den gleichen Job machen. So wird man sich in einer Position im Rechnungswesen ohne Kundenkontakt eher legerer kleiden als im Vertrieb.

- ✔ Planen Sie Ihr tägliches Outfit nach den Terminen in Ihrem Kalender. Wenn Sie einen Termin mit Externen oder einem Vertreter des Managements haben, sollten Sie sich schicker kleiden als an Tagen, die Sie ausschließlich vor Ihrem Computer verbringen.
- ✔ Fragen Sie bei besonderen Festivitäten wie Firmenfeiern am besten Ihre Kollegen nach Tipps zur Kleidung. In einigen Unternehmen und Institutionen ist es üblich, sich für Abendveranstaltungen »herauszuputzen«. Derartige Gepflogenheiten können Sie aber nicht erahnen, sondern müssen Sie erfragen.

Im Internet surfen und Social Media nutzen

Wenn Sie einen neuen Job anfangen, sollten Sie sich über mögliche Vorgaben zur privaten Internetnutzung informieren. Halten Sie nach firmeninternen Richtlinien Ausschau und lesen Sie mögliche Paragrafen hierzu in Ihrem Arbeitsvertrag nach. In einigen Firmen ist die private Internetnutzung grundsätzlich oder zumindest während der Arbeitszeit im engeren Sinne verboten. Selbstverständlich sollten Sie sich strikt daran halten. Selbst wenn ein Fehlverhalten keine disziplinarischen Maßnahmen nach sich zieht, würde es doch einen negativen Eindruck bei Ihren Vorgesetzten erwecken.

Achten Sie bei der Nutzung von Social-Media-Plattformen darauf, ein adäquater Repräsentant Ihres Arbeitgebers zu sein. Hier gilt die Regel: Zuerst denken, dann posten beziehungsweise liken. Stellen Sie nur Texte und Bilder ins Netz, von denen Sie der Meinung sind, dass diese, egal von wem sie gesehen werden, als seriös gelten.

Dienstreisen unternehmen

Wenn Sie im Vertrieb arbeiten, werden Dienstreisen zu Ihrem Arbeitsalltag gehören. Hier lauern einige Fettnäpfchen. Lesen Sie daher die Dienstreiserichtlinie Ihres Arbeitgebers genau. Sie finden darin Vorgaben dazu, welches Reisemittel bei welcher Art von Reise angemessen und in welcher Klasse Sie mit Bahn und Flugzeug reisen dürfen. Fraglich ist häufig auch, ob man ein Taxi benutzen darf oder auf öffentliche Verkehrsmittel zurückgreifen muss. Sie sollten auch klären, inwieweit Reisezeit als Arbeitszeit angesetzt werden darf.

Wenn Ihr Arbeitgeber keine Richtlinien zu Dienstreisen hat, sollten Sie Ihren Vorgesetzten befragen. Sie sollten keinesfalls einfach buchen, ohne sich über die Gepflogenheiten in der Firma oder Institution informiert zu haben. Schließlich wäre es unschön, wenn Sie Kosten verursachen, obwohl Sie es nicht dürfen.

Urlaubsplanung richtig umgesetzt

Selbstverständlich sollen Sie Ihren vertraglich zugesicherten Urlaub in Anspruch nehmen. Starten Sie aber nicht gleich mit der Urlaubsplanung in den neuen Job, sondern konzentrieren Sie sich auf die Einarbeitung, um zu zeigen, dass Sie ein engagierter Mitarbeiter sind. Bestehen Sie als neuer Mitarbeiter auch nicht auf beliebte Urlaubszeiten wie rund um Weihnachten oder an Brückentagen. Es wäre unvorteilhaft, wenn Sie neu in ein Unternehmen oder eine Institution kommen und gleich mit dienstälteren Kollegen über die Urlaubsplanung streiten.

Finden Sie, bevor Sie Urlaub planen, heraus, wer Sie währenddessen vertreten wird. Bevor Sie mit Ihrem Vorgesetzen Ihre Urlaubswünsche besprechen, ist es sinnvoll, sich mit dem Urlaubsvertreter abgestimmt zu haben.

Geschäftliche Feiern und Ausflüge meistern

Viele Arbeitgeber bieten Feiern beziehungsweise Ausflüge an, um das Gemeinschaftsgefühl zu stärken und sich abseits des Arbeitsalltags auf informeller Ebene zu begegnen. Auf jeden Fall sollten Sie an diesen Events teilnehmen. Es ist eine tolle Chance, sich zu integrieren und Kollegen aus anderen Abteilungen kennenzulernen.

Häufig werden bei geschäftlichen Events neben dem Essen auch Getränke inklusive Alkohol bereitgestellt. Achten Sie darauf, nicht zu viel Alkohol zu trinken, bloß weil es kostenlos ist. Schließlich wird es keinen guten Eindruck machen, wenn Sie sich betrinken. Achten Sie darauf, Gespräche mit Kollegen und Vorgesetzten zu führen und Kontakte in der Firma beziehungsweise Institution zu knüpfen.

Betriebsgeheimnisse wahren

In einem neuen Job erhalten Sie oft Informationen, die nicht für jeden Externen bestimmt und daher Betriebsgeheimnisse sind. Wenn Sie mit Vertrauten aus Ihrem Umfeld über Ihren Job sprechen, überlegen Sie bitte dreimal, ob die Weitergabe der jeweiligen Information angemessen ist. Im Zweifel sollten Sie weniger berichten. Natürlich können Sie allgemein über Ihren Job erzählen, aber schon wenn es darum geht, für welche Kunden man arbeitet, erwarten manche Arbeitgeber von ihren Angestellten Vertraulichkeit. Bedenken Sie auch, dass immer jemand mithören könnte, wenn Sie mit Kollegen in Cafés oder Restaurants über Interna sprechen.

Häufig gibt es im Arbeitsvertrag einen Abschnitt zu Betriebsgeheimnissen. Auch kann es sein, dass Richtlinien zum Thema Vertraulichkeit verfasst wurden. Lesen Sie alles genau nach und fragen Ihre Führungskraft, wenn Sie sich unsicher sind oder etwas nicht verstehen.

Sich rechts- und regelkonform verhalten

Bei vielen Arbeitgebern, insbesondere bei Banken und Versicherungen, ist *Compliance* sehr wichtig. Unter dem Begriff versteht man, dass man bestimmte Vorgaben beziehungsweise Regeln beachtet und sein Verhalten daran ausrichtet. Das können rechtliche Vorgaben sein, aber auch Regeln, die sich Ihr Arbeitgeber selbst auferlegt hat. Informieren Sie sich ausführlich über Regeln in Ihrem Unternehmen, damit Sie nicht ins Fettnäpfchen treten.

Bei Geschenken, die Sie von Kunden oder Dienstleistern erhalten, ist es wichtig, die Compliance-Vorgaben Ihres Arbeitgebers zu beachten. Häufig müssen Sie selbst kleine Werte melden oder schriftlich erfassen. Es gibt auch oft Vorgaben dazu, welche Art von Zuwendungen Sie überhaupt annehmen dürfen und welchen Wert diese maximal haben sollten.

Die Personalakte

Ihr Arbeitgeber wird für Sie eine Personalakte anlegen, sei es in Papierform oder digital. In dieser Akte finden Sie alle Angaben zu Ihrer Person und zu Ihrem Arbeitsverhältnis, die relevant sind. Zum Beispiel werden hier Ihre Bewerbungsunterlagen samt Zeugniskopien, Ihr Arbeitsvertrag und die Informationen zu Ihrer Krankenkasse abgelegt. Im Laufe eines Arbeitnehmerlebens können beispielsweise Versetzungs- oder Glückwunschschreiben hinzukommen. Auch weniger angenehme Dinge, wie Abmahnungen, werden für eine bestimmte Zeit in der Akte abgelegt.

Arbeitnehmer haben jederzeit das Recht, Einsicht in ihre Personalakte zu verlangen. Die Akte ist ein vertrauliches Dokument und darf daher auf der Arbeitgeberseite nur von Vorgesetzten und der Personalabteilung gelesen werden.

Erfolgreiches Zeit- und Selbstmanagement

Ihr Chef teilt Ihnen viele Aufgaben gleichzeitig zu? Anspruchsvolle Tätigkeiten schieben Sie vor sich her? Und durch die ständig aufpoppenden E-Mail-Benachrichtigungen fällt es Ihnen schwer, sich auf eine Sache zu konzentrieren? Ein gekonntes Zeit- und Selbstmanagement ist wichtig, um den Anforderungen des Berufslebens dauerhaft gerecht werden zu können.

Prioritäten setzen

Eine wichtige Kompetenz, um mit Zeitfressern und Stressoren umzugehen, ist die Fähigkeit, Prioritäten zu setzen. Hilfreiche Modelle hierfür sind das Eisenhower-Prinzip und die ABC-Analyse.

Tabelle 12.1 zeigt eine Kombination des Eisenhower-Prinzips mit der ABC-Analyse. Nach dem Eisenhower-Prinzip ist es einerseits wichtig, die Dringlichkeit von Aufgaben zu analysieren. Andererseits soll man die Wichtigkeit von Tätigkeiten einschätzen. Wenn Sie sich aufgrund der Fülle an Aufgaben überfordert fühlen und nicht wissen, wie Sie allen Anforderungen gerecht werden sollen, können Sie mithilfe der Abbildung Ihre Prioritäten setzen.

Aufgaben, die nach dem Eisenhower-Prinzip sowohl sehr dringend als auch sehr wichtig sind, werden in der ABC-Analyse als »A-Aufgaben« definiert. Diese Aufgaben sollten Sie selbst und sofort erledigen.

Wichtigkeit	E-Aufgaben	A-Aufgaben
	Papierkorb-Aufgaben	C-Aufgaben
	Dringlichkeit	

Tabelle 12.1: Kombinierte Darstellung des Eisenhower-Prinzips und der ABC-Analyse

Tätigkeiten, die weniger wichtig und auch nicht dringlich sind, sollten gar nicht erledigt werden und damit im Papierkorb landen. Das mag Ihnen vielleicht extrem erscheinen. Aber bedenken Sie: Wenn Ihr Tisch und Ihr E-Mail-Postfach überquellen, kommen Sie aus dieser Situation nur heraus, wenn Sie Prioritäten setzen.

Bei B-Aufgaben handelt es sich um solche, die sehr wichtig, jedoch nicht dringend sind. Genau darin liegt oft die Krux, denn bei diesen Tätigkeiten droht die »Aufschieberitis«. Typische B-Tätigkeiten sind komplexe konzeptionelle Aufgaben und projektorientierte Aufgaben.

Mit folgenden Tipps gehen Sie B-Aufgaben erfolgreich an:

✔ Machen Sie sich ein genaues Bild von der Aufgabe, indem Sie deren Komplexität erfassen und den Umfang beziehungsweise die Dauer abschätzen.

✔ Gliedern Sie die Aufgabe in sinnvolle Teilschritte beziehungsweise Arbeitspakete.

✔ Erstellen Sie je nach Komplexität der Aufgabe gegebenenfalls einen Projektplan und kalkulieren Sie genügend Pufferzeiten für Unvorhergesehenes ein.

✔ Kontrollieren Sie regelmäßig den Status Ihrer Planung, um sich selbst an die Aufgabe zu erinnern und sich den Fortschritt bewusst zu machen.

✔ Integrieren Sie Ihre B-Aufgaben in Ihren Wochenplan, indem Sie in Ihrem elektronischen Kalender sogenannte Termine mit sich selbst vereinbaren. So stellen Sie sicher, dass Sie fortlaufend an diesen Themen arbeiten.

✔ Vermeiden Sie bei der Bearbeitung anspruchsvoller B-Aufgaben den sogenannten Sägeblatteffekt, indem Sie sich Zeiten ermöglichen, in denen Sie, ohne von Störungen wie eingehenden Telefonaten und E-Mails abgelenkt zu werden, an Ihrer Aufgabe arbeiten.

Ein besonderes Augenmerk sollten Sie auf die C-Aufgaben, die dringend aber wenig wichtig sind, legen. Laut Eisenhower sollte man diese Tätigkeiten delegieren, aber das wird für Sie als Berufseinsteiger in den meisten Fällen nicht möglich sein. Genau deshalb entsteht durch diesen Aufgabentyp häufig Stress. Schließlich müssen Sie selbst einen Weg finden, auch diese Aufgaben in den Griff zu bekommen.

Mit folgenden Tipps gehen Sie C-Aufgaben erfolgreich an:

✔ Prüfen Sie zunächst, ob die Aufgabe in maximal fünf Minuten erledigt werden kann oder aber länger braucht. Kurze Aufgaben erledigen Sie sofort, denn hier lohnt es sich nicht, länger nachzudenken, wann man sie angehen soll. Dauert eine Aufgabe jedoch länger als fünf Minuten, sollten Sie sie in Ihre Tages- beziehungsweise Wochenplanung einbeziehen.

✔ Wenn Sie Ihre Wochen planen, sollten Sie immer Luft für unerwartete C-Aufgaben einplanen. Inwieweit das möglich ist, hängt vom dem Grad der Fremdbestimmung in Ihrem Job ab. Wenn Sie einer relativ eigenverantwortlichen Tätigkeit nachgehen, kann ein Richtwert sein, nur circa 60 Prozent der Zeit zu verplanen und den Rest für Unvorhergesehenes freizuhalten. Sind Sie in einer Assistenzfunktion können Sie vielleicht nur 10 Prozent der Zeit für C-Aufgaben planen.

- ✔ Fassen Sie inhaltlich ähnliche Aufgaben sowie Tätigkeiten zusammen, die Sie an einem Ort, etwa dem Kopierraum, ausführen müssen. Wenn Sie überall ein paar Minuten sparen, kann sich das schnell zu einer Stunde addieren.
- ✔ Etablieren Sie sinnvolle Ordnungssysteme an Ihrem Arbeitsplatz wie aussagekräftig beschriebene Ablageflächen oder Ordner, die nach Datum oder dem Alphabet gekennzeichnet sind.

Der Sägeblatteffekt (siehe Abbildung 12.1) beschreibt die typische Situation, dass man versucht, konzentriert an einer Aufgabe zu arbeiten, jedoch fortlaufend gestört wird. Das Problem daran ist, dass man nach jeder Störung wieder einige Zeit braucht, um sich erneut in die zu bewältigende Aufgabe einzufinden und wieder auf das Konzentrations- und Leistungsniveau zurückzufinden, das man vor der Störung hatte. Somit braucht man mehr Zeit, die Aufgabe zu lösen.

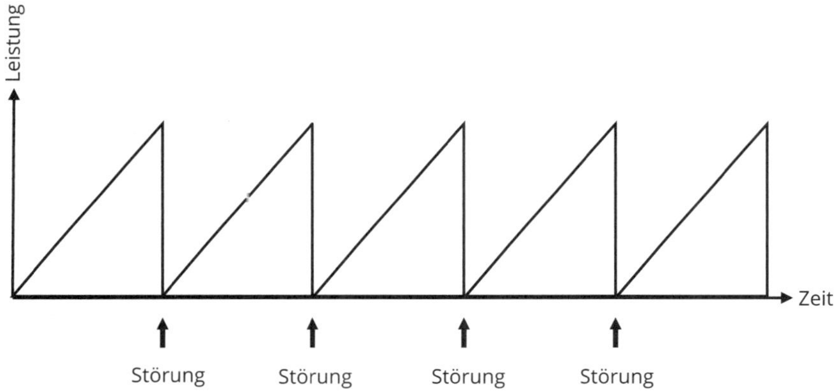

Abbildung 12.1: Der Sägeblatteffekt

Mit folgenden Tipps gehen Sie gegen den Sägeblatteffekt an:

- ✔ Prüfen Sie, ob es Uhrzeiten oder Wochentage gibt, an denen im Büro wenig los ist, und nutzen Sie diese ruhigen Zeiten gezielt, um komplexe Aufgaben anzugehen.
- ✔ Schalten Sie Ihre automatische E-Mail-Benachrichtigung aus und schauen stattdessen gezielt, zum Beispiel alle zwei Stunden, in Ihr Postfach.
- ✔ Versuchen Sie, wenn möglich, Ihr Telefon auf Kollegen umzustellen oder aber den Anrufbeantworter einzuschalten, wenn Sie konzentriert an einer Aufgabe arbeiten möchten.
- ✔ Bitten Sie Kollegen, Sie in einem bestimmten Zeitraum nicht zu stören, wenn Sie Ihre wichtigen Aufgaben erledigen.

Perfektionismus vermeiden

In vielen Jobs hat man ständig mehr auf dem Tisch, als man abarbeiten kann. Daher ist es nicht nur wichtig, richtige Prioritäten zu setzen. Man muss auch Perfektionismus vermeiden, wo immer es geht. Eine Erklärung dafür bietet das Pareto-Prinzip, das nach dem italienischen Ökonom Vilfredo Pareto benannt wurde.

Das Pareto-Prinzip besagt, dass man 80 Prozent der Ergebnisse in der Regel in nur 20 Prozent seiner Arbeitszeit erreicht. Um ein hundertprozentiges und damit perfektes Ergebnis zu erreichen, müsste man demnach einen ungleich höheren Arbeitseinsatz einbringen, nämlich 80 Prozent seiner Zeit.

Hilfestellung zur Stressbewältigung

Nicht selten fällt es Berufseinsteigern schwer, mit dem Stress des Berufsalltags zurechtzukommen. In einigen Branchen wie der Werbeindustrie sind Überstunden Alltag. Umso wichtiger ist es, auf die Gesundheit und das Wohlbefinden zu achten.

Mit folgenden Tipps gehen Sie erfolgreich mit hohen Belastungen um:

- ✔ Sparen Sie nicht an der Mittagspause. Essen Sie in Ruhe und langsam, um Ihren Verdauungsapparat nicht zu schädigen. Achten Sie darauf, gesund zu essen. Fastfood hat kaum wichtige Nährstoffe und führt Ihrem Körper somit nicht die benötigte Energie zu. Am besten gehen Sie nach dem Essen ein wenig spazieren, um frische Luft und idealerweise Sonnenlicht zu tanken.
- ✔ Denken Sie daran, etwa einmal pro Stunde eine kleine aktive Pause einzulegen, die wenige Minuten umfasst. Sie können das Fenster öffnen, sich ein Getränk aus der Küche holen oder Ihren Körper durch Yoga-Übungen, die man am Arbeitsplatz machen kann, dehnen. Regelmäßige kleine Pausen erfrischen den Geist und verhindern, dass Sie am Abend ausgepowert sind vom Arbeitstag.
- ✔ Stellen Sie sicher, dass Sie ausreichend trinken. Das belebt den Geist und ist gesund. Trinken Sie Wasser oder ungesüßten Kräutertee. Begrenzen Sie Ihren Kaffeekonsum auf zwei Tassen pro Tag, da zu viel Koffein ungesund ist.
- ✔ Viele Menschen neigen dazu, in Stressphasen viel Süßes zu essen. Wenn Sie regelmäßig von Heißhunger geplagt werden, sollten Sie sich »Brainfood« wie Gemüsesticks oder Nüsse mit an den Arbeitsplatz nehmen.
- ✔ Egal wieviel Stress Sie haben, achten Sie darauf, ausreichend zu schlafen. Die meisten Menschen fühlen sich nach sieben bis acht Stunden ausreichend regeneriert. Im Schlaf verarbeitet der Körper die Geschehnisse des Tages und speichert Gelerntes ab. Außerdem wird dem Körper wieder wichtige Energie zugeführt, damit Sie sich am nächsten Morgen erfrischt den neuen Aufgaben stellen können.
- ✔ Viele Menschen haben in Stressphasen Schlafprobleme. Ihnen fällt es schwer einzuschlafen, weil sie mit ihren Gedanken nicht zur Ruhe kommen, oder sie liegen nachts wach, weil sie über die Probleme ihres Alltags nachdenken. Wenn Sie auch davon betroffen

sind, sollten Sie darauf achten, dass Sie rechtzeitig vorm Schlafengehen mental und körperlich zur Ruhe kommen. Legen Sie sich schon ins Bett und lesen ein Buch, das Sie in eine andere Gedankenwelt führt. Sie können sich auch geführte Meditationen oder Gedankenreisen anhören, die man übrigens zu Hauf frei verfügbar im Internet findet, um so Ihre Gedanken zur Ruhe bringen. Sie können auch Entspannungsmethoden wie das Autogene Training oder Meditation erlernen.

Verzichten Sie auch in Zeiten hoher Arbeitsbelastung nicht auf soziale Kontakte außerhalb der Arbeit. Um langfristig gesund und zufrieden zu sein, ist es wichtig, Freundschaften zu erhalten. Überlegen Sie es sich daher zweimal, ob Sie Treffen mit Freunden wegen der Arbeit absagen.

✔ Achten Sie darauf, regelmäßig Sport zu treiben. Der körperliche Ausgleich hilft Ihnen, dauerhaft die Anforderungen des Alltags zu bestehen und stärkt Ihre Abwehr. Bedenken Sie bei der Auswahl des Sports, dass er tatsächlich ein Ausgleich ist und nicht die gleichen Eigenschaften wie Ihr Job fordert. Wenn auch in Ihrem Sport hauptsächlich Ehrgeiz und Zielstrebigkeit gefordert sind, sollten Sie darüber nachdenken, zusätzlich eine Aktivität wie Wandern oder Yoga anzufangen. So stellen Sie sicher, dass Sie auch einen mentalen Ausgleich zum Job haben.

Teil IV
Der Top-Ten-Teil

Tipps und Insider-Informationen von Berufserfahrenen finden Sie auf www.fuer-dummies.de unter dem Stichwort Zusatzmaterial.

IN DIESEM TEIL ...

... finden Sie kurze Erläuterungen und nützliche Informationen rund um das Thema Bewerbung. Von der Stellensuche über die Erstellung der Unterlagen, dem Meistern der Auswahlverfahren bis hin zur Gehaltsverhandlung und schließlich dem Start in den neuen Job geben wir Ihnen Hinweise und Tipps und machen Sie auf mögliche Fallstricke aufmerksam. Auch für ausländische Studierende und Bewerber mit Kind haben wir Tipps zusammengestellt.

IN DIESEM KAPITEL

Hinweise für die Stellensuche im Internet

Tipps für weitere Quellen bei der Jobsuche

Der Versand der Bewerbung

Kapitel 13
Zehn Tipps für die Suche nach passenden Stellen

Eine besondere Herausforderung bei der Bewerbung ist es, die Stellenanzeigen zu finden, die zu den eigenen Erwartungen aber auch Fähigkeiten passen. Mit den folgenden Tipps möchten wir Sie dabei unterstützen.

Vielfalt der Internetstellenbörsen nutzen

Prüfen Sie, ob neben den allgemeinen und großen Internet-Stellenbörsen wie etwa Stepstone oder Monster auch kleine Portale für Ihr gewünschtes Tätigkeitsfeld interessant sein könnten. Es gibt Jobportale, die sich auf bestimmte Berufsfelder oder Branchen spezialisieren. Es kann daher sein, dass Ihr potenzieller Arbeitgeber gar nicht in einer allgemeinen Onlinebörse inseriert hat, sondern nur auf dem Spezialportal sein Angebot veröffentlicht.

Schüsselbegriffe sorgsam wählen

Überlegen Sie sich, welche Schlüsselbegriffe Sie bei der Suche im Internet eingeben müssen, um die passenden Stellen für sich zu finden. Es sollten Wörter sein, die Arbeitgeber in den Titeln ihrer Stellenanzeigen typischerweise benutzen. Sie können nach Jobbezeichnungen, wie Marketingreferent, suchen. Sie sollten aber auch Teilbereiche eines Fachgebiets, die für Sie interessant sind, in die Suchmaske eingeben. Für Marketing können das beispielsweise *Employer Branding* oder *Produktmanagement* sein.

E-Mail-Benachrichtigungen einrichten

Viele Online-Stellenbörsen bieten Interessenten die Möglichkeit, sich per E-Mail geeignete Stellenangebote automatisch an Ihre persönliche E-Mail-Adresse senden zu lassen. Nehmen Sie die Möglichkeit in Anspruch, um tagesaktuell über neue Stellenanzeigen informiert zu werden. Bei der Beauftragung der Benachrichtigung müssen Sie wiederum sicherstellen, dass alle für Sie relevanten Keywords von Ihnen eingegeben werden. So geht Ihnen kein in Frage kommender Job durch die Lappen!

Meta-Suchmaschinen nutzen

Neben den klassischen Internetstellenbörsen sollten Sie Meta-Suchmaschinen nutzen. Sie funktionieren wie eine Suchmaschine und durchforsten daher nicht nur viele Stellenbörsen, sondern auch Homepages nach passenden Stellenangeboten. Kleine Unternehmen platzieren Jobangebote, bevor sie eine teure Stellenanzeige in den gängigen Jobbörsen schalten, zunächst ausschließlich auf ihrer Karriere-Website. Die Suche über eine Meta-Suchmaschine ist sinnvoll, da Sie auf diesem Wege auch Stellen bei Arbeitgebern finden, bei denen Sie nicht aktiv auf der Karriereseite gesucht hätten.

Printmedien nicht außer Acht lassen

Print ist auch im Bereich der Jobsuche nicht tot. Daher sollten Sie prüfen, ob für Ihren Wunschbereich auch die Suche in Printmedien relevant ist. So gibt es zum Beispiel bestimmte Branchen, wie den Öffentlichen Dienst, in denen Positionen häufiger in Zeitungen oder Fachzeitschriften ausgeschrieben werden. Eine Anzeige in der Lokalzeitung ist besonders für regional verwurzelte Arbeitgeber interessant und kann eine gute Ergänzung zu einer Stellenanzeige im Internet darstellen.

Kommilitonen, Verwandte und Bekannte nach Empfehlungen fragen

Es ist immer sinnvoll, bei einer Bewerbung auf das persönliche Netzwerk zurückzugreifen. Insbesondere bei der Suche nach Praktika und Studentenjobs lohnt es sich, bei Kommilitonen höherer Fachsemester nachzufragen, welche Arbeitgeber empfehlenswert sind. Gerade, wenn Ihnen der Berufseinstieg schwerfällt, sollten Sie auch Verwandte und Bekannte ansprechen und sie bitten, sich umzuhören, welche Arbeitgeber Bewerber mit Ihrem Profil suchen könnten.

Personaler nicht unnötig nerven

Wenn Sie vor oder nach der Bewerbung inhaltliche Fragen haben, dürfen Sie natürlich bei dem Arbeitgeber anrufen und diese stellen. Nerven Sie die Personalverantwortlichen jedoch bitte nicht laufend mit Anrufen zum Stand Ihrer Bewerbung. Das Tempo des Verfahrens bestimmt der potenzielle Arbeitgeber und dies sollten Sie akzeptieren. Gerade in größeren Unternehmen sind die Abstimmungsprozesse aufwändig, sodass sich ein Bewerbungsverfahren nicht selten über mehrere Wochen bis Monate hinzieht.

Nicht wahllos auf mehrere Stellen beim gleichen Arbeitgeber bewerben

Bewerben Sie sich nicht ohne nachzudenken auf verschiedene Positionen bei dem gleichen Arbeitgeber, insbesondere wenn es sich um eine kleinere Firma handelt. Das macht Ihre Bewerbung beliebig, da die Ansprechpartner aus der Personalabteilung meist die gleichen sind. Anders verhält es sich jedoch, wenn Sie sich für ähnliche Positionen an mehreren Standorten oder bei unterschiedlichen Gesellschaften eines Großkonzerns bewerben.

Personaldienstleister nutzen

Gestaltet sich Ihr Berufseinstieg schwierig, sollten Sie mit Personaldienstleistern Kontakt aufnehmen. Ihnen reicht meist nur ein Lebenslauf und ein kurzes Kennenlerngespräch, bevor sie Ihr Profil möglichen Kundenunternehmen anbieten. Fangen Sie tatsächlich bei einer der angesprochenen Firmen an, erhält der Dienstleister von Ihrem neuen Arbeitgeber eine Vermittlungsprovision. Absolventen, die Schwierigkeiten bei der Jobsuche haben, sollten auch Zeitarbeit nicht ausschließen. Hierbei haben Sie bei einem Personaldienstleister einen Arbeitsvertrag und werden an ein Kundenunternehmen verliehen.

Initiativanrufe starten

Wenn Sie schon länger auf Jobsuche sind, sollten Sie initiativ bei Arbeitgebern anrufen, um zu erfragen, ob Ihr Profil interessant ist und eine Bewerbung sinnvoll ist. Rufen Sie jedoch nicht wahllos an, sondern informieren Sie sich über die Branche und Produkte beziehungsweise Dienstleistungen der Arbeitgeber. Denken Sie darüber nach, warum Sie genau dieser potenzielle Arbeitgeber interessiert und formulieren Sie das, wenn Sie in der Personalabteilung anrufen. So haben Sie nicht nur einen Gesprächseröffner, sondern präsentieren sich auch sofort als informierter Bewerber.

IN DIESEM KAPITEL

- No-Gos bei der Erstellung von Unterlagen
- Fehler beim Versand der Bewerbungsmappe
- Inhaltliche Tücken bei der Anfertigung der Unterlagen

Kapitel 14
Zehn Fehler bei der Erstellung Ihrer Bewerbungsunterlagen

Die Unterlagen, die Sie an Ihren potenziellen Arbeitgeber versenden, sind in der Regel der erste Eindruck, den er von Ihnen erhält. Grobe Patzer können dazu führen, dass Ihre Unterlagen sofort aussortiert werden und Sie keine Möglichkeit erhalten, sich persönlich vorzustellen.

E-Mail-Postfächer verstopfen

Ihre E-Mail-Bewerbung ist 10 MB groß, weil Sie auch noch das Praktikumszeugnis aus der 8. Klasse beigelegt haben? Achten Sie darauf, die E-Mail-Postfächer Ihrer potenziellen Arbeitgeber nicht mit Unterlagen zu verstopfen, die aus heutiger Sicht nicht mehr relevant sind. Abschlusszeugnisse beziehungsweise Notenübersichten sind wichtig wie auch Nachweise zu Praktika, Werkstudentenjobs und Auslandsaufenthalten. Bei weiteren Zeugnissen oder Zertifikaten, die Sie haben, sollten Sie überlegen, inwieweit sie für den Job, auf den Sie sich bewerben, wichtig sind. Eine Auswahl an Anlagen zu treffen ist immer besser als die Datei zu verkleinern und damit die Auflösung zu verringern, da das wenig lesefreundlich ist.

Unzählige E-Mail-Anhänge mailen

Sie fügen Ihrer E-Mail-Bewerbung immer zehn verschiedene Anhänge bei, damit sich der Personaler besonders lang mit Ihren Unterlagen beschäftigt? Auch das ist keine gute Idee. Viele Personalverantwortliche sind genervt, wenn sie mehr als ein Dokument im Anhang öffnen müssen, um die Unterlagen des Kandidaten anzusehen. Schließlich kostet das, wenn man viele derartige Bewerbungen erhält, unnötig viel Zeit. Fügen Sie sämtliche Bestandteile Ihrer Bewerbungsunterlagen zu einer einzigen Datei zusammen.

Word-Dateien versenden

Sie senden Word-Dateien als Bewerbung? Das wirkt unprofessionell und ist daher nicht ratsam. Word-Dateien können zum einen leicht verändert werden. Zum anderen ist dieses Programm an ein Betriebssystem gebunden. So kann es passieren, dass der Empfänger Ihrer Bewerbung Ihre Datei gar nicht öffnen kann, was natürlich ärgerlich wäre. Gängig und empfehlenswert ist es daher, PDF-Anhänge zu verschicken. Wandeln Sie Ihre Word-Dateien in ein PDF um. Im Internet gibt es kostenlose Programme, die Ihnen dabei helfen.

Online-Bewerbungsformulare unvollständig ausfüllen

Neben E-Mail-Bewerbungen sind Online-Bewerbungen gängig, insbesondere bei Großkonzernen. Eine Online-Bewerbung ist häufig sehr zeitaufwendig, da Sie teilweise sehr umfangreiche Online-Formulare ausfüllen müssen. Sie überlegen nun, das Bewerbungsformular Ihrer Onlinebewerbung unvollständig auszufüllen, um Zeit zu sparen? Das ist keine gute Idee. Einerseits könnte Ihnen das als mangelndes Interesse an der Bewerbung ausgelegt werden. Zum anderen könnte es sein, dass Sie dadurch bei Abfragen aus dem Bewerbungsprogramm nicht berücksichtigt werden und damit den Sprung ins Vorstellungsgespräch verpassen.

Die gewünschte Bewerbungsform ignorieren

Der Arbeitgeber will, dass Sie ein Online-Formular ausfüllen, aber Sie möchten lieber eine E-Mail-Bewerbung senden? Sie haben eine tolle Papierbewerbung erstellt, aber in der Ausschreibung wird eine E-Mail-Bewerbung verlangt? Die Wünsche des Arbeitgebers zu ignorieren ist für einen Bewerber unangemessen. Auch wenn das häufig zeitraubend ist, sollten Sie den Vorgaben nachkommen, da Sie so zeigen, dass Sie die für den Bewerbungsprozess vorgegebenen Regeln des Arbeitgebers akzeptieren. Meist wird in der Stellenanzeige die bevorzugte Bewerbungsform genannt. Sie können sich auch auf der Karriere-Website des Arbeitgebers darüber informieren.

Standardanschreiben versenden

Sie sind in einer aktiven Bewerbungsphase und sparen sich Zeit, indem Sie ein Standardanschreiben für alle Bewerbungen verwenden? Denken Sie zweimal darüber nach, ob das wirklich eine gute Idee ist. Mit einem individuellen Anschreiben, in dem Sie neben Ihrer Eignung auch die konkrete Motivation für die ausgeschriebene Stelle und den potenziellen Arbeitgeber beschreiben, werden Sie die Personalentscheider eher von sich überzeugen als mit Allgemeinplätzen. Nehmen Sie sich daher Zeit, die Stellenanzeige und die Homepage genau zu lesen, um ein persönliches Motivationsschreiben erstellen zu können.

Unprofessionelle Fotos versenden

Grundsätzlich muss man wegen des Allgemeinen Gleichbehandlungsgesetzes schon seit über zehn Jahren den Bewerbungsunterlagen kein Foto mehr beifügen. Auch darf kein Arbeitgeber ein Bild von Ihnen verlangen. So die Theorie. In der Praxis legen gefühlte 95 Prozent der Bewerber Ihren Unterlagen ein Bild bei. Wenn Sie sich auch dafür entscheiden, sollten Sie auf keinen Fall ein unprofessionell erstelltes Freizeitfoto oder ein biometrisches Passfoto als Bewerbungsbild nutzen. Investieren Sie Zeit und Geld, um ein kleines Foto Shooting bei einem professionellen Fotografen zu machen, der auf eine moderne Bildsprache achtet.

Schlampige Bewerbungen einreichen

Ihre Papierbewerbung riecht nach Rauch und Sie haben eine billige Bewerbungsmappe aus Plastik verwendet? Gerade auch bei einer Bewerbungsmappe ist der erste Eindruck entscheidend. Als Raucher sollten Sie darauf achten, dass Sie Ihr Papier nicht in Räumen lagern, in denen geraucht wird. Bei dem Kauf der Bewerbungsmappen sollten Sie in höherwertige aus festem Karton investieren. Sie haben sich überlegt, in Ihren E-Mail-Text oder in Ihr Anschreiben Smileys einzufügen, um zu zeigen, dass Sie ein lockerer Typ sind? Achten Sie darauf, dass Sie Ihre Bewerbungsunterlagen professionell gestalten. Schließlich handelt es sich um ein Schriftstück im beruflichen Zusammenhang und nicht um eine informelle Nachricht an Freunde.

Rechtschreibfehler machen

Nichts ist unschöner als wenn Sie viele Rechtschreibfehler in Ihren Unterlagen haben. Das wirkt unprofessionell und nachlässig und der Leser könnte den Eindruck gewinnen, dass Ihnen die Bewerbung nicht wichtig ist. Eine große Hilfe ist die Rechtschreibkorrektur der Textverarbeitungsprogramme. Doch passen Sie auf, es können sich trotzdem Fehler einschleichen. Gerade über die Autokorrektur kann das leicht passieren. Lassen Sie daher am besten alle Schriftstücke von jemandem mit guten Rechtschreibkenntnissen Korrektur lesen.

Fehler bei Namen von Personen oder Arbeitgebern machen

Besonderes Augenmerk sollten Sie auf Namen von Ansprechpartnern und Arbeitgebern legen. Wenn man viele Bewerbungen gleichzeitig schreibt, passiert es leicht, dass man Namen und Bezeichnungen vertauscht. Derartige Fehler sind jedoch sehr unschön, da sie Ihre Bewerbung beliebig wirken lassen. In manchen Personalabteilungen kann dies schon ein k. o.-Kriterium bei der Vorauswahl sein. Achten Sie daher beim Korrekturlesen auch auf das Adressfeld und die Anrede.

IN DIESEM KAPITEL

Grobe Patzer bei der Darstellung der eigenen Person

Mangelnde Darstellung Ihrer Motivation

No-Gos bei der Beantwortung typischer Interviewfragen

Kapitel 15
Die zehn größten Fehler rund um das Vorstellungsgespräch

Wenn Ihre Unterlagen überzeugt haben, steht bei den meisten Arbeitgebern ein persönliches Vorstellungsgespräch als nächster Schritt an. Aber auch hier können Sie sich mit fehlender Vorbereitung schnell ins Aus schießen.

Divenhaftes Verhalten bei der Terminfindung

Seien Sie nicht zu divenhaft bei der Terminfindung für ein Interview. Wenn Sie als Student beziehungsweise Absolvent auch den zweiten Terminvorschlag des Arbeitgebers ausschlagen, könnte das als mangelndes Interesse ausgelegt werden oder Sie als komplizierte Persönlichkeit erscheinen lassen. Wenn Sie tatsächlich stark eingebunden sind, etwa in einen Nebenjob, sollten Sie das den Personalern, die mit Ihnen die Terminabstimmung vornehmen, genau erläutern. In der Regel gehen Arbeitgeber davon aus, dass Studenten und Absolventen im Vergleich zu Berufstätigen sehr flexibel sind.

Sich nicht mit Tätigkeit, Anforderungen und dem Arbeitgeber auseinandergesetzt haben

Sie sitzen im Vorstellungsgespräch, wissen aber nicht genau, auf welche Position Sie sich beworben haben und kennen auch die Anforderungen und Tätigkeiten der Stelle nicht wirklich? Auf die Frage, ob Sie sich auf der Homepage über den Arbeitgeber informiert haben, schütteln

Sie ratlos mit dem Kopf? Wenn Sie sich nicht detailliert mit der ausgeschriebenen Position und dem potenziellen Arbeitgeber auseinandergesetzt haben, ist das fatal, weil Sie mit hoher Wahrscheinlichkeit die Chance auf ein Vertragsangebot verspielt haben.

Sich unzureichend selbst vorstellen

Ihre Selbstpräsentation ist keine zwei Minuten lang und beschränkt sich auf das Runterrasseln der Eckdaten aus Ihrem Lebenslauf? Nehmen Sie sich lieber Zeit, ausführlich über alle für die Stelle relevanten Stationen Ihres Lebens zu berichten. Natürlich sollten Sie auch nicht ins andere Extrem verfallen und Ihre Selbstpräsentation mit Ihrer Einschulung beginnen und – wenn Sie in der Zwischenzeit nicht schon unterbrochen wurden – nach 60 Minuten mit der ausführlichen Beschreibung Ihres Lieblingshobbys beenden.

Scheinschwächen erwähnen

Auf die Frage nach Ihren Schwächen entgegnen Sie »Ich bin zu perfekt.«. Wenn Sie Ihre Lernfelder im Bewerbungsverfahren erläutern sollen, erwähnen Sie weder Perfektionismus, Ungeduld noch die Unfähigkeit, nein zu sagen. Mit diesen Scheinschwächen werden Personaler täglich gelangweilt. Auch ein entschiedenes »Habe ich nicht!« ist fehl am Platz, wenn Ihre Interviewpartner nach Ihren persönlichen Entwicklungsfeldern fragen. Gehen Sie stattdessen auf eine echte Schwäche ein, die sich jedoch nicht gravierend auf die erfolgreiche Ausübung Ihres Wunschjobs auswirken wird und an deren Beseitigung Sie bereits aktiv arbeiten. Jede Person hat andere Schwächen. Vielleicht sprechen Sie nicht gern vor großen Gruppen und wollen an Ihren Präsentationstechniken feilen und Ihr Lampenfieber besiegen? Eventuell war es in Ihrem Praktikum eine besondere Herausforderung, Ihren wissenschaftlichen Anspruch bei Projektaufgaben abzulegen und stattdessen eine pragmatische, schnelle Lösung für den Arbeitgeber zu erarbeiten? Vielleicht haben Sie aber auch erkannt, dass Sie Ihr Licht zu häufig unter den Scheffel stellen und möchten an Ihrem Selbstmarketing arbeiten, damit Ihr Umfeld noch besser sieht, was in Ihnen steckt.

Die Motivation für die Bewerbung nicht erläutern können

Im Interview fragen Ihre Gesprächspartner, warum Sie die ausgeschriebene Stelle interessiert und der Arbeitgeber für Sie attraktiv ist, aber Sie haben darauf keine Antworten? Natürlich wissen die Personalentscheider, dass gerade Kandidaten, die gezielt auf der Suche sind, mehrere Bewerbungen abschicken. Aber trotzdem ist es wichtig, dass Sie in jedem Vorstellungsgespräch schlüssige Argumente vorbringen. Vielleicht interessiert Sie die Stelle aufgrund der Vielfalt der Aufgaben oder weil Sie den Bereich bereits durch Studienschwerpunkte oder Praktika kennengelernt haben. Der Arbeitgeber könnte für Sie zum Beispiel spannend sein aufgrund der Größe, des Geschäftsfelds oder der internationalen Ausrichtung.

Berufliche Ziele nicht kennen

Sie sitzen im Vorstellungsgespräch und haben keine Ahnung, welche beruflichen Ziele Sie in den nächsten Jahren verfolgen möchten? Ein gesundes Maß an Zielstrebigkeit und Blickrichtung in die Zukunft wird auch von jungen Bewerbern erwartet. Überlegen Sie daher genau, wo Sie sich in fünf beziehungsweise zehn Jahren sehen. Verstehen Sie sich beispielsweise als Experte, möchten Sie später Projekte leiten oder streben Sie eine Führungsposition an? Wie auch immer Sie sich beruflich verwirklichen möchten, Sie sollten es genau erläutern können.

Anderen die Schuld für Misserfolge und schlechte Erfahrungen geben

Angesprochen auf schlechte Noten betonen Sie, dass die Professoren beziehungsweise Lehrer schuld waren? Wenn Sie eher mäßige Leistungen im Studium haben beziehungsweise hatten, machen Sie auf keinen Fall Ihre Professoren oder die Studienorganisation dafür verantwortlich. Sonst könnten die Personalentscheider denken, dass Sie Fehler eher bei anderen als bei sich selbst suchen. Sprechen Sie auch nicht schlecht über vorherige Arbeitgeber. Das wirkt unprofessionell und kann den Eindruck erwecken, dass Sie schwer zufriedenzustellen sind.

Sprachkenntnisse unrealistisch einschätzen

Im Lebenslauf haben Sie fließende Englischkenntnisse vermerkt, aber wenn die Interviewer ins Englische wechseln, verstehen Sie nur noch Bahnhof? Viele Interviewer testen das Sprachtalent ihrer Bewerber im Vorstellungsgespräch und werden enttäuscht sein, wenn das tatsächliche Niveau deutlich von den Angaben in den Unterlagen abweicht. Außerdem hinterlassen Bewerber, die ein falsches Selbstbild haben, grundsätzlich einen schlechten Eindruck. Seien Sie also unbedingt realistisch mit der Einschätzung Ihrer Fremdsprachenkenntnisse.

Rahmenbedingungen zu früh erfragen und naheliegende Fragen stellen

Ein wichtiger Teil eines jeden Vorstellungsgespräches sind die Fragen, die Sie als Bewerber stellen. Sie haben vor, als Erstes nach den Arbeitszeiten und der Anzahl der Urlaubstage zu fragen? Zu früh nach den Rahmenbedingungen zu fragen, ist keine gute Idee, da Sie sich speziell im Erstgespräch als inhaltsorientierter, hochmotivierter Bewerber präsentieren sollten. Stellen Sie auch keine naheliegenden Fragen im Gespräch mit den Personalentscheidern! Wenn Sie etwa nach der Mitarbeiterzahl und den Standorten des Arbeitgebers fragen und das auf der Homepage zu lesen ist, entlarven Sie sich als schlecht vorbereiteter Bewerber.

Absagen nicht akzeptieren

Auch folgendes Szenario wirkt wenig vorteilhaft: Nachdem Sie eine Absage erhalten haben, fangen Sie mit dem Personalverantwortlichen eine Diskussion über die Gründe an und legen nochmals dar, warum Sie doch eigentlich perfekt auf die Stelle passen. Natürlich sollten Sie nach Feedback fragen. Aber nehmen Sie alle Rückmeldungen zur Kenntnis und gehen Sie kommunikativ nicht in die Gegenwehr. An der Absage wird nichts mehr zu rütteln sein und Sie sollten mit erhobenem Haupt den Bewerbungsprozess beenden und die getroffene Entscheidung akzeptieren.

IN DIESEM KAPITEL

- Wie viel Sie von sich preisgeben sollten
- Verbotene Fragen kennen
- Antwortstrategien ausloten

Kapitel 16
Zehn Fragen, auf die Sie im Vorstellungsgespräch nicht wahrheitsgemäß antworten müssen

Im Vorstellungsgespräch dürfen Ihnen nur Fragen gestellt werden, die relevant für den jeweiligen Job sind. Deshalb gibt es laut der deutschen Rechtsprechung ein Recht zur Lüge, wenn sich Firmenvertreter nicht daran halten.

Gewerkschaftliche Aktivitäten und Betriebsrat

»Haben Sie vor, für den Betriebsrat zu kandidieren?« oder »Sind Sie Gewerkschaftsmitglied?« Es kann vorkommen, dass Interviewer derartige Fragen stellen, obwohl sie unzulässig sind. Manche Arbeitgeber sehen es kritisch, wenn sich Mitarbeiter organisieren und sich für die Rechte von Arbeitnehmern einsetzen. Daher genießen Betriebsratsmitglieder einen Sonderkündigungsschutz. Gerade wenn ein Unternehmen noch keinen Betriebsrat hat, möchte die Unternehmensleitung in der Regel nicht, dass sich das ändert.

Status als Mensch mit Schwerbehinderung

»Haben Sie einen Schwerbehindertenausweis?« Das ist eine im Vorstellungsgespräch unzulässige Frage, da gemäß dem seit 2006 geltenden Allgemeinen Gleichbehandlungsgesetz niemand wegen seiner Behinderung diskriminiert werden darf. Insofern müssen Sie die Frage nicht beantworten beziehungsweise dürften die Unwahrheit sagen. Wenn Interviewer das Thema Schwerbehinderung thematisieren, haben sie im Hinterkopf, dass auch diese Mitarbeitergruppe einen Sonderkündigungsschutz genießt.

Aktueller Beziehungsstatus

Bewerber müssen sich in Vorstellungsgesprächen manchmal folgende Frage gefallen lassen: »Haben Sie einen festen Partner?« Bei Kandidaten, die für den ausgeschriebenen Job umziehen müssten, wollen Interviewer so herausfinden, ob hauptsächlich private Gründe für die Bewerbung vorliegen und das Interesse an der Aufgabe und dem Arbeitgeber möglicherweise zweitrangig ist. Den Beziehungsstatus zu erfragen, ist jedoch verboten, da diese Information nicht dazu dient zu überprüfen, ob ein Bewerber den ausgeschriebenen Job gut meistern kann.

Geplante Familiengründung

Eine weitere verbotene Frage ist: »Wollen Sie eine Familie gründen?« Interviewer möchten so herausfinden, ob der Kandidat längere Zeit ohne Unterbrechung arbeiten könnte und somit die Personalplanung nicht verkompliziert. Wenn Mitarbeiter für die Kindererziehung ihr Arbeitsverhältnis ruhen lassen, muss sich der Arbeitgeber schließlich um Ersatz bemühen, was in der Regel zeit- und kostenintensiv ist. Außerdem haben Elternzeitler und werdende Mütter einen Sonderkündigungsschutz. Die Antwort auf die Frage nach den Nachwuchsplänen ist jedoch nicht relevant für den eigentlichen Job und deswegen dürften Sie als Bewerber lügen. Gerade wenn Frauen so etwas gefragt werden, ist das ein Indiz auf Diskriminierung wegen des Geschlechts, was laut Allgemeinem Gleichbehandlungsgesetz unzulässig ist.

Mitgliedschaft in einer Partei und Religionszugehörigkeit

Die Fragen »Sind Sie Mitglied einer Partei?« und »Praktizieren Sie aktiv eine Religion?« sind in der Regel verboten. Laut Allgemeinem Gleichbehandlungsgesetz darf niemand wegen seiner Weltanschauung oder Religion diskriminiert werden. Ausnahmsweise dürfen derartige Fragen jedoch gestellt werden, wenn Sie sich um einen Job bei einer Partei beziehungsweise einer kirchlichen Vereinigung bewerben. Denn um sich als Mitarbeiter mit diesen sogenannten Tendenzbetrieben identifizieren zu können, sollte man idealerweise Mitglied in der jeweiligen Partei oder Kirche sein.

Persönliche Informationen zu Partner und Familie

»Was macht Ihr Partner beruflich?« und »Welchen Beruf haben Ihre Eltern?« Fragen zu persönlichen Informationen rund um die Familie oder den Partner werden Bewerbern häufig gestellt, obwohl sie unzulässig sind, da die Antworten nicht vordergründig die Eignung eines Bewerbers aufzeigen. Hintergrund dieser Fragestellungen kann sein, dass Interviewer das soziale Umfeld des Bewerbers in Erfahrung bringen möchten oder herausfinden wollen, ob der Kandidat durch sein persönliches Umfeld schon einen Bezug zur angestrebten Tätigkeit hat.

Informationen zu Gehältern bei anderen Arbeitgebern

»Wieviel haben Sie zuletzt verdient?« oder »Welches Jahresgehalt haben Ihnen andere Arbeitgeber angeboten?« Diese Fragen werden gerne von Interviewern gestellt, um einen Eindruck vom Marktwert des Bewerbers zu erhalten. Somit haben die Personalverantwortlichen einen Richtwert, wie gut ihr Vertragsangebot sein muss, damit es für Sie in Frage kommt. Wie Sie auf derartige Fragen antworten, entscheiden Sie persönlich, da auch diese Fragen in einem Vorstellungsgespräch eigentlich unzulässig sind.

Pflegebedürftigkeit von Familienmitgliedern

Auch folgende Frage ist verboten: »Sind Ihre Eltern oder Verwandte pflegebedürftig?« Vor dem Hintergrund des seit 2008 bestehenden Gesetzes über die Pflegezeit ist dieses Thema bei Arbeitgebern präsent. So hat man ein Recht, kurzfristig zehn Tage von der Arbeit freigestellt zu werden für die akute Pflege naher Verwandter. Eine umfassende Pflegezeit ist bis zu sechs Monate möglich. Zwar muss der Arbeitgeber während der Freistellung keinen Lohn zahlen, jedoch muss er die fehlende Arbeitsleistung des betreffenden Mitarbeiters durch Kollegen auffangen oder beispielsweise auf Zeitarbeitnehmer übertragen. Darüber hinaus gibt es noch das seit 2012 bestehende Familienpflegezeitgesetz, das Teilzeitarbeit für Pflegende unterstützen möchte.

Informationen zu Krankheitstagen

»Wie oft waren Sie im letzten Jahr krank?« Diese Frage ist ebenfalls nicht zulässig in Vorstellungsgesprächen. Das Entgeltfortzahlungsgesetz ist eine der großen Errungenschaften der sozialen Marktwirtschaft in Deutschland. Wenn ein Arbeitnehmer mindestens vier Wochen bei einem Arbeitgeber beschäftigt ist und unverschuldet krank wird, hat er in der Regel für bis zu sechs Wochen einen Anspruch auf Entgeltfortzahlung. Natürlich entstehen dem Arbeitgeber dadurch hohe Kosten und er hat Interesse an Mitarbeitern, die sich einer besonders guten Gesundheit erfreuen.

Details zur Bewerbungsstrategie

»Bewerben Sie sich auch bei den Konkurrenten unserer Firma?« Häufig möchten Interviewer detailliert herausfinden, welche Bewerbungsstrategie ein Kandidat verfolgt und wie stark er sich für das Geschäftsfeld interessiert. So will man herausfinden, wie fokussiert ein Kandidat mit seinen Bewerbungen ist. Die Antwort auf die Frage nach Bewerbungen bei der Konkurrenz ist aber nicht wichtig für Entscheidung, ob ein Kandidat einen Job gut machen kann oder nicht und damit streng genommen ebenfalls unzulässig.

IN DIESEM KAPITEL

Mögliche Fragebereiche

Sich als aufgabenorientierter Bewerber präsentieren

Das Interesse am Arbeitgeber vermitteln

Kapitel 17
Zehn Fragen, die Bewerber stellen können

Ein wichtiger Bestandteil eines Vorstellungsgesprächs sind die Fragen des Bewerbers. Wer hier verstummt, dem wird möglicherweise unterstellt, dass er kein besonders großes Interesse an der Stelle und dem Arbeitgeber hat.

Teamaufbau erfragen

»Wie ist die Teamstruktur?« Mit dieser inhaltlichen Frage zeigen Sie, dass Sie die Rahmenbedingungen Ihrer zukünftigen Position besser kennenlernen möchten. Berufseinsteigern hilft es meist, wenn Ihnen ein erfahrener Kollege mit dem gleichen beziehungsweise ähnlichem Aufgabengebiet zur Seite gestellt wird. Sind Sie dagegen der einzige Spezialist für Ihr Fachgebiet im Team, wird mit hoher Wahrscheinlichkeit nur der Vorgesetzte die Einarbeitung leisten können.

Führungsstil beschreiben lassen

»Wie lässt sich der Führungsstil meines möglichen Vorgesetzten beschreiben?« Vielleicht haben Sie schon in Nebenjobs und Praktika erfahren, dass Chefs ganz unterschiedlich ticken. Die einen werfen ihre Mitarbeiter ins kalte Wasser, andere sind Kontrollfreaks und möchten täglich mit ihren Teammitgliedern Rücksprache halten. Beim Direkteinstieg werden Sie mit hoher Wahrscheinlichkeit im Bewerbungsprozess Ihren potenziellen Vorgesetzten kennenlernen, also nutzen Sie die Chance, ihn auf sein Führungsverhalten anzusprechen.

Einblick in die Kultur des Arbeitgebers erhalten

»Was zeichnet Ihrer Meinung nach die Unternehmenskultur Ihrer Firma aus?« Mit dieser Frage kommen Sie den allgemeinen Gepflogenheiten bei Ihrem zukünftigen Arbeitgeber und den Werten auf die Spur. Wird zum Beispiel eine »Duz-Kultur« gepflegt? Ist es üblich, dass die Teams regelmäßig abends zusammen etwas trinken gehen? Oder nutzt der Arbeitgeber agile Methoden der Zusammenarbeit? Was immer die Interviewpartner auf die Frage antworten, lassen Sie es auf sich wirken und hinterfragen Sie, ob Sie persönlich sich in der beschriebenen Kultur wohlfühlen würden.

Erwartungen an sich erfassen

»Welche besonderen Erwartungen haben Sie an den neuen Stelleninhaber?« Mit dieser Frage finden Sie heraus, was von Ihnen in der neuen Position erwartet werden würde. So können Sie prüfen, inwieweit Sie den Anforderungen entsprechen möchten, aber natürlich auch können. Manchmal sind die Erwartungen von Arbeitgebern unrealistisch. So werden im Vertrieb Umsatzziele vorgegeben, die von Berufseinsteigern nicht erreicht werden können. Oder die Fülle der Aufgaben ist so groß, dass das gar nicht von nur einer Person geschafft werden kann.

Grund der Stellenbesetzung erfragen

»Wird die Stelle neu geschaffen oder handelt es sich um eine Nachbesetzung?« Das ist eine spannende Frage. Wenn die Position neu ist, sollten Sie genau prüfen, ob das Aufgabengebiet klar definiert ist. Wird die Stelle nachbesetzt, sollten Sie vorsichtig nach den Gründen fragen. Sofern die Interviewpartner dann beschämt ausweichen, sollte Ihnen klar werden, dass etwas vorgefallen ist und der Vorgänger wohl im Streit die Firma verlassen hat oder gekündigt wurde.

Möglichkeiten der Personalentwicklung ausloten

»Welchen Stellenwert hat die Personalentwicklung bei Ihnen?« Mit dieser Frage finden Sie heraus, wie wichtig Fort- und Weiterbildung und Talentförderung bei Ihrem potenziellen Arbeitgeber sind. Gerade engagierte Absolventen möchten, dass der Arbeitgeber ihnen bei der fachlichen und persönlichen Weiterentwicklung behilflich ist und damit den Boden für eine mehrjährige Zusammenarbeit ebnet.

Verantwortung der Firma für die Gesellschaft erfragen

»Engagiert sich Ihre Firma im sozialen Bereich oder für die Umwelt?« Immer mehr Unternehmen übernehmen Verantwortung und stellen dafür nicht nur Gelder zur Verfügung, sondern lassen auch ihre Beschäftigten in sozialen Einrichtungen mitarbeiten. Fragen Sie daher nach, ob auch Ihr potenzieller Arbeitgeber Projekte hat, in denen er sich engagiert, und inwiefern Sie als neuer Arbeitnehmer die Möglichkeit hätten, daran mitzuwirken.

Herausforderungen der Firma verstehen

»Welchen besonderen Herausforderungen steht die Firma in den nächsten Jahren gegenüber?« Mit dieser allgemeinen Frage finden Sie heraus, welche großen Aufgaben das Unternehmen angehen muss. Sie kommen damit der Zukunftsfähigkeit der Firma auf die Spur. Handelt es sich zum Beispiel um ein Unternehmen, das in punkto Digitalisierung noch nicht seine Hausaufgaben gemacht hat? Oder befindet sich die Firma in einem schrumpfenden Markt und muss daher große Anstrengungen unternehmen, um Marktanteile zu halten?

Wachstumsziele des Unternehmens in Erfahrung bringen

»Hat das Unternehmen bestimmte Wachstums- und Expansionsziele?« Wenn Sie nach dem geplantem Wachstum beziehungsweise angedachten Expansionen fragen, finden Sie heraus, welche Ambitionen und welche Philosophie dieser Arbeitgeber hat. Handelt es sich zum Beispiel um eine Firma, die überdurchschnittlich schnell wachsen will und hierfür auch Unternehmen zukauft? Oder bewerben Sie sich bei einem Unternehmen, das mit Bedacht und Vorsicht eine vergleichsweise moderate Erweiterung anstrebt?

Branche und Konkurrenten besser kennenlernen

»Wer sind die Hauptkonkurrenten Ihrer Firma?« Eine weitere Möglichkeit, Ihren potenziellen Arbeitgeber genauer kennenzulernen, ist, sich den Markt genauer erläutern zu lassen. Mithilfe von Fragen zur Branche und der Konkurrenzsituation erhalten Sie einen Einblick in das Umfeld, in dem Ihr potenzieller Arbeitgeber angesiedelt ist. Ist die Firma zum Beispiel einer der großen Player in ihrem Markt oder ein neuer Marktteilnehmer, der erst dabei ist, sich wertvolle Marktanteile zu sichern?

IN DIESEM KAPITEL

Hinweise für die Vorbereitung auf Gruppenauswahlverfahren

Tipps für die Durchführung von Assessment-Centern

Verhaltenstipps während des Auswahltags

Kapitel 18
Zehn Tipps, um ein Assessment Center erfolgreich zu bestehen

Wenn Sie sich für ein Traineeprogramm interessieren, führt in der Regel kein Weg an einem Assessment Center vorbei. Aber auch für den Direkteinstieg nehmen sich manche Firmen Zeit, um die Bewerber mit einem Gruppenauswahlverfahren zu prüfen.

Sich über den Arbeitgeber informieren

Wie beim klassischen Vorstellungsgespräch sollten Sie sich auch wenn ein Assessment Center ansteht im Detail über den Arbeitgeber informieren. Bestenfalls wissen Sie genau, welchen Herausforderungen er gegenübersteht. Schließlich kann es sein, dass für den Arbeitgeber relevante Themen für eine Fallaufgabe oder eine Gruppendiskussion genutzt werden. Auch die Werte des Arbeitgebers sollten Sie kennen und verinnerlichen. Schließlich werden die Beobachter analysieren, ob Sie ihnen entsprechen.

Mit dem Thema Personalführung auseinandersetzen

Wenn Sie sich für ein Führungskräftenachwuchsprogramm bewerben, sollten Sie sich vorab intensiv mit dem Thema Personalführung auseinandergesetzt haben. Überlegen Sie, welche Art von Führungsverständnis Sie haben und wie Ihr Führungsverhalten später aussehen könnte. Werden Sie zum Beispiel grundsätzlich kooperativ führen und Ihr Führungsverhalten an Situationen anpassen und individuell auf den Hintergrund und die Fähigkeiten jedes einzelnen Mitarbeiters eingehen? Beschreiben Sie so gut wie möglich, was Sie sich überlegt haben.

Die Selbstpräsentation vorbereiten

Bereiten Sie Ihre Selbstpräsentation so vor, dass Sie hinsichtlich der Fragestellung flexibel sind. Typisch ist, dass Sie sich entweder allgemein vorstellen oder beschreiben sollen, warum Sie genau der Richtige für die Position sind. Stellen Sie sich auch auf unterschiedliche Zeitvorgaben ein und bereiten dementsprechend am besten Längen von drei, fünf und zehn Minuten vor. Überlegen Sie sich außerdem, welche Medien Sie wie einsetzen könnten. Üblicherweise werden hier Flipchart und Moderationstafel eingesetzt.

Aktuelle Themen aus dem Zeitgeschehen kennen

Idealerweise sollten Sie sich über aktuelle gesellschaftliche Themen informieren und sich jeweils Ihre persönliche Meinung bilden. Wenn Sie das nicht schon tun, sollten Sie spätestens bei der Einladung zum Assessment Center hier aktiv werden. So können Sie gut für mögliche Gruppendiskussionen vorarbeiten, da hier häufig aktuell von den Medien aufgegriffene Themen genutzt werden. Außerdem rüsten Sie sich durch ein gutes Wissen zum Zeitgeschehen auch für Kurzvorträge mit vorgegebenen Themen.

Wissenstests zu Hause üben

Beliebt sind bei größeren Firmen Leistungstests, die ewa Logik, mathematisches Verständnis oder räumliches Vorstellungsvermögen abfragen. Darauf können Sie sich gut vorbereiten. Machen Sie also zu Hause Wissenstests, die Sie im Internet oder in Büchern finden, damit Sie mögliche Fragetypen schon vor dem Assessment Center kennenlernen und sich so schneller in neue, aber ähnliche Aufgaben hineinversetzen können. Da die Firmen dabei häufig Zeitlimits setzen, sollten auch Sie zu Hause auf Zeit trainieren.

Persönlichkeitstests ehrlich beantworten

Immer beliebter werden Persönlichkeitstests als Auswahlinstrument. Häufig werden sie elektronisch durchgeführt. Beantworten Sie jeden Persönlichkeitstest ehrlich. Ihre potenziellen Arbeitgeber werden die Tests in der Regel von Firmen erstellen lassen, die sich auf dieses Geschäftsfeld spezialisiert haben. Der Test wird von Psychologen erarbeitet, die mit vielen Kontrollfragen und Abgleichen zur inhaltlichen Logik diejenigen Kandidaten entlarven, die den Test nicht ehrlich beantworten.

Sich nie unbeobachtet fühlen

Bedenken Sie, dass Sie während des gesamten Assessment Centers immer unter Beobachtung stehen. Machen Sie sich bewusst, dass Sie auch beim Essen und in kleineren Pausen von den Beobachtern unter die Lupe genommen werden. Sie werden durchgängig Ihre sozialen und persönlichen Kompetenzen auf Passgenauigkeit für den Arbeitgeber und die Stelle prüfen. Schließlich ist nicht nur der offizielle Teil des Auswahlverfahrens, sondern auch der informelle wichtig, um eine Person genauer kennenzulernen.

Konkurrenten respektvoll behandeln

Als Kandidat ist es Ihr oberstes Ziel, sich im Assessment Center so zu präsentieren, dass Sie den Job bekommen. Neben einem gekonnten Selbstmarketing ist für den Erfolg auch entscheidend, dass Sie den Beobachtern die Fähigkeit zeigen, mit anderen sachorientiert und respektvoll zu kommunizieren und bei Problemen gemeinsam zielführende Lösungen zu erarbeiten. Achten Sie daher im Kontakt mit Mitbewerbern immer auf einen wertschätzenden Umgang untereinander, auch wenn alle Teilnehmer Konkurrenten sind.

Authentisch sein

Sowohl den Organisatoren eines Assessment Centers als auch Beobachtern ist klar, dass es sich um eine künstlich hergestellte Situation handelt. Jeder hat auch Verständnis, dass Sie als Bewerber aufgeregt sind. Bei all diesen herausfordernden Rahmenbedingungen ist es jedoch wichtig, dass Sie keine Rolle spielen, sondern während des gesamten Gruppenauswahlverfahrens authentisch sind. Die in der Regel erfahrenen Beobachter würden es mit hoher Wahrscheinlichkeit merken, wenn Sie versuchen, jemand anderes zu sein, als Sie tatsächlich sind.

Die eigene Passung auf die Stelle aktiv prüfen

Nicht nur die Personalentscheider wählen aus, sondern auch Sie als Kandidat sollten genau prüfen, ob der potenzielle Arbeitgeber mit seinen Wertevorstellungen, Anforderungen und Möglichkeiten zu Ihnen und Ihren beruflichen Zielen passt. Nutzen Sie daher die Arbeitgebervorstellung und die Pausen, um den Personalverantwortlichen Fragen zu stellen. So können Sie sich ein noch genaueres Bild von Ihrem potenziellen Arbeitgeber machen. Als positiven Nebeneffekt präsentieren Sie sich als besonders interessierter Bewerber und sammeln damit zusätzliche Pluspunkte bei den Beobachtern.

IN DIESEM KAPITEL

Fehler bei der Vorbereitung auf das Gehaltsgespräch

Patzer bei der Angabe der Gehaltsvorstellung

Tipps für die Gehaltsverhandlung

Kapitel 19
Die zehn größten Fehler bei der Gehaltsverhandlung

Für die meisten Bewerber ist die Gehaltsverhandlung die größte Hürde im Bewerbungsprozess. Die gute Vorbereitung und Recherche ist hier ganz wichtig. Aber auch der souveräne Umgang mit dem Thema Gehalt ist entscheidend für den Erfolg.

Eine Antwort verweigern

Wenn die Gehaltsfrage gestellt wird, blicken Sie beschämt nach unten und stammeln »Für mich zählen nur die Aufgaben.« Das ist wie eine verweigerte Antwort und kommt daher nicht gut an bei Ihren Gesprächspartnern. Auch wenn die Arbeitgeber eine Vorstellung davon haben, was sie zahlen können und wollen, möchten sie einen Bewerber erleben, der seinen eigenen Marktwert einschätzen kann. Natürlich können Sie, wenn Sie verhandlungsbereit sind und den Job unbedingt haben wollen, Ihrer konkreten Gehaltsangabe hinzufügen, dass Geld für Sie nicht alles ist und Sie hauptsächlich an den Jobinhalten interessiert sind.

Eine Gegenfrage stellen

Sie antworten auf die Frage nach Ihrer Gehaltsvorstellung mit der Gegenfrage »Was zahlen Sie denn?« Auch mit diesem Kommunikationsverhalten verweigern Sie eine Antwort. Hinzu kommt, dass eine Gegenfrage von Interviewern schnell als dreist und frech empfunden werden kann. Somit laufen Sie Gefahr, dass die Stimmung im Gespräch schnell kippt und Ihnen kein Vertragsangebot gemacht wird. Daher ist auch dies keine angemessene Reaktion auf die Gehaltsfrage.

Netto-Angaben machen

Sie geben Ihren Gehaltswunsch in »netto« statt »brutto« pro Jahr an? Diese Vorgehensweise entlarvt Sie schnell als recht unprofessionellen Bewerber. Natürlich wissen auch Ihre potenziellen Arbeitgeber, dass einem Arbeitnehmer der Betrag am wichtigsten ist, der »unterm Strich« übrig bleibt. Der konkrete Umfang der Abzüge hängt jedoch von beispielsweise der Steuerklasse und der Art der Krankenversicherung ab. Diese Informationen hat der Arbeitgeber im Vorstellungsgespräch nicht, sodass er Ihnen zu diesem Zeitpunkt keine Aussage zum Nettolohn machen kann. Daher ist es nur sinnvoll, im Rahmen einer Gehaltsverhandlung über Bruttogehälter zu sprechen.

Eine ungerade Zahl nennen

Sie runden Ihren Bruttojahresgehaltswunsch nicht auf volle Tausend auf, sondern geben eine ungerade Zahl an? Wenn Sie das machen, zeigen Sie Ihren Gesprächspartnern sofort, dass Sie ziemlich unerfahren in der Gehaltsverhandlung sind. Vielleicht ernten Sie sogar einen Lacher. Die vom Kandidat angegebene Höhe des Jahresgehalts ist ein Richtwert, um dem Arbeitgeber zu zeigen, in welchem Gehaltsbereich man angesiedelt werden möchte und damit Ausgangspunkt für eine Verhandlung, in der mögliche variable Komponenten und Nebenleistungen einbezogen werden. Daher ist es üblich einen gerundeten Gehaltswunsch zu nennen.

Unpassende Kommentare machen

Nachdem Sie Ihre Gehaltsvorstellung genannt haben, schieben Sie noch ein lässiges »Mehr geht natürlich immer!« hinterher? Auch hiervon raten wir ab. Unpassende Kommentare bei einem ernsten Thema zu machen, ist keine gute Idee. Häufig wird das von den Personalentscheidern als vorlaut interpretiert und disqualifiziert Sie als Bewerber somit schnell. Gehen Sie also nicht das Risiko ein, sich ins Aus zu schießen, wenn der Job für Sie interessant ist und Sie auf ein Vertragsangebot hoffen.

Ungefragte Erklärungen abgeben

Sie rechtfertigen Ihre Gehaltsvorstellung ungefragt mit einem zehnminütigen Vortrag über Ihre Kompetenzen und Erfolge? Wenn Sie so vorgehen, werden viele Personalentscheider interpretieren, dass Sie unsicher sind und nicht völlig überzeugt von der genannten Gehaltsangabe sind. Zielführender ist, wenn Sie Ihren Gehaltswunsch mit fester Stimme nennen und abwarten, wie Ihre Gesprächspartner reagieren. Wenn dann nachgefragt wird, wie Sie zu der genannten Summe kommen, dann erläutern Sie dies natürlich in prägnanter Art und Weise.

Das Gesamtpaket missachten

Sie konzentrieren sich bei der Gehaltsverhandlung ausschließlich auf das Fixgehalt? Vorsicht, denn eventuell greift das zu kurz und Sie verwehren sich den Blick auf ein attraktives Gesamtpaket, das Ihnen der Arbeitgeber bietet. Schließlich sollten Sie auch angebotene Nebenleistungen, wie zum Beispiel Altersvorsorge und Weiterbildungsmöglichkeiten im Blick haben, um die Attraktivität eines Vertragsangebots realistisch einschätzen zu können.

Mit Kritik nicht umgehen können

Auf die Aussage der Interviewer, dass Ihr Gehaltswunsch zu hoch sei, reagieren Sie mit einem patzigen »Nein!«. Haben Sie sich schon einmal so verhalten? Dann sollten Sie Ihr Vorgehen hinterfragen, weil Sie sich dadurch mit hoher Wahrscheinlichkeit ins Aus schießen. Personalverantwortliche möchten Kandidaten häufig etwas aus der Reserve locken. Wenn Ihr Gehaltswunsch hinterfragt wird, beschreiben Sie am besten mit ruhiger Stimme ganz sachlich Ihre für die Stelle und den Arbeitgeber relevanten Fähigkeiten.

Uninformiert in die Verhandlung gehen

Sie haben sich nicht über die Durchschnittsgehälter in Ihrem favorisierten Tätigkeitsbereich und Ihrer Wunschbranche informiert? Das ist mehr als schade, denn für den Erfolg der Gehaltsverhandlung ist Ihre gute Vorbereitung ganz wichtig. Nur so können Sie den Spagat zwischen angemessen hoher, aber nicht überzogener Gehaltsvorstellung bewältigen. So verdienen beispielsweise BWLer, die in der Personalabteilung arbeiten, durchschnittlich weniger als die Kollegen im Bereich Finanzen. Die Hotellerie zählt zum Beispiel zu den Niedriglohnbranchen, während in der Pharmaindustrie Top-Gehälter gezahlt werden.

Unrealistische Vorstellungen haben

Sie möchten nur für ein Spitzengehalt arbeiten, obwohl Sie im Vergleich zu anderen Bewerbern keine relevanten Praktika absolviert haben und auch Ihre Noten nicht die besten sind? Grundsätzlich ist es Ihr gutes Recht, dass Sie für Ihre Arbeit die maximal mögliche Entlohnung erhalten wollen. Da jedoch auch der Bewerbermarkt von Angebot und Nachfrage bestimmt ist, sollten Sie sich bei jeder Gehaltsverhandlung Ihren persönlichen Marktwert bewusst machen.

IN DIESEM KAPITEL

Tipps, wie man attraktiv für potenzielle Arbeitgeber wird

Hinweise für die Stellensuche als ausländischer Bewerber

Besonderheiten bei der Bewerbung

Kapitel 20
Zehn Bewerbungstipps für ausländische Studierende und Absolventen

Für ausländische Bewerber ist es nicht immer leicht, auf dem deutschen Arbeitsmarkt zu bestehen und eine passende Stelle zu finden. Wir geben Ihnen Gedankenanstöße und Hintergrundinformationen, damit Sie schneller einen für Sie passenden Job in Deutschland finden.

Sprache der Stellenausschreibung beachten

Sie sprechen perfekt Englisch und verfassen daher grundsätzlich Ihre Unterlagen für eine Bewerbung in Deutschland auf Englisch? Leider kann das dazu führen, dass Sie schnell aussortiert werden, wenn bei Ihrem Wunscharbeitgeber Deutsch im Alltag gesprochen wird. Die Bewerbungsunterlagen sind schließlich Ihre erste Arbeitsprobe und englische Unterlagen erhöhen die Skepsis, ob Sie ausreichend Deutsch sprechen und schreiben können. Deshalb sollten Sie Ihre Unterlagen grundsätzlich auf Deutsch verfassen, sofern die Stelle auf Deutsch ausgeschrieben wurde. Bei einer englischsprachigen Ausschreibung ist eine englische Bewerbung dagegen absolut angemessen.

Arbeitserlaubnis und Aufenthaltstitel in den Unterlagen vermerken

Bei Bewerbern aus dem EU-Ausland stellt sich dem Personalentscheider schnell die Frage, ob der Kandidat ohne umfassende Genehmigungsverfahren eine Tätigkeit in Deutschland ausüben kann. Sie sollten daher schon in Ihren Unterlagen deutlich machen, wie sich dies bei Ihnen persönlich gestaltet. Vermerken Sie deshalb sichtbar im Lebenslauf, dass Sie eine gültige Arbeitserlaubnis haben sowie die Art Ihres Aufenthaltstitels. So weiß der Arbeitgeber, dass es unproblematisch wäre, Sie zu beschäftigen.

Sprachkenntnisse eindeutig beschreiben

Wenn Personalverantwortliche eine Bewerbung von einem ausländischen Kandidaten erhalten, dessen Muttersprache nicht Deutsch ist, stellt sich in der Regel die Frage, wie gut dessen deutsche Sprachkenntnisse sind. Auch diese Frage sollten Sie bereits in Ihren Bewerbungsunterlagen beantworten. Vergewissern Sie sich daher, dass Sie im Lebenslauf das Niveau Ihrer Deutschkenntnisse beschrieben haben. Nutzen Sie den Europäischen Referenzrahmen mit den Niveaustufen von A1 bis C2. Fügen Sie Ihren Unterlagen auch Zertifikate als Nachweis bei.

Hilfe von Muttersprachlern in Anspruch nehmen

Die deutsche Sprache ist sehr anspruchsvoll, insbesondere wegen der komplexen Grammatik. Auch wenn Sie fließend Deutsch sprechen, sollten Sie Ihre Unterlagen sicherheitshalber von einem Muttersprachler korrigieren lassen. Stolz und Befindlichkeiten sind hier fehl am Platz. Eine fehlerfreie Bewerbung ist schließlich der erste Schritt auf dem Weg zur Einstellung. Vergeben Sie sich also nicht die Chance, einen positiven ersten Eindruck zu hinterlassen.

Interkulturelle Kompetenz verdeutlichen

Das Besondere an ausländischen Bewerbern ist, dass sie neben der deutschen Kultur auch mit mindestens einer weiteren – der ihres Heimatlands – vertraut sind. Thematisieren Sie im Bewerbungsanschreiben diese interkulturelle Kompetenz und erläutern Sie im Interview die Unterschiede zwischen Deutschland und Ihrem Heimatland. Die Fähigkeit über verschiedene Kulturen zu reflektieren und die Kompetenz, sich auf Menschen anderer Herkunftsländer einzustellen, ist gerade für Mitarbeiter international aufgestellter Arbeitgeber eine wichtige Eigenschaft.

Fortlaufend an Deutschkenntnissen arbeiten

Auch wenn Sie schon gut Deutsch sprechen und schreiben, sollten Sie sich mit Ihrem Sprachniveau nicht zufriedengeben. Arbeiten Sie an Ihren Deutschkenntnissen. Um erfolgreich bei einem deutschen Arbeitgeber tätig sein zu können, sollten Sie das Niveau B2, besser noch C1, haben. Neben persönlichen Kontakten zu Deutschen helfen Ihnen Fernsehen, Radio und die Lektüre von Zeitungen, Zeitschriften und Büchern bei der Perfektionierung Ihrer Kenntnisse.

Netzwerk in Deutschland aufbauen

Bauen Sie sich einen deutschen Freundeskreis auf. Hierbei können auch lokale Interessengruppen nützlich sein, die sich über soziale Netzwerke wie Facebook und XING organisieren. Networking hilft dabei, sich noch wohler in Deutschland zu fühlen und die deutsche Kultur noch besser kennenzulernen. Auch für Bewerbungen ist der Aufbau eines Netzwerks hilfreich. Schließlich können Sie von Freunden und Bekannten nützliche Tipps darüber erhalten, welche Arbeitgeber Mitarbeiter mit Ihrem Profil suchen. Vielleicht können Ihre Kontakte Sie sogar empfehlen.

Praktika und Nebenjobs in Deutschland suchen

Sicherlich ist es für Sie einfacher, als Student in Ihrem Heimatland Praxiserfahrungen zu sammeln. Wir empfehlen Ihnen aber, schon während des Studiums Praktika in Deutschland zu machen oder sich einen Nebenjob in einer deutschen Firma zu suchen. So zeigen Sie späteren Arbeitgebern, dass Sie sich in eine deutsche Unternehmenskultur einfinden können und haben damit viel bessere Chancen auf dem deutschen Arbeitsmarkt.

Arbeitgeber in Deutschland mit Bezug zum Heimatland recherchieren

Am attraktivsten sind Sie für Arbeitgeber, bei denen Sie Ihre Sprachkenntnisse und Ihr Wissen über die Kultur Ihres Heimatlands aktiv einbringen können. Recherchieren Sie deshalb nach Arbeitgebern in Deutschland, die Handelsbeziehungen mit Ihrem Heimatland beziehungsweise dort Standorte haben. Für diese Arbeitgeber sind Ihre Herkunft und Ihre Sprachkenntnisse ein echter Mehrwert. Vermutlich werden Arbeitgeber mit diesem Profil über das Land verstreut sein, sodass eine überregionale Suche und damit auch eine Umzugsbereitschaft Sie schneller einem Arbeitsvertragsangebot näher bringen.

Zukunftsplanung in Deutschland im Bewerbungsprozess darlegen

Gerade bei ausländischen Absolventen werden sich viele Personalentscheider fragen, ob der Kandidat tatsächlich längerfristig in Deutschland bleiben möchte. Die Einstellung eines Berufseinsteigers bedeutet in der Regel eine hohe Investition in die Einarbeitung und Ausbildung. Daher haben Bewerber, die den Eindruck erwecken, längerfristig beim Arbeitgeber bleiben zu wollen, bessere Chancen, ausgewählt zu werden. Sie sollten dem Arbeitgeber also schlüssig darlegen können, dass Sie nicht in den nächsten zwei bis drei Jahren in Ihr Heimatland zurückkehren werden.

IN DIESEM KAPITEL

Tipps für die Recherche nach passenden Arbeitgebern

Hinweise für die Kommunikation im Vorstellungsgespräch

Vorbereitung auf die Berufstätigkeit mit Kind

Kapitel 21
Zehn Tipps für Bewerber mit Kind

Studierende und Absolventen mit Kind stehen vor der besonderen Herausforderung, Privates und Berufliches in Einklang zu bringen. Daher sollten diese Bewerber besonderes Augenmerk auf die Suche nach geeigneten Arbeitgebern legen und ihre Leistungsfähigkeit realistisch einschätzen.

Betreuungssituation in den Unterlagen angeben

Vermerken Sie im Lebenslauf die genaue Betreuungssitation Ihres Kindes. Somit weiß der Personaler, wie flexibel Sie sind. Der Arbeitgeber darf eigentlich nicht danach fragen. Letztlich ist es unserer Meinung nach aber in Ihrem Interesse, als Mutter beziehungsweise Vater mit offenen Karten zu spielen. So zeigen Sie transparent, wie Ihre Rahmenbedingungen gestaltet sind, und der Personaler hat keine offenen Fragen in punkto Betreuung, wenn er Ihre Unterlagen sichtet.

Branchen mit geregelten Arbeitszeiten in Betracht ziehen

Versuchen Sie sich, wenn möglich, in Branchen mit geregelten Arbeitszeiten zu bewerben. Das ist zum Beispiel im Öffentlichen Dienst in den allermeisten Bereichen der Fall. Mit hoher Wahrscheinlichkeit wird es Ihnen als Mutter beziehungsweise Vater schwerfallen, spontan

Überstunden zu leisten. Wenn das jedoch von Ihrem Arbeitgeber erwartet wird, wie es häufig beispielsweise in der Medien- oder Werbebranche vorkommt, wird es schnell zu Frust auf beiden Seiten kommen.

Rahmenbedingungen potenzieller Arbeitgeber bewerten

Die Rahmenbedingungen, die ein Arbeitgeber bietet, sind für Sie als Mutter beziehungsweise Vater wichtig, um Privat- und Berufsleben in Einklang bringen zu können. Wird zum Beispiel die Möglichkeit angeboten, im Home Office zu arbeiten? Informieren Sie sich schon vor der Bewerbung im Internet, zum Beispiel auf der Bewertungsplattform Kununu, welche Leistungen die Arbeitgeber anbieten, die Sie für eine Bewerbung ins Auge gefasst haben. Auch finden Sie hier häufig Aussagen zur Work-Life-Balance.

Den Arbeitsweg prüfen

Prüfen Sie vor der Bewerbung die Länge des möglichen Arbeitswegs, um herauszufinden, ob die Arbeitsdauer und der Anfahrtsweg in einem machbaren Verhältnis zueinander stehen. In der Regel möchten der Arbeitgeber und Sie schließlich eine langfristige Zusammenarbeit eingehen. Wenn Sie jedoch täglich für den einfachen Weg schon über eine Stunde brauchen, werden Sie diese zusätzliche Belastung wahrscheinlich nicht mehrere Jahre ertragen können.

Einen realistischen Stundenumfang angeben

Sie haben sich einen Stundenumfang ausgerechnet, bei dem Sie auf die Minute genau den Stift bei Ihrem Arbeitgeber fallen lassen müssten, um noch rechtzeitig vor Schließung Ihr Kind aus der Betreuungseinrichtung abzuholen? Seien Sie realistisch mit der Angabe der möglichen Stundenzahl und planen Sie insbesondere ausreichend Pufferzeiten für das Bringen und Abholen Ihres Kindes ein. Es bringt nichts, wenn Sie jeden Tag völlig gehetzt sind und Arbeit und Privatleben kaum unter einen Hut bringen können.

Reiseerfordernisse erfragen

Nicht nur im Vertrieb gibt es Tätigkeiten, die eine Reisetätigkeit umfassen. Wenn Reisen auswärtige Übernachtungen mit sich bringen, wird das höchstwahrscheinlich für Sie als Mutter beziehungsweise Vater schwer zu organisieren sein. Fragen Sie daher spätestens im Jobinterview nach, inwiefern eine Reisetätigkeit notwendig ist. So können Sie sich die genauen Anforderungen an die Stelle bewusst machen und entscheiden, inwiefern das für Sie tatsächlich realisierbar ist.

Betreuungssituation klären

In einigen Regionen von Deutschland ist es besonders schwierig, einen Platz in einer Kindereinrichtung zu bekommen. Informieren Sie sich daher rechtzeitig beim Jugendamt oder privaten Einrichtungen, ab wann Sie einen Betreuungsplatz bekommen können. Genau zu wissen, wo Ihr Kind betreut werden kann, ist eine wichtige Voraussetzung für die Jobsuche. Schließlich will der potenzielle Arbeitgeber mit Ihnen nicht über »ungelegte Eier« sprechen, sondern ganz konkret wissen, wann und wie viel Sie arbeiten könnten.

Privates Betreuungsnetzwerk schaffen

Neben öffentlichen Einrichtungen sollten Sie auch prüfen, inwiefern Sie privat ein Betreuungsnetzwerk aufbauen können. Vielleicht kann eine befreundete Mutter, die in Vollzeit zu Hause ist, Ihr Kind betreuen, wenn die Öffnungszeiten der Kindereinrichtung ungünstig sind oder Schließtage anstehen. Außerdem sollten Sie sich überlegen, wer Sie bei der Betreuung unterstützen kann, falls Ihr Kind krank wird. Grundsätzlich haben Sie je Elternteil einen Anspruch auf in der Regel zehn unbezahlte Tage bei Krankheit des Kindes, für die Ihre Krankenkasse Ihren Lohn teilweise ersetzt. Aber vielleicht können auch Großeltern oder der Partner einspringen, wenn das Kind zu Hause versorgt werden muss. Wenn Sie sich vorab Vieles durchdenken, werden Sie und Ihr Arbeitgeber langfristig zufrieden sein.

Teilzeitmöglichkeiten bei Arbeitgebern erfragen

Viele Stellen werden in Vollzeit ausgeschrieben. Vielleicht sind Arbeitgeber aber auch offen, die angebotene Stelle in Teilzeit zu besetzen. Schließen Sie daher nicht direkt eine Bewerbung auf eine Vollzeitstelle aus, wenn Sie eigentlich nur Teilzeit arbeiten können. Fragen Sie telefonisch nach, vielleicht ist der Arbeitgeber auch für eine Teilzeitlösung offen. Natürlich wird das nicht die Regel sein, aber wenn Ihnen der Arbeitgeber und die Jobinhalte zusagen, sollten Sie es mit einem Anruf versuchen.

Durch die Kindererziehung erworbene Kompetenzen dem Arbeitgeber präsentieren

Wenn Sie Mutter beziehungsweise Vater sind und sich auf Jobsuche begeben, sollten Sie sich auf keinen Fall als Bittsteller gegenüber den potenziellen Arbeitgebern sehen. Überlegen Sie stattdessen, welche Kompetenzen Sie durch die Kindererziehung erworben haben, die auch im Berufsleben relevant sind. Zum Beispiel können Sie sicherlich gut planen und Ihren Tag managen. Auch haben Sie eine besondere Leistungsfähigkeit unter Beweis gestellt, da Sie mit Kind erfolgreich ein Studium abgeschlossen haben.

IN DIESEM KAPITEL

Sich motivieren und mental stärken

Das eigene Umfeld in das Thema Bewerbung einbeziehen

Aus Rückschlägen lernen

Kapitel 22
Zehn Tipps, wie Sie einen Bewerbungsmarathon überstehen

Die Bewerbungsphase kann ganz schön zäh und langwierig sein. Intensive Bewerbungsphasen, wie Sie insbesondere Absolventen durchmachen, können mental und körperlich an die Substanz gehen.

Geeignete Ziele setzen

Stecken Sie sich anspruchsvolle, aber auch realistische Ziele bei der Menge Ihrer wöchentlichen Bewerbungen. So stellen Sie sicher, dass Sie »am Ball« bleiben und fortlaufend Bewerbungen abschicken. Vergessen Sie aber nicht, für jede Stelle individuelle Unterlagen zu verfassen, auch wenn die Anpassung des Bewerbungsanschreibens an die jeweilige Stelle und den potenziellen Arbeitgeber Zeit in Anspruch nimmt. Die Qualität muss schließlich auch dann stimmen, wenn Sie viele Bewerbungen schreiben.

Sinnvoll den Tag strukturieren

Wenn Sie sich in Vollzeit bewerben, sollten Sie darauf achten, Ihren Tag sinnvoll zu strukturieren und auch ausreichende Pausen zu machen. Das hilft Ihnen, auch zu Hause den Rhythmus eines klassischen Arbeitstags zu erzeugen. Nehmen Sie sich vor, mindestens sechs, idealerweise acht Stunden am Tag zu arbeiten. Neben fünfminütigen Pausen, in denen Sie beispielsweise lüften und sich einen Tee kochen, sollten Sie auch auf eine circa einstündige Mittagspause achten. Am Anfang ist es sinnvoll, die Arbeitszeiten genau aufzuschreiben, damit Sie wissen, wie viel Sie tatsächlich geschafft haben. Achten Sie außerdem darauf, sich am Wochenende ausreichend zu erholen.

Sich belohnen

Machen Sie sich bewusst, dass auch Bewerben Arbeit ist. Deshalb ist es nicht nur wichtig, Ziele zu setzen und den Arbeitstag zu strukturieren. Sie sollten sich auch für Ihre Leistung immer mal wieder belohnen. Dadurch sorgen Sie dafür, dass Sie motiviert bleiben. Die Art der Belohnung richtet sich nach Ihren persönlichen Neigungen und Interessen. Es kann etwa ein Ausflug sein oder etwas, was Sie sich schon länger kaufen wollten und das Ihnen Freude bereitet.

Über sich nachdenken

Sie befinden sich in einer intensiven Bewerbungsphase? Dann ist es wichtig, regelmäßig inne zu halten und ungefähr einmal pro Woche über sich nachzudenken. Prüfen Sie, was Sie verändern und damit verbessern können, um sich erfolgreich zu bewerben. Machen Sie sich aber auch bewusst, was bisher gut gelaufen ist. Seien Sie also nicht zu streng mich sich. In hart umkämpften Tätigkeitsfeldern kann auch eine Einladung zum Vorstellungsgespräch bereits ein beachtlicher Erfolg sein.

Einen Ausgleich schaffen

Da Sie in der Bewerbungsphase viel Zeit am Schreibtisch mit der Recherche nach Stellen und dem Verfassen der Unterlagen verbringen, sollten Sie Ihrem Körper einen Ausgleich ermöglichen. Gehen Sie regelmäßig spazieren. So tanken Sie Sauerstoff, bewegen sich und können auf andere Gedanken kommen. Verzichten Sie während des Bewerbungsmarathons nicht auf Ihr Sportprogramm. Für »Schreibtischtäter« ist es wichtig, Muskeln zu trainieren, Dehnübungen zu machen und die Ausdauer zu stärken.

Den Druck nehmen

Jedes Vorstellungsgespräch – sei es telefonisch oder persönlich – bringt Stress mit sich. Ein gewisses Maß an Aufregung und Nervosität ist normal und vielleicht hilft Ihnen der Adrenalinstoß auch im Gespräch. Aber wenn Sie merken, dass Sie wegen der Nervosität Blackouts haben, sollten Sie Entspannungstechniken üben, die Sie vor oder sogar im Gespräch anwenden. Sehr gut sind Atemübungen oder Autogenes Training. Aber vielleicht hilft es Ihnen auch, sich am Morgen des Gesprächs bei einem Dauerlauf auszupowern. Probieren Sie aus, was Ihnen hilft.

Sich mit anderen Jobsuchenden austauschen

Bewerben ist in der Regel eine recht einsame Tätigkeit. Sie stellen allein die Bewerbungsunterlagen zusammen und buhlen als Einzelkämpfer um den für Sie passenden Job. Versuchen Sie daher, während eines Bewerbungsmarathons aus der Einsamkeit herauszukommen. Sprechen Sie zum Beispiel regelmäßig mit Kommilitonen, die sich auch aktiv bewerben. Der Austausch mit Menschen in der gleichen Lebenssituation hilft, Dinge realistisch zu sehen und gemeinsam am Ball zu bleiben.

Absagegründe erfragen

Wenn Sie nach Vorstellungsgesprächen oder Assessment Centern eine Standardabsage erhalten, die Sie nicht nachvollziehen können, sollten Sie versuchen, den verantwortlichen Personaler zwecks eines Feedbacks anzurufen. Um den Personaler zu einer Aussage zu bewegen, bleiben Sie sachlich und betonen, wie wichtig eine ehrliche Rückmeldung für Ihre nächsten Bewerbungen ist. Eine Feedbackbitte per E-Mail wird dagegen wenig zielführend sein, da Arbeitgeber aus Furcht vor Klagen wegen des Allgemeinen Gleichbehandlungsgesetzes nur rechtssichere Allgemeinplätze verlautbaren lassen.

Mit Niederlagen umgehen

Versuchen Sie, Absagen nach Vorstellungsgesprächen, in denen Sie aus Ihrer Sicht alles richtig gemacht haben, sportlich zu sehen. Machen Sie sich bewusst, dass es auch andere geeignete Bewerber gibt, und dass ein Quäntchen Glück bei der Stellenvergabe auch eine Rolle spielt. Lassen Sie sich vom Partner, der Familie und Freunden aufbauen, wenn Sie Absagen erhalten, die Ihnen nahe gehen. Natürlich muss man sich Zeit nehmen, um zu trauern. Grämen Sie sich aber nicht allzu lange, damit Sie in der Lage sind, auch beim nächsten Arbeitgeber als motivierter Bewerber aufzutreten. Machen Sie sich gleichzeitig bewusst, dass auf der anderen Seite auch nur Menschen sitzen, die ihr Bestes geben, um Stellen schnell und erfolgreich zu besetzen.

Nach langen Durststrecken professionellen Rat suchen

Sie haben auch nach mehrwöchiger Bewerbungsphase nicht mal eine Einladung erhalten oder sind nach einer Reihe absolvierter Interviews nie bis ins Zweitgespräch gekommen? Dann reicht es offensichtlich nicht aus, Bewerbungsbücher zu lesen, im Internet nach Bewerbungstipps zu recherchieren oder sich von Freunden und Bekannten über deren Erfahrungen berichten zu lassen. Nach langen Durststrecken ist es an der Zeit, sich Rat bei professionellen Bewerbungsexperten zu suchen. Wenn Sie sich bei der Arbeitsagentur registriert haben, können Sie dort nachfragen, ob man Ihnen einen entsprechenden Kurs oder eine persönliche Beratung bei einem Bewerbungsprofi zahlen würde. Auch der Career-Service Ihrer Universität hat möglicherweise derartige Angebote.

IN DIESEM KAPITEL

Den Arbeitsvertrag prüfen

Vertragsangebote bewerten

Besonderheiten bei Praktika und Werkstudenten

Kapitel 23
Zehn Tipps für die Prüfung und den Vergleich von Vertragsangeboten

Wenn Sie ein vertragliches Angebot erhalten, sollten Sie sich viel Zeit nehmen, um es zu prüfen. Haben Sie mehrere Zusagen, ist es wichtig, dass Sie alle für die Entscheidung relevanten Aspekte identifizieren und gegeneinander abwägen.

Nicht auf mündliche Absprachen vertrauen

Ihr Wunscharbeitgeber hat Ihnen telefonisch zugesagt und Sie möchten nun alle anderen laufenden Bewerbungen absagen? Nehmen Sie den Fuß vom Gaspedal und warten ab. Grundsätzlich können Arbeitsverträge zunächst auch mündlich geschlossen werden, aber natürlich ist es schwer, das nachzuweisen. Wir empfehlen Ihnen daher, nicht auf mündliche Zusagen zu vertrauen, sondern auf ein schriftliches Vertragsangebot in Papierform zu bestehen. Wenn das aus Zeitgründen nicht möglich ist, sollten Sie zumindest einen eingescannten Vertrag mit Unterschrift verlangen, der Ihnen per E-Mail zugesandt wird.

Tarifverträge lesen

Sie werden Tarifmitarbeiter oder Ihr Arbeitsvertrag richtet sich in einigen Punkten nach einem bestimmten Tarifvertrag? Sofern ein Tarifvertrag in irgendeiner Form relevant ist, sollten Sie ihn komplett lesen. So machen Sie sich ein umfassendes Bild von den für Ihr potenzielles Arbeitsverhältnis relevanten Konditionen. In Tarifverträgen sind häufig über die gesetzlichen Rahmenbedingungen hinausgehende Annehmlichkeiten geregelt wie zum Beispiel ein Krankengeldzuschuss oder Sonderurlaubstage.

Arbeitsort und Versetzungsmöglichkeit prüfen

Wenn Sie aus persönlichen Gründen an einen bestimmten Wohnort gebunden sind, sollten Sie genau prüfen, ob der Arbeitsort im Vertrag festgelegt ist. Auch Versetzungsklauseln werden häufig von Arbeitgebern in Arbeitsverträge integriert und sollten daher im Detail gelesen werden. Diese Vertragsbestandteile könnten schließlich eine Rolle für Sie spielen, wenn es darum geht, ob Sie das Angebot annehmen oder nicht.

Sich mit der Überstundenregelung auseinandersetzen

Wenn Ihnen zwei Arbeitsvertragsangebote vorliegen, kann das Thema Überstunden ein wichtiger Faktor bei der Entscheidung sein. Setzen Sie sich mit der vertraglichen Überstundenregelung auseinander und lassen Sie sich vom Arbeitgeber mögliche relevante Betriebsvereinbarungen oder Richtlinien zu diesem Thema zusenden. Fragen Sie auch aktiv nach, ob es ein Zeiterfassungssystem gibt oder die Arbeitnehmer selbst ihre Stunden aufschreiben müssen beziehungsweise Vertrauensarbeitszeit bei dem Arbeitgeber gilt.

Kündigungsmöglichkeit in befristeten Verträgen prüfen

Ein befristeter Vertrag kann in umkämpften Arbeitsmärken eine gute Einstiegschance für Hochschulabsolventen sein. Zu beachten ist jedoch, dass diese Art von Verträgen nicht unbedingt eine Kündigungsmöglichkeit haben muss, sondern einfach mit dem Befristungsende auslaufen könnte. Das wäre jedoch nachteilig für Sie als Arbeitnehmer, da Sie somit sehr unflexibel wären, falls ein anderer Arbeitgeber Ihnen ein Wechselangebot macht. Prüfen Sie daher, ob in Ihrem befristeten Vertragsangebot eine Möglichkeit zu kündigen aufgeführt ist.

Mehrere Jobangebote differenziert vergleichen

Beziehen Sie beim Vergleich verschiedener Vertragsangebote neben dem Gehalt und den Nebenleistungen auch ein, inwiefern die Inhalte der jeweiligen Stelle Ihren Vorstellungen entsprechen. Mit dem ersten Job nach dem Studium stellen Sie eine wichtige Weiche für den Verlauf Ihres Berufslebens. Prüfen Sie, ob Sie sich vorstellen können, längerfristig bei dem Arbeitgeber zu bleiben und letztlich auch, wie Ihr Bauchgefühl ist.

Beim Vertragsangebot die persönliche Bewerbungssituation reflektieren

Neben den Jobinhalten, dem Arbeitgeber und den vertraglichen Rahmenbedingungen sollten Sie sich auch Ihre persönliche Bewerbungssituation bewusst machen bei der Frage, ob Sie ein Vertragsangebot annehmen oder nicht. Für Absolventen ist die Fähigkeit zur Selbstreflexion ganz wichtig. Wenn Sie schon mehrere Monate vergeblich suchen, kann auch ein befristeter Vertrag oder ein Job in einer anderen Stadt eine Chance sein, um endlich ins Berufsleben zu starten.

Fairen Umgang mit Arbeitgebern praktizieren, die eigentlich uninteressant sind

Sie haben schon ein Vertragsangebot vorliegen, das Sie gerne annehmen würden, und nun hat sich ein weiterer Arbeitgeber gemeldet, der Sie ebenfalls einstellen möchte? Wenn dieses zweite Angebot eigentlich nicht mehr für Sie infrage kommt, sollten Sie fair sein und das Ihren Ansprechpartnern offen kommunizieren. Zum einen ist zu bedenken, dass die Erstellung eines Vertragsangebots Zeit in Anspruch nimmt, da häufig auch noch der Betriebsrat eingeschaltet werden muss. Zum anderen sollten Sie daran denken, dass der Arbeitgeber schnell anderen Bewerbern zusagen könnte, wenn Sie ehrlich Ihr Desinteresse frühzeitig kommunizieren.

Mindestlohn und Urlaubsanspruch bei Jobs während des Studiums prüfen

Es kommt immer wieder vor, dass Arbeitgeber bei Nebentätigkeiten, insbesondere wenn es sich um sogenannte Minijobs auf geringfügiger Basis handelt, außer Acht lassen, dass auch hierfür mindestens der gesetzliche Mindestlohn gilt. Daher sollten Sie das prüfen. Außerdem sollten Sie sich bewusst machen, dass unabhängig von entsprechenden Ersparnissen in der Sozialversicherung für alle Arbeitnehmer, also auch Werkstudenten und Minijobber, der gesetzliche Urlaubsanspruch gilt. Wenn Sie einen festen Arbeitstag pro Woche haben, stehen Ihnen mindestens vier bezahlte Urlaubstage pro Kalenderjahr zu. Auch das Recht auf Bezahlung bei Krankheit haben alle Arbeitnehmer.

Bei geplanten Praktika Art des Praktikums besprechen

Das Thema Praktikum ist mittlerweile sehr vielschichtig, wenn nicht sogar komplex geworden. Informieren Sie den potenziellen Arbeitgeber, der Sie als Praktikant einstellen möchte, bitte darüber, ob es sich um ein Pflichtpraktikum, ein studienbegleitendes freiwilliges Praktikum oder gar schon Absolventenpraktikum handelt. Das ist wichtig, da jeweils unterschiedliche arbeitsrechtliche Regelungen gelten, etwa beim Arbeitslohn und Urlaubsanspruch.

IN DIESEM KAPITEL

Tipps für den Umgang mit Kollegen

Das richtige Verhalten gegenüber dem Vorgesetzten

Kommunikationsfehler vermeiden

Kapitel 24
No-Gos für die erste Zeit im Job

Es ist eine Sache, ein Jobangebot zu bekommen. Wenn Sie in die neue Position starten, sollten Sie aber auch in jeglicher Hinsicht einen guten Eindruck bei Führungskräften und Kollegen hinterlassen.

Mit Urlaubswünschen in den neuen Job starten

Sie möchten an Ihrem ersten Tag mit dem Chef Ihre Urlaubsplanung besprechen? Denken Sie über die Wirkung dieses Verhaltens genauestens nach. Natürlich haben Sie einen Anspruch auf Ihren vertraglich zugesicherten Urlaub. Aber in den ersten Wochen sollten Sie sich auf Ihre Aufgaben konzentrieren und alles tun, damit Sie sich schnell in den neuen Job einarbeiten. Wenn diese intensive Zeit vorüber ist, können Sie Ihre privaten Urlaubspläne ansprechen. Zeigen Sie sich jedoch als neuer Mitarbeiter bei der Lage des Urlaubs flexibel. Es wäre unvorteilhaft, wenn Sie als Neuer mit dienstälteren Kollegen einen Streit über die Urlaubsplanung vom Zaun brechen.

Zu früh Verbesserungsvorschläge machen

Sie berufen am zweiten Arbeitstag ein Meeting ein, um Kollegen und Vorgesetzten Ihre Verbesserungsvorschläge zu präsentieren? Haben Sie Geduld, wenn es um Ihre innovativen Ideen geht. Natürlich wird es nahezu jeder Arbeitgeber begrüßen, wenn Mitarbeiter Verbesserungsvorschläge kommunizieren. Aber machen Sie nicht Schritt B vor A. Wenn Sie neu sind, geht es erstmal darum, dass Sie Ihren Job und Ihr Arbeitsumfeld verstehen. Wenn Sie das geschafft haben, ist das die Basis, um Neuerungen vorschlagen zu können.

Kollegen sofort duzen

Sie bieten jedem sofort das »Du« an oder duzen einfach ungefragt drauf los? Vorsicht! Wenn Ihnen nicht schon vor Arbeitsantritt oder spätestens am ersten Arbeitstag von Vorgesetzten oder Kollegen mitgeteilt wurde, dass sich jeder duzt, sollten Sie mit dem »Du« zurückhaltend sein. Generell sind die Regeln so, dass Mitarbeiter mit höherer Betriebszugehörigkeit neuen Mitarbeitern, Ranghöhere den Rangniederen sowie ältere Arbeitnehmer den jüngeren das »Du« anbieten. Halten Sie sich an diese Konventionen, um nicht unnötig für Unmut bei Ihrem neuen Arbeitgeber zu sorgen.

Unbekannte Mitarbeiter nicht grüßen

Sie haben in einer größeren Firma angefangen und grüßen auf den Gängen im Firmengebäude nur diejenigen Kollegen, die Sie bereits kennen? Vorsicht, ein Unternehmen ist nicht wie eine anonyme Universität. Seien Sie zu jedem, den Sie innerhalb des Unternehmens und an den Eingangstüren treffen, freundlich und grüßen Sie als neuer Mitarbeiter aktiv. Es dauert schließlich seine Zeit, bis Sie mehr Kollegen kennenlernen. Wenn Sie Ihnen noch unbekannte Mitarbeiter nicht grüßen, erwecken Sie einen schlechten Eindruck.

Beim Start in den Job schon private Termine haben

Sie haben schon in der ersten Woche private Termine, weshalb Sie früher als bei dem Arbeitgeber üblich Feierabend machen wollen? Konzentrieren Sie sich in der ersten Zeit im neuen Job voll und ganz auf Ihre Aufgaben und seien Sie zeitlich flexibel, wenn zum Beispiel ein wichtiges Meeting in die Abendstunden fällt oder ein Veranstaltungsbesuch kurzfristig geplant wird. Als neuer Mitarbeiter sollten Sie Vollgas geben, um Ihren Arbeitgeber von Ihren Leistungen und Ihrer positiven Einstellung zur Arbeit zu überzeugen.

Keine Notizen bei der Einarbeitung machen

Ein wichtiger Bestandteil der ersten Arbeitstage und -wochen ist die Einarbeitung. Sie notieren sich nichts, wenn Ihnen Aufgaben oder Prozesse bei dem neuen Arbeitgeber erklärt werden? Bedenken Sie, dass Ihre Kollegen und Vorgesetzten zwar sicherlich noch ein oder zwei Nachfragen akzeptieren werden, aber Sie grundsätzlich möglichst schnell selbstständig in Ihrem neuen Job agieren sollten. Ob Systembedienungen, Namen von Ansprechpartnern oder interne Abläufe – mit umfassenden Notizen wird es Ihnen wesentlich leichter fallen, sich zügig einzuarbeiten.

Pausen allein verbringen

Sie essen mittags lieber allein, statt mit den Kollegen in die Kantine zu gehen? Vielleicht sind Sie bereits von der ersten Tageshälfte so geschafft, dass Sie sich für die Pause lieber zurückziehen möchten. Natürlich müssen Sie nicht jeden Tag mit Kollegen die Mittagspause verbringen. Jedoch sollten Sie zumindest mehrmals in der Woche die Chance nutzen, informell in der Pause mit Vorgesetzten und Kollegen zu sprechen und so einen guten Kontakt mit Ihren Mitstreitern aufzubauen.

Privat im Internet surfen trotz Verbots

Sie surfen während der Arbeitszeit privat im Internet, obwohl das verboten ist? Es gibt immer noch Arbeitgeber, die eine private Internetnutzung im Betrieb grundsätzlich oder zumindest während der Arbeitszeit im engeren Sinne ablehnen. Auch wenn Sie ganz dringend Ihre privaten E-Mails abfragen möchten oder ein Restaurant für das Wochenende googeln wollen, sollten Sie sich an die Vorgaben des Arbeitgebers halten. Selbst, wenn ein Fehlverhalten keine disziplinarischen Maßnahmen nach sich zieht, erwecken Sie doch einen negativen Eindruck bei Ihren Vorgesetzten.

Betriebsgeheimnisse preisgeben

Sie plaudern bei Ihren Freunden und Bekannten über den neuesten Deal, den Ihre Firma gemacht hat, die Margen, die Sie erreicht haben oder den nächsten Pitch, der ansteht? Überlegen Sie genau bei allem, was Sie Betriebsfremden erzählen, ob es sich nicht um ein Betriebsgeheimnis handelt. Auch wenn Sie keine ausdrückliche Vertraulichkeitsvereinbarung unterschrieben haben, sollte es für Sie selbstverständlich sein, dass Sie Interna nicht nach außen tragen.

Zu viel Alkohol bei Feiern trinken

Auf der ersten Feier bei dem neuen Arbeitgeber trinken Sie sich fast bis ins Koma, weil man schließlich nicht jeden Tag kostenlos Alkohol bekommt? Überlegen Sie zweimal, ob es das wirklich wert ist. Natürlich sollten Sie mit Kollegen und Chefs anstoßen und es können auch mal zwei oder drei Gläser sein, die Sie über den Abend hinweg konsumieren. Denken Sie aber daran, dass es keinen guten Eindruck machen wird, wenn Sie die Kontrolle über sich verlieren. Vielmehr sollten Sie darauf achten, neue Kontakte zu knüpfen und sich von Ihrer Schokoladenseite zu zeigen.

IN DIESEM ANHANG

... haben wir Beispielschreiben für Sie zusammengestellt. Hier finden Sie ein Anschreiben, einen Lebenslauf und ein Empfehlungsschreiben jeweils auf Deutsch, Englisch und Spanisch.

Anhang

Moritz Eifrig
Arbeitsweg 5
30309 Bewerberstadt

Lastwagen AG
Personalabteilung
Z.Hd. Sandra Müller
Musterstr. 160
00999 Musterstadt

Bewerberstadt, tt.mm.jjjj

Bewerbung als Personalreferent

Sehr geehrte Frau Müller,

die Möglichkeit, eine herausfordernde Tätigkeit im Personalmanagement ausüben zu können, hat mein großes Interesse an der ausgeschriebenen Stelle geweckt. Mich reizen die Bandbreite der Aufgaben sowie der Fokus auf die Zielgruppen der Auszubildenden und Studenten sehr. Die Lastwagen AG als einer der größten Automobilkonzerne weltweit ist für mich ein sehr attraktiver Arbeitgeber. Besonders reizvoll sind für mich die konzerninternen Karrieremöglichkeiten und das internationale Arbeitsumfeld. Aber auch Ihre Tradition und Ihr Bekenntnis zum Produktionsstandort Deutschland schätze ich sehr.

Das theoretische Fundament für eine Tätigkeit im HR-Bereich ist mein Bachelor of Arts in der Fachrichtung Personalmanagement. Dank meiner Praktika bei einer Bank und einem Maschinenbauunternehmen kenne ich das Tagesgeschäft in den Bereichen Ausbildung und Praktikantenbetreuung bereits sehr gut. Auch meine praxisorientierte Bachelorarbeit, im Rahmen derer ich ein Konzept zur Azubigewinnung für einen lokalen Malerbetrieb erstellt habe, bereitet mich hervorragend auf die Stelle bei Ihnen vor.

Die Erfahrungen aus der Jugendarbeit sowie diversen Nebenjobs helfen mir, mich schnell auf Menschen unterschiedlichen Hintergrunds einzustellen. Außerdem schätze ich mich als belastbar und verantwortungsbewusst sowie in der Arbeitsweise sehr selbstständig und zielorientiert ein.

Da ich mein Studium bereits abgeschlossen habe, ist der Einstieg bei Ihnen kurzfristig möglich. Ich freue mich sehr auf ein persönliches Gespräch mit Ihnen. Gerne können Sie mich vorab anrufen, um erste Fragen zu klären.

Mit freundlichen Grüßen

Moritz Eifrig

Moritz Eifrig

LEBENSLAUF

Maria Mustermann

Königstraße 2 | 70173 Stuttgart | 0151-11111111 |
Maria.Mustermann@beispiel.de

Persönliche Daten

Geburtsdatum /-ort:	01.01.1992 / Stuttgart
Familienstand:	ledig
Staatsangehörigkeit:	deutsch

Ausbildung

03/2012 - 07/2015
Universität Stuttgart, Studiengang Betriebswirtschaftslehre
Abschluss Bachelor of Science (Note 2,3)
Studienschwerpunkte Marketing und Controlling

07/2011
Beispiel-Gymnasium, Stuttgart
Allgemeine Hochschulreife (Note 1,7)

Praktische Erfahrungen

10/2014 - 07/2015
Werkstudententätigkeit in der Marketingabteilung
Spezial GmbH, Frankfurt (Verlagswesen)

- Pflege der Homepage
- Unterstützung der Marketingleitung bei diversen Projekten, z.B. Relaunch Website, Organisation Weihnachtsfeier

03/2014 - 06/2014
Praxisprojekt im Rahmen der Vorlesung »Personalmanagement« mit der Stadt Stuttgart (öffentlicher Dienst)

- Konzeption und Durchführung einer Mitarbeiterbefragung
- Aufzeigen von Optimierungsansätzen in der Anwerbung und Förderung von Mitarbeitern

09/2013 - 02/2014
Praktikum in der Marketingabteilung
Beispiel AG, Berlin (Automobilbranche)

- Unterstützung bei der Erstellung einer Imagebroschüre
- Pflege der Homepage
- Teilnahme an Messen

03/2009
Einwöchiges Praktikum zur Berufsorientierung im Einkauf
Mehrwert KG, Stuttgart (Einzelhandel)

- Unterstützung bei der Einholung und Prüfung von Angeboten
- Teilnahme an Vertragsverhandlungen

Auslandsaufenthalte

03/2014 - 07/2014
Auslandsstudium an der Universidad de Valencia, Spanien

- Studium der BWL mit Schwerpunkt Marketing
- Besuch eines Spanisch-Kurses

LEBENSLAUF

Maria Mustermann

Königstraße 2 | 70173 Stuttgart | 0151-11111111 |
Maria.Mustermann@beispiel.de

09/2011 - 02/2012

Work & Travel in Australien und Neuseeland

- Diverse Jobs, z.B. Fruit Picking, Aushilfe in einer Jugendherberge sowie Rundreisen mit dem Rucksack

08/2010

Dreiwöchiger Sprachkurs mit Aufenthalt in einer Gastfamilie, Bournemouth, Großbritannien

- Englischunterricht Niveau B2

Ehrenamt

10/2012 - 10/2013

Mitorganisation der Erstsemesterfeiern
Universität Stuttgart

- Auswahl und Koordination des Catering-Service
- Akquisition von Sponsoren

Kenntnisse & Fähigkeiten

EDV-Kenntnisse

MS-Word (sehr gut)
MS-PowerPoint (gut)
MS-Excel (Grundkenntnisse)

Fremdsprachen

Englisch (fließend/C1-Niveau)
Spanisch (gute Kenntnisse/B1-Niveau)

Musterstadt, tt.mm.jjjj

Max Sportlich
Ruderclub Rostock e.V.
Uferstraße 50
18055 Rostock

Rostock, tt.mm.jjjj

Empfehlungsschreiben für Herrn Martin Kräftig

Martin Kräftig, geboren am 03.03.1993 in Hamburg, ist seit September 2005 aktives Mitglied im Rostocker Ruderclub und seit Januar 2011 Trainer der Jugendmannschaft unseres Vereins. Da sich Herr Kräftig im Herbst dieses Jahres nach erfolgreichem Bachelorabschluss um eine Stelle bewirbt, hat er mich um eine Referenz gebeten. Da ich Herrn Kräftig persönlich sehr schätze, erfülle ich ihm diesen Wunsch sehr gerne.

Herr Kräftig trainiert an zwei Nachmittagen pro Woche die Jugendmannschaft unseres Vereins mit dem Ziel einer erfolgreichen Wettkampfteilnahme. Hierzu gehören das Einteilen der Boote, die Beaufsichtigung der Trainingseinheiten auf dem Wasser, die Anleitung von Übungen im Geräteraum sowie insgesamt das fortlaufende Feedback an die Teilnehmer zu deren Rudertechnik.

Herr Kräftig hat die Funktion des Trainers auf eigenen Wunsch übernommen und füllt diese Rolle hervorragend aus. Bereits zweimal konnte er in den vergangenen Jahren mit seiner Mannschaft bei den Jugendmeisterschaften Mecklenburg-Vorpommern siegen und viermal vordere Plätze erreichen. Herr Kräftig leitet seine Mannschaft mit einer gesunden Mischung aus Disziplin und Freude beziehungsweise Spaß am Sport an. Die Clubmitglieder schätzen ihn als angenehmen, verbindlich auftretenden Gesprächspartner, der verlässlich und mit äußerster Leidenschaft die Nachwuchsarbeit im Club vorantreibt.

In meinen Augen ist Herr Kräftig eine hoffnungsvolle Nachwuchskraft, die ich ohne Einschränkungen jedem Arbeitgeber empfehlen kann. Gerade weil er bereit ist, umfassend Verantwortung zu übernehmen und sich zu engagieren, wird er für jedes Team eine wertvolle Bereicherung sein.

Max Sportlich

Max Sportlich
Vorsitzender Ruderclub Rostock e.V.

Marius Beispiel
Musterweg 12
21212 Musterstadt
Germany

[Month dd, yyyy]

TOP-CAR Group
Human Resources Department
Sharon Jones
Level 12, Menuru TM
50666 Kulala Lumpur
Malaysia

Dear Mrs Jones,

I believe that the unique combination of my education and work experience make me an ideal candidate for an internship in Human Resources with the TOP-CAR Group Malaysia.

After having gained work experience in Human Resources in Germany I would like to support your team in Malaysia and thus broaden my mind and train my cross-cultural competence. I believe that the TOP-CAR group is a very attractive employer as it is a company of German origin with products I can easily identify with.

More importantly, considering me as an intern would be mutually beneficial. I am currently enrolled as a master student in HR-Management at Berlin University and already have a bachelor degree in communication studies. In addition, I gained considerable practical experience in several aspects of Human Resources during my internships with an international IT Company and a German Recruitment Agency.

My oral and written English is very good as I spent one year in New Zealand. Moreover I enjoy travelling and getting to know other cultures. That is why I am confident that I will adapt easily to the Malaysian culture.

I would be very happy to start supporting your team in October [year] for up to four months. Please find my CV and additional documents attached.

Thank you for your time and consideration.

Sincerely yours,

Marius Beispiel

Marius Beispiel

Curriculum Vitae

Marius Beispiel
Musterweg 12
21212 Musterstadt
Germany
Phone: 0049 155 55566677
Email: marius@beispiel.de

Professional Summary

I am a Master student with a strong focus on all aspects of human resources. In my studies I am focussing on employer branding and employment law. In addition, I have gained practical experience in developing a high-potential programme for talents in the IT industry. Through my extensive experience abroad I have become an open-minded person with strong intercultural skills. While being able to work independently I am also a great team player.

Education

09/2015 - 07/2017 **Master Studies in Human Resource at Berlin University**

Classes in employer branding, social media, German employment law

10/2012 - 07/2015 **Bachelor of Arts in Communication Management at Hamburg University**

Major in Public Relations with classes in internal and external corporate communications, internet and social media marketing, marketing

07/2011 **German Abitur** (Certificate of General University Qualification) in Stuttgart/Germany

Work Experience

10.2014 - 03.2015 **Super-IT AG, Frankfurt/Germany**, Internship in Human Ressource Development

Assistance with the preparation of a high potential programme

- Organising trainings
- Answering employee questions related to training & development
- Updating learning management system

07.2013 - 09.2013 **TOP-SEARCH Recruitment Agency Services, Hamburg/Germany**, Internship in Recruiting department

- Handling of applications
- Carrying out telephone interviews
- Designing job profiles
- Updating internal HR-system
- Organising meetings and business trips

International Experience

08.2011 - 09.2012 **Work and Travel in New Zealand**

Working as a waitress and farm work

Volunteer Work

01.2013 - 01.2014 **Stuttgart University**

Organising the annual career fair

Languages

German (native speaker)

English (very good)

IT-Skills

Word, Outlook, Lotus Notes (expert)

Excel, PowerPoint (basic)

Extracurricular Activities & Interests

Martial arts, backpacking, reading

[Month dd, yyyy]

Great IT Company
Ben Example
148 Example Road
London SE11 0FT

To whom it may concern

In May 2016 Melanie Maier started a three-month internship in the marketing department of our company. As Melanie is leaving now to go back to Germany, she has asked me to write a letter of recommendation to accompany her future applications. I am very pleased to do so, as it has been a pleasure to have her working with us.

In the course of her internship Melanie has had the chance to get to know various marketing activities such as planning and carrying out fairs and using social media to promote our products.

Melanie was able to easily transfer her theoretical knowledge into practice. I always appreciated her courteous, professional behaviour. My colleagues and I experienced her as an intern with strong communication skills who was always eager to learn more and had a particular interest in marketing related topics. Also we would like to stress her outstanding abilities as a team player and her strong customer service oriented attitude.

Without any doubt I can recommend Melanie. I am sure that she will truly be a valuable addition to any university or company she may join. We thank Melanie for her excellent work and wish her all the best in her future endeavours.

Sincerely yours,

Ben Example

Ben Example

Marketing Manager
Email: ben@greatitcompany.co.uk
Phone: 0044 20 111 3333

Maja Schmidt
Musterweg 3
65656 Heidelberg
Alemania

Carlos Sanchez Roca
Director
Guardería Bonito Lugar
Calle Principal
10000 Cuernavaca
México

Heidelberg, [fecha] de [mes] de [año]

Trabajo voluntario en su guardería de [mes] [año] al [mes] [año]

Estimado Sr. Sanchez Roca,

Mi nombre es Maja Schmidt y soy una ciudadana alemana. He visto su oferta de trabajo y me gustaría ofrecerme como voluntaria en su guardería. Estoy impresionada con las instalaciones de su centro y estoy convencida de que podría desarrollar mis conocimientos y aprender mucho con ustedes.

Por el momento aún sigo con mis estudios de pedagogía y dispongo de experiencia en trabajo social con jóvenes. Me considero una persona creativa, activa y paciente.

Mi nivel de español es bastante bueno, por el hecho de haber estudiado en España y en Costa Rica. Pero ahora me gustaría conocer México, porque he leído que es un país impresionante con una gran cultura.

Me alegraría mucho, que ustedes me dieran la oportunidad de ayudarles en su institución.

Reciba un cordial saludo,

Maja Schmidt

Maja Schmidt

Curriculum Vitae

Datos personales

Nombre:	Maja
Appellido:	Schmidt
Dirección:	Musterweg 3, 65656 Heidelberg, Alemania
E-Mail:	Maja.Schmidt@beispiel.de
Teléfono:	+49 111 111111111
Fecha de nacimiento:	14 de octubre 1997
Lugar de nacimiento:	Munich/ Alemania
Nacionalidad:	Alemana
Estado civil:	Soltera

Formación academica

Desde hace 09/2014	**Licenciatura en Pedagogía (Bachelor of Arts)**
	Universidad de Heidelberg/Alemania
06/2014	**Prueba de acceso a la Universidad**
	Colegio Munich/Alemania

Experiencia laboral

08/2013 - 09/2013	**Práctica en trabajo social con jóvenes**
	Street Work e.V., Heidelberg/Alemania

Experiencia en el extranjero

07/2015 - 09/2015	**Curso intensivo de español**
	San José/Costa Rica
07/2014 - 08/2014	**Curso intensivo de español**
	Las Islas Canarias/España
08/2012	**Curso intensivo de inglés**
	Londres/Inglaterra

Idiomas

alemán (lengua materna), inglés (avanzado), español (avanzado)

Informática

nivel alto en MS-Word, MS-Powerpoint y MS-Excel

Guadalupe López García
Profesora de español
Hauptstraße 7
33333 Magdeburg
Alemania

Magdeburg, [fecha] de [mes] de [año]

Recomendación personal

A través de este documento les informo, que conozco Mona Schneider, que está cursando la asignatura de psicología en la Universidad de Magdeburg desde hace dos años. Durante este tiempo ella sigue asistiendo a en mi clase de español en dicha universidad.

Mona Schneider siempre ha demonstrado un gran nivel de estudios. Ella es una persona séria y honesta, que puede communicar y escribir casi fluidamente en español. La recomiendo a ustedes con toda seguridad para cualquier práctica o estudios de Máster a los que ella quiera aspirar.

Atentamente,

Guadalupe López García

Guadalupe López García
Profesora de español

Stichwortverzeichnis